# 数据科学中的拟插值方法

高文武　吴宗敏　孙正杰　周　旋　著

科学出版社

北　京

## 内 容 简 介

本书主要内容包括函数空间及其生成子的定义，伯恩斯坦拟插值的定义及高精度迭代伯恩斯坦拟插值，多项式B-样条拟插值及广义B-样条拟插值，几类经典 Multiquadric 样条拟插值构造理论、保形性、高阶导数的逼近阶及稳定性，Multiquadric 三角样条拟插值构造理论、对高阶导数的逼近阶及稳定性、广义保形性，拟插值的构造理论及性质，随机拟插值的构造理论等. 最后，本书还讨论了拟插值在高精度数值微分、无网格微分方程数值解、图像边缘检测、非参数核密度估计等领域的应用，为数据科学、函数逼近等领域提供新方法、新理论.

本书可作为高等学校数据科学、应用统计、科学计算等专业的高年级本科生、研究生教学参考书，也可作为从事数据分析人员的专业参考书.

**图书在版编目(CIP)数据**

数据科学中的拟插值方法 / 高文武等著. -- 北京 ：科学出版社，2024. 9.
ISBN 978-7-03-079469-7

I. O24

中国国家版本馆 CIP 数据核字第 2024GC7775 号

责任编辑：李静科　贾晓瑞／责任校对：彭珍珍
责任印制：张　伟／封面设计：无极书装

科学出版社 出版
北京东黄城根北街 16 号
邮政编码：100717
http://www.sciencep.com
北京天宇星印刷厂印刷
科学出版社发行　各地新华书店经销
*
2024 年 9 月第　一　版　开本：720×1000　1/16
2025 年 1 月第二次印刷　印张：18
字数：358 000

**定价：128.00 元**

(如有印装质量问题，我社负责调换)

# 前　　言

在数智时代, 数据已成为一个最基本的“生产要素”, 如何让数据发挥最大“新质生产力”是当前数据科学领域研究的焦点问题, 也是全面实现“数字中国”战略亟待解决的关键科学问题. 数据的核心是算法, 算法的基础是数学. 机器学习、人工智能紧跟数智时代的步伐, 发展了大量的数据分析算法和应用案例, 作为这两个领域的数学基础——函数逼近, 也随之得到更广泛的研究.

一般来说, 函数逼近要考虑三个关键科学问题[202]: 函数空间的选择、基函数的选择以及逼近算法的选择. 函数空间决定在哪里寻找一个模拟数据变换规律的函数, 基函数决定这个函数的表示形式, 而算法则决定通过什么样的途径得到其显式表示形式. 本书围绕以上三个关键问题逐层递进介绍拟插值方法. 首先, 通过引入函数空间生成子的概念, 讨论如何构造函数逼近中几类常用的函数空间 (多项式空间、样条函数空间、径向基函数空间) 的生成子, 在此基础上, 研究如何采用对生成子做平移 (伸缩) 的方式构造函数空间中的一组基函数, 进而研究如何借助基函数的线性组合构造逼近算法: 拟插值.

给定采样数据 $\{\lambda_j(f)\}_{j=0}^N$ 以及一组满足一定条件 (下降性) 的函数组 $\{\varphi_j(x)\}_{j=0}^N$, 拟插值在此函数组张成的函数空间 ($V_n=\mathrm{span}\{\varphi_j(x), j=0,1,\cdots,N\}$) 中构造一个逼近函数 $Qf(x)=\sum\limits_{j=0}^N\lambda_j(f)\varphi_j(x)$ ([8], [72], [188]). 数据 $\{\lambda_j(f)\}_{j=0}^N$ 可以是被逼近函数 $f$ 在一些采样点 $\{x_j\}$ 上的离散函数值 $\{\lambda_j(f)=f(x_j)\}$, 也可以是在一些小区域 $\{\Omega_j\}$ 上的积分值 $\left\{\lambda_j(f)=\int_{\Omega_j}f(t)dt\right\}$, 甚至是更一般的线性泛函信息. 拟插值不需要求解线性方程组而直接给出逼近函数的表示形式, 具有形式简单、计算量小等优点. 更重要地, 拟插值还具有几何视角下的保形性、统计视角下的正则化性以及函数逼近视角下的最优性. 拟插值已作为一种最基本的数据分析工具被广泛地应用于数据科学的各个领域. 为使读者能够更清晰地理解拟插值, 分别从两个视角阐述拟插值的基本思想.

**移动加权平均视角** ([8], [15], [56], [58], [102])　给定数据 $\{(x_j,f(x_j))\}_{j=0}^N$, 为了从数据中寻找未知函数 $f(x)$ 的一个估计, 最简单的方法是用这些数据的平值 $\sum\limits_{j=0}^N f(x_j)/(N+1)$. 然而, 这个估计是一个常函数, 它抹杀了数据中可能含有的更

丰富的信息 (波动性、单调性等). 另外, 这个估计认为每个数据点对被估计对象的贡献 (权重 $1/(N+1)$) 都是一样的, 对数据中的奇异值特别敏感. 为克服以上瑕疵, 利用加权平均值估计 $f(x)$, 即 $\sum_{j=0}^{N} f(x_j)\omega_j$, $\sum_{j=0}^{N} \omega_j = 1$. 而对许多实际问题, 估计对象还可能有这样的性质: 函数在一点上的值对离它越近的点影响越大, 而对离它越远的点反而影响越小 (譬如由热源热传导而形成的温度分布, 由污染源产生的环境污染等). 为模拟这种性质, 一些学者对加权平均法进行改进、提出用移动加权平均法 $\sum_{j=0}^{N} f(x_j)\omega_j(x)$ 来估计 $f(x)$, 其中, $\omega_j(x)$ 是权函数 $\left(\sum_{j=0}^{N} \omega_j(x) = 1\right)$, 它的取值通常与 $x$ 离原点的距离成反比 (表明距离被估计点越远的点对其影响越小), 从而模拟出这种依距离的远近而产生的不同大小的影响. 特别地, 如果令 $\omega_j(x) = \varphi_j(x)$, $j = 0, 1, \cdots, N$, 则移动加权平均即为上面拟插值格式的一种特殊形式 (泛函信息为采样点上的离散函数值).

**卷积离散化视角** ([71], [72], [188]) 根据广义函数理论有 $f(x) = f * \delta(x)$, $\delta$ 为提取算子 Dirac 函数. 然而, 实际应用中这个 Dirac 函数通常用一组光滑函数来逼近: $\Psi_N(x) \to \delta(x)$, $N \to +\infty$. 从而, 可构造对应的卷积逼近序列 $f * \Psi_N(x) \to f(x)$, $N \to +\infty$. 然而这个逼近序列需要计算一个反常积分, 往往很难给出解析表达式, 需要对其进行积分离散化: $f_N(x) := \sum_{j=0}^{N} f(x_j)\Psi_N(x - x_j)\Delta_j$, 其中, $\Delta_j$ 为高斯型积分面积元. 可见, 如果令 $\varphi_j(x) = \Psi_N(x - x_j)\Delta_j$, $j = 0, 1, \cdots, N$, 对应的拟插值 $f_N(x)$ 还可看成是对卷积逼近序列的一个离散化格式.

本书不仅系统介绍拟插值的经典理论及其在数据科学中的具体应用实例, 而且还介绍团队成员近几年在拟插值领域的最新研究成果. 希望本书能够激发更多的从事与数据科学相关的工作人员对拟插值及逼近理论等方面的研究兴趣, 促进更丰富的数据分析方法产生, 从而推动数据科学及函数逼近的快速发展.

本书在出版过程中得到许多同仁的指导和帮助. 科学出版社的李静科编辑仔细审阅书稿, 为本书的高质量出版付出了大量心血, 作者衷心感谢她为本书做出的重要贡献. 感谢国家自然科学基金 (NSFC12271002)、江苏省自然科学基金 (BK20210315) 的资助, 感谢研究生胡乐、王昌伟、郑东义为本书的校对提供了重要帮助. 尽管作者尽最大努力完善书稿, 但由于水平有限, 难免会有不足、遗漏之处, 恳请读者多提宝贵意见.

作 者

2024 年 6 月 5 日

# 目　　录

# 第 1 章　函数空间

本章介绍线性空间的一些基本概念. 主要包括: 线性空间的定义、线性空间的基底和线性子空间. 在此基础上, 引出函数空间的定义、性质以及几类经典的函数空间: 连续函数空间、多项式函数空间、径向基函数空间、索伯列夫空间等.

## 1.1　线性空间

线性空间[203, 204] 一般指向量空间. 它是在考察了大量的数学对象 (如几何学与物理学中的向量, 代数学中的 $n$ 元向量、矩阵、多项式, 分析学中的函数等) 的本质属性后抽象出来的数学概念. 线性空间的理论与方法已经渗透到科学计算的各个领域.

**定义 1.1.1** (线性空间)　对于一个集合 $V$ (它的元素通常称为向量), 如果它满足以下七个条件, 则称其为线性空间.

1. 对于 $V$ 中的任意两个元素 $x$, $y$, 都满足 $x+y=y+x$;

2. 对于 $V$ 中的任意三个元素 $x$, $y$, $z$, 都满足 $(x+y)+z=x+(y+z)$;

3. $V$ 中存在零元素 0 使得对于 $V$ 中任意的元素 $x$ 都有 $0+x=x$;

4. $V$ 中任意元素 $x$, 都存在一个元素 $-x$ (称为逆元素) 使得 $x+(-x)=0$;

5. $V$ 中存在单位元素 1 使得对于 $V$ 中任意元素 $x$ 都有 $1x=x$;

6. 等式 $\alpha(\beta)x=(\alpha\beta)x$, 对 $V$ 中任意元素 $x$ 及任意两个实数 $\alpha$, $\beta$ 均成立;

7. 对于 $V$ 中任意两个元素 $x$, $y$, 以及任意两个实数 $\alpha$, $\beta$, 都有 $\alpha(x+y)=\alpha x+\alpha y$, $(\alpha+\beta)x=\alpha x+\beta y$.

根据线性空间满足的七个条件, 可以推出线性空间的一些性质, 如: 零元素的存在唯一性、逆元素的存在唯一性等. 而且, 通过逆元素还可以导出减法运算的概念: $x-y=x+(-y)$.

下面, 给出几个线性空间的例子.

1. 实数集 $\mathbb{R}$ 在加法和乘法运算下构成一个线性空间;

2. 令 $d$ 为一个正整数, 记 $\mathbb{R}^d$ 为由形如 $x=(x_1,x_2,\cdots,x_d)^{\mathrm{T}}$, $x_i\in\mathbb{R}$ 的向量构成的空间, 则 $\mathbb{R}^d$ 在向量的加法和数乘运算下构成一个线性空间;

3. 令 $\Omega$ 为空间 $\mathbb{R}^d$ 中的开集, 则所有定义在 $\Omega$ 上的连续函数组成的集合 $\mathcal{C}(\Omega)$ 在函数的加法和数乘运算下构成一个线性空间.

上面七个条件刻画了线性空间的代数结构, 而在许多情况下, 往往还需要刻画线性空间的拓扑结构. 例如在数值逼近领域, 人们经常需要检验逼近函数与被逼近函数之间的接近程度. 为此, 需要引入一种度量 (范数) 来量化这种接近程度. 具有这种范数的线性空间称为赋范线性空间.

**定义 1.1.2** (赋范线性空间) 给定一个线性空间 $V$, 定义一个 $V$ 到 $\mathbb{R}$ 上的映射 (范数) $\|\cdot\|: V \to \mathbb{R}$, 使其满足以下三个性质:

1. 非负性: 对任意的 $v \in V$, $\|v\| \geqslant 0$, 而且, $\|v\| = 0$ 当且仅当 $v = 0$;
2. 线性性: 对任意的 $v \in V$ 以及任意的 $\alpha \in \mathbb{R}$, 都有 $\|\alpha v\| = |\alpha|\|v\|$;
3. 三角不等式: 对任意的 $u, v \in V$, 都有 $\|u+v\| \leqslant \|u\| + \|v\|$.

则称具有范数 $\|\cdot\|$ 的线性空间 $V$ 为赋范线性空间并记为 $(V, \|\cdot\|)$.

**注释 1.1.1** 线性空间 $\mathbb{R}$ 在范数 $\|\alpha\| = |\alpha|$ 下是一个赋范线性空间. 线性空间 $\mathbb{R}^d$ 在范数 $\|x\|_2 = \sqrt{\sum x_i^2}$ 下是一个赋范线性空间. 更一般地, 可定义 $\mathbb{R}^d$ 中的 $p$-范数: $\|x\|_p = (\sum |x_i|^p)^{1/p}$, $1 \leqslant p < \infty$, $\|x\|_\infty = \max\{x_i\}$.

**注释 1.1.2** 称线性空间 $V$ 中的两个范数 $\|x\|_{(1)}$, $\|x\|_{(2)}$ 相互等价, 如果存在两个正常数 $c_1$, $c_2$, 使得不等式 $c_1\|x\|_{(1)} \leqslant \|x\|_{(2)} \leqslant c_2\|x\|_{(1)}$ 成立. 有限维赋范线性空间中的任何两个范数都相互等价. 例如, $\mathbb{R}^d$ 空间中的所有 $p$-范数都相互等价.

**定义 1.1.3** (柯西序列) 若序列 $\{x_i\}$ 满足当 $m, n \to \infty$ 时, $\|x_n - x_m\| \to 0$, 则称 $\{x_i\}$ 为一个柯西 (Cauchy) 序列.

**定义 1.1.4** (巴拿赫空间) 一个赋范线性空间称为完备的, 如果这个空间中的每个柯西序列都收敛到该空间中的某个元素. 完备的赋范线性空间称为巴拿赫 (Banach) 空间.

**定义 1.1.5** 设 $V$ 是赋范线性空间. 称映射 $T: V \to V$ 是一个压缩映射, 若存在 $0 < \theta < 1$ 使得不等式 $\|Tx - Ty\| \leqslant \theta\|x - y\|$ 对任意的 $x, y \in V$ 均成立.

**定义 1.1.6** 巴拿赫空间 $\mathcal{B}$ 上的压缩映射 $T$ 有唯一的不动点, 即方程 $Tx = x$ 存在唯一的解 $x \in \mathcal{B}$.

称映射 $A: X \to Y$ 为一线性算子, 若 $A(\lambda u + \mu v) = \lambda Au + \mu Av$, $\forall u, v \in X$, $\lambda, \mu \in \mathbb{R}$. 设 $V_1, V_2$ 是两个赋范线性空间, 若线性映射 $T: V_1 \to V_2$ 满足 $\|T\| = \sup\limits_{x \in V_1, x \neq 0} \|Tx\|_{V_2} / \|x\|_{V_1} < \infty$, 则称其为有界线性映射.

**定义 1.1.7** (泛函) 设 $V$ 是赋范线性空间, $V$ 上的泛函是从 $V$ 到 $\mathbb{R}$ 的映射. 所有 $V$ 中有界线性泛函组成的集合称为 $V$ 的对偶空间, 记为 $V^*$.

**定义 1.1.8** (内积空间) 给定一个线性空间 $V$, 内积 $(\cdot, \cdot): V \times V \to \mathbb{R}$ 是一个满足如下性质的函数:

1. 非负性: 对任意的 $v \in V$, $(v, v) \geqslant 0$, 而且, $(v, v) = 0$ 当且仅当 $v = 0$;

2. 对称性: 对任意的 $u, v \in V$, 都有 $(u, v) = (v, u)$;

3. 线性性: 对任意的 $u, v, w \in V$ 以及任意的 $\alpha, \beta \in \mathbb{R}$, 都有 $(\alpha u + \beta v, w) = \alpha(u, w) + \beta(v, w)$.

具有内积 $(\cdot,\cdot)$ 的线性空间 $V$ 称为内积空间.

根据内积 $(\cdot,\cdot)$ 的定义可推导出如下性质:

1. Schwarz 不等式: 对于任意的 $u, v \in V$, 都有 $|(u, v)| \leqslant \sqrt{(u, u)(v, v)}$;

2. 内积 $(\cdot,\cdot)$ 可诱导出一个范数: $\|v\| = \sqrt{(v, v)}$, 例如, 在 $\mathbb{R}^d$ 空间

$$\|x\|_2 = \sqrt{(x, x)} = \left(\sum x_i^2\right)^{1/2};$$

3. 在内积空间中, 可以定义两个元素 $u, v$ 之间的夹角

$$\theta = \arccos \frac{(u, v)}{\|u\|\|v\|}.$$

**定义 1.1.9** (希尔伯特空间) 完备的内积空间称为希尔伯特 (Hilbert) 空间.

下面介绍希尔伯特空间中两个重要定理.

**定理 1.1.1** (投影定理) 设 $M$ 是希尔伯特空间 $H$ 的闭子空间, 则对 $H$ 中的任意一个元素 $x$ 均有正交分解: $x = y + z$, $y \in M$, $z \in M^{\perp}$, $M^{\perp}$ 称为空间 $M$ 的正交补空间.

**定理 1.1.2** (里斯表示定理) 希尔伯特空间 $H$ 上的任意有界线性泛函 $F$, 均存在唯一确定的元素 $f \in H$ 且满足 $\|f\| = \|F\|$, 使得 $F(g) = (g, f)$ 对 $H$ 中的任意一个元素 $g$ 均成立.

线性空间中的元素是一个抽象的概念. 任意一个非零的线性空间都有无穷多个元素. 为了能够更好地研究线性空间及其元素的性质, 需要抓住线性空间中所有元素的本质. 基底是由线性空间中一组线性无关的元素组成的, 线性空间中的任意一个元素都可以通过基底刻画, 因此, 基底可以形象地比喻成线性空间的 "DNA", 它承载了线性空间的所有信息.

在给出基底的定义之前, 首先介绍元素之间的线性相关性概念. 设 $\{e_1, \cdots, e_n\}$ 是线性空间 $V$ 中的一组元素, 元素 $x = c_1e_1 + c_2e_2 + \cdots + c_ne_n$ 称为它们的线性组合, 实数 $\{c_1, c_2, \cdots, c_n\}$ 称为这个线性组合的系数. 而且, 根据线性空间所满足的性质可知 $x \in V$. 进一步, 如果存在一组不全为零的实数 $\{c_1, \cdots, c_n\}$ 使得 $x = 0$, 则称这组元素线性相关. 反之, 如果 $x = 0$ 当且仅当 $c_1 = c_2 = \cdots = c_n = 0$, 则称这组元素线性无关.

**定义 1.1.10** (基底) 如果线性空间 $V$ 中存在一组线性无关的元素 $\{e_1, \cdots, e_n\}$, 使得 $V$ 中的任何一个元素都可以表示成它们的线性组合

$$x = c_1e_1 + c_2e_2 + \cdots + c_ne_n,$$

那么称 $\{e_1, \cdots, e_n\}$ 为线性空间 $V$ 的一个基底. 此时, 称 $(c_1, \cdots, c_n)$ 为元素 $x$ 在这组基底下的坐标, 称基底中元素的个数 $n$ 为空间 $V$ 的维数.

线性空间中的基底并不唯一, 但任何两个基底之间的元素可以相互线性表出. 如果线性空间中基底的元素个数是有限的, 则称其为有限维空间, 否则称其为无限维空间.

接下来讨论如何把线性空间中的元素用基表示出来. 为讨论方便, 我们考虑内积空间的情形. 而且, 通过在内积空间中讨论, 还可以引出正交基的概念.

假设 $\{e_1, \cdots, e_n\}$ 是内积空间 $V$ 中的一个基底, 则 $V$ 中的任意一个元素 $y$ 都可以由这组基底线性表出:

$$y = a_1 e_1 + a_2 e_2 + \cdots + a_n e_n.$$

为求出线性组合的系数, 对等式两边分别关于 $\{e_1, \cdots, e_n\}$ 做内积得到如下线性方程组

$$(y, e_j) = a_1(e_1, e_j) + a_2(e_2, e_j) + \cdots + a_n(e_n, e_j), \quad j = 1, 2, \cdots, n.$$

又因为系数矩阵 $((e_i, e_j))$ 可逆, 从而可以求出唯一的一组系数

$$(a_1, \ \cdots, a_n)^{\mathrm{T}} = ((e_i, e_j))^{-1}((y, e_j))^{\mathrm{T}}.$$

进一步, 如果把 $\{(y, e_j)\}$ 看成是对未知元素 $y$ 的一些观测信息, 则上面的讨论还表明: $n$ 维内积空间 $V$ 中的任意一个元素 $y$ 都可以被其有限个观测信息来完全重构.

然而, 在上述计算过程中需要求解一个系数矩阵的逆阵. 这不仅消耗计算量, 而且在许多场合还可能导致计算不稳定. 如果能够在 $V$ 中找到一组恰当的基 $\{b_1, b_2, \cdots, b_n\}$ 满足 $(b_i, b_j) = a_{ij}\delta_{ij}$ ($\delta_{ij}$ 称为 Kronecker 符号, 满足当 $i = j$ 时为 1, 而当 $i \neq j$ 时为 0), 则方程组的系数矩阵变为对角矩阵, 进而可直接得到 $y = \sum\limits_{i=1}^{n} a_{ii}^{-1}(y, b_i)b_i$. 这不仅节省了计算量, 还避免了因矩阵求逆可能导致的病态问题以及计算的不稳定性等. 满足这种性质的基称为正交基.

**定义 1.1.11** (正交基) 内积空间 $V$ 中的一个基底 $\{b_1, \cdots, b_n\}$ 称为正交基, 如果它满足

$$(b_j, b_k) = a_{jk}\delta_{jk}, \quad j, k = 1, 2, \cdots, n,$$

其中, $a_{jk}$ 为正实数, $\delta_{jk}$ 为 Kronecker 符号. 特别地, 当 $a_{jk} \equiv 1$ 时, 称 $\{b_1, \cdots, b_n\}$ 为一个标准正交基.

仿照欧几里得空间中基的 Schmidt 正交化过程, 容易从内积空间 $V$ 中的任意一个基 $\{e_j\}_{j=1}^n$ 得到一个标准正交基 $\{b_j\}_{j=1}^n$. 具体过程如下:

令 $(e_j, e_k) = a_{jk}$, 矩阵 $A$ 的元素由 $a_{jk}$ 构成, 可以证明矩阵 $A$ 是对称正定矩阵. 因此, 存在矩阵 $U$ 使得 $A = U^{\mathrm{T}}DU$, 其中 $D = U(e_1, \cdots, e_n)^{\mathrm{T}}(e_1, \cdots, e_n)U^{\mathrm{T}}$. 于是, 令 $(b_1, \cdots, b_n)^{\mathrm{T}} = \sqrt{D}^{-1}U(e_1, \cdots, e_n)^{\mathrm{T}}$, 从而可以验证 $\{b_j\}_{j=1}^n$ 是一组标准正交基.

**定义 1.1.12** (线性子空间) 线性空间 $V$ 中的一个子集 $L$ 称为 $V$ 的一个线性子空间当且仅当它满足以下条件:

1. 对加法封闭: 若 $x, y \in L$, 则 $x + y \in L$;
2. 对数乘封闭: 若 $x \in L$, $\lambda \in \mathbb{R}$, 则 $\lambda x \in L$.

根据上述定义可推导线性子空间的一些性质:

1. 如果 $V_1, V_2$ 是 $V$ 的两个线性子空间, 那么 $V_1 \cap V_2$ 也是 $V$ 的一个线性子空间;
2. 如果 $V_1, V_2$ 是 $V$ 的两个线性子空间, 那么 $V_1 + V_2$ 也是 $V$ 的一个线性子空间;
3. 如果 $V_1, V_2$ 是 $V$ 的两个线性子空间, 那么 $V_1 + V_2$ 的维数等于 $V_1$, $V_2$ 的维数之和减去 $V_1 \cap V_2$ 的维数;
4. 如果 $V_1$ 是内积空间 $V$ 的一个线性子空间, 那么一定存在一个线性子空间 $W$, 使得 $V$ 可以分解成 $V_1$ 和 $W$ 的直和, 此时称 $W$ 是 $V_1$ 的补空间.

**注释 1.1.3** 由单个零元素构成的集合是 $V$ 的一个线性子空间, 称为零空间; $V$ 是自身的一个线性子空间称为全空间. 这两个特殊的子空间称为平凡子空间. 除平凡子空间以外的其他子空间称为非平凡子空间.

在非平凡子空间中, 存在一类特殊的子空间称为线性包. 它们是由预先给定的一组元素的线性组合而构成的集合.

设 $x_1, x_2, \cdots, x_m$ 是线性空间 $V$ 中的一组元素, 则由它们可构造一个线性包

$$L(x_1, x_2, \cdots, x_m) = \left\{ x \in V : x = \sum_{i=1}^{m} c_i x_i, c_i \in \mathbb{R} \right\}.$$

进一步, 根据线性相关性的概念, 如果 $x_1, x_2, \cdots, x_m$ 中存在某些元素可以由其他元素线性表出, 那么可以去除这些元素使得最终的线性包不变. 这说明线性包完全可以由这组元素中的一个极大线性无关组来刻画, 其维数等于这个极大线性无关组中的元素的个数. 从而, 这个极大线性无关组可以看成是其对应的线性包的一个基底.

**定义 1.1.13** (函数空间) 由一组函数构成的集合 $V$ 如果在函数的加、减、数乘运算下封闭, 则称 $V$ 为函数空间.

显然, 零函数一定是函数空间的元素, 因为 $f(x)-f(x)$ 或 $0*f(x)$ 均是这个函数空间中的元素.

对于定义在区域 $\Omega$ 上的所有实连续函数组成的函数空间, 其内积可定义为

$$\langle f(x), g(x)\rangle=\int_{\Omega} f(x) g(x) d x .$$

容易证明它满足内积的三个条件:

1. 对称性:

$$\langle f(x), g(x)\rangle=\langle g(x), f(x)\rangle ;$$

2. 双线性:

$$\langle\alpha f(x)+\beta g(x), h(x)\rangle=\alpha\langle f(x), h(x)\rangle+\beta\langle g(x), h(x)\rangle,$$

$$\langle h(x), \alpha f(x)+\beta g(x)\rangle=\alpha\langle h(x), f(x)\rangle+\beta\langle h(x), g(x)\rangle ;$$

3. 非负性:

$$\langle f(x), f(x)\rangle \geqslant 0$$

当且仅当 $f(x)$ 为零函数时等号成立.

**注释 1.1.4**　还可以定义带权的内积, 即给定某种权 $w(x)>0$, 定义

$$\langle f(x), g(x)\rangle=\int_{\Omega} f(x) g(x) w(x) d x .$$

可以证明这种定义仍然满足内积定义的三个条件.

由内积可以导出实连续函数空间的范数的定义

$$\|f(x)\|^{2}=\langle f(x), f(x)\rangle .$$

可以证明它满足范数的三个条件:

1. 对称性: $\|f(x)-g(x)\|=\|g(x)-f(x)\|$;
2. 非负性: $\|f(x)\| \geqslant 0$, 当且仅当 $f(x)$ 是零函数等式成立;
3. 三角不等式: 对任何的 $h(x)$, 有

$$\|f(x)-g(x)\| \leqslant\|f(x)-h(x)\|+\|g(x)-h(x)\|,$$

或者说

$$\|f(x)+g(x)\| \leqslant\|f(x)\|+\|g(x)\|.$$

**定义 1.1.14** (基函数) 如果函数空间 $V_n$ 中存在一组函数 $\{p_1(x),\cdots,p_n(x)\}$, 使得 $V_n$ 中的任何函数都可以表示成这组函数的线性组合

$$X=\left\{f(x)\middle|f(x)=\sum_{j=1}^{n}a_jp_j(x)\right\},$$

那么称 $\{p_1(x),\cdots,p_n(x)\}$ 是函数空间 $V_n$ 的一个框架. 进一步, 如果 $\{p_1(x),\cdots,p_n(x)\}$ 还是线性无关的, 即当且仅当 $\{a_j=0\}_{j=1}^n$ 时才有 $\sum\limits_{j=1}^{n}a_jp_j(x)=0$, 那么称这个框架为一组基 (或者称基底). 基底中元素的个数称为这个函数空间的维数.

**注释 1.1.5** 函数空间的基底一般不唯一. 例如单项式、伯恩斯坦多项式、切比雪夫多项式都可以作为多项式空间的一组基底. 因此, 如何在一个给定的函数空间中寻找一组恰当的基底来表示这个空间中的函数是一个非常有意义的问题.

基函数是函数空间的 “基石”. 函数空间中的任何元素都可以由基函数唯一表示: $f^*(x)=\sum\limits_{j=1}^{n}a_jp_j(x)$. 此时, 函数逼近又可以理解为在一个给定的函数空间 $V_n$ 中寻找 $f(x)$ 的一个逼近函数 $f^*(x)$, 使得 $\|f(x)-f^*(x)\|^2$ 最小 (即寻找 $f(x)$ 在 $V_n$ 中的一个投影). 具体过程如下: 由范数的定义可知

$$\begin{aligned}\|f(x)-f^*(x)\|^2=&\sum_{i=1}^{n}\sum_{j=1}^{n}a_ia_j\left\langle p_i(x),p_j(x)\right\rangle\\&-2\sum_{j=1}^{n}a_j\left\langle p_j(x),f(x)\right\rangle+\left\langle f,f\right\rangle.\end{aligned}$$

对上式两边关于系数 $\{a_i\}_{i=0}^n$ 求偏导并令其为零得方程组

$$(\langle p_i(x),p_j(x)\rangle)(a_1,\ \cdots,a_n)^{\mathrm{T}}=(\langle p_i(x),f\rangle).$$

进一步, 由于系数矩阵 $(\langle p_i(x),p_j(x)\rangle)$ 可逆, 可求得

$$(a_1,\ \cdots,a_n)^{\mathrm{T}}=(\langle p_i(x),p_j(x)\rangle)^{-1}(\langle p_i(x),f\rangle).$$

进而可以求出唯一的一组系数 $\{a_i\}_{i=1}^n$. 进一步, $\langle p_i(x),f\rangle$ 还可以看成是对未知函数 $f$ 的信息提取泛函, 例如 $\langle p_i(x),f\rangle=f(x_i)$.

然而, 这需要求解以基函数的内积为元素的逆阵. 如果能够在 $V_n$ 中找到一组恰当的基 $\{b_1(x),\ \cdots,b_n(x)\}$ 满足 $\langle b_i(x),b_j(x)\rangle=\delta_{jk}$, 则对应的方程组的系数矩阵为单位矩阵, 从而可以直接写出逼近函数的表达式 $f^*(x)=\sum\limits_{i=1}^{n}\langle b_i(x),$

$f(x)\rangle b_i(x)$. 这不仅节省了计算量, 而且还避免了因矩阵求逆可能导致的病态问题以及计算的不稳定性等. 满足这个性质的一组函数称为标准正交基函数.

**定义 1.1.15** (正交基函数)　称 $\{b_1(x),\cdots,b_n(x)\}$ 是定义在区域 $\Omega$ 上某个函数空间的一组正交基函数, 如果这个函数空间的任何函数都可以由它们线性表出且满足

$$\langle b_j(x),b_k(x)\rangle=\int_\Omega b_j(x)b_k(x)dx=a_{jk}\delta_{jk},$$

其中, $a_{jk}$ 为正实数. 特别地, 当 $a_{jk}\equiv 1$ 时, 称 $\{b_1(x),\cdots,b_n(x)\}$ 为一组标准正交基函数.

**注释 1.1.6**　利用三角函数的积化和差公式, 容易验证 $\{\cos(jx)\}_{j=0}^n$, $\{\sin(jx)\}_{j=1}^n$ 均是 $(0,\pi)$ 上 $n$ 次三角多项式空间中的一组正交基函数, 进一步, 还可以证明

$$\{1,\sin(x),\cos(x),\cdots,\sin(nx),\cos(nx)\}$$

是 $(0,2\pi)$ 上 $n$ 次三角多项式空间中的一组正交基函数.

**注释 1.1.7**　切比雪夫多项式在函数逼近特别是一致逼近中非常重要. 切比雪夫多项式由下式给出

$$T_n(x)=\cos(n\arccos(x)),\quad x\in(-1,1).$$

利用变量代换 $t=\cos(x)$ 及上述三角函数多项式的正交性容易验证这是一个在区间 $(-1,1)$ 上关于权函数 $(1-x^2)^{-1/2}$ 的正交函数组. 而且, 由 $T_0(x)=1,T_1(x)=x$, 以及三角函数的和差化积公式

$$\cos((n+1)t)+\cos((n-1)t)=2\cos(nt)\cos(t),$$

可以得到切比雪夫的递推式

$$T_{n+1}(x)=2xT_n(x)-T_{n-1}(x).$$

从而 $T_n(x)$ 是一个 $n$ 次多项式.

一般情况, 容易从一组非正交基函数 $\{p_j(x)\}_{j=0}^n$ 得到一组标准正交基函数 $\{b_j(x)\}_{j=0}^n$. 具体过程如下:

令 $\langle p_j(x),p_k(x)\rangle=a_{jk}$, 矩阵 $A$ 的元素由 $(a_{jk})$ 构成, 则矩阵 $A$ 是对称正定矩阵. 因此, 存在矩阵 $U$ 使得 $A=U^{\mathrm{T}}DU$, 其中

$$D=U(p_0(x),\cdots,p_k(x))^{\mathrm{T}}(p_0(x),\cdots,p_k(x))U^{\mathrm{T}}.$$

于是, 令

$$(b_0(x), \cdots, b_k(x))^{\mathrm{T}} = \sqrt{D}^{-1} U(p_0(x), \cdots, p_k(x))^{\mathrm{T}},$$

则可以验证 $\{b_j(x)\}_{j=0}^n$ 是一组标准正交基函数.

**定义 1.1.16** (标准对偶正交基函数) 称函数组 $\{b_j^*(x)\}_{j=0}^n$ 是关于基函数 $\{p_j(x)\}_{j=0}^n$ 的一组标准对偶正交基函数, 如果满足

$$\langle p_j(x), b_k^*(x)\rangle = \delta_{jk}.$$

显然, 上述的标准正交基函数是自对偶的标准正交基函数. 一般情况, 给定一组基函数 $\{p_j(x)\}_{j=0}^n$, 可以导出其标准对偶正交基函数, 具体过程如下:

设

$$b_k^*(x) = \sum_{j=0}^n a_{jk} b_j(x),$$

那么由正交条件

$$\left\langle b_l(x), \sum_{j=0}^n a_{jk} b_j(x) \right\rangle = \delta_{kl}$$

可以得出关于 $\{a_j\}_{j=0}^n$ 的 $n+1$ 阶的线性方程组. 利用矩阵记法, 令矩阵 $A$ 的元素由 $\{a_{jk}\}$ 构成, $B$ 的元素由 $\{\langle b_j(x), b_k(x)\rangle\}$ 构成, 那么 $A = B^{-1}$.

**注释 1.1.8** 函数逼近在内积意义下可以理解为寻找未知函数在预先给定的函数空间中的一个投影. 进一步, 如果能够在预先给定的函数空间中找到一组标准正交基函数 $\{b_0(x), \cdots, b_n(x)\}$, 那么投影 $f^*(x)$ 在形式上可以表示成

$$f^*(x) = \sum_{j=0}^n \langle f(x), b_j(x)\rangle\, b_j(x).$$

反之, 如果我们有一对标准对偶正交基函数 $\{p_0(x), \cdots, p_n(x)\}$ 及 $\{b_0^*(x), \cdots, b_n^*(x)\}$, 那么投影 $f^*(x)$ 则可以形式地写成

$$f^*(x) = \sum_{j=0}^n \left\langle f(x), b_j^*(x)\right\rangle p_j(x).$$

因此, 函数逼近的一个关键问题在于如何在预先给定的函数空间中寻找一组恰当的基函数及其标准对偶正交基函数.

## 1.2 几类常见的函数空间

首先介绍连续函数空间. 为此, 引入一些符号. 记 $d$ 是空间维数, $\alpha=(\alpha_1,\cdots,\alpha_d)$ 为多重指标, $|\alpha|=|\alpha_1|+|\alpha_2|+\cdots+|\alpha_d|$, $\alpha!=\alpha_1!\cdots\alpha_d!$, 对于 $x\in\mathbb{R}^d$, $x^\alpha=x_1^{\alpha_1}\cdots x_d^{\alpha_d}$.

如果 $u$ 是一个足够光滑的实值函数, 我们可以定义它的偏导数

$$D_j(u)=u_{x_j}=\frac{\partial u}{\partial x_j},$$

梯度

$$\nabla u=\text{grad }u=\left(\frac{\partial u}{\partial x_1},\cdots,\frac{\partial u}{\partial x_d}\right)=(u_{x_1},\cdots,u_{x_d}),$$

以及高阶导数

$$D^\alpha u(x):=\left(\frac{\partial}{\partial x_1}\right)^{\alpha_1}\cdots\left(\frac{\partial}{\partial x_d}\right)^{\alpha_d}u.$$

记 $\Omega\in\mathbb{R}^d$ 是 $\mathbb{R}^d$ 的一个子集, $k\in\mathbb{N}_0$, 函数空间 $\mathcal{C}^k(\Omega)$ 是 $\Omega$ 上所有 $k$ 阶连续可微函数组成的函数类. 当 $u\in\mathcal{C}^k(\Omega)$, 范数定义为

$$\|u\|_{\mathcal{C}^k(\Omega)}:=\sum_{|\alpha|\leqslant k}\sup_{x\in\Omega}|D^\alpha u(x)|.$$

特别地, $\mathcal{C}^\infty(\Omega)$ 表示所有无穷次可微函数构成的集合, $\mathcal{C}_0^\infty(\Omega)$ 表示所有定义在 $\Omega$ 中无穷次可微的紧支集函数构成的集合, 其中函数 $u$ 的支集定义为

$$\text{supp }u:=\overline{\{x\in\Omega:u(x)\neq 0\}}.$$

对 $k\in\mathbb{N}_0$, $\kappa\in(0,1)$, 定义 Hölder 连续函数空间 $\mathcal{C}^{k,\kappa}(\Omega)$, 其范数表示为

$$\|u\|_{\mathcal{C}^{k,\kappa}(\Omega)}:=\|u\|_{\mathcal{C}^k(\Omega)}+\sum_{|\alpha|=k}\sup_{x,y\in\Omega,x\neq y}\frac{|D^\alpha u(x)-D^\alpha u(y)|}{|x-y|^\kappa}.$$

特别地, 当 $\kappa=1$ 时, $\mathcal{C}^{k,1}(\Omega):=\{u\in\mathcal{C}^k(\Omega):\ D^\alpha u \text{ 是 Lipschitz 连续}, |\alpha|=k\}$.

多项式函数空间是我们最熟悉、最常用的连续函数空间. 令 $\mathcal{P}_n$ 为一元 $n$ 次多项式空间. 由代数基本定理容易验证 $\{1,x,\cdots,x^n\}$ 是 $\mathcal{P}_n$ 的一组基函数. 否则, 如果有不全为零的系数 $\{\lambda_j\}_{j=0}^n$ 使得 $\sum\limits_{j=0}^n\lambda_jx^j=0$, 那么在两两不同的 $n+1$ 个

点 $\{x_k\}_{k=0}^n$ 上 $\sum\limits_{j=0}^{n}\lambda_j x_k^j=0$. 由于这个线性方程组的系数行列式是一个范德蒙德行列式, 齐次方程不可能存在非零解, 因此得出所有的 $\lambda_j$ 都应该为零, 这与反证假设矛盾. 同时我们得到 $\mathcal{P}_n$ 的维数是 $n+1$. 进一步, 利用 Schmidt 正交化过程, 还可以从 $\{1,x,\cdots,x^n\}$ 获得多项式空间的一组标准正交基. 具体过程如下.

不失一般性, 假设考虑的区间为 $(-1,1)$. 首先考虑 $n=2$ 的情形. 对于定义在 $(-1,1)$ 上的多项式, 容易得到 $b_0(x)=1/2$, $b_1(x)=2x/3$, $b_2(x)=(15x^2-5)/8$ 是二次多项式空间 $\mathcal{P}_2$ 的一组标准正交基函数.

一般地, 可以定义 Legendre 多项式

$$\begin{cases} p_j(x)=1, & j=0,\\ p_j(x)=\dfrac{d^n}{dx^n}(x^2-1)^n, & j=1,\cdots,n. \end{cases}$$

利用分部积分法, 容易证明 (设 $j\leqslant k$)

$$\begin{aligned}
&\langle p_j(x),p_k(x)\rangle\\
=&(-1)^j\int_{-1}^{1}\left(\frac{d^j}{dx^j}(x^2-1)^j\right)\cdot\left(\frac{d^k}{dx^k}(x^2-1)^k\right)dx\\
=&(-1)^j\int_{-1}^{1}\left(\frac{d^{2j}}{dx^{2j}}(x^2-1)^j\right)\cdot\left(\frac{d^{k-j}}{dx^{k-j}}(x^2-1)^k\right)dx\\
=&(-1)^j\int_{-1}^{1}(2j)!\frac{d^{k-j}}{dx^{k-j}}(x^2-1)^k dx\\
=&\begin{cases} 0, & j\neq k,\\ \displaystyle\int_{-1}^{1}(2k)!(x^2-1)^k dx=c_k^2, & j=k. \end{cases}
\end{aligned}$$

从而 $\{b_k(x)=p_k(x)/c_k\}$ 是 $n$ 次多项式空间 $\mathcal{P}_n$ 的一组标准正交基函数.

**注释 1.2.1** 类似地, 还可以推导关于多项式基 $\{1,x,\cdots,x^n\}$ 定义在 $[0,1]$ 上的标准对偶正交基函数. 设

$$b_k^*(x)=\sum_{j=0}^{n}a_{jk}x^j,$$

经过计算可得

$$\langle x^j,x^k\rangle=\int_0^1 x^{j+k}dx=1/(j+k+1).$$

进一步, 令矩阵

$$B = (1/(j+k+1))_{j,k=0}^{n},$$

则当令

$$A = B^{-1} = (a_{jk})_{j,k=0}^{n}$$

时, 可构造一组标准对偶正交基函数 $\{b_k^*(x)\}_{k=0}^{n}$.

人们最先在多项式空间中讨论函数逼近问题, 得到了许多经典公式: Talyor 公式、Euler 公式、Lagrange 公式、差商公式、Newton 公式、Neville-Aitken 公式、Hermite 插值公式、Shepard 插值公式等[206].

**定理 1.2.1** (Taylor 定理) 如果 $f(x)$ 的 $n+1$ 阶导数连续且 $f^{(n+1)}(x)$ 有界, 那么在 $x_0$ 附近的 $x$, $f(x)$ 都可以写成

$$f(x) = \sum_{j=0}^{n} f^{(j)}(x_0)(x-x_0)^j/j! + \mathcal{O}(x-x_0)^{n+1}.$$

这意味着如果获得未知函数 $f(x)$ 在 $x_0$ 处的一些导数信息 $\{f^{(j)}(x_0)\}_{j=0}^{n}$, 那么在点 $x_0$ 附近, 可以用 Taylor 展开式 $T_n(x) = \sum\limits_{j=0}^{n} f^{(j)}(x_0)(x-x_0)^j/j!$ 来近似模拟未知函数 $f(x)$. 而且这个 Taylor 展开式还在 $x_0$ 处 (重现) 插值 $f(x)$ 对应的各阶导数信息 $\{f^{(j)}(x_0)\}_{j=0}^{n}$. Taylor 展开式是一个特殊的多项式插值问题. 一般情况: 如果已知未知函数 $f(x)$ 的 $n+1$ 个线性无关的泛函信息 $\{L_j(f)\}_{j=0}^{n}$, 那么可以在 $n$ 次多项式空间 $\mathcal{P}_n$ 中寻找一个多项式插值这些泛函信息.

然而, 多项式插值的龙格现象却形象地展示了多项式插值算子的不稳定性. 其本质原因在于多项式不是紧支柱函数, 导致在某一点的微小扰动都会在很远的地方造成一个非常大的震荡, 使计算结果严重失真. 为解决多项式插值算子的不稳定性, 许多学者在分片多项式 (样条、广义样条) 空间中研究函数逼近问题. 但是, 多项式和分片多项式空间的维数都会随着自变量的个数呈指数倍增长, 导致它们在处理高维数据逼近问题时面临维数灾难.

再生核空间是描述高维数据逼近问题的一个有力工具. 首先, 再生核空间是由一个核函数经过有限个平移所张成的函数空间, 使得空间的维数只与平移的个数有关而与自变量的维数无关, 从而避免了维数灾难. 其次, 再生核空间的基函数由一个核函数的平移构成, 使得逼近函数不仅表示形式简单 (这个核函数的有限个平移的线性组合), 而且易于计算机存储和计算 (计算机只需要存储这个核函数, 然后对它进行简单的平移运算即可获得基函数). 径向基函数空间是一类特殊的再生核空间. 径向基函数空间中的每一个函数都是一个只与距离有关的径向函数.

因此, 它本质上是用一元函数表示多元函数, 不仅具有计算机表示简单的优点, 而且在高维场合还可以达到降维目的.

**定义 1.2.1** (径向函数) 令 $\varphi$ 为一个定义在 $[0,+\infty)$ 上的一元函数, $\|\cdot\|$ 为 $\mathbb{R}^d$ 空间的欧几里得范数. 称 $d$ 元函数 $\Phi_d:\mathbb{R}^d\to\mathbb{R}$ 为径向函数当且仅当 $\Phi_d(\cdot)=\varphi(\|\cdot\|)$.

**注释 1.2.2** 径向函数本质上是一个只与距离有关的函数. 因此, 通常用径向函数来模拟各向同性的高维问题. 而且, 径向函数的 Fourier 变换也是径向函数. 特别地, 令 $\Phi_d(x)=\varphi(\|x\|):=f(r^2/2)$, $r=\|x\|$, 这里 $f$ 称为 $\Phi_d$ 的 $f$-型[146], 则 $\Phi_d$ 的 Fourier 变换也有对应的 $f$-型.

**定义 1.2.2** (正定径向函数) 称 $\Phi_d$ 为一个 $d$ 元的正定径向函数如果矩阵 $(\Phi_d(x_i-x_j))_{i,j=0}^n$ 对于任意互不相同的点 $\{x_i\}_{i=0}^n$ 都是正定矩阵.

**定义 1.2.3** (条件正定径向函数) 称 $\Phi_d$ 为 $r$ 阶条件正定径向函数如果对于任意互不相同的点 $\{x_i\}_{i=0}^n$, 矩阵 $(\Phi_d(x_i-x_j))_{i,j=0}^n$ 在 $\mathbb{R}^{n+1}$ 的子向量空间

$$\left\{(a_0,a_1,\cdots,a_n)\in\mathbb{R}^{n+1}:\sum_{j=0}^n a_jx_j^\beta=0,|\beta|=0,1,\cdots,r-1\right\}$$

中都是正定矩阵.

**定义 1.2.4** (径向基函数空间) 由一个径向函数 $\Phi_d$ 的若干个平移的线性组合张成的函数空间 $V_n=\operatorname{span}\{\Phi_d(x-x_j),\ x_j\in\mathbb{R}^d\}_{j=0}^n$ 称为径向基函数空间.

**定义 1.2.5** (径向基函数) 径向基函数空间中的一组基函数称为径向基函数.

当 $\Phi_d$ 为正定径向函数时, 对于任意两两互不相同的点, 函数组 $\{\Phi_d(x-x_j),\ x_j\in\mathbb{R}^d\}_{j=0}^n$ 都是 $V_n$ 的一组基函数, 即对任意 $f,g\in V_n$, 均存在唯一的系数 $\{a_i\}_{i=1}^n$, $\{b_j\}_{j=1}^n$ 使得 $f(x)=\sum\limits_{i=1}^n a_i\Phi_d(x-x_i)$, $g(x)=\sum\limits_{j=1}^n b_j\Phi_d(x-x_j)$. 而且, 由 $\Phi_d$ 诱导的二次泛函

$$\langle f,g\rangle_{\Phi_d}=\sum_{i=0}^n\sum_{j=0}^n a_ib_j\Phi_d(x_i-x_j)$$

是 $V_n$ 的一个范数. 特别地, 对于任意的 $\Phi_d(x-x_i)\in V_n, i=1,2,\cdots,n$, 都有

$$\langle\Phi_d(\cdot-x_i),\Phi_d(\cdot-x_j)\rangle_{\Phi_d}=\Phi_d(x_i-x_j).$$

进一步, 可以证明 $V_n$ 的闭包 $(\bar{V}_n)$ 在此范数下是一个再生核希尔伯特空间, 而且核函数 $K(x,y)=\Phi_d(x-y)$ 是 $\bar{V}_n$ 的一个再生核, 即对任意的函数 $g(x)\in\bar{V}_n$ 都

有

$$
\begin{aligned}
\langle g(y), K(x,y)\rangle_{\Phi_d} &= \sum_{j=1}^{n} b_j \langle \Phi_d(y-x_j), \Phi_d(x-y)\rangle_{\Phi_d} \\
&= \sum_{j=1}^{n} b_j \Phi_d(x-x_j) = g(x).
\end{aligned}
$$

对径向基函数空间的研究是从插值问题开始的. 主要集中在插值算子的存在、唯一性、收敛性、快速算法、稳定性以及插值算子的应用等方面. 最早可能是 Krige 在 1951 年提出的用于研究矿藏分布的 Kriging 方法. 随后, Matheron 对该方法进行更深入的研究. 1971 年, Hardy 将 Multiquadric 函数 (一类特殊的径向函数) 用于处理波音公司的飞机外形设计问题, 取得了很好的效果. 1975 年, Duchon 等从样条的弯曲能出发导出了应用于多元插值问题的薄板样条理论.

给定数据 $\{x_j, f_j\}_{j=0}^{n}$, 径向基函数插值公式为

$$
f^*(x) = \sum_{j=0}^{n} \lambda_j \Phi_d(x-x_j) = \sum_{j=0}^{n} \lambda_j \phi(\|x-x_j\|),
$$

其中系数 $\{\lambda_j\}$ 由插值条件求出:

$$
\sum_{j=0}^{n} \lambda_j \phi(\|x_k-x_j\|) = f_k, \quad k=0,1,\cdots,n.
$$

由上面的定义知, 当 $\Phi_d$ 为 $d$ 元正定函数时, 这个插值方程对任何互不相同的点 $\{x_j\}$ 都唯一可解. 故而其本性空间为 $\bar{V}_n$. 而且, 还可以证明 $f^*(x)$ 使得范数 $\langle f(x)-f^*(x), f(x)-f^*(x)\rangle_{\Phi_d}$ 最小 (即是 $f(x)$ 在 $V_n$ 中的一个投影). 具体过程如下: 由范数的定义可知

$$
\begin{aligned}
&\langle f(x)-f^*(x), f(x)-f^*(x)\rangle_{\Phi_d} \\
={}& \sum_{i=0}^{n}\sum_{j=0}^{n} \lambda_i\lambda_j \Phi_d(x_i-x_j) - 2\sum_{j=0}^{n} \lambda_j \langle \Phi_d(x-x_j), f(x)\rangle_{\Phi_d} + \langle f(x), f(x)\rangle_{\Phi_d}.
\end{aligned}
$$

两边关于系数 $\{\lambda_i\}_{i=0}^{n}$ 求偏导并令其为零得方程组

$$
(\Phi_d(x_i-x_j))(\lambda_0,\ \cdots,\lambda_n)^{\mathrm{T}} = (\langle \Phi_d(x-x_j), f(x)\rangle_{\Phi_d}).
$$

进一步, 由于系数矩阵 $(\Phi_d(x_i-x_j))$ 可逆, 从而有

$$(\lambda_0, \ \cdots, \lambda_n)^{\mathrm{T}} = (\Phi_d(x_i - x_j))^{-1}(\langle \Phi_d(x - x_j), f(x)\rangle_{\Phi_d}).$$

又因为 $\langle \Phi_d(x - x_j), f(x)\rangle_{\Phi_d} = f(x_j)$, $j = 0, 1, \cdots, n$, 从而得证.

**注释 1.2.3** 类似于在多项式空间中标准正交基函数、标准对偶正交基函数的构造过程, 还可以在径向基函数空间中分别构造关于范数 $\langle \cdot, \cdot \rangle_{\Phi_d}$ 的标准正交基函数、标准对偶正交基函数.

对 $r$ 阶条件正定径向函数, 如果把插值算子作适当的修改, 添加上一个多项式项即

$$f^*(x) = \sum_{j=0}^{n} a_j \phi(\|x - x_j\|) + \sum_{|\alpha|=0}^{r-1} b_\alpha x^\alpha,$$

使其满足

$$f_k = \sum a_j \phi(\|x_k - x_j\|) + \sum b_\alpha x_k^\alpha$$

及附加条件

$$\sum_{j=0}^{n} a_j x_j^\alpha = 0, \quad |\alpha| = 0, 1, \cdots, r - 1,$$

那么, 可以证明这个插值算子也是唯一存在的. 而且, 它还再生对应的多项式空间. 此时, 二次泛函 $\langle \cdot, \cdot \rangle_{\Phi_d}$ 是 $\Phi_d$ 的本性空间中的一个半范数, 其零空间为 $r$ 阶多项式空间.

径向基函数插值具有最小方差无偏估计这个统计意义下的最优性 (Kriging 方法) 以及薄板样条弯曲能最小这个物理意义下的最优性 (薄板样条)[202]. 更一般地, 还可以通过径向基函数构造一个再生核希尔伯特空间, 使得径向基函数插值在这个再生核空间的度量下最优[177]. 目前, 径向基函数已被广泛地应用于机器学习、统计分析、微分方程数值解、几何造型、图形图像处理、神经网络、电影动漫中的场景设计乃至政治学、经济学等领域, 成为函数逼近 (尤其是多元散乱数据逼近) 的一个重要工具. 关于径向基函数的更多讨论, 读者可以参看 [21], [52], [105], [134] 等.

索伯列夫 (Sobolev) 空间是一个由函数组成的赋范向量空间[2,53,207], 为研究偏微分方程提供了重要的理论分析工具. 首先介绍弱导数的定义. 令 $\phi: \Omega \to \mathbb{R}$, $\phi \in \mathcal{C}_0^\infty(\Omega)$ 为一个测试函数 (test funciton), 对于任意一个连续可微函数 $u \in \mathcal{C}^1(\Omega)$, 利用分部积分公式得

$$\int_\Omega u\phi_{x_i} = -\int_\Omega u_{x_i}\phi dx, \quad i = 1, \cdots, d.$$

因为函数 $\phi$ 具有紧支集性质, 故式中的边界项为 0. 进一步可得

$$\int_\Omega uD^\alpha \phi dx = (-1)^{|\alpha|}\int_\Omega D^\alpha u\phi dx,$$

这里多重指标 $\alpha=(\alpha_1,\alpha_2,\cdots,\alpha_d)$, 其中 $\alpha_i$ 为非负整数, $|\alpha|=\alpha_1+\cdots+\alpha_d=k$.

**定义 1.2.6** (弱导数)　令 $L^1_{\rm loc}(\Omega)$ 为区域 $\Omega$ 上局部可积函数空间. 若对于任何测试函数 $\phi\in\mathcal{C}_0^\infty(\Omega)$ 都有

$$\int_\Omega uD^\alpha \phi dx = (-1)^{|\alpha|}\int_\Omega v\phi dx,\quad u,v\in L^1_{\rm loc}(\Omega),$$

则称 $v$ 是 $u$ 的 $\alpha$ 阶弱偏导数: $D^\alpha u=v$.

可以证明如果一个函数的 $\alpha$ 阶弱导数存在, 那么它在几乎处处为零的意义下是唯一的.

**定义 1.2.7** (索伯列夫空间)　所有满足 $D^\alpha u\in L^p(\Omega)$, $|\alpha|\leqslant k$, $1\leqslant p\leqslant\infty$ 的局部可积函数 $u:\Omega\to\mathbb{R}$ 构成的函数空间称为索伯列夫空间, 记为 $W^{k,p}(\Omega)$ .

特别地, 当 $p=2$ 时, $H^k(\Omega):=W^{k,2}(\Omega)$ 是一个希尔伯特空间, $H^0(\Omega)=L^2(\Omega)$.

**定义 1.2.8** (索伯列夫空间范数)　定义 $u\in W^{k,p}(\Omega)$ 的范数为

$$\|u\|_{W^{k,p}(\Omega)} := \begin{cases} \left(\displaystyle\sum_{|\alpha|\leqslant k}\int_\Omega |D^\alpha u|^p dx\right)^{1/p}, & 1\leqslant p<\infty,\\ \displaystyle\sum_{|\alpha|\leqslant k}\operatorname*{ess\,sup}_\Omega |D^\alpha u|, & p=\infty. \end{cases}$$

**定义 1.2.9**　记 $\{u_m\}_{m=1}^\infty$, $u\in W^{k,p}(\Omega)$. 称 $u_m$ 在 $W^{k,p}(\Omega)$ 意义下收敛到 $u$, 若

$$\lim_{m\to\infty}\|u_m-u\|_{W^{k,p}(\Omega)}=0.$$

容易证明对于索伯列夫空间中的函数, 其弱导数满足经典导数的许多性质, 例如对任意的 $u,v\in W^{k,p}(\Omega)$, $|\alpha|\leqslant k$, 都有

1. $D^\alpha u\in W^{k-|\alpha|,p}(\Omega)$, $D^\beta(D^\alpha u)=D^\alpha(D^\beta u)=D^{\alpha+\beta}u$ 对任意的多重指标 $\alpha$, $\beta$, $|\alpha|+|\beta|\leqslant k$ 都成立.

2. 若 $\lambda,\mu\in\mathbb{R}$, 则 $\lambda u+\mu v\in W^{k,p}(\Omega)$, 且 $D^\alpha(\lambda u+\mu v)=\lambda D^\alpha u+\mu D^\alpha v$, $|\alpha|\leqslant k$.

3. 若 $V \subset \Omega$ 是开子集, 则 $u \in W^{k,p}(V)$.
4. 若 $v \in \mathcal{C}_c^\infty(\Omega)$, 则 $vu \in W^{k,p}(\Omega)$ 且有 Leibniz 公式

$$D^\alpha(vu) = \sum_{\beta \leqslant \alpha} \binom{\alpha}{\beta} D^\beta v D^{\alpha-\beta} u.$$

# 第 2 章　函数空间的生成子

基函数是函数空间的“基石”, 函数空间中的任何一个元素 (函数) 都可以由基函数线性表示. 然而, 同一个函数空间有不同的基底, 既使最简单的多项式空间, 可以用一组单项式作为基底, 也可以选择 Bernstein 基、Bessel 基、Hermite 基、Jacobi 基、Lagrange 基、Laguerre 基、Legendre 基、Newton 基等. 因此, 如何根据需要寻找恰当的基函数是函数逼近领域研究的一个基本问题. 这个问题几乎存在所有领域, 例如生物中寻找物种的“DNA”、化学中寻找物质的基本元素等. 化学家告诉我们, 物质是由原子构成的. 事实上, 宇宙中的所有东西都可以由某种“原子”的线性组合表示, 就像数学中的函数可以由一组基函数的线性组合表示一样. 而且, 原子还可以由更基本的元素如中子、电子、质子等表示. 那么, 我们自然要问: 函数空间中的基函数是否可以由更基本的函数表示? 对于大多数函数空间, 这样的函数是存在的[203]. 例如, 对于 $n$ 次多项式空间 $\mathcal{P}_n$, 函数 $x^n$ 的任何 $n+1$ 个不同的平移都可以作为 $\mathcal{P}_n$ 的一组基底. 这和生物中细胞通过把自身的拷贝 (平移) 叠加起来 (线性组合) 组成器官非常类似. 用一个时髦的说法, 函数 $x^n$ 包含了多项式空间 $\mathcal{P}_n$ 的所有“DNA”. 我们称这种特殊的函数为函数空间的生成子[187, 189, 203].

## 2.1　生成子的定义

**定义 2.1.1** (生成子[203])　令 $S$ 是一个给定的线性函数空间, 函数 $G(x) \in S$ (这个条件并不是必要的, 此时, $G(x)$ 可以生成比 $S$ 更大的函数空间). 称 $G(x)$ 是 $S$ 的一个生成子, 如果它满足以下两个条件中的任意一个:

- 对于任意两两互不相同的点 $\{x_j\}$, $S \subseteq \{G(x-x_0),\ G(x-x_1),\ \cdots\}$;
- $G$ 的各阶导数均存在且满足 $S \subseteq \{G(x), G'(x),\ \cdots\}$.

**注释 2.1.1**　与经典的平移不变空间只考虑生成子的整数平移的情形不同, 这里考虑生成子的更一般的平移情形.

**注释 2.1.2**　不是所有的函数空间都有生成子, 例如由所有的次数不超过 $n$ 的奇次 (偶次) 多项式组成的函数空间不存在生成子. 因此, 这里我们考虑这样的函数空间 $S$ 满足 $G(x) \in S$, $S = \{G(x-\cdot)\}$. 也就是说 $S$ 是生成子 $G(x)$ 生成的最小函数空间. 再次强调, 生成子是函数空间的最基本的元素, 它包含了函数空间的所有的“DNA”.

下面是几个常见函数空间的生成子[203].

1. $x^n$ 是 $n$ 次多项式空间 $\mathcal{P}_n$ 的一个生成子;

2. $2\sin x-\sin(2x)$ 是三角多项式空间的一个生成子;

3. $2e^x-e^{2x}$ 是指数多项式空间的一个生成子;

4. $\|x\|^{2k+1}$ 是 $2k$ 次多项式样条空间的一个生成子;

5. $\|x\|^{2k+1}e^x\sin^2 x$ 是切比雪夫多项式样条空间的一个生成子;

6. 高斯函数 $e^{-x^2}$ 的平移的线性组合几乎可以逼近所有的函数空间.

正如上面讨论, 对于 $n$ 次多项式空间 $\mathcal{P}_n$ 的一个生成子 $x^n$, 其任何 $n+1$ 个平移是线性相关的. 也就是说生成子 $x^n$ 只能生成一个有限维 ($n$ 维) 的函数空间 $\mathcal{P}_n$. 另外, 由于差商可以看成是平移的线性组合, 而导数又可以看成是差商的极限. 因此, 有以下定理[203].

**定理 2.1.1** 生成子仅能生成一个有限维的一元函数空间当且仅当这个生成子是某个常系数齐次线性常微分方程的一个解. 对于多元函数函数空间, 如果一个生成子仅能生成一个有限维函数空间, 那么, 这个生成子一定是某个常系数齐次线性偏微分方程的一个解. 但反过来不成立. 即一个常系数齐次偏微分方程的解却可以作为一个无限维函数空间的一个生成子. 例如, $e^{-x^2-y^2}\cos(2xy)$ 是一个满足拉普拉斯方程的二元调和函数, 但它的平移却可以张成一个无限维函数空间.

下面是几个常系数齐次线性常微分方程及其解空间的例子[203]. 读者可以找到对应的生成子使得它们正好生成这些解空间. 令 $D$ 为微分算子: $Df(x)=f'(x)$, $I$ 为单位算子, $c$ 为一个常数.

1. $D^{n+1}f(x)=0$, 解空间为 $n$ 次多项式空间 $\mathcal{P}_n$, 生成子为 $x^n$;

2. $(D^2+c^2I)f(x)=0$, 解空间为二次三角多项式空间, 生成子为 $c\sin x-\sin(cx)$;

3. $(D^2-c^2I)f(x)=0$, 解空间为指数多项式空间, 生成子为 $e^{cx}$;

4. $D^{n+1}(D^4-c^4I)f(x)=0$, 解空间为以上三个空间进行代数运算后的空间的一个子空间.

对于存在生成子的函数空间, 如何构造其生成子呢?

首先讨论如何在一个 $n$ 次常系数齐次常微分方程 $P(D)G(x)=0$ 的解空间中构造生成子. 这里, $P(D)=\sum\limits_{i=0}^{n}a_iD^i$, $a_i\in R$, $a_n\neq 0$[186].

## 2.2 常系数齐次线性常微分方程解空间的生成子

**定义 2.2.1** (切比雪夫系) 一个定义在 $[a,b]$ 上的 $n$ 维连续函数空间 (假设由 $\{b_1(x),\cdots,b_n(x)\}$ 张成) 被称为是一个 $n$ 阶的切比雪夫系, 如果这个函数空间中除了零以外没有其他函数在 $[a,b]$ 上有 $n$ 个零点. 也就是说, 对任何两两不同的点 $\{x_k\}_{k=1}^n$, 矩阵 $(b_j(x_k))$ 都是非奇异的.

**注释 2.2.1** 容易证明切比雪夫系一定是一组基底, 但是比基底更为严格. 譬如, $\{\sin(x),\sin(2x)\}$ 在 $[0,\pi]$ 上是一组基, 但不是切比雪夫系, 而在 $(0,\pi)$ 上它还是一个切比雪夫系.

**注释 2.2.2** $n$ 次多项式函数空间 $\{1,\cdots,x^n\}$ 是 $(-\infty,\infty)$ 上 $n+1$ 阶的切比雪夫系. $\{1,e^x,\cdots,e^{nx}\}$ 也是 $(-\infty,\infty)$ 上 $n+1$ 阶的切比雪夫系. $\{1,\sin(x),\cos(x),\cdots,\sin(nx),\cos(nx)\}$ 是 $[0,2\pi)$ 上 $2n+1$ 阶的切比雪夫系. $\{1,\cos(x),\cdots,\cos(nx)\}$, $\{\sin(x),\cdots,\sin(nx)\}$ 分别是 $(0,\pi)$ 上 $n+1$ 阶及 $n$ 阶的切比雪夫系. 如注释 2.2.1 中已经指出的, 在更大的定义区间上, 上述函数组还是一组基底, 但将不再是切比雪夫系.

令 $S=\ker(P(D))=\{B(x)|P(D)B(x)=0\}$ 为算子 $P(D)$ 的核空间. 它由定义在 $(-\infty,\infty)$ 上的函数构成, 是一个 $n$ 维的线性空间. 这个函数空间是平移不变的, 即如果 $B(x)\in S$, 那么 $B(x-c)\in S$, $c\in\mathbb{R}$. 但这个函数空间不一定是伸缩不变的. 也就是说, $B(cx)$ 不一定属于 $S$. 我们注意到, 多项式函数空间既是平移不变的, 也是伸缩不变的函数空间. 当然, 多项式函数空间也是这类常微分方程一个特殊的解空间, 这时 $P(D)=D^{n+1}$. 那么, 除了多项式, 这类空间是否也存在类似多项式函数空间中的生成子呢? 如果这类空间也存在生成子, 那么它也可以认为是比较简单的函数空间. 从常微分方程的知识我们知道, 这类函数包含多项式、三角函数多项式及指数函数多项式的代数 (加、减、乘及线性组合), 这也正是我们通常熟悉的函数.

不失一般性, 以下讨论在复空间中进行.

**定理 2.2.1** 如果 $\{\lambda_j\}<\pi$ 是常微分算子特征方程 $P(\lambda)=0$ 的根, 并且两两不同, 那么 $\ker(P(D))=\{e^{\lambda_1 x},\cdots,e^{\lambda_n x}\}$. 这时

$$B(x)=\sum a_j e^{\lambda_j x},\quad \prod a_j\neq 0$$

是该常微分方程解空间的一个生成子. 而且有

1. 如果 $|\mathrm{Im}\lambda_l(x_k-x_j)|<\pi$ 且 $\{x_j\}$ 两两不同, 那么

$$\{B(x-x_1),B(x-x_2),\cdots,B(x-x_n)\}$$

的线性组合张成整个解空间 $S$, 此处 $\mathrm{Im}\lambda_l$ 表示 $\lambda_l$ 的虚部;

2. 同时

$$\{B(x),B'(x),\cdots,B^{(n-1)}(x)\}$$

的线性组合也张成整个解空间.

**证明** 对于第一个性质令

$$\begin{pmatrix} \ddots & \ddots & \ddots \\ \ddots & e^{-\lambda_j x_k} & \ddots \\ \ddots & \ddots & \ddots \end{pmatrix} \begin{pmatrix} \ddots & & \\ & a_j & \\ & & \ddots \end{pmatrix} \begin{pmatrix} \vdots \\ e^{\lambda_j x} \\ \vdots \end{pmatrix} = \begin{pmatrix} B(x-x_1) \\ \vdots \\ B(x-x_n) \end{pmatrix}.$$

对于第二个性质令

$$\begin{pmatrix} \ddots & \ddots & \ddots \\ \ddots & \lambda_j^{k-1} & \ddots \\ \ddots & \ddots & \ddots \end{pmatrix} \begin{pmatrix} \ddots & & \\ & a_j & \\ & & \ddots \end{pmatrix} \begin{pmatrix} \vdots \\ e^{\lambda_j x} \\ \vdots \end{pmatrix} = \begin{pmatrix} B(x) \\ \vdots \\ B^{(n-1)}(x) \end{pmatrix}.$$

则以上两式右端的函数线性无关的一个共同的条件是: $\prod a_j \neq 0$. 从而容易证明定理中的第二个性质. 又因为矩阵 $(\lambda_j^{k-1})$ 的行列式是一个范德蒙德行列式, 故而系数矩阵是非奇异的.

对于定理的第一个性质, 如果 $\{\lambda_j\}_{j=1}^n$ 及 $\{x_j\}_{j=1}^n$ 都两两不同. 矩阵 $(e^{-\lambda_j x_k})$ 的非奇异性等价于 $\{e^{-\lambda_j x}\}$ 张成了一个 $n$ 阶的切比雪夫系. 我们要证明, 在某区间上, 除了零函数外, $\sum\limits_{j=1}^n a_j e^{\lambda_j x}$ 不能有 $n$ 个零点. 利用反证法. 显然, 在 $|\mathrm{Im}\lambda_1 x| < \pi$, $e^{\lambda_1 x}$ 是一个 1 阶的切比雪夫系. 如果 $\{e^{\lambda_j x}\}_{j=1}^{l-1}$ 是一个 $l-1$ 阶的切比雪夫系, 而函数 $\sum\limits_{j=1}^l a_j e^{\lambda_j x}$ 有 $l$ 个零点, 且 $a_l \neq 0$, 那么

$$\sum_{j=1}^{l-1} \frac{a_j}{a_l} e^{(\lambda_j - \lambda_l)x} + 1$$

有 $l$ 个零点, 从而由 Rolle 引理, 其导数

$$\sum_{j=1}^{l-1} \frac{a_j}{a_l} (\lambda_j - \lambda_l) e^{(\lambda_j - \lambda_l)x}$$

有 $l-1$ 个零点. 这与归纳假设矛盾. □

在以上的证明中, 我们假设 $\lambda_l$ 是实数, 当有成对出现的复特征根时, 可以运用下面推广的 Rolle 引理解决, 这需要条件 $|\mathrm{Im}\lambda_j x| < \pi$.

**注释 2.2.3** 如果 $\mathrm{Im}\lambda_j = 0$, 那么

$$B(x) = \sum a_j e^{\lambda_j x}, \quad \prod a_j \neq 0$$

是一个定义在 $(-\infty,\infty)$ 上的切比雪夫系; 否则, 它是一个限制在某区间上的切比雪夫系.

**注释 2.2.4** 关于 $\lambda_j$ 有重点及复根情形, 空间 $S=\{B(x)|P(D)B(x)=0\}$ 至少在一个区间上是一个切比雪夫系, 并且也具备生成子. 所以, 实常系数常微分方程的解空间 $S$ 也是一个较为简单的函数空间.

这里我们还要讨论空间 $S$ 的一些性质. 根据常微分方程的知识, $S$ 中存在一组特殊的解函数 $\{B_j(x)\}_{j=1}^n$ 满足 $B_j^{(l-1)}(0)=\delta_{j,l}$, 它们也张成解空间 $S$. 因此, 也有相应的 Taylor 展开和 Rolle 引理.

**定理 2.2.2** (推广的 Taylor 展开) 任给 $f(x)\in\mathcal{C}^n$, 在空间 $S$ 中存在推广的 Taylor 展开式

$$f(x)=\sum_{k=0}^{n-1}f^{(k)}(x_0)B_k(x-x_0)+\mathcal{O}(x-x_0)^n,$$

这里 $B_j(x)\in S$, $B_j^{(k-1)}(0)=\delta_{jk}$.

**证明** 上式两端在 $x_0$ 的所有 $k\leqslant n-1$ 阶导数均相等. 因此, 比较两端的 Taylor 展式, 就可以得到引理的结论. □

**引理 2.2.1** (推广的 Rolle 引理)

1. 如果 $f(a)=f(b)=0$ 且 $f\in\mathcal{C}^1([a,\ b])$, 那么存在点 $\xi\in(a,b)$ 使得 $(D-d)f(\xi)=0$, 这里 $D$ 是微分算子, $d$ 为任意实数;

2. 如果 $f(a)=f(c)=f(b)=0$ 且 $a<c<b$, $f\in\mathcal{C}^2([a,\ b])$, 那么存在点 $\xi\in(a,b)$, 使得 $(D-d)(D-\bar{d})f(\xi)=(D^2-2A^*D+A^{*2}+B^{*2})f(\xi)=0$, 这里 $d=A^*+iB^*$ 为任何给定的复数且满足 $|(b-a)B^*|<\pi$.

**证明** 对于引理的第一部分, 考虑辅助函数 $g(x)=e^{-dx}f(x)$, 则 $g(a)=g(b)=0$, 由 Rolle 引理, 存在点 $\xi\in(a,b)$, 使得 $Dg(\xi)=0=e^{-dx}(D-d)f(\xi)$. 因为 $e^{-dx}\neq0$, 所以有 $(D-d)f(\xi)=0$. 对于引理的第二部分, 当 $B^*=0$ 时, 运用两次关于第一部分的结果就可以得到. 如果 $B^*\neq0$, 记 $F(t)=f(t/B^*+(a+b)/2)$, $A=A^*/B^*$, 那么

$$F(-(b-a)B^*/2)=F(B^*(c-(a+b)/2))=F((b-a)B^*/2)=0,$$

这时问题转化为要证明存在

$$\eta\in(-(b-a)B^*/2,(b-a)B^*/2)$$

满足

$$(D^2-2AD+A^2+1)F(\eta)=0.$$

记 $g(t) = e^{A^*t}/\cos(t)$, $h(t) = 1/\cos^2(t)$, 那么

$$
\begin{aligned}
D[h(t)D(g(t)F(t))] &= hgF'' + (2hg' + h'g)F' + (h'g' + hg'')F \\
&= hg[D^2 + 2AD + (1 + A^2)]F.
\end{aligned}
$$

当 $|(b-a)B^*| < \pi$ 时, $h$ 和 $g$ 在区间 $(-(b-a)B^*/2, (b-a)B^*/2)$ 都不为零. $F$ 有三个零点, 利用 Rolle 引理, $D(g(t)F(t))$ 及 $h(t)D(g(t)F(t))$ 有两个零点, 从而

$$
D[h(t)D(g(t)F(t))] = hg[D^2 + 2AD + (1 + A^2)]F
$$

至少有一个零点. □

进一步, 利用数学归纳法, 我们得到以下定理.

**定理 2.2.3** 如果 $f$ 是一个 $n$ 次连续可导函数且满足 $f(x_j) = 0$, $x_0 < \cdots < x_n$, 那么存在点 $\xi \in (x_0, x_n)$, 使得 $P(D)f(\xi) = 0$.

**注释 2.2.5** 如同 $f$ 是多项式情形的讨论, 当 $f$ 有重根时上述定理也成立. 另外, 条件 $|(b-a)B^*| < \pi$ 是必需的, 否则可以给出反例: $f(x) = \sin^2(x)$ 有许多零点, 但是

$$
(D^2 - 2D + 5)f(x) = \sin^2(x) + (\sin(x) - \cos(x))^2 > 0
$$

却没有一个零点.

**引理 2.2.2** 令 $f$ 为连续可导的一元函数. 则有以下结论成立:

1. 如果 $f(x_0) = 0$ 且 $(D-d)f(x) = f_1(x)$, 其中 $d$ 是实数, 那么 $|f(x)| \leqslant C|x - x_0|\|f_1\|_\infty$;

2. 如果 $f(x_0) = f(x_1) = 0$ 且 $(D-d)(D-\bar{d})f(x) = (D^2 - 2AD + A^2 + B^2)f(x) = f_2(x)$, 其中 $d = A + iB$ 是复数, 那么

$$
|f(x)| \leqslant C\max(|x - x_j|^2)\|f_2\|_\infty;
$$

3. 如果 $f(x_1) = \cdots = f(x_n) = 0$ 且 $P(D)f(x) = f_n(x)$, 那么由数学归纳法,

$$
|f(x)| \leqslant C\max(|x - x_j|^n)\|f_n\|_\infty.
$$

**证明** 我们只要对引理中的一阶及二阶微分算子证明, 然后利用以前证明 $P(D) = D^n$ 的思想逐次对 $f^{(n)}(x)$ 从 Rolle 引理的零点开始进行积分, 而现在是对 $(D-d)$ 或 $(D-d)(D-\bar{d})$ 求积就可以得到本引理的结果. 由

$$
e^{dx}D(e^{-dx}f(x)) = (D-d)f(x) = g(x)
$$

及

$$
(hg)^{-1}D[hD(gf)]f(x) - f(x_0) = \int_{x_0}^{x} e^{d(x-t)g(t)}dt,
$$

其中 $hg$ 及 $(hg)^{-1}$ 在我们讨论的区间有界, 从而得到积分的估计式. □

更一般地, 有以下定理.

**定理 2.2.4** 令 $g(x)$ 是某 $n$ 维函数空间 $P(D)g(x)=0$ 的生成子. 则任何 (满足关于特征方程根的虚部条件) $n$ 个平移 $\{g(x-x_j)\}_{j=1}^{n}$ 一定线性无关, 但任何 $n+1$ 个平移 $\{g(x-x_j)\}_{j=1}^{n+1}$ 都线性相关. 同时, $\{g^{(k-1)}(x)\}_{k=1}^{n}$ 线性无关, 而 $\{g^{(k-1)}(x)\}_{k=1}^{n+1}$ 线性相关.

**证明** 线性无关性是生成子的定义, 生成子生成了 $S=\ker(P(D))$ 的 $n$ 维函数空间, 所以其任何 $n+1$ 个函数都线性相关. □

进一步, 还有逆定理.

**定理 2.2.5** 如果有函数 $g(x)\in\mathcal{C}^{\infty}$, 且它的任何 $n$ 个平移 $\{g(x-x_j)\}_{j=1}^{n}$ 都线性无关, 但任何 $n+1$ 个平移 $\{g(x-x_j)\}_{j=1}^{n+1}$ 都线性相关, 那么 $\{g^{(k-1)}(x)\}_{k=1}^{n}$ 线性无关, 而 $\{g^{(k-1)}(x)\}_{k=1}^{n+1}$ 线性相关; 反之, 如果 $\{g^{(k-1)}(x)\}_{k=1}^{n}$ 线性无关, 而 $\{g^{(k-1)}(x)\}_{k=1}^{n+1}$ 线性相关, 那么它的任何 $n$ 个平移 $\{g(x-x_j)\}_{j=1}^{n}$ ($\{x_j\}_{j=1}^{n}$ 在满足特征方程根虚部条件的区间) 都线性无关, 但任何 $n+1$ 个平移 $\{g(x-x_j)\}_{j=1}^{n+1}$ 都线性相关, 从而 $g(x)$ 是一个生成子.

**证明** 因为 $g(x)$ 的任何 $n$ 个平移 $\{g(x-x_j)\}_{j=1}^{n}$ 都线性无关, 但任何 $n+1$ 个平移 $\{g(x-x_j)\}_{j=1}^{n+1}$ 都线性相关, 那么由基函数的置换可知任何 $n$ 个平移 $\{g(x-x_j)\}_{j=1}^{n}$ 都张成相同的函数空间, 或者说 $g(x)$ 的任何平移都在一个 $n$ 维函数空间中, $\{g^{(k-1)}(x)\}_{k=1}^{n+1}$ 是 $g(x)$ 平移线性组合的极限 (譬如, $g'(x)=\lim\limits_{\Delta x\to 0}(g(x+\Delta x)-g(x))/\Delta x$), 从而也在这个 $n$ 维函数空间中, 所以 $n+1$ 个函数 $\{g^{(k-1)}(x)\}_{k=1}^{n+1}$ 线性相关. 对于 $\{g^{(k-1)}(x)\}_{k=1}^{n}$ 的线性无关性, 用反证法. 如果 $\{g^{(k-1)}(x)\}_{k=1}^{n}$ 线性相关, 那么 $g(x)$ 是某低次常微分方程的解, 由常微分方程解的平移不变性, 其平移还在这个解空间中, 所以 $g(x)$ 的平移生成的函数空间的维数小于 $n$, 与反证假设矛盾. 反之, 如果 $\{g^{(k-1)}(x)\}_{k=1}^{n}$ 线性无关, 而 $\{g^{(k-1)}(x)\}_{k=1}^{n+1}$ 线性相关, 那么 $g(x)$ 是 $n$ 阶线性常微分方程的解, 且不是任何低于 $n$ 阶线性常微分方程的解, 所以其平移 $\{g(x-x_j)\}_{j=1}^{n}$ ($\{x_j\}_{j=1}^{n}$ 在满足特征方程根虚部条件的区间) 都线性无关, 但任何 $n+1$ 个平移 $\{g(x-x_j)\}_{j=1}^{n+1}$ 都线性相关, 从而 $g(x)$ 是一个生成子. □

基于以上讨论我们得到如下结果.

**注释 2.2.6** 如果 $P(\lambda)=0$ 的解 $\lambda_j$ 两两不同, 那么

$$\{e^{\lambda_1 x}, e^{\lambda_1 x}+e^{\lambda_2 x}, \cdots, e^{\lambda_1 x}+e^{\lambda_2 x}+\cdots+e^{\lambda_n x}\}$$

是一个生成子序列, 分别是一个空间套序列

$$U_1\subset U_2\subset\cdots\subset U_n=S$$

的生成子, 其中 $U_j$ 由 $\{e^{\lambda_1 x}, \cdots, e^{\lambda_j x}\}$ 张成.

生成子通常不唯一, 例如, 对于 $n$ 次多项式空间 $\mathcal{P}_n$, 可以证明 $(x-c)^n$ 对任意 $c \in \mathbb{R}$ 均可以作为生成子. 为此, 定义一个标准生成子.

**定义 2.2.2** (标准生成子) 称 $G(x)$ 为 $n$ 次齐次常系数常微分方程 $P(D)G(x) = 0$ 的解空间 $S$ 的标准生成子, 如果 $G(x)$ 满足 $G^{(k)}(0) = \delta_{k,n-1}$.

从定义可以看出标准生成子是一个特殊的生成子. 它是唯一确定的. 下面讨论如何构造函数空间 $S$ 的标准生成子.

**定理 2.2.6** 如果 $P(\lambda) = \prod_{j=1}^{n}(\lambda - \lambda_j)$ (当有重根时按重数计算), $\lambda_j$ 两两不同, 那么

$$B(x) = [\lambda_1, \cdots, \lambda_n]e^{\lambda x}$$

满足 $P(D)B(x) = 0$. 进一步有 $B^{(k)}(0) = 0$, $k \leqslant n-2$, 以及 $B^{(n-1)}(0) = 1$.

**证明** 由于 $B(x)$ 是 $S$ 中函数的线性组合, 所以 $P(D)B(x) = 0$. 将 $e^{\lambda x}$ 进行 Taylor 展开

$$e^{\lambda x} = \sum_{j=0}^{n-2} \frac{(\lambda x)^l}{l!} + \frac{(\lambda x)^{n-1}}{(n-1)!} + \sum_{j=n}^{\infty} \frac{(\lambda x)^l}{l!},$$

利用差商是插值多项式 (关于变量 $\lambda$) 的首项系数这个性质, 上式等号右侧的第一部分是一个低次的多项式, 从而其差商为零; 第二部分的插值多项式就是 $(\lambda x)^{n-1}/(n-1)!$ 本身, 其差商为 $x^{n-1}/(n-1)!$, 从而满足定理的性质. 第三部分有一个 $x^n$ 的因子, 所以其在 $x = 0$ 处的各阶 (不超过 $n-1$ 阶) 导数均为零. □

**定理 2.2.7** 如果 $P(\lambda)$ 是一个 $n$ 次实多项式, $\lambda_j$ 是它的特征根, 那么函数

$$G(x) = [\lambda_1, \cdots, \lambda_n]e^{\lambda x}$$

是空间 $S$ 的一个标准生成子.

**证明** 因为 $G^{(l)}(0) = \delta_{l,n-1}$, 所以其各阶导数在零点线性无关, 从而这 $n$ 个函数 $\{G^{(l)}(x)\}_{l=0}^{n-1}$ 线性无关, 并且张成 $S$. 考察 $G(x)$ 的平移 $\{G(x-x_j)\}$ 所张成的函数空间. 这个空间与 $\{G(x-x_j)\}_{j=0}^{n-1}$ 的各阶差商 $\{[x_0, \cdots, x_j]G(x-\cdot)\}_{j=0}^{n-1}$ 张成的函数空间等价. 其各阶差商至少当 $\{x_j\}$ 在一个邻域是线性无关的. 否则, 由差商的极限是导数, 会导致与 $\{G^{(l)}(x)\}_{l=0}^{n-1}$ 线性无关矛盾. □

以上讨论的生成子, 由于其任何 $n+1$ 个平移都线性相关, 因此, 利用它的平移只能生成有限维函数空间. 而从逼近论角度, 如果一个生成子只能生成一个有限维的函数空间, 那么它的逼近能力有限. 更一般地是利用生成子的平移、伸缩来张成函数空间. 但是, 伸缩却不能帮助多项式型生成子生成更大的空间. 然而, 可以证明如下定理.

**定理 2.2.8** 任何非多项式型生成子都可以生成无限维函数空间. 而且这个生成子的平移、伸缩的线性组合可以逼近几乎所有的函数.

小波理论就是利用生成子的平移、伸缩的线性组合构造逼近函数. 然而, 在许多场合, 人们往往希望只用生成子的平移的线性组合构造逼近函数.

**定理 2.2.9** 只利用平移的线性组合, 生成子能够逼近所有的函数当且仅当它的 (广义) Fourier 变换几乎处处不为零.

因此, 如何构造恰当的生成子使得只需要用它的平移的线性组合就可以逼近几乎所有的函数是一个有意义的问题. 而这样的生成子显然是存在的, 例如 2.4 节中介绍的径向基函数空间的生成子. 下面, 将介绍如何借鉴生物中的基因突变的思想来构造这样一类特殊空间 (广义样条函数空间) 的生成子.

## 2.3 广义样条函数空间的生成子

生物是通过基因突变来完成生物进化过程中的物种多样性目标的. 借鉴生物中的这种基因突变思想, 我们对以上构造的标准生成子进行突变 (截断)[203].

首先, 看一个简单的例子.

对函数 $x$ 在零点进行 "基因突变" 得到 $|x|/2$. 对这个突变后的生成子作平移的线性组合得到

$$\Lambda_j(x)=\frac{|x-x_{j+1}|-|x-x_j|}{2(x_{j+1}-x_j)}-\frac{|x-x_j|-|x-x_{j-1}|}{2(x_j-x_{j-1})}.$$

这是用于构造分段线性插值的基函数. 而分段线性插值可以逼近所有连续函数. 而且, $|x|$ 也是一次多项式样条 (分段一次多项式) 函数空间的一个生成子. 更重要地, 上述构造方法可以推广到由多项式空间的标准生成子构造相应的多项式样条函数空间的生成子.

**定义 2.3.1** 给定一组节点 $\{x_j\}_{j=1}^{L}\in(a,b)$, 记定义在 $[a,b]$ 上分段 $n-1$ 次多项式且在节点处至少 $k$ 次连续的函数全体为 $\mathcal{S}_{n-1}^{k}$, 显然这些函数在线性运算下封闭, 从而构成一个线性空间. 所以, 我们称它为在 $[a,b]$ 上关于节点 $\{x_j\}$ 的 $k$ 次连续的 $n-1$ 次 ($n$ 阶) 多项式样条函数空间.

特别地, 多项式样条函数空间 $\mathcal{S}_{n-1}^{n-2}$ 受到广泛的研究和应用.

定义如下三个截断多项式函数

$$x_+^{n-1}=\begin{cases}0, & x\leqslant 0,\\ x^{n-1}/(n-1)!, & x>0,\end{cases}$$

$$x_-^{n-1}=\begin{cases}-x^{n-1}/(n-1)!, & x\leqslant 0,\\ 0, & x>0,\end{cases}$$

以及

$$\frac{|x|^{n-1}}{2(n-1)!}=\frac{x_+^{n-1}+x_-^{n-1}}{2(n-1)!}.$$

容易验证它们均是样条函数空间 $\mathcal{S}_{n-1}^{n-2}$ 的生成子, 因而是 $\mathcal{C}^{n-2}$ 的函数. 而且, $|x|^{n-1}/2(n-1)!$ 为算子 $D^n$ 对应的多项式样条的对称核函数, 它扮演分段多项式插值中的核函数角色.

类似 $n-1$ 次 ($n$ 阶) 样条函数空间生成子的构造方法, 可构造广义样条函数空间的生成子.

如果 $S$ 是常系数常微分方程 $P(D)f(x)=0$ 的解空间, $\{B_j(x)\}_{j=1}^n$ 是一组满足 $B_j^{(k-1)}(0)=\delta_{jk}$ 的基础解系, 从而是该常微分方程解空间的一组基. 而且, 由上面标准生成子的定义可以知道 $B_n(x)$ 为标准生成子. 根据定理 2.2.6, $B_n(x)=[\lambda_1,\cdots,\lambda_n]e^{\lambda x}$. 下面, 讨论如何利用 $B_n(x)$ 构造出我们感兴趣的广义样条函数空间的生成子.

令

$$B_+(x):=\begin{cases}0, & x<0,\\ B_n(x), & x\geqslant 0,\end{cases}\qquad B_-(x):=\begin{cases}-B_n(x), & x<0,\\ 0, & x\geqslant 0,\end{cases}$$

它们将扮演在样条研究中类似截断多项式的角色. 定义

$$B_\pm(x)=\frac{B_+(x)+B_-(x)}{2}$$

为对应于算子 $P(D)$ 的广义样条的对称核函数, 它将扮演分段函数插值中的核函数的角色. 而且, 可以知道以上定义的三个截断函数是 $\mathcal{C}^{n-2}$ 的函数.

**注释 2.3.1** 下面的内容涉及广义函数及广义 Fourier 变换, 本书中不准备详细严格讨论, 有关的讨论请参见相关书籍. 粗略地讲, 如果 $d(x)=e^{-x^2}/\sqrt{\pi}$ 满足 $\lim\limits_{x\to\pm\infty}d(x)=0$, 且 $\int_{-\infty}^{\infty}d(x)dx=1$, 那么 Dirac-$\delta(x)$ 可以看成

$$\lim_{c\to\infty}d_c(x)=\lim_{c\to\infty}cd(cx)$$

的极限. 这时 $\int_{-\infty}^{\infty}d_c(x)dx\equiv 1$, 但是却越来越向零点集中. 不定积分 $\int_{-\infty}^{x}d_c(x)dx$ 的极限在 $x<0$ 趋于 0, 在 $x>0$ 趋于 1, 在零点有跳跃 1. 许多普通函数的数学结果对这样形式上定义的广义函数包括对它进行 Fourier 变换仍然成立.

**注释 2.3.2**　当 $x \neq 0$, $P(D)B_+(x) = 0$. 因为函数 $B_+(x)$ 的低阶导数在零点为零, 而 $(n-1)$ 阶导数在零点有一个跳跃 1, 所以形式上有

$$P(D)B_+(x) = \delta(x),$$

其中, $\delta$ 是 Dirac-$\delta$ 函数, 满足对任何在零点附近连续的函数 $f(x)$, 有

$$\int f(x)\delta(x)dx = f(0).$$

同理

$$P(D)B_-(x) = \delta(x), \quad P(D)B_\pm(x) = \delta(x).$$

等式两端同时求 Fourier 变换, 得到 $B_+$ $(B_-, B_\pm)$ 的广义 Fourier 变换为 $1/P(-iw)$.

与构造多项式 B-样条一样, 还可利用这些函数构造广义 B-样条. 令广义 B-样条基 $N_j(x)$ 由下面的线性组合定义

$$N_j(x) := \sum_{k=0}^{n} a_{j,k} B_+(x - x_{j+k}),$$

则当 $x > x_{j+n}$ 时, 有 $N_j(x) = 0$.

广义 B-样条的存在性证明是平凡的 (也可参见 Schumaker[150] 的专著中对切比雪夫样条的讨论). 其原因是 $n+1$ 个函数 $B_+(x - x_{j+k})$ 在 $x > x_{j+n}$ 都是 $n$ 维常微分方程解空间 $S$ 中的函数, 所以它们线性相关. 由连续性知只要对上式在 $x_{j+n}$ 点加上 $n-1$ 个零条件 ($\mathcal{C}^{n-2}$ 条件) 即可. 具体地讲就是

$$N_j^{(k)}(x_{j+n}) = \sum_{k=0}^{n} a_{j,k} B_+^{(k)}(x - x_{j+k}) = 0, \quad k = 0, \cdots, n-1,$$

可以解得 (因为这是齐次方程的解, 所以还具有一个自由度) 系数 $a_{j,k}$, 再给定某种归一化 (标准化) 条件, 从而可以唯一地得到 $N_j(x)$.

从另一个角度讲, 上式中 $N_j(x)$ 的广义 Fourier 变换可以写成

$$\hat{N}_j(w) = \frac{\sum\limits_{k=0}^{n} a_{j,k} e^{ix_{j+k}w}}{P(-iw)}.$$

由 $N_j(x)$ 的紧支柱性及连续性, 在通常意义下 $N_j(x)$ 也是 Fourier 可变换的, 它的 Fourier 变换应该有界. 也就是说, 系数 $a_{j,k}$ 要使得 $\sum\limits_{k=0}^{n} a_{j,k} e^{ix_{j+k}w}/P(-iw)$ 有

界. 这里, 我们将 $N_j(x)$ 用 $\int N_j(x)dx = 1$ 标准化, 即 $\hat{N}_j(0) = 1$. 对两两不同的 $\{\lambda_l\}$, 可以验证 $a_{j,k}$ 与 $(-1)^k \det(e^{-\lambda_l x_{j+m}})_{m\neq k}$ 差一个标准化因子成正比, 只与特征方程的根 $\{\lambda_j\}$ 及节点的分布 $\{x_{j+k}\}_{k=0}^n$ 有关. 这是因为 $P(-iw)$ 有 $n$ 个零点, 从而有 $n$ 个线性无关的条件使得 $\sum\limits_{k=0}^{n} a_{j,k}e^{ix_{j+k}w}/P(-iw)$ 有界. 等价地, $P(-iw)$ 的零点必须也是 $\sum\limits_{k=0}^{n} a_{j,k}e^{ix_{j+k}w}$ 的零点. 当 $\lambda_l$ 两两不同时, $a_{j,k}$ 是线性方程组

$$\sum_{k=0}^{n} a_{j,k}e^{x_{j+k}\lambda_l} = 0, \quad l = 1, \cdots, n$$

及标准化条件的解.

如果 $|\bar{w}(x_{j+n} - x_j)| < \pi$, 其中 $\bar{w}$ 是 $P(-iw) = 0$ 的根, 如此导出的关于 $a_{j,k}$ 的齐次线性方程组的系数矩阵满秩. 再添加上标准化条件 $\hat{N}_j(0) = 1$, $\{a_{j,k}\}$ 唯一有解.

从广义 B-样条的构造我们得到: 在 $(-\infty, x_j)$ 及 $(x_{j+n}, \infty)$, $N_j(x) \equiv 0$, 等价地, $N_j(x)$ 的支柱是 $(x_j, x_{j+n})$. 这样就有以下定理.

**定理2.3.1** 除了差一个常数因子, 存在唯一的广义样条, 其支柱是 $(x_j, x_{j+n})$.

进一步, 还可以得到这个支柱是最小的.

**定理 2.3.2** 除了平凡零解, 不存在广义样条, 其支柱小于 $(x_j, x_{j+n})$.

类似经典的多项式样条空间的逼近问题的讨论, 还可以讨论广义样条函数空间的逼近性问题, 具体参见文献 [186], [203].

利用这种截断方法构造的生成子的平移所张成的样条函数空间可以逼近所有的连续函数, 具有较强的逼近能力. 而且, 由于所用的基函数具有局部支集性, 逼近算子往往还具有较好的稳定性, 可以根据实际问题局部调节逼近算子的形状, 具有较好的自适应性和保形性等. 更重要地, 样条函数还具有可细分性, 为多尺度分析带来极大的便利.

## 2.4 径向基函数空间的生成子

多元逼近问题要比一元逼近问题复杂得多. 特别地, 对于任何给定的基函数在多元情形都不满足 Haar 条件, 从而导致对应的 Lagrange 插值问题并不总是有解, 而且即使有解往往也不稳定. 因此, 多元问题如何选择函数空间和函数空间中的基函数至关重要.

从逼近能力强, 表达式简单, 易于计算机存储、计算等方面考虑, 径向函数生成子 $\Phi_d(x) = \phi(r)$, $x \in \mathbb{R}^d$, $r = \|x\|$, $\phi : [0, +\infty) \to \mathbb{R}$, 可能是最简单的

多元函数生成子. 这个多元函数实质上是由一个一元函数生成的, 或者说事实上是一个一元函数. 而且, 在许多实际问题中, 径向函数还起到降维的作用. 因此, 径向基函数无论在理论还是实际应用方面都受到了大量的研究和广泛的讨论 (参看 [20], [57], [58], [114], [177], [180], [181], [182], [184], [190], [203]).

最简单的多元径向函数生成子可能是 Multiquadric (MQ) 函数

$$\Phi_d(x) = \phi(r) = \sqrt{c^2 + \|x\|^2},$$

其中 $c$ 是一个正的形状参数, 它是对绝对值函数 $\|x\|$ 的光滑化. Hardy[90] 在解决航天器外形设计中所面临的散乱数据插值问题时首次构造出此函数, 并在其有限个平移所张成的函数空间 $\{\Phi_d(x - x_j)\}$ 中寻求散乱数据的插值问题的解

$$s(x) = \sum c_j \Phi_d(x - x_j).$$

与此同时, Hardy 在很多实际问题计算中还发现, 如果数据点两两不同, 用 MQ 函数构造的插值问题都是唯一有解的. 而且, MQ 函数还有表示简单的优点. 可是, 他当时不能证明这个线性方程组的唯一可解性. Powell[135] 给出一个简单的证明方法 (差不多同时, Micchelli[124] 用更加理论的方法证明了 MQ 函数是一阶往后全单调函数, 从而证明了利用 MQ 函数及更广泛的一类核函数插值问题的唯一可解性定理). 利用 MQ 函数的平移线性组合可以逼近几乎所有的函数[65]. 而且它对被逼近函数的高阶导数也有很好的逼近性和稳定性. 此时, 我们要问, 为什么在实际问题的计算中, 利用 MQ 函数经常会得到性质非常好的解呢?

在 MQ 基函数 $\{\Phi_d(x - x_j)\}$ 中, 如果参数 $c$ 趋于零, 那么插值问题在一元情形与分段线性插值一致. 而分段线性插值除了其光滑性不够好以外, 还具有很多 (譬如保形性) 优点. 因此, MQ 函数就是希望继承分段线性插值的优点, 而同时弥补分段线性插值的缺点 (光滑性差), 也就是说如果参数 (通常被称为形状参数) $c$ 很小, 那么 MQ 插值问题的解几乎就是分段线性插值, 而又具有很高的光滑性. 所以在实际问题的计算中经常采用较小的形状参数.

一般情况, 一个径向函数生成子需要满足什么性质才能保证它是径向基函数空间的生成子呢?

这要从径向基函数插值的存在唯一性说起. 显然, 对于一个径向函数 $\Phi_d(x) = \phi(r)$, $r = \|x\|$, 为使得插值函数 $s(x) = \sum c_j \Phi_d(x - x_j)$ 对任何数据 $\{(x_j, f_j)\}$, 当 $\{x_j\}$ 互不相同时都唯一可解的充要条件是: 对任何互不相同的 $\{x_j\}$, 对称矩阵 $(\phi(\|x_i - x_j\|))$ 都是非奇异的. 因此, 有如下定理[203].

**定理 2.4.1**　如果函数 $\phi : [0, +\infty) \to \mathbb{R}$ 是一个连续函数且满足 $\lim\limits_{r \to +\infty} \phi(r) =$

0, 那么 $d$ 元径向基函数插值总是存在且唯一的充要条件为: 矩阵 $(\phi(\|x_i - x_j\|))$ 对任何互不相同的 $\{x_j\}$ 都是正定矩阵.

满足上面性质的函数称为 $d$ 元正定函数. 进一步, 利用 Fourier 变换知识可得如下定理.

**定理 2.4.2** (Bochner 定理) $\Phi_d$ 为正定径向函数的充要条件是它的 $d$ 元 Fourier 变换几乎处处非负且至少在一个正测度上大于零.

通常情况下, 函数 $\Phi_d(x) = \phi(\|x\|), x \in \mathbb{R}^d$ 是一个正定函数并不能得到 $\Phi_{d+1}(x) = \phi(\|x\|)$, $x \in \mathbb{R}^{d+1}$ 也是一个正定函数. 感兴趣的读者也可参见有关文献. 这个定理是由 Fourier 变换描述的, 如果我们采用拉普拉斯变换表示 $\psi(r) = \displaystyle\int e^{-rt}\hat{\psi}(t)dt$, 其中 $\psi(r^2) = \phi(r)$. 那么对任意维空间函数 $\phi(\|x\|)$ 都是正定函数的充分必要条件是 $\hat{\psi}$ 几乎处处非负且至少在一个正测度上大于零, 还可以相似地不加详细证明得到另一个重要定理.

**定理 2.4.3** 如果定义 $\psi(r^2) = \phi(r)$, 那么 $\phi(\|x\|)$ 对任何维空间的 $x$ 都是正定函数的充分必要条件是 $\psi(r)$ 是全单调函数, 即 $\psi \in \mathcal{C}^\infty$ 且对任何的非负整数 $k$ 都有

$$(-1)^k\psi^{(k)}(r) > 0.$$

可以验证高斯函数、逆 MQ 函数都是全单调函数. MQ 薄板样条虽然不是正定函数, 但是其广义 Fourier 变换仍然大于零, 只是在零点有一个极点. 如果极点是 $\gamma$ 阶的, 那么当满足条件 $\sum \lambda_j x_j^\alpha = 0, \forall|\alpha| \leqslant \gamma$ 时, 二次型仍然可以用积分表示

$$\sum \lambda_j\lambda_k\phi(\|x_k - x_j\|) = \int \left|\sum \lambda_j e^{ix_jt}\right|^2 \hat{\Phi}_d(t)dt > 0.$$

这类函数称为 $\gamma$ 阶的条件正定函数.

**注释 2.4.1** 对于任意一个条件正定函数, 可以构造它的平移的线性组合使其为正定函数. 因此, 根据函数空间生成子的定义知道条件正定或者正定的径向函数都可以作为生成子. 由它们的有限 (无限) 个平移张成的空间称为径向基函数空间.

常用的径向基函数空间的生成子有:

1. Kriging 方法的高斯分布函数 $\phi(r) = e^{-c^2r^2}$;
2. Kriging 方法的 Markov 分布函数 $\phi(r) = e^{-c|r|}$, 以及其他概率分布函数;
3. Hardy 的 MQ 函数 $\phi(r) = (c^2 + r^2)^\beta$;
4. Hardy 的逆 MQ 函数 $\phi(r) = (c^2 + r^2)^{-\beta}$ (其中 $\beta$ 是正的实数);
5. Duchon 的薄板样条 $\phi(r) = r^{2k}|\log r|$, $\phi(r) = r^{2k+1}$.

以上这些生成子都不是紧支柱的. 而对于许多逼近问题, 从计算的稳定性、复杂性

和时间等角度考虑, 往往更倾向于用紧支柱正定径向基函数构造逼近函数. 通过引入维数游走公式, Wu[182] 首次构造了一系列紧支柱正定径向基函数, 被国际同行称为吴函数[57]. 随后, Wendland[176] 构造出一类具有最小次数的紧支柱正定径向基函数, 称为 Wendland 函数.

# 第 3 章 几种拟插值方法

通过对生成子做平移可以构造函数空间中的一组基函数, 进而利用这组基函数的线性组合表示被逼近函数在对应的函数空间中的逼近函数. 为求出这个逼近函数的具体表达式, 最直观的想法就是要求逼近函数重现 (插值) 被逼近函数的采样信息, 从而建立方程组求解线性组合的系数. 而且, 插值也是一种最基本、最常用的函数逼近工具. 然而, 插值需要求解线性方程组, 不仅需要消耗大量的计算时间, 而且还会导致求解过程的不稳定性. 是否可以不求解线性方程组而直接给出逼近函数呢? 从 1.1 节函数空间中的标准对偶正交基函数的概念可以知道, 如果可以找到一个恰当的生成子, 使得由它生成的一组基函数能够显式地构造出对偶基函数, 那么可以直接利用对偶基函数的线性组合表示逼近函数. 因此, 解决这个问题的关键在于如何构造一个恰当的生成子. 拟插值正是基于解决这个问题而提出的. 为让读者们对拟插值有个初步的了解和认识, 为第 4 章打下基础, 本章介绍几种常见的一元拟插值方法包括: 伯恩斯坦拟插值、样条拟插值、MQ 拟插值、MQ 样条拟插值、MQ 三角样条拟插值、线性泛函信息拟插值、香农采样公式.

## 3.1 伯恩斯坦拟插值

最早的拟插值格式可能是伯恩斯坦 (Bernstein) 逼近. Weierstrass[174] 在 1885 年就证明任何有限区间的连续函数都可以用多项式逼近, 但他并没有给出构造性证明. 1912 年伯恩斯坦通过巧妙地构造一组伯恩斯坦多项式首次给出了 Weierstrass 定理的一个构造性证明, 构造出有限区间上连续函数的一个伯恩斯坦逼近 (即伯恩斯坦拟插值). 下面分别从两个视角阐述伯恩斯坦拟插值的构造过程.

### 3.1.1 伯恩斯坦拟插值的移动加权平均视角

首先引入定义在区间 $[0,1]$ 上的权函数 ($n$ 次伯恩斯坦多项式):

$$B_k^n(x) = \binom{n}{k} x^k (1-x)^{n-k}, \quad k = 0, 1, \cdots, n,\ x \in [0,\ 1]. \tag{3.1.1}$$

容易证明 $n$ 次伯恩斯坦多项式具有如下性质:

- 非负性: $B_k^n(x) \geqslant 0,\ \forall x \in [0,\ 1]$;
- 单位分解性: $\sum\limits_{k=0}^{n} B_k^n(x) = 1,\ \forall x \in [0,1]$;

- 对称性: $B_k^n(x) = B_{n-k}^n(1-x)$, $\forall x \in [0,1]$;
- 最 (大) 值: 当 $n \geqslant 1$ 时, $B_k^n(x)$ 在 $x = k/n$ 处取得唯一的最大值;
- 递推公式: $B_k^n(x) = (1-x)B_k^{n-1}(x) + xB_{k-1}^{n-1}(x)$;
- 导数递推公式: $(B_k^n(x))' = n(B_{k-1}^{n-1}(x) - B_k^{n-1}(x))$;
- 升阶公式: 每一个 $n$ 次伯恩斯坦基函数可以表示成两个 $n+1$ 次伯恩斯坦基函数的线性组合, 即

$$B_k^n(x) = \frac{k+1}{n+1}B_{k+1}^{n+1}(x) + \left(1 - \frac{k}{n+1}\right)B_k^{n+1}(x), \quad k = 0, 1, \cdots, n;$$

- 积分等值性: 所有的 $n$ 次伯恩斯坦基函数在区间 [0, 1] 上的积分值均相等

$$(n+1)\int_0^1 B_k^n(x)dx = 1, \quad k = 0, 1, \cdots, n.$$

更重要地, 还可以证明 $n$ 次伯恩斯坦多项式的基函数构成 $n$ 次多项式空间的一组基, 即它可以和 $n$ 次多项式空间中的任意一组基函数相互线性表出. 特别地, $n$ 次伯恩斯坦基函数与幂基函数有如下关系

$$B_k^n(x) = \sum_{j=k}^{n}(-1)^{k-j}\binom{n}{j}\binom{j}{k}x^j,$$

以及

$$x^k = \sum_{j=k}^{n}\frac{\binom{j}{k}}{\binom{n}{k}}B_j^n(x).$$

其次, 利用伯恩斯坦基函数的线性组合, 构造伯恩斯坦拟插值

$$B_nf(x) := \sum_{k=0}^{n} f\left(\frac{k}{n}\right)B_k^n(x). \tag{3.1.2}$$

可以证明伯恩斯坦拟插值有如下收敛性质[110, 129].

**定理 3.1.1** ([110])　设 $f(x)$ 为定义在区间 $[0,1]$ 上的连续函数, 则有

$$\lim_{n\to\infty}\sup_{0\leqslant x\leqslant 1}|B_nf(x) - f(x)| = 0. \tag{3.1.3}$$

进一步, 对任意的 $f(x) \in \mathcal{C}^k([0,1])$, 其对应的伯恩斯坦拟插值具有一致逼近性:

$$\lim_{n\to\infty}\sup_{0\leqslant x\leqslant 1}|B_nf(x)^{(k)} - f(x)^{(k)}| = 0. \tag{3.1.4}$$

上述定理说明可以用伯恩斯坦拟插值来逼近被逼近函数及其各阶导数, 为推导伯恩斯坦拟插值的逼近阶, 给出函数连续模的定义.

**定义 3.1.1** 设 $f(x)$ 为一个定义在区间 $[0,1]$ 上的连续函数, $h \geqslant 0$, 则 $f(x)$ 的连续模 $\omega(f,h)$ 定义为

$$\omega(f,h)=\sup_{\substack{0\leqslant u,v\leqslant 1\\ |u-v|\leqslant h}}|f(u)-f(v)|. \tag{3.1.5}$$

在不引起歧义的情况下, 后文中我们也将 $\omega(f,h)$ 简记成 $\omega(h)$.

可以证明连续模具有如下性质:

1. 非负性: $\omega(h)\geqslant 0$, $\omega(0)=0$;
2. 连续性: $\omega(h)$ 一个关于自变量 $h$ 的连续函数;
3. 单调性: 如果 $0\leqslant \delta'\leqslant \delta$, 那么有 $\omega(\delta')\leqslant\omega(\delta)$;
4. 三角不等式性: 对于任意的 $\alpha,\beta\geqslant 0$, 有 $\omega(\alpha+\beta)\leqslant\omega(\alpha)+\omega(\beta)$.

更多性质可参考文献 [29]. 而且, 利用性质 4 可进一步得到如下引理.

**引理 3.1.1** 设 $\lambda,\delta>0$, 则有 $\omega(\lambda\delta)\leqslant(\lambda+1)\omega(\delta)$.

利用连续模还可以定义 Hölder 连续函数类.

**定义 3.1.2** 设 $f(x)$ 为区间 $[0,1]$ 上的连续函数, 如果存在常数 $C$ 使得不等式 $\omega(h)\leqslant Ch^{\alpha}$ 对任意一个给定的 $0<\alpha\leqslant 1$ 均成立, 则称 $f(x)$ 为指数 $\alpha$ 的 Hölder 连续函数. 特别地, 当 $\alpha=1$ 时称 $f(x)$ 为 Lipschitz 连续函数.

借助连续模可给出伯恩斯坦拟插值的逼近阶.

**定理 3.1.2** 设 $f(x)$ 为 $[0,1]$ 上的连续函数, 则存在常数 $C$ 使得

$$\sup_{0\leqslant x\leqslant 1}|B_nf(x)-f(x)|\leqslant C\omega\left(n^{-1/2}\right). \tag{3.1.6}$$

有大量的研究致力于估计常数 $C$, 其中包括 Sikkema[155,156] 给出的更加广泛的估计.

### 3.1.2 伯恩斯坦拟插值的卷积离散化视角

上面利用伯恩斯坦基函数的线性组合构造伯恩斯坦拟插值可以看成是基于拟插值的移动加权平均视角, 对应的权函数为伯恩斯坦基函数. 为进一步加深读者对伯恩斯坦的理解, 下面将从拟插值的卷积离散化视角推导伯恩斯坦拟插值. 为此, 我们引入 Beta 核函数[17,35]

$$K_b(x,t)=\frac{t^{x/b}(1-t)^{(1-x)/b}}{\mathrm{B}(x/b+1,(1-x)/b+1)},\quad x,t\in[0,1], \tag{3.1.7}$$

其中 $\mathrm{B}(\alpha,\beta)$ 表示 Beta 函数[30]. 这里 $b$ 与卷积中的伸缩参数 $h$ 起到类似的作用, 当 $b\to 0$ 时, $K_b(x,t)$ 呈现 $\delta$ 函数性质. 因此可构造 $f(x)$ 与 $K_b(x,t)$ 的 "卷积"

$$K_bf(t)=\int_0^1 K_b(x,t)f(x)dx. \tag{3.1.8}$$

而且, 当 $f\in\mathcal{C}^2([0,1])$, $b\to 0$ 时有[97]

$$|K_bf(t)-f(t)|=\mathcal{O}\left\{bt(1-t)f''(t)\right\}.$$

特别地, 当取 $n=1/b$ 时, 卷积 (3.1.8) 变为

$$K_{1/n}f(t)=\int_0^1 \frac{t^{nx}(1-t)^{n(1-x)}}{\mathrm{B}(nx+1,n(1-x)+1)}f(x)dx. \tag{3.1.9}$$

利用积分区间的可加性可把式 (3.1.9) 写成

$$K_{1/n}f(t)=\sum_{k=0}^{n}\int_{\frac{k}{n+1}}^{\frac{k+1}{n+1}} \frac{t^{nx}(1-t)^{n(1-x)}}{\mathrm{B}(nx+1,n(1-x)+1)}f(x)dx. \tag{3.1.10}$$

进一步, 借助矩形公式分别在 $n+1$ 个小区间上进行积分离散化, 两个端点区间 $[0,1/n+1]$, $[n/n+1,1]$ 上的积分分别用被积函数在 0, 1 处的函数值近似, 区间 $[k/n+1,k+1/n+1]$ 上的积分用被积函数在 $k/n$ 处的函数值近似, 可得

$$\begin{aligned}
K_{1/n}f(t)\approx&\frac{(1-t)^n}{\mathrm{B}(1,n+1)}\cdot\frac{f(0)}{n+1}\\
&+\sum_{k=1}^{n-1}\frac{t^k(1-t)^{n-k}}{\mathrm{B}(k+1,n-k+1)}\cdot\frac{f(k/n)}{n+1}\\
&+\frac{t^n}{\mathrm{B}(n+1,1)}\cdot\frac{f(1)}{n+1}\\
=&\sum_{k=0}^{n}\binom{n}{k}t^k(1-t)^{n-k}f\left(\frac{k}{n}\right)\\
=&\sum_{k=0}^{n}\binom{n}{k}f\left(\frac{k}{n}\right)B_k^n\\
=&B_n(f)(t).
\end{aligned}$$

因此, 伯恩斯坦拟插值 (3.1.2) 还可以认为是对卷积 $K_{1/n}f$ 的一种积分离散化公式 (矩形公式).

### 3.1.3 高精度迭代伯恩斯坦拟插值

从上述定理可知伯恩斯坦拟插值的逼近精度较低. 为提高逼近精度, 许多学者利用迭代方法构造出高精度迭代伯恩斯坦拟插值[3,83,98,99]. 最直接的迭代方法是对采样数据连续做多次 ($m \geqslant 1$ 次) 伯恩斯坦拟插值进而得到迭代格式

$$B_n^m f := B_n(B_n^{m-1} f), \quad B_n^0 f = f.$$

可是, Abel 和 Ivan[1] 发现: 如果对 $B_n$ 算子进行迭代, 当迭代的次数逐渐变大时, 算子 $B_n^m f$ 会收敛到关于区间两个端点处的插值函数. 这说明在实际应用当中, 如果迭代次数控制得不好将会导致最终算子的逼近效果反而更差. 为解决这个问题, Micchelli[123] 通过对伯恩斯坦拟插值算子的布尔和进行迭代, 构造出高精度迭代伯恩斯坦拟插值.

首先介绍算子布尔和的定义.

**定义 3.1.3** 令 $V$ 为一个线性空间, $P$, $Q$ 分别是定义在线性空间中的两个的算子: $V \to V$. 则它们的布尔和为

$$P \oplus Q := P + Q - PQ.$$

通过对伯恩斯坦逼近算子 $B_n$ 做布尔和, Micchelli[123] 构造出高精度迭代伯恩斯坦拟插值 $\oplus^m B_n f(x)$, $m \geqslant 1$, 并给出如下的收敛性估计:

**定理 3.1.3** 固定一个正整数 $m \geqslant 1$, 对任意的函数 $f \in \mathcal{C}^{2m-1}([0,1])$ 且 $f^{(2m-1)} \in \mathrm{Lip}^1([0,1])$ (Lipschitz 连续), 均有

$$\| \oplus^m B_n f(x) - f(x) \| = \mathcal{O}\left(\frac{1}{n^{m+1}}\right), \quad \forall x \in [0,1]. \tag{3.1.11}$$

上面定理要求被逼近函数有很好的光滑性, Gonska 和 Zhou[84] 把上面的定理推广到连续函数情形.

**定理 3.1.4** 令 $m \geqslant 1$ 为一个固定的正整数. 则对任意的 $f \in \mathcal{C}[0,1]$ 都有

$$\| \oplus^m B_n f(x) - f(x) \| \leqslant C\left\{\omega_\mu^{2m}\left(f, \frac{1}{\sqrt{n}}\right) + \frac{\|f\|}{n^m}\right\},$$

其中 $C$ 是一个只与 $m$ 有关的常数, $\omega_\mu^{2m}(f, 1/\sqrt{n})$ 为 $f$ 的带权函数 $\mu$ 的连续模且满足 Stečkin-不等式

$$\omega_\mu^{2m}\left(f, \frac{1}{\sqrt{n}}\right) \leqslant \frac{C}{n^{m+\frac{1}{2}}} \sum_{k=1}^{n} k^{m-\frac{1}{2}} \| \oplus^m B_k f(x) - f(x) \|.$$

特别地, 当且仅当 $f$ 是线性函数时, 还有误差估计

$$\|f-\oplus^m B_n f(x)\| = o\left(\frac{1}{n^m}\right).$$

以上两个定理表明: 当迭代次数在一定范围内时, 随着迭代次数的增加, 收敛速度会不断增加. 此时, 读者自然要问: 是不是收敛速度会随着迭代次数逐渐增加而越来越快呢? Sevy[152] 给出了否定的回答.

**定理 3.1.5** ([152])　固定正整数 $n \geqslant 1$. 对任意函数 $f \in \mathcal{C}([0,1])$, 当 $m \to \infty$ 时, 误差序列 $\{f-\oplus^m B_n f\}_{m=1}^{\infty}$ 在 [0,1] 上一致收敛到 $f$ 关于对应采样数据 $\{(j/n, f(j/n))\}_{j=0}^{n}$ 的 Lagrange 插值函数.

这个定理说明迭代次数过多反而会使迭代伯恩斯坦拟插值收敛到插值函数, 产生龙格现象. 为保证 $\oplus^m B_n f$ 能够逼近函数 $f$, 许多学者进一步研究了布尔和迭代伯恩斯坦拟插值的收敛阶与采样点的个数以及迭代次数之间的关系, 并给出了在对应关系下使得收敛阶最高的最佳迭代次数.

**定理 3.1.6**　设 $f \in \mathcal{C}^{2m}([0,1])$, 则存在一个与 $f, n, m$ 均无关的正常数 $C$, 使得

$$\|f(x)-\oplus^m B_n f(x)\| = C(m+1)^m \mathcal{O}\left(\frac{1}{n^m}\right) \tag{3.1.12}$$

成立. 而且, 当 $m=[n/e-1]$, $[n/e-1]+1$ 或者 $[n/e-1]-1$ 时, $\|f-\oplus^m B_n(f)\|$ 的收敛阶最高.

除了以上两种构造高精度迭代伯恩斯坦拟插值外, 还有其他许多经典的构造方法, 如左 (右) 伯恩斯坦拟插值[145,179]、广义伯恩斯坦拟插值等[94], 感兴趣的读者可以阅读伯恩斯坦逼近的相关文献[161].

然而, 伯恩斯坦拟插值方法涉及计算 $n$ 次二项式 (伯恩斯坦多项式), 当采样点个数 $n$ 很大时, 不仅耗费大量的计算时间而且非常不稳定. 另外, 由于伯恩斯坦基函数和齐次幂基函数相互表出, 其本质还是多项式逼近, 故而是一个整体逼近算法, 导致其稳定性和局部性较差. 为克服多项式逼近的瑕疵, 许多学者考虑用具有局部性质的基函数 (如样条: 分段多项式) 构造拟插值.

## 3.2　样条拟插值

Schoenberg[148] 在 1946 年利用样条对统计数据进行光滑化. 随后, 样条一直受到大量的研究和广泛的应用, 取得了丰硕的成果, 感兴趣的读者可以参看专著 [47], [150], [206] 以及里面的参考文献. 目前, 样条作为函数逼近中最常用的工具之一, 已被广泛地应用到工程设计 (汽车造型、船体放样、模具加工)、计算机辅助

几何设计、散乱数据拟合、图像处理、动漫制作等众多领域. 其中, 样条拟插值是一个最常见且应用最广的一类拟插值算法, 见 [39], [40], [43], [48], [150], [159], [205]. 样条拟插值不仅具良好的逼近能力, 而且还具有保形性、局部支集性、细分性等优良性质.

### 3.2.1 B-样条拟插值

首先介绍样条函数空间的定义.

**定义 3.2.1** (样条函数空间[203]) 给定一组单调上升的节点列 $\{x_j\}_{j\in\mathbb{Z}}$. 所有定义在 $\mathbb{R}$ 上的分段 $n$ 阶多项式且在节点处 $n-2$ 次连续的函数全体 $\mathcal{S}_n$, 称为在 $\mathbb{R}$ 上关于节点 $\{x_j\}_{j\in\mathbb{Z}}$ 的 $n-2$ 次连续的 $n-1$ 次 ($n$ 阶) 样条函数空间.

在样条函数空间 $\mathcal{S}_n$ 中, 存在一组非平凡的且支集最小的基, 称为 B-样条基, 记为 $\{B_j^n\}$, 用递推关系式定义为

$$B_j^1(x)=\begin{cases}1, & x\in[x_j,\ x_{j+1}),\\ 0, & x\notin[x_j,\ x_{j+1}),\end{cases}$$

$$B_j^2(x)=\frac{x-x_j}{x_{j+1}-x_j}B_j^1(x)+\frac{x_{j+2}-x}{x_{j+2}-x_{j+1}}B_{j+1}^1(x),$$

$$B_j^n(x)=\frac{x-x_j}{x_{j+n-1}-x_j}B_j^{n-1}(x)+\frac{x_{j+n}-x}{x_{j+n}-x_{j+1}}B_{j+1}^{n-1}(x).$$

B-样条基 $\{B_j^n\}$ 具有以下性质:

1. 非负性及紧支集性: $B_j^n(x)>0$, 当 $x\in(x_j,\ x_{j+n+1})$; $B_j^n(x)=0$, 当 $x\notin(x_j,\ x_{j+n+1})$.

2. 单位分解性: $\sum\limits_j B_j^n(x)=1$.

3. Marsden 恒等式: $(x-\alpha)^{n-1}=\sum\limits_j\prod_{i=j+1}^{j+m-1}(t_i-\alpha)B_j^n(x),\ \ \alpha\in\mathbb{R}$.

而且, B-样条基 $\{B_j^n(x)\}$ 还可以用截断多项式的差商定义, 即

$$B_j^n(x)=(x_{j+n}-x_j)[x_j,x_{j+1},\cdots,x_{j+n}]\frac{(y-x)_+^{n-1}}{(n-1)!},$$

这里的差商是关于变量 $y$ 进行的, 截断多项式 $x_+^n$ 定义为

$$x_+^{n-1}=\begin{cases}x^{n-1}, & x\geqslant 0,\\ 0, & x<0.\end{cases}$$

利用 B-样条基 $\{B_j^n(x)\}$, Schumaker[150] 构造了如下形式的 B-样条拟插值格式

$$Q_h f(x) = \sum_j f(\xi_j) B_j^n(x),$$

其中

$$\xi_j = \sum_{k=j+1}^{j+n-1} \frac{x_k}{n-1}$$

称为 Greville 点. 可以证明这个拟插值格式的逼近阶为 2. 另外, 还可以利用对 $B_j^n(x)$ (或者对采样数据 $\{f(x_j)\}$) 做有限个平移的线性组合的方法构造逼近阶为 $n$ 的高精度 B-样条拟插值格式 (参考文献 [47], [39], [40], [150], [206], [202] 等). 为讨论方便, 此处仅介绍等距点列 $\{x_j = j\}$ 的情形[147].

记 $B_j^1(x)$ 为区间 $(j,\ j+1)$ 上的特征函数. 即 $B_j^1(x)$ 在 $(j,\ j+1)$ 上为 1, 在其他地方为零. 则有 $B_j^1(x) = B_0^1(x-j)$. 而且对高阶的 B-样条 $B_j^n(x)$ 也有 $B_j^n(x) = B_0^n(x-j)$. 另外, 根据 B-样条的定义, 可以得出 $B_0^2(x) = B_0^1 * B_0^1(x)$ 以及 $B_0^n(x) = B_0^1 * B_0^{n-1}(x)$.

对 $B_0^n(x)$ 做广义 Fourier 变换, 根据 Fourier 变换的性质有

$$\hat{B_0^n}(\omega) = (\hat{B}_0^1(\omega))^n = \left(\frac{e^{i\omega}-1}{i\omega}\right)^n.$$

进一步, 对 $B_0^n(x)$ 进行中心化并记为 $\Phi_n(x) = B_0^n(x+n/2)$ 可得

$$\hat{\Phi}_n(\omega) = \left(\frac{\sin(\omega/2)}{\omega/2}\right)^n.$$

可以看出 $\hat{\Phi}_n(\omega)$ 在零点为 1, 在 $2j\pi$ 处为零且是 $n$ 阶零点. 因此, 根据第 5 章介绍的构造高精度拟插值格式的方法, 存在函数 $\Phi_n(x)$ 的有限个平移的线性组合 $\Psi_n(x)$ 满足 $n$ 阶完全 Strang-Fix 条件.

特别地, 当 $n=4$ 时, 可以构造核函数

$$\Psi_4(x) = \Phi_4(x) + (\Phi_4(x+2) - 4\Phi_4(x+1) + 6\Phi_4(x) - 4\Phi_4(x-1) + \Phi_4(x-2))/4!,$$

使得拟插值

$$Qf(x) = \sum_j f(jh)\Psi_4\left(\frac{x}{h} - j\right)$$

的逼近阶为 4.

更一般地, 可以构造如下形式的 B-样条拟插值

$$Qf(x)=\sum_j \lambda_j(f)B_j(x),$$

此处线性泛函信息 $\{\lambda_j(f)\}$ 使得拟插值能够再生一定次数的多项式. 常见的泛函信息如离散函数值、导数值、积分值或者它们的线性组合等[24]. 当 $\{\lambda_j(f)=\sum\limits_k a_k f^{(k)}(x_j)\}$ 为离散微分值时, 对应的拟插值称为微分拟插值算子. 实际应用中如果仅有离散函数值, 则可以利用差商代替导数的思想将此微分拟插值算子离散化成只含离散函数值的样条拟插值. 另一方面, 当线性泛函信息

$$\lambda_j(f)=\sum_k \int_\Omega f(t)\omega_k(t)dt$$

为区域上的加权积分值时, 对应的拟插值称为积分型 B-样条拟插值. 关于 B-样条拟插值的更多介绍和研究, 感兴趣的读者可参考 Buhmann 的拟插值专著[24].

许多实际问题中被逼近函数往往具有某种周期性质, 此时最好用周期函数进行逼近. 因此, 一些学者对 B-样条进行推广, 构造出三角 B-样条函数.

### 3.2.2 三角 B-样条拟插值

Schoenberg[149] 在 1964 年首先引入了三角样条空间的概念, 将三角样条空间定义为所有形如

$$a_0+\sum_{k=1}^{n}(a_k\cos(kx)+b_k\sin(kx))$$

的分段三角多项式的集合. 而且, 他还证明了这个空间中存在一组支集最小且非负的基 (称为三角 B-样条基). 但是, Schoenberg 只给出了偶次三角样条的概念, 此时三角 B-样条基不具有 B-样条基的递推关系式. 为解决这个问题, Lyche 等[111] 借助广义差商[126], 对 Schoenberg 的定义进行推广, 给出任意 $n$ 阶三角 B-样条的定义, 进而得到了三角 B-样条基函数的递推关系式.

首先介绍切比雪夫系的概念[203].

**定义 3.2.2** 函数组 $\{p_i\}_{i=0}^m$, $p_i\in\mathcal{C}([a,\ b])$ 称为区间 $[a,\ b]$ 上的一组切比雪夫系, 如果对所有的点 $x_0<x_1<\cdots<x_m$, $x_i\in[a,\ b]$, 都有

$$\det\begin{pmatrix} p_0 & \cdots & p_m \\ x_0 & \cdots & x_m \end{pmatrix}\neq 0.$$

显然, 1, $x$, $x^2$, $\cdots$, $x^m$ 为一组切比雪夫系. 而且, 利用这组切比雪夫系, 可

以把差商表示为

$$[x_0,\cdots,x_m]f=\frac{\det\begin{pmatrix}1 & x & x^2 & \cdots & x^{m-1} & f(x)\\ x_0 & x_1 & x_2 & \cdots & x_{m-1} & x_m\end{pmatrix}}{\det\begin{pmatrix}1 & x & x^2 & \cdots & x^{m-1} & x^m\\ x_0 & x_1 & x_2 & \cdots & x_{m-1} & x_m\end{pmatrix}},$$

其中

$$\begin{pmatrix}1 & x & x^2 & \cdots & x^{m-1} & x^m\\ x_0 & x_1 & x_2 & \cdots & x_{m-1} & x_m\end{pmatrix}=\left(x_i^j\right)_{i,j=0}^m,$$

$\det(\cdot)$ 表示矩阵的行列式.

Mühlbach[126] 对这个定义进行推广, 给出广义差商的定义

$$[x_0,\cdots,x_m]_g f=\frac{\det\begin{pmatrix}p_0 & p_1 & p_2 & \cdots & p_{m-1} & f(x)\\ x_0 & x_1 & x_2 & \cdots & x_{m-1} & x_m\end{pmatrix}}{\det\begin{pmatrix}p_0 & p_1 & p_2 & \cdots & p_{m-1} & p_m\\ x_0 & x_1 & x_2 & \cdots & x_{m-1} & x_m\end{pmatrix}}.$$

接下来, 介绍三角样条空间的定义. 由于三角样条是分段的三角多项式, 因此, 首先介绍三角多项式空间的定义.

给定一个正整数 $n$, 定义 $n$ 阶三角多项式空间 $F_n$ 为:

1. 当 $n$ 为奇数时,

$$F_n=\operatorname{span}\{1,\sin(x),\cos(x),\sin(2x),\cos(2x),\cdots,\sin((n-1)x),\cos((n-1)x)\};$$

2. 当 $n$ 为偶数时,

$$\begin{aligned}F_n=\operatorname{span}\{&\sin(x/2),\cos(x/2),\sin(3x/2),\cos(3x/2),\cdots,\\ &\sin((n-1)x/2),\cos((n-1)x/2)\}.\end{aligned}$$

**注释 3.2.1** 可以看出, 只有当 $n-l\geqslant 0$ 且为偶数时, 才有 $F_l\subset F_n$. 另外, 令 $M_0=I$, $M_1=D$,

$$M_n=\left(D^2+\left(\frac{n-1}{2}\right)^2 I\right)ML_{n-2},\quad n\geqslant 2,$$

则 $F_n$ 为微分算子 $M_n$ 的核空间.

根据三角多项式空间的定义, 三角样条空间定义如下.

**定义 3.2.3** (三角样条函数空间[111]) 给定一组单调上升且满足 $x_{j+n}-x_j<2\pi$ 的节点列 $\{x_j\}_{j\in\mathbb{Z}}$. 所有定义在 $\mathbb{R}$ 上的分段 $n$ 阶三角多项式且在节点处 $n-2$ 次连续的函数全体称为在 $\mathbb{R}$ 上关于节点 $\{x_j\}_{j\in\mathbb{Z}}$ 的 $n-2$ 次连续的 $n-1$ 次 ($n$ 阶) 三角样条函数空间.

这个空间中的基函数 $T_j^n(x)$ 用三角差商表示为

$$T_j^n(x)=[x_j,x_{j+1},\cdots,x_{j+n}]_T\left(\sin\frac{y-x}{2}\right)_+^{n-1},$$

其中三角差商 $[x_j,x_{j+1},\cdots,x_{j+n}]_T$ 定义为

$$\begin{aligned}&[x_j,x_{j+1},\cdots,x_{j+n}]_Tf\\&=2^{n-1}\frac{\det\begin{pmatrix}1&\cos x&\sin x&\cdots&\cos(kx)&\sin(kx)&f(x)\\x_j&x_{j+1}&x_{j+2}&\cdots&x_{j+k-2}&x_{j+k-1}&x_{j+k}\end{pmatrix}}{\det\begin{pmatrix}\cos(x/2)&\sin(x/2)&\cdots&\cos((k+1)x/2)&\sin((k+1)x/2)\\x_j&x_{j+1}&\cdots&x_{j+k-1}&x_{j+k}\end{pmatrix}},\end{aligned}$$

如果 $n=2k+1$;

$$\begin{aligned}&[x_j,x_{j+1},\cdots,x_{j+n}]_Tf\\&=2^{n}\frac{\det\begin{pmatrix}\cos(x/2)&\sin(x/2)&\cdots&\cos((k-1)x/2)&\sin((k-1)x/2)&f(x)\\x_j&x_{j+1}&\cdots&x_{j+k-2}&x_{j+k-1}&x_{j+k}\end{pmatrix}}{\det\begin{pmatrix}1&\cos x&\sin x&\cdots&\cos(kx)&\sin(kx)\\x_j&x_{j+1}&x_{j+2}&\cdots&x_{j+k-1}&x_{j+k}\end{pmatrix}},\end{aligned}$$

如果 $n=2k$.

类似于 B-样条基, 三角 B-样条基 $\{T_j^n(x)\}$ 有以下性质:

1. 递推关系式:

$$T_j^1(x)=\begin{cases}\dfrac{1}{\sin\dfrac{x_{j+1}-x_j}{2}}, & x\in[x_j,\ x_{j+1}),\\ 0, & x\notin[x_j,\ x_{j+1}),\end{cases}$$

$$T_j^n(x)=\frac{\sin((x-x_j)/2)}{\sin((x_{j+n}-x_j)/2)}T_j^{n-1}(x)+\frac{\sin((x_{j+n}-x)/2)}{\sin((x_{j+n}-x_j)/2)}T_{j+1}^{n-1}(x);$$

2. 非负性和紧支集性: $T_j^n(x)>0,\ x\in(x_j,\ x_{j+n}),\ T_j^n(x)=0,\ x\notin(x_j,\ x_{j+n})$;

3. 三角 Marsden 等式:

$$\left(\sin\frac{y-x}{2}\right)^{n-1}=\sum_j \Psi_j^n(y)T_j^n(x),$$

这里

$$\Psi_j^n(y)=\prod_{k=0}^{n}\sin\frac{y-x_{j+k}}{2};$$

4. $\{T_j^n(x)\}$ 有 Lagrange 表示:

$$T_j^n(x)=\sum_{k=j}^{j+n}\frac{(\sin((x-x_k)/2))_+^{n-1}}{\prod_{l\neq k}\sin((x_k-x_l)/2)}.$$

利用三角 B-样条基, Lyche, Schumaker, Stanley[112] 构造了定义在区间 $[0,\ 2\pi)$ 上的三角 B-样条拟插值

$$Q_{n,l}f(x)=\sum_{j=0}^{N}\sin\frac{x_{j+n}-x_j}{2}\sum_i^l \alpha_{j,i}\lambda_{j,i}(f)T_j^n(x).\tag{3.2.1}$$

这里 $\{\lambda_{j,i}\}$ 是预先给定的线性泛函, $1\leqslant l\leqslant n$ 且 $n-l$ 为偶数, 采样点列以 $2\pi$ 为周期, 即

$$0=x_0<x_1<\cdots<x_i<x_{i+1}<\cdots<x_N\leqslant 2\pi,$$

$$x_{N+i}=2\pi+x_i,\quad i=1,\cdots,n,\ n<N.$$

**引理 3.2.1**　令 $1\leqslant l\leqslant n$ 且 $n-l$ 为偶数. 函数 $\{p_v(x)\}_{v=1}^l$ 为三角函数空间 $F_l$ 中任意的一组基函数. 假设对每个 $1\leqslant i\leqslant n$, 线性泛函 $\{\lambda_{i,v}\}_{v=1}^l$ 满足 $\det(\lambda_{i,j}(p_v))_{j,v=1}^l\neq 0$. 则存在唯一的一组系数 $\{\alpha_{i,j}\}$, 使得拟插值算子 $Q_{n,l}$ 再生三角函数空间 $F_l$.

**证明**　显然拟插值算子再生空间 $F_l$ 当且仅当它再生基函数 $\{p_v(x)\}_{v=1}^l$. 由于 $p_v(x)$ 可以表示为

$$p_v(x)=\sum_{j=1}^{N}b_{v,i}T_j^n(x),$$

因此, 拟插值算子再生空间 $F_l$ 当且仅当

$$\sum_{j=1}^{N}(\alpha_{j,i}\lambda_{j,i}(p_v)-b_{v,j})T_j^n(x)=0.$$

又因为 $\{T_j^n(x)\}$ 是一组基函数, 故而

$$\sum_{i=1}^{l}\alpha_{j,i}\lambda_{j,i}(p_v)=b_{v,j},\quad v=1,\cdots,l.$$

注意到 $\det(\lambda_{i,j}(p_v))_{j,v=1}^{l}\neq 0$, 所以引理成立. □

进一步, 令 $A_i=A_{i_1,\cdots,i_m}$, $1\leqslant i_1,\cdots,i_m\leqslant n$ 为实数, 定义

$$\sum_{i=1}^{n}A_i=\sum_{i_1=1}^{N}\sum_{i_2=1,i_2\neq i_1}^{n}\cdots\sum_{i_m=1,i_m\neq i_1,i_2,\cdots,i_{m-1}}^{n}A_{i_1,\cdots,i_m}.$$

则拟插值算子 (3.2.1) 可写成如下形式.

**引理 3.2.2** 给定 $1\leqslant l\leqslant n$, 令

$$x_j\leqslant\tau_{j,1}<\tau_{j,2}<\cdots<\tau_{j,l}\leqslant x_{j+n}.$$

对于每个 $1\leqslant i\leqslant l$, 令

$$\alpha_{j,i}=\frac{\sum\limits_{\iota}^{n-1}\prod_{v=1}^{l-1}\sin((x_{j+j_v}-\theta_v)/2)\prod_{v=1}^{(n-l)/2}\cos((x_{j+j_{l+2v-1}}-x_{j-j_{l+2v-2}})/2)}{(n-1)!\prod_{v=1,v\neq i}\sin((\tau_{j,v}-\tau_{j,i})/2)},$$

这里

$$\{\theta_1,\cdots,\theta_{l-1}\}=\{\tau_{j,1},\cdots,\tau_{j,i-1},\tau_{j,i+1},\cdots,\tau_{j,l}\}.$$

则上面的拟插值算子 (3.2.1) 可以写成

$$Q_{n,l}=\sum_{j=0}^{N}(\lambda_{l,j}(f))T_j^n(x),$$

此处

$$\lambda_{l,j}(f)=\sum_{i=1}^{l}\alpha_{j,i}f(\tau_{j,i}).$$

而且, 它再生三角函数空间 $F_l$.

下面推导拟插值算子的误差估计. 为此, 给出一些记号. 令 $h=\max\limits_{j}(x_{j+1}-x_j)$ 为节点密度, $M_0=I$, $M_1=D$,

$$M_k=\begin{cases}D(D^2+I)(D^2+4I)\cdots\left(D^2+\dfrac{(k-1)^2I}{4}\right), & k\text{ 为奇数},\\ \left(D^2+\dfrac{I}{4}\right)\left(D^2+\dfrac{9I}{4}\right)\cdots\left(D^2+\dfrac{(k-1)^2I}{4}\right), & k\text{ 为偶数}.\end{cases}$$

令 $D_{k,0}=I$,

$$D_{k,2j}=\left(D^2+\frac{(k+1-2j)I}{4}\right)\cdots\left(D^2+\frac{(k-3)I}{4}\right)\left(D^2+\frac{(k-1)I}{4}\right),\quad 1\leqslant 2j\leqslant k,$$

$D_{k,2j+1}=DD_{k,2j}$, $1\leqslant 2j+1\leqslant k$.

则拟插值算子 (3.2.1) 的误差估计为

**引理 3.2.3**　令 $1\leqslant\sigma\leqslant l\leqslant n$ 且 $n-l$ 为偶数. 固定 $1\leqslant p\leqslant q\leqslant\infty$. 则当 $l-\sigma$ 为偶数时, 存在一个常数 $K$, 使得

$$\|D_{n,r}(f-Q_{n,l}f)\|_{L_q[0,\ 2\pi)}\leqslant Kh^{\sigma-r+1/q-1/p}\|M_\sigma f\|_{L_p[0,\ 2\pi)},$$

对所有的函数 $f\in L_p^\sigma[0,\ 2\pi)$ 和 $0\leqslant r\leqslant\sigma$ 均成立. 同理, 当 $l-\sigma$ 为奇数时,

$$\begin{aligned}&\|D_{n,r}(f-Q_{n,l}f)\|_{L_q[0,\ 2\pi)}\\ \leqslant\ &Kh^{\sigma-r+1/q-1/p}\left(\|DM_{\sigma-1}f\|_{L_p[0,\ 2\pi)}+\frac{n\sigma}{2}\sin\frac{h}{2}\|M_{\sigma-1}f\|_{L_p[0,\ 2\pi)}\right).\end{aligned}$$

此引理的具体证明过程请参阅 Lyche 等[112] 和 Stanley[160] 的文献.

特别地, 当 $n=l=2$ 时, 拟插值格式 (3.2.1) 可简写成

$$Q_{2,2}f(x)=\sum_{j=0}^{N}\sin\frac{x_{j+1}-x_{j-1}}{2}f(x_j)T_{j-1}^2(x),\tag{3.2.2}$$

这里节点列定义为

$$x_{-1}=x_N-x_{N+1}<0=x_0<x_1<x_2<\cdots<x_N<x_{N+1}=2\pi.$$

函数 $T_{j-1}^2(x)$ 用广义差商表示为

$$T_{j-1}^2(x)=[x_{j-1},x_j,x_{j+1}]_T\left(\sin\frac{y-x}{2}\right)_+.$$

此时有以下误差估计

$$\|Q_{2,2}f-f\|_\infty\leqslant h^2\left\|\left(D^2+\frac{I}{4}\right)f\right\|_\infty.\tag{3.2.3}$$

可以证明这个拟插值再生三角多项式空间 $F_2=\{\sin(x/2),\ \cos(x/2)\}$.

### 3.2.3 广义 B-样条拟插值

从上面的介绍可以看出, 无论是 $n$ 阶多项式样条空间, 还是 $n$ 阶三角样条空间, 它们的基都可以分别由函数 $x_+^{n-1}/(n-1)!$, $(\sin(x/2))_+^{n-1}$ 的有限个平移的线性组合构成. 因而, 这两个截断函数分别被称为样条空间、三角样条空间的生成子. 文献 [186], [187], [189], [203] 给出了广义样条函数空间生成子的构造方法, 并通过对生成子做高阶差商, 构造广义 B-样条, 进而构造广义 B-样条拟插值.

**定义 3.2.4** (广义样条函数空间) 令 $D$ 为微分算子: $Df(x)=f'(x)$, $P(D)=\sum\limits_{i=0}^{n}a_iD^i$ 为一 $n$ 阶微分算子, $\lambda_j, j=1,\cdots,n$ 是特征多项式 $P(\lambda)=0$ 所有根. 给定一组定义在 $\mathbb{R}$ 上的单调上升的节点列 $\{x_j\}_{j\in\mathbb{Z}}$, 且满足 $\max|\mathrm{Im}\lambda_j(x_{k+n}-x_k)|<\pi$, 这里 $\mathrm{Im}\lambda_j$ 表示 $\lambda_j$ 的虚部. 所有在区间 $[x_j,\ x_{j+1}]$ 上满足 $P(D)s(x)=0$, 而且在节点处 $n-2$ 次连续的函数 $s(x)$ 的全体称为 $n$ 阶广义样条函数空间.

在这个广义样条函数空间中, 同样存在一组基称为广义 B-样条基[203].

**定理 3.2.1** 如果 $P(\lambda)$ 是一个 $n$ 次实多项式, $\{\lambda_j\}_{j=1}^{n}$ 是它的所有特征根, 那么函数

$$B(x)=[\lambda_1,\cdots,\lambda_n]e^{\lambda x}$$

是微分算子 $P(D)$ 核空间的一个生成子. 这里的差商是关于变量 $\lambda$ 进行的.

有了这个生成子, 可以得到如下的 $n-2$ 次连续的截断函数

$$B_+(x)=\begin{cases} B(x), & x\geqslant 0,\\ 0, & x<0,\end{cases}$$

$$B_-(x)=\begin{cases} -B(x), & x\leqslant 0,\\ 0, & x>0,\end{cases}$$

$$B_\pm(x)=\frac{B_+(x)+B_-(x)}{2}.$$

利用这些截断函数的有限个平移的线性组合均可构造广义 B-样条基, 例如

$$N_j(x)=\sum_{k=0}^{n}a_kB_+(x-x_{j+k}),$$

这里的系数 $\{a_k\}$ 由方程组

$$N_j^{(k)}(x_{j+n})=\sum_{k=0}^{n}a_kB_+^{(k)}(x-x_{j+k})=0,\quad k=0,\cdots,n-1$$

$$\hat{N}_j(0) = 1$$

唯一确定. 进一步, 借助广义 B-样条基 $\{N_j^n(x)\}$ 可构造广义 B-样条拟插值[203]

$$Qf(x) = \sum f(x_j^*)(y_{j+1}^* - y_j^*)N_j^n(x),$$

此处

$$x_j^* = \frac{x_{j+1} + x_{j+2} + \cdots + x_{j+n-1}}{n-1}, \quad y_j^* = \frac{x_j^* + x_{j-1}^*}{2}.$$

## 3.3 Multiquadric 样条拟插值

样条拟插值具有局部支集性、多项式再生性、保形性等优点. 但是, 它的光滑性不高 ($n$ 阶样条只具有 $n-2$ 阶光滑性). 而在一些实际应用场合 (例如微分方程数值解), 往往会需要用拟插值的高阶导数来逼近被逼函数的高阶导数. 这时, 如果用样条拟插值, 就需要选择高阶样条基, 而高阶样条基需要做高阶差商, 导致逼近过程不稳定. 为克服样条拟插值的以上瑕疵, 一些学者用 Multiquadric (MQ) 样条拟插值代替样条拟插值进行数据拟合.

对 MQ 样条拟插值的研究是从最简单的二阶 MQ 函数 $\phi(x) = \sqrt{c^2 + x^2}$ 开始的. 它于 1971 年被 Hardy 在其论文 [90] 中首次提出. 随后, 二阶 MQ 函数就被广泛地应用到地质学、天文学、测绘学等众多领域. 起初, MQ 函数被用于函数插值. 尽管 MQ 不是正定函数, 但是, 用它进行插值却往往能够获得比较好的结果. 特别地, Franke[64] 通过实验将 MQ 函数插值方法和其他 28 种插值方法就精度、稳定性、有效性、内容要求和易于实现等方面进行比较, 最终得出: MQ 函数插值是一种最行之有效的方法之一. 另外, Hardy 在他的综述性论文 [91] 中介绍了 MQ 函数自发现以来近 20 年内的所取得的成果. Madych 和 Nelson[116] 证明了 MQ 函数插值在某种半范数意义下误差最小. Buhmann[18] 研究了 MQ 函数和逆 MQ 函数在奇数维欧氏空间上插值的收敛阶问题. Buhmann 和 Micchelli[25] 研究了多元整数格子点的 MQ 函数插值的局部化性质的改进问题. 但是, 插值存在一些缺陷: 产生病态矩阵、计算不稳定、不具有保形性等. 因而, 一些学者用 MQ 拟插值代替插值.

### 3.3.1 定义在整个实数轴上的 MQ 拟插值

给定数据 $\{(x_j, f(x_j))\}_{j\in\mathbb{Z}}$, $-\infty < \cdots < x_j < x_{j+1} < \cdots < +\infty$, 定义在实数轴上的 MQ 拟插值的表达式为[113]

$$(\mathcal{L}f)(x) = \sum_{j\in\mathbb{Z}} f(x_j)\psi_j(x), \tag{3.3.1}$$

这里核函数

$$\psi_j(x)=\frac{\phi_{j+1}(x)-\phi_j(x)}{2(x_{j+1}-x_j)}-\frac{\phi_j(x)-\phi_{j-1}(x)}{2(x_j-x_{j-1})},\quad x\in\mathbb{R},$$

$\phi_j(x)=\sqrt{c^2+(x-x_j)^2}$, $x\in\mathbb{R}$. 特别地, 当采样点为等距点即 $\{x_j=jh\}_{j\in\mathbb{Z}}$ 时, 公式 (3.3.1) 可以进一步写成由一个核函数的平移的线性组合 (参见 [18])

$$(\mathcal{L}_hf)(x)=\sum_{j\in\mathbb{Z}}f(jh)\psi_h(x-jh). \tag{3.3.2}$$

此处

$$\psi_h(x)=\frac{\phi(x+h)-2\phi(x)-\phi(x-h)}{2h}.$$

Buhmann[18] 首次系统地研究了拟插值 $\mathcal{L}_hf$ 对被逼近函数及其一阶导数的逼近阶问题. 这里我们不加证明地引入 [18] 中的一些经典结论.

**引理 3.3.1** 令核函数 $\psi_h$ 和拟插值算子 $\mathcal{L}_h$ 如上所定义. 则有

1. 存在自然数 $\eta$ 以及正常数 $D_0$, $D_1$, 使得不等式

$$|\psi_h(x)|\leqslant D_0hc^2/|x|^3,\quad |x|\geqslant\eta h,$$

$$|\psi_h(x)|\leqslant D_1[1+(c/h)^2],\quad x\in\mathbb{R},$$

对任意的 $h\in(0,1]$ 均成立.

2. 存在自然数 $\eta$ 以及正常数 $D_0'$, $D_1'$, 使得不等式

$$|(\psi_h)'(x)|\leqslant D_0'hc^2/|x|^4,\quad |x|\geqslant\eta h,$$

$$|(\psi_h)'(x)|\leqslant D_1'[1+(c/h)^2]/h,\quad x\in\mathbb{R},$$

对任意的 $h\in(0,1]$ 均成立.

3. 核函数 $\psi_h$ 具有下降性

$$\int_{-\infty}^{+\infty}|\psi(x)|dx<+\infty,\quad \sum_{j\in\mathbb{Z}}|jh|^{\alpha}|\psi_h(x-jh)|<+\infty,\quad x\in\mathbb{R},\alpha<2.$$

4. 拟插值算子 $\mathcal{L}_h$ 具有常数再生性

$$\sum_{j\in\mathbb{Z}}\psi_h(x-jh)=1,\quad x\in\mathbb{R}$$

和一次多项式再生性

$$\sum_{j\in\mathbb{Z}}jh\psi_h(x-jh)=x,\quad x\in\mathbb{R}.$$

进一步, 借助这个引理可推导如下两个定理.

**定理 3.3.1** 令核函数 $\psi_h$ 和拟插值算子 $\mathcal{L}_h$ 如上定义. 则对任意满足条件 $f \in \mathcal{C}^2(\mathbb{R})$ 以及 $f'$, $f''$ 有界的函数 $f$ 均有误差估计:

$$\|f - \mathcal{L}_h f\|_\infty = \mathcal{O}(h^2 + c^2|\log h|), \quad c, h \to 0,$$

以及

$$\|f' - (\mathcal{L}_h f)'\|_\infty = \mathcal{O}(h + c^2/h), \quad c, h \to 0.$$

### 3.3.2 定义在有界区间上的 MQ 拟插值

实际问题中的数据往往是有界区间上的散乱数据. 为使 MQ 拟插值能够更好地解决实际问题, 需要构造基于有界区间上散乱数据的 MQ 拟插值.

借鉴函数延拓的思想, 通过把定义在有界区间上的函数延拓到整个实数轴上, Beatson 和 Powell[12] 把 Buhmann[18] 的研究结果推广到有界区间上散乱数据的情形并构造出三种定义在有界区间上的 MQ 拟插值格式 (称为 $\mathcal{L}_A$, $\mathcal{L}_B$ 和 $\mathcal{L}_C$). 他们甚至还将 MQ 拟插值用于电影《指环王 3》的动漫制作中去. Wu 和 Schaback[191] 指出 $\mathcal{L}_A$, $\mathcal{L}_B$ 不具有一次多项式再生性和保凸性, 并证明 $\mathcal{L}_C$ 具有一次多项式再生性和保凸性. 另外, 他们还对 $\mathcal{L}_C$ 进行改进, 构造出一种不需要端点导数信息的拟插值算子 $\mathcal{L}_D$, 并研究 $\mathcal{L}_D$ 算子的一些性质. 下面介绍这四种拟插值格式.

令 $\{x_j\}_{j=0}^N$ 为区间 $[x_0,\ x_N]$ 上一组互不相同且单调上升的点列, 对应的采样数据为 $\{f(x_j)\}_{j=0}^N$. 逼近算子 $\mathcal{L}_A$ 的构造过程分为三步. 首先, 把被逼近函数 $f(x)$ 在区间 $[x_0,\ x_N]$ 的两个端点处进行常函数延拓, 进而构造出一个定义在整个实数轴 $\mathbb{R}$ 上的函数:

$$\bar{f}(x) = \begin{cases} f(x_0), & x \in (-\infty, x_0), \\ f(x), & x \in [x_0, x_N], \\ f(x_N), & x \in (x_N, +\infty). \end{cases}$$

其次, 把采样点 $\{x_j\}_{j=0}^N$ 延拓整个实数轴上, 即

$$\{x_j\}_{j\in\mathbb{Z}}, \quad 其中\ x_{-\infty} = -\infty,\ x_{+\infty} = +\infty,$$

对应在采样点上的离散函数值为 $\{\bar{f}(x_j)\}_{j\in\mathbb{Z}}$. 最后, 把拟插值算子 $\mathcal{L}$ 作用到采样数据 $\{(x_j, \bar{f}(x_j))\}_{j\in\mathbb{Z}}$ 并将其限制在有界区间 $[x_0,\ x_N]$ 上可得拟插值算子 $\mathcal{L}_A$:

$$\mathcal{L}_A f(x) = f(x_0) \sum_{j=-\infty}^{0} \psi_j(x) + \sum_{j=1}^{N-1} f(x_j)\psi_j(x) + f(x_N) \sum_{j=N}^{+\infty} \psi_j(x), \quad x \in [x_0,\ x_N].$$

经过计算, $\mathcal{L}_A$ 可以写成一个更简单的形式

$$\mathcal{L}_A f(x) = f(x_0)\beta_0(x) + \sum_{j=1}^{N-1} f(x_j)\psi_j(x) + f(x_N)\beta_N(x), \quad x \in [x_0,\ x_N],$$

其中

$$\beta_0(x) = \frac{1}{2} + \frac{\phi_1(x) - \phi_0(x)}{2(x_1 - x_0)},$$

$$\beta_N(x) = \frac{1}{2} - \frac{\phi_N(x) - \phi_{N-1}(x)}{2(x_N - x_{N-1})}.$$

由 $\mathcal{L}_A$ 可构造逼近算子 $\mathcal{L}_B$ 为

$$\mathcal{L}_B f(x) = \mathcal{L}_A f(x) + \frac{f(x_0) + f(x_N)}{2}\left(\frac{\phi_0(x) + \phi_N(x)}{x_N - x_0} - 1\right).$$

而且, 令

$$\alpha_0(x) = -\frac{1}{2} + \beta_0(x) + \frac{\phi_N(x) + \phi_0(x)}{2(x_N - x_0)},$$

$$\alpha_N(x) = -\frac{1}{2} + \beta_N(x) + \frac{\phi_N(x) + \phi_0(x)}{2(x_N - x_0)},$$

则 $\mathcal{L}_B$ 可写为

$$\mathcal{L}_B f(x) = f(x_0)\alpha_0(x) + \sum_{j=1}^{N-1} f(x_j)\psi_j(x) + f(x_N)\alpha_N(x), \quad x \in [x_0,\ x_N],$$

进一步, 如果边界导数信息 $f'(x_0)$, $f'(x_N)$ 已知, 则可以将被逼近函数 $f$ 线性延拓到整个实数轴 $\mathbb{R}$ 上, 进而借鉴 $\mathcal{L}_A$ 的构造思想还可以构造 $\mathcal{L}_C$ 为

$$\mathcal{L}_C f(x) = f(x_0)\beta_0(x) + f'(x_0)\gamma_0(x) + \sum_{j=1}^{N-1} f(x_j)\psi_j(x)$$
$$+ f'(x_N)\gamma_N(x) + f(x_N)\beta_N(x), \quad x \in [x_0,\ x_N].$$

这里

$$\gamma_0(x) = \frac{x - x_0}{2} - \frac{\phi_0(x)}{2},$$

$$\gamma_N(x) = \frac{x - x_N}{2} + \frac{\phi_N(x)}{2}.$$

显然逼近算子 $\mathcal{L}_C$ 需要函数在端点处的导数值. 然而, 在一些实际应用中有时很难测到这些导数值. Wu 和 Schaback[191] 对 $\mathcal{L}_C$ 进行改进, 利用差商代替导数的思想, 对两个端点处的导数值用其附近离散函数值的差商替代, 进而构造出一种不需要端点处导数值的拟插值算子 $\mathcal{L}_D$ 为

$$\mathcal{L}_D f(x) = \sum_{j=0}^{N} f(x_j)\psi_j^*(x),$$

这里

$$\begin{aligned}
\psi_0^*(x) &= \frac{1}{2} + \frac{\phi_1(x) - (x - x_0)}{2(x_1 - x_0)}, \\
\psi_1^*(x) &= \frac{\phi_2(x) - \phi_1(x)}{2(x_2 - x_1)} - \frac{\phi_1(x) - (x - x_0)}{2(x_1 - x_0)}, \\
\psi_j^*(x) &= \psi_j(x), \quad j = 2, 3, \cdots, N-2, \\
\psi_{N-1}^*(x) &= \frac{x_N - x - \phi_{N-1}(x)}{2(x_N - x_{N-1})} - \frac{\phi_{N-1}(x) - \phi_{N-2}(x)}{2(x_{N-1} - x_{N-2})}, \\
\psi_N^*(x) &= \frac{1}{2} - \frac{x_N - x - \phi_{N-1}(x)}{2(x_N - x_{N-1})}.
\end{aligned}$$

更重要地, 他们还研究这四种拟插值算子的保形性质并得出以下定理.

**定理 3.3.2**　拟插值算子 $\mathcal{L}_A$ 不具有常数再生性, 拟插值算子 $\mathcal{L}_B$ 具有常数再生性, 拟插值算子 $\mathcal{L}_C$ 具有一次多项式再生性.

**定理 3.3.3**　如果数据 $\{f(x_j)\}_{j=0}^N$, $f'(x_0)$, $f'(x_N)$ 采自于一个凸 (凹、线性) 函数, 那么 $\mathcal{L}_C f(x)$ 也是一个凸 (凹、线性) 函数.

**证明**　对函数 $\phi_j(x) = \sqrt{c^2 + (x - x_j)^2}$ 求二阶导数得

$$\phi_j''(x) = \frac{c^2}{(c^2 + (x - x_j)^2)^{3/2}} > 0.$$

另外, 对 $\mathcal{L}_C f(x)$ 求二阶导数得

$$\begin{aligned}
(\mathcal{L}_C f)''(x) = &\frac{1}{2}\left(\frac{f(x_1) - f(x_0)}{x_1 - x_0} - f'(x_0)\right)\phi_0''(x) \\
&+ \frac{1}{2}\left(f'(x_N) - \frac{f(x_N) - f(x_{N-1})}{x_N - x_{N-1}}\right)\phi_N''(x) \\
&+ \frac{1}{2}\sum_{j=1}^{N-1}\left(\frac{f(x_{j+1}) - f(x_j)}{x_{j+1} - x_j} - \frac{f(x_j) - f(x_{j-1})}{x_j - x_{j-1}}\right)\phi_j''(x).
\end{aligned}$$

由于数据采自于一个凸 (凹、线性) 函数, 所以上式中所有括号里面的项都是正(负、零). 再由 $\phi_j''(x) > 0$ 可证明定理成立. □

类似地, 可以得到

**定理 3.3.4** 如果数据 $\{f(x_j)\}_{j=0}^N$ 采自于一个凸 (凹、线性) 函数, 那么 $\mathcal{L}_D f(x)$ 也是一个凸 (凹、线性) 函数.

而且, 拟插值 $\mathcal{L}_D f(x)$ 还具有保单调性.

**定理 3.3.5** 如果数据 $\{f(x_j)\}_{j=0}^N$ 采自于一个单调函数, 那么 $\mathcal{L}_D f(x)$ 也是一个单调函数.

**证明** 由于 $\phi'(x)=x(c^2+x^2)^{-1/2}$, 所以有 $\lim\limits_{x\to\pm\infty}\phi(x)=\pm 1$. 又因为 $\phi''(x)>0$, 所以

$$-1 < \phi_m'(x) < \phi_k'(x) < 1, \quad \forall\ m > k.$$

对拟插值 $\mathcal{L}_D f(x)$ 求一阶导数得

$$\begin{aligned}(\mathcal{L}_D f)'(x) = &\frac{1-\phi_1'(x)}{2(x_1-x_0)}(f(x_1)-f(x_0)) + \frac{1+\phi_{N-1}'(x)}{2(x_N-x_{N-1})}(f(x_N)-f(x_{N-1})) \\ &+ \frac{1}{2}\sum_{j=1}^{N-2}\frac{\phi_j'(x)-\phi_{j+1}'(x)}{x_{j+1}-x_j}(f(x_{j+1})-f(x_j)).\end{aligned}$$

从而定理成立. □

下面推导拟插值 $\mathcal{L}_D f(x)$ 的误差估计.

**定理 3.3.6** 对任意 $f(x)\in\mathcal{C}^2([x_0,\ x_N])$, 存在与 $h$ 及 $c$ 无关的常数 $K_1, K_2, K_3$, 使得拟插值 $\mathcal{L}_D f(x)$ 的误差满足

$$\|\mathcal{L}_D f - f\|_\infty \leqslant K_1 h^2 + K_2 ch + K_3 c^2 |\log h|. \tag{3.3.3}$$

**证明** 拟插值 $\mathcal{L}_D f(x)$ 可以写成

$$\begin{aligned}2\mathcal{L}_D f(x) = &\sum_{j=1}^{N-1}\phi_j(x)(x_{j+1}-x_{j-1})[x_{j-1},x_j,x_{j+1}]f + f(x_0) + f(x_N) \\ &+ (x-x_0)[x_0,x_1]f - (x_N-x)[x_{N-1},x_N]f.\end{aligned}$$

令 $\mathcal{L}f$ 是关于 $f$ 的分段线性插值:

$$\mathcal{L}f(x) = \sum_{j=1}^{N-1} f(x_j)\Lambda_j(x) + (x-x_0)[x_0,x_1]f - (x_N-x)[x_{N-1},x_N]f,$$

这里

$$\Lambda_j(x)=\frac{|x-x_{j+1}|-|x-x_j|}{2(x_{j+1}-x_j)}-\frac{|x-x_j|-|x-x_{j-1}|}{2(x_j-x_{j-1})}$$

称为欧几里得帽子函数. 则有

$$2(\mathcal{L}_Df(x)-\mathcal{L}f(x))=\sum_{j=1}^{N-1}(\phi_j(x)-|x-x_j|)(x_{j+1}-x_{j-1})[x_{j-1},x_j,x_{j+1}]f.$$

接下来估计函数

$$\begin{aligned}I(x)&=\sum_{j=1}^{N-1}(\phi_j(x)-|x-x_j|)(x_{j+1}-x_{j-1})\\&=\sum_{j=1}^{N-1}(\sqrt{c^2+(x-x_j)^2}-|x-x_j|)(x_{j+1}-x_{j-1}).\end{aligned}$$

为此, 把 $I(x)$ 拆成 $|x-x_j|\leqslant h$ 及 $|x-x_j|>h$ 两部分, 根据不等式

$$\begin{aligned}&\sqrt{c^2+y^2}-|y|\leqslant c,\quad c\geqslant 0,\\&\sqrt{c^2+y^2}-|y|\leqslant\frac{c^2}{2|y|},\quad c\geqslant 0,y\neq 0,\end{aligned}$$

可得

$$\begin{aligned}I(x)&\leqslant c\sum_{|x-x_j|\leqslant h}(x_{j+1}-x_{j-1})+\frac{c^2}{2}\sum_{|x-x_j|>h}\frac{x_{j+1}-x_{j-1}}{|x-x_j|}\\&\leqslant 4ch+c^2\left(\int_{|x-t|>h}\frac{1}{|x-t|}dt+\mathcal{O}(h)\right).\end{aligned}$$

从而有

$$I(x)\leqslant 4ch+\mathcal{O}(c^2|\log h|)+\mathcal{O}(c^2h).$$

最后, 利用 $|\mathcal{L}_Df(x)-\mathcal{L}f(x)|\leqslant|f''(x)|I(x)$, $|\mathcal{L}f-f|\leqslant\mathcal{O}(h^2)$ 和

$$|\mathcal{L}_Df(x)-f(x)|\leqslant|\mathcal{L}_Df(x)-\mathcal{L}f(x)|+|\mathcal{L}f(x)-f(x)|,$$

可推出误差估计 (3.3.3). □

**注释 3.3.1** 根据误差估计 (3.3.3) 可知: 当 $c^2|\log h|=\mathcal{O}(h^2)$ 时, $\|\mathcal{L}_Df-f\|_\infty\leqslant\mathcal{O}(h^2)$; 当 $c=\mathcal{O}(h)$ 时, $\|\mathcal{L}_Df-f\|_\infty\leqslant\mathcal{O}(h^2|\log h|)$.

从以上分析可知, 无论是定义在实数轴上还是定义在有界区间上的 MQ 拟插值, 它对函数最多只能提供二阶的逼近阶[191]. 为提高 MQ 拟插值的逼近阶, Ling[107] 首次把**多层级思想**引入到拟插值, 构造出如下的**高精度多层级** MQ 拟插值.

令 $\{(x_j, f(x_j))\}_{j=0}^N$ 为有界区间 $[a,b]$ 上的采样数据. 首先, 从这些采样数据中选取 $M \approx N/2$ 个数据 $\{(x_{k(j)}, f(x_{k(j)}))\}_{j=0}^M$, 并将 $\mathcal{L}_D$ 算子作用到这组新的数据上, 可构造拟插值

$$\mathcal{L}_{D\{x_{k(j)}\}}f(x) = \sum_{k(j)} f(x_{k(j)})\psi_{k(j)}^*(x).$$

其次, 计算拟插值的误差函数 $E(x) = f(x) - \mathcal{L}_{D\{x_{k(j)}\}}f(x)$ 在采样点 $\{x_j\}_{j=0}^N$ 处的离散函数值 $\{E(x_j)\}_{j=0}^N$. 再次, 把 $\mathcal{L}_D$ 算子作用到误差数据上可构造拟插值

$$\mathcal{L}_D E(x) = \sum_{j=0}^N E(x_j)\psi_j^*(x).$$

最后, 把这两个拟插值结合在一起构造最终的两层级 MQ 拟插值 $L_R f(x) = \mathcal{L}_{D\{x_{k(j)}\}}f(x) + \mathcal{L}_D E(x)$. 这个过程可以一直继续下去, 这里为讨论方便仅考虑两层级情况. 进一步, 还可证明拟插值算子 $\mathcal{L}_R f$ 具有保形性以及高阶的逼近阶.

**定理 3.3.7** 如果数据 $\{(x_j, f(x_j))\}_{j=0}^N$ 采自于一个严格凸 (凹、线性) 函数, 那么对于足够小的 $h$, 拟插值 $\mathcal{L}_R f$ 也是一个严格凸 (凹、线性) 函数.

**定理 3.3.8** 对任何被逼近函数 $f \in \mathcal{C}^2([a,\ b])$, 可选择一个恰当的形状参数 $c = \mathcal{O}(h)$ 使得

$$\|\mathcal{L}_R f - f\| = \mathcal{O}(h^{2.5}|\log h|).$$

### 3.3.3 MQ 拟插值对高阶导数的逼近阶

根据经典函数逼近理论, 通常一个逼近算子对导数的逼近阶相比对函数的逼近阶要下降一阶, 按照这个逻辑, MQ 拟插值只能逼近二阶导数. 然而, Ma 和 Wu[113] 从理论上证明通过恰当地选择形状参数, MQ 拟插值可逼近任意阶导数.

首先考虑定义在实数轴上的一般形式, 即我们希望获得 $(\mathcal{L}f)^{(k)}(x)$ 对 $f^{(k)}(x)$, $k \geqslant 2$ 的逼近阶. 为此, 研究函数 $\varphi(x) = \sqrt{1+x^2}$ 的性质.

**定理 3.3.9** $\varphi(x)$ 的 $k$ 阶导数 $(k \geqslant 2)$ 由下式控制

$$|\varphi^{(k)}(x)| \leqslant \frac{C_k}{(1+x^2)^{\frac{k+1}{2}}},$$

这里 $C_k$ 是一个与 $k$ 有关的常数.

**证明** 经过计算可得 $\varphi''(x) = 1/(1+x^2)^{3/2}$. 记 $k$ 次多项式为 $P_k(x)$. 如果

$$\varphi^{(k)}(x) = P_{k-2}(x)/(1+x^2)^{(2k-1)/2},$$

那么

$$\begin{aligned}\varphi^{(k+1)}(x) &= \varphi^{(k)\prime}(x)\\ &= P_{k-3}(x)/(1+x^2)^{(2k-1)/2} + 2xP_{k-2}(x)/(1+x^2)^{(2k+1)/2}\\ &= P_{k-1}(x)/(1+x^2)^{(2k+1)/2}.\end{aligned}$$

由数学归纳法得

$$|\varphi^{(k)}(x)| \leqslant \left|\frac{P_{k-2}(x)}{(1+x^2)^{(2k-1)/2}}\right| \leqslant \frac{C_k}{(1+x^2)^{\frac{k+1}{2}}}. \tag{3.3.4}$$

而带形状参数 $c$ 的 MQ 函数为

$$\phi(x) = \sqrt{c^2+x^2} = c\cdot\varphi\left(\frac{x}{c}\right),$$

所以它的导数满足

$$|\phi^{(k)}(x)| \leqslant \frac{C_k\cdot c^2}{(c^2+x^2)^{\frac{k+1}{2}}}.$$

□

特别地, 还可获得下述两个估计式

$$|\phi^{(k)}(x)| \leqslant \frac{C_k\cdot c^2}{|x|^{k+1}},$$

$$|\phi^{(k)}(x)| \leqslant \frac{C_k}{c^{k-1}}.$$

**引理 3.3.2** 假设函数 $f$ 可以由其 Fourier 变换表示: $f(x) = \int e^{ixw}\hat{f}(w)dw$, 且 $\int \hat{f}(w)w^k dw$ 存在. 则对任何一个满足

$$|\widehat{\Phi}(\omega) - 1| \leqslant \mathcal{O}(\omega^k), \quad \omega \to 0 \tag{3.3.5}$$

的函数 $\Phi(x)$, 存在一个常数 $C$, 使得

$$|(\Phi_\varepsilon * f)(x) - f(x)| < C\cdot\varepsilon^k,$$

这里

$$\Phi_\varepsilon(x) = \frac{1}{\varepsilon}\Phi(x/\varepsilon).$$

特别地, 如果令

$$\Phi(x) = \frac{1}{2(1+x^2)^{\frac{3}{2}}} = \frac{\varphi''(x)}{2},$$

则有

$$|\widehat{\Phi}(\omega) - 1| = \mathcal{O}(\omega^2), \quad \omega \to 0,$$

以及

$$\Phi_c(x) := \frac{1}{2c}\varphi''\left(\frac{x}{c}\right) = \frac{\phi''(x)}{2}.$$

从而有如下推论.

**推论 3.3.1** 对任意一个函数 $f \in \mathcal{C}^2(\mathbb{R})$, 均有

$$\left|\int_{-\infty}^{\infty} f(t)\cdot\frac{\phi''(x-t)}{2}dt - f(x)\right| \leqslant \mathcal{O}(c^2).$$

基于以上分析, 可给出 MQ 拟插值对高阶导数逼近的逼近阶[113].

**定理3.3.10** 如果 $f(x)\in\mathcal{C}^{(k+2)}(\mathbb{R})$ 且 $|f^{(j)}(x)|\leqslant|P_{k+2-j}(x)|$, 其中 $P_{k+2-j}(x)$ 为一个 $k+2-j$ 次多项式, 那么

$$|(\mathcal{L}f)^{(k)}(x) - f^{(k)}(x)| \leqslant \mathcal{O}(h^{\frac{2}{k+1}}).$$

**证明** 经简单计算可得

$$\begin{aligned}
\mathcal{L}f(x) &= \sum_{j=-\infty}^{\infty} f(x_j)\psi_j(x) \\
&= \sum_{j=-\infty}^{\infty} f(x_j)\cdot\left[\frac{\phi_{j+1}(x)-\phi_j(x)}{2(x_{j+1}-x_j)} - \frac{\phi_j(x)-\phi_{j-1}(x)}{2(x_j-x_{j-1})}\right] \\
&= \sum_{j=-\infty}^{\infty}\left[\frac{f(x_{j+1})-f(x_j)}{2(x_{j+1}-x_j)} - \frac{f(x_j)-f(x_{j-1})}{2(x_j-x_{j-1})}\right]\cdot\phi_j(x),
\end{aligned}$$

对上式两边分别求 $k$ 阶导数得

$$(\mathcal{L}f)^{(k)}(x) = \sum_{j=-\infty}^{\infty}\left[\frac{f(x_{j+1})-f(x_j)}{2(x_{j+1}-x_j)} - \frac{f(x_j)-f(x_{j-1})}{2(x_j-x_{j-1})}\right]\cdot\phi_j^{(k)}(x).$$

又因为

$$\frac{f(x_{j+1})-f(x_j)}{x_{j+1}-x_j}=f'(x_j)+\frac{1}{2}f''(x_j)\cdot(x_{j+1}-x_j)+\frac{1}{6}f'''(\xi_j)\cdot(x_{j+1}-x_j)^2,$$

$$\frac{f(x_j)-f(x_{j-1})}{x_j-x_{j-1}}=f'(x_j)-\frac{1}{2}f''(x_j)\cdot(x_j-x_{j-1})+\frac{1}{6}f'''(\eta_j)\cdot(x_j-x_{j-1})^2,$$

这里 $\xi_j\in(x_j,x_{j+1})$, $\eta_j\in(x_{j-1},x_j)$, 从而有

$$\begin{aligned}(\mathcal{L}f)^{(k)}(x)=&\sum_{j=-\infty}^{\infty}f''(x_j)\cdot\frac{(x_{j+1}-x_{j-1})}{2}\cdot\phi_j^{(k)}(x)\\&+\sum_{j=-\infty}^{\infty}\left[\frac{1}{6}f'''(\xi_j)(x_{j+1}-x_j)^2+\frac{1}{6}f'''(\eta_j)(x_j-x_{j-1})^2\right]\cdot\phi_j^{(k)}(x).\end{aligned}$$

另一方面, 分别在区间 $[(x_{j-1}+x_j)/2,(x_j+x_{j+1})/2]$ 上利用积分中值定理得

$$\begin{aligned}I:=&\left|\int_{-\infty}^{\infty}f''(t)\cdot\frac{\phi^{(k)}(x-t)}{2}dt-\sum_{j=-\infty}^{\infty}f''(x_j)\cdot\frac{(x_{j+1}-x_{j-1})}{2}\cdot\phi_j^{(k)}(x)\right|\\=&\left|\sum_{j=-\infty}^{\infty}\int_{\frac{x_{j-1}+x_j}{2}}^{\frac{x_j+x_{j+1}}{2}}f''(t)\cdot\frac{\phi^{(k)}(x-t)}{2}dt-\sum_{j=-\infty}^{\infty}f''(x_j)\cdot\frac{(x_{j+1}-x_{j-1})}{2}\cdot\phi_j^{(k)}(x)\right|\\=&\left|\sum_{j=-\infty}^{\infty}[f''(\xi_j)\phi^{(k)}(x-\xi_j)-f''(x_j)\phi^{(k)}(x-x_j)]\frac{(x_{j+1}-x_{j-1})}{2}\right|\\=&\left|\sum_{j=-\infty}^{\infty}[f'''(\eta_j)\phi^{(k)}(x-\eta_j)+f''(\eta_j)\phi^{(k+1)}(x-\eta_j)]\cdot(\xi_j-x_j)\frac{(x_{j+1}-x_{j-1})}{2}\right|\\\leqslant& h\sum_{j=-\infty}^{\infty}\left|f'''(\eta_j)\phi^{(k)}(x-\eta_j)+f''(\eta_j)\phi^{(k+1)}(x-\eta_j)\right|\frac{(x_{j+1}-x_{j-1})}{2}.\end{aligned}$$

注意估计式 (3.3.4) 及定理的条件将上面不等式最后一个求和分成 $|x-x_j|\leqslant c$ 部分及剩余部分, 并根据不等式

$$|\phi^{(k)}(x)|\leqslant\frac{C_k}{c^{k-1}},$$

$$|\phi^{(k)}(x)|\leqslant\frac{C_k\cdot c^2}{|x|^{k+1}},$$

可得

$$I \leqslant \mathcal{O}(h/c^{k-1}).$$

相似地, 由 $\phi_j^{(k)}(x)$ 及 $f'''(x)$ 的条件得到

$$\sum_{j=-\infty}^{\infty}\left[\frac{1}{6}f'''(\xi_j)(x_{j+1}-x_j)^2+\frac{1}{6}f'''(\eta_j)(x_j-x_{j-1})^2\right]\cdot\phi_j^{(k)}(x)\leqslant\mathcal{O}(h/c^{k-1}).$$

这样我们有

$$\begin{aligned}(\mathcal{L}f)^{(k)}(x)&=\int_{-\infty}^{\infty}f''(t)\cdot\frac{\phi^{(k)}(x-t)}{2}dt+\mathcal{O}(h/c^{k-1})\\&=\int_{-\infty}^{\infty}f^{(k)}(t)\cdot\frac{\phi''(x-t)}{2}dt+\mathcal{O}(h/c^{k-1}).\end{aligned}\tag{3.3.6}$$

进一步, 如果 $f(x)$ 满足上述引理的条件, 那么由上面的推论我们可以简化成

$$\left|\int_{-\infty}^{\infty}f^{(k)}(t)\cdot\frac{\phi''(x-t)}{2}dt-f^{(k)}(x)\right|\leqslant\mathcal{O}(c^2).$$

这就是说

$$\left|(\mathcal{L}f)^{(k)}(x)-f^{(k)}(x)\right|\leqslant\mathcal{O}(c^2)+\mathcal{O}(h/c^{k-1}).$$

因此, 当取 $c=\mathcal{O}(h^{\frac{1}{k+1}})$ 时, 可得最佳误差估计式:

$$|f^{(k)}(x)-(\mathcal{L}f)^{(k)}(x)|\leqslant\mathcal{O}(h^{\frac{2}{k+1}}).$$ □

进一步, 还可得如下推论.

**推论 3.3.2** 取形状参数 $c=\mathcal{O}(h^{\frac{1}{k+1}})$, 则对任何满足上面定理条件的函数 $f$, 都有

$$|f^{(l)}(x)-(\mathcal{L}f)^{(l)}(x)|\leqslant\mathcal{O}(h^{\frac{2}{k+1}}),\quad l\leqslant k,$$

以及

$$|f^{(l)}(x)-(\mathcal{L}f)^{(l)}(x)|\leqslant\mathcal{O}(h^{\frac{1}{k+1}}),\quad l=k+1.$$

以上结论针对定义在整个实数轴的函数, 对于定义在有限区间 $[x_0, x_N]$ 上的函数, 可利用函数在区间两个端点处的信息构造 Hermite 插值 $P(x)$, 使得

$$\bar{f}(x) = \begin{cases} f(x) - P(x), & x \in [x_0, x_N], \\ 0, & \text{其他} \end{cases}$$

是一个有限支柱的 $k$ 次连续函数. 从而可构造拟插值

$$(\mathcal{L}_\mathcal{E} f)(x) = \mathcal{L}\bar{f}(x) + P(x) = \sum_{j=0}^{N}[f(x_j) - P(x_j)]\psi_j(x) + P(x),$$

并用

$$(\mathcal{L}_\mathcal{E} f)^{(k)}(x) = \mathcal{L}\bar{f}^{(k)}(x) + P^{(k)}(x) = \sum_{j=0}^{N}[f(x_j) - P(x_j)]\psi_j^{(k)}(x) + P^{(k)}(x)$$

来逼近 $f$ 的 $k$ 阶导数. 而且, 还可以获得上述定理一样的逼近阶

$$|(\mathcal{L}_\mathcal{E} f)^{(k)}(x) - f^{(k)}(x)| \leqslant \mathcal{O}(h^{\frac{2}{k+1}}).$$

需要再次指出的是通常的函数逼近方法, 如果函数逼近只有 2 阶的逼近阶, 那么一般地, 我们不能期望 2 阶导数还有逼近性质. 而利用 MQ 拟插值, 只要我们适当地选取形状参数 $c$, 不仅可以获得 2 阶导数的逼近, 而且还可以获得更高阶导数的逼近. 这是一个十分有趣甚至可以说幸运的结果, 这样我们就获得了一个简单的算法来模拟高阶导数, 这是数值计算及应用中最为基础的公式. 下面我们还要给出, 这样的导数逼近还是更为稳定的.

### 3.3.4　MQ 拟插值逼近高阶导数的稳定性

数值求导是计算数学的基本研究对象, 最常用的是差商方法, 也就是用高阶差商模拟高阶导数. 其本质思想是用局部的多项式插值的导数来模拟真实的导数. 然而, 由于多项式插值的不稳定性, 所以通常只是用 1 阶、2 阶差商模拟 1 阶、2 阶导数, 而很少用更高阶的差商来数值模拟高阶导数. 现在我们可以用 MQ 拟插值的高阶导数来模拟函数真实的高阶导数. 上面的讨论告诉我们, MQ 拟插值对 $k$ 导数的逼近阶是 $2/(k+1)$. 看起来逼近阶不如利用差商的来得高, 下面我们将严格地计算逼近阶与稳定性的关系. 从而证明利用 MQ 拟插值的高阶导数来逼近函数真实的高阶导数是一个更好的数值逼近方法.

函数的测量 (采样) 数据 $\{f(x_j)\}$ 总是带有误差的, 甚至输入到计算机也总是带有 0 溢出误差. 譬如 128 位的计算机, 小于 2 的负 128 次方的值会被计算机认

为是 0. 也就是说, 我们获得的是 $\{f^*(x_j)=f(x_j)+\varepsilon_j\}$, 而 $\varepsilon_j$ 是噪声误差. 问题归结为用带随机误差的采样数据 $\{f^*(x_j)\}$ 来构造 $f^{(n)}(x)$ 的逼近式.

我们假设误差是均值为 $E(\varepsilon)$, 方差为 $\sigma^2(\varepsilon)$ 的白噪声. 此处, 用 $\varepsilon$ 表示随机变量, 用 $\varepsilon_j$ 表示采样数据的噪声误差. 通常要求噪声误差满足

$$E\varepsilon_j=0 \tag{3.3.7}$$

及

$$E\varepsilon_j\varepsilon_k=\begin{cases}\sigma^2, & j=k,\\ 0, & j\neq k.\end{cases} \tag{3.3.8}$$

我们要研究, 一个期望是零的噪声误差 $\{\varepsilon_j\}$ 被添加在 $f(x_j)$ 上, 而导致用差商或 MQ 拟插值计算的 $f^{(n)}(x)$ 方法所带来的误差结果.

先进行差商模拟导数的稳定性分析.

令 $\{x_j; j=0,1,\cdots,n\}$ 为任何 $(n+1)$ 个在 $[a,b]$ 中两两不同的点, 函数 $f\in\mathcal{C}([a,b])$. 多项式 $p\in\mathscr{P}_n$ 满足插值条件

$$p(x_j)=f(x_j),\quad j=0,1,\cdots,n. \tag{3.3.9}$$

所以其首项系数是关于 $\{x_j,f_j\}$ 的 $n$ 阶差商, 记为 $[x_0,x_1,\cdots,x_n]f$. 如果记 $l_k(x)$ 为多项式插值的 Lagrange 函数, 即

$$l_k(x)=\frac{\prod\limits_{j\neq k}(x-x_j)}{\prod\limits_{j\neq k}(x_k-x_j)},\quad a\leqslant x\leqslant b, \tag{3.3.10}$$

那么满足插值条件的插值函数为

$$p(x)=\sum_{k=0}^{n}f(x_k)l_k(x), \tag{3.3.11}$$

其首项系数是

$$[x_0,x_1,\cdots,x_n]f=\sum_{k=0}^{n}\frac{f(x_k)}{\prod\limits_{j\neq k}(x_k-x_j)}. \tag{3.3.12}$$

在绝大多数的数值计算及实际应用中, 人们通常利用差商作为高阶导数的逼近, 即

$$[x_0,x_1,\cdots,x_n]f=f^{(n)}(\xi)/n!. \tag{3.3.13}$$

这样我们就有

$$E[f^{*(n)}(x)-f^{(n)}(x)]^2$$

$$
\begin{aligned}
&= E[f^{*(n)}(\xi) - f^{(n)}(\xi)]^2 \\
&= (n!)^2 \cdot E\left(\sum_{k=0}^{n} \frac{f^*(x_k)}{\prod\limits_{j\neq k}(x_k - x_j)} - \sum_{k=0}^{n} \frac{f(x_k)}{\prod\limits_{j\neq k}(x_k - x_j)}\right) \\
&= (n!)^2 \cdot E\left(\sum_{k=0}^{n} \frac{\varepsilon_j}{\prod\limits_{j\neq k}(x_k - x_j)}\right)^2 \\
&= (n!)^2 \cdot \sigma^2 \cdot \sum_{k=0}^{n} \frac{1}{\prod\limits_{j\neq k}(x_k - x_j)^2}.
\end{aligned} \tag{3.3.14}
$$

如果 $\{x_j; j=0,1,\cdots,n\}$ 是均匀分布的且 $h$ 为步长, 那么, 利用差商逼近导数的稳定性误差是

$$
\begin{aligned}
&E(f^{*(n)}(\xi) - f^{(n)}(\xi))^2 \\
=&(n!)^2 \cdot \sigma^2 \cdot \sum_{k=0}^{n} \frac{1}{(k!(n-k)!h^n)^2} \\
=&\sigma^2 \cdot \frac{1}{h^{2n}} \sum_{k=0}^{n} \left(\frac{n!}{k!(n-k)!}\right)^2 \\
=&\sigma^2 \cdot \frac{1}{h^{2n}} \sum_{k=0}^{n} (C_n^j)^2 \\
=&\sigma^2 \cdot \frac{1}{h^{2n}} \cdot C_{2n}^n.
\end{aligned}
$$

从而可得如下定理.

**定理 3.3.11**　如果 $\{x_j;\ j=0,\cdots,n\}$ 是以间距为 $H$ 的等距采样点, 那么对于任意满足 $|x-\xi| \sim \mathcal{O}(H)$ 的 $x$, 均有

$$
E[(\mathcal{D}f^*)^{(n)}(x) - f^{(n)}(x)]^2 \leqslant \mathcal{O}\left(\frac{\sigma^2}{H^{2n}}\right) + \mathcal{O}(H^2).
$$

这里 $\mathcal{D}$ 是关于 $[x_0, x_1, \cdots, x_n]$ 的 $n$ 次多项式插值算子, $f^*$ 是 $f$ 添加噪声后的插值多项式.

**证明**　我们有

$$
E[(\mathcal{D}f^*)^{(n)}(x) - f^{(n)}(x)]^2
$$

$$
\begin{aligned}
&= E[(\mathcal{D}f^*)^{(n)}(x) - (\mathcal{D}f)^{(n)}(x) + (\mathcal{D}f)^{(n)}(x) - f^{(n)}(x)]^2 \\
&= \mathcal{O}\left(\frac{\sigma^2}{H^{2n}}\right) + \mathcal{O}(H^2). \qquad \square
\end{aligned}
$$

对于非等距的采样数据, 用高阶差商逼近高阶导数的稳定性更差. 而且, 从定理可知, 如果希望保证噪声项不会由于步长的变小而变得比理论误差更大, 那么我们应该要求

$$
\sigma_{\mathcal{D}}^2 \leqslant \mathcal{O}(H^{2n+2}).
$$

反过来, 对于一个 128 位精度的计算机, 譬如我们要模拟 5 阶导数, 则 $H$ 应该大于 1/1000. 或者说, 由计算机的舍入误差, $H$ 不能再小了, 同时, 最佳的误差也就是 $10^{-6}$. 如果是 8 位精度的计算机或计算机软件, 还是取 1/1000 作为步长, 那么要求 $10^{-16} < 10^{-4n-4}$. 这只能用来计算三阶差商. 要计算四阶差商, 被略去的第 9 位小数就要发挥很大的破坏作用. 所以我们只能用差商来估计低阶导数, 否则将导致不精确性及不稳定性.

上面已经给出了 MQ 拟插值计算高阶导数的公式, 现在我们来分析这个公式的稳定性[115].

**定理 3.3.12** 令

$$
h = \max_{0 \leqslant j \leqslant n} (x_{j+1} - x_j),
$$

$$
c = \mathcal{O}(h^{\frac{1}{n+1}}),
$$

那么下面不等式成立

$$
\int_{-\infty}^{+\infty} [\phi^{(n)}(x)]^2 dx \leqslant \mathcal{O}\left(\frac{1}{h^{\frac{2n-3}{n+1}}}\right).
$$

**证明** 我们有

$$
\begin{aligned}
\int_{-\infty}^{+\infty} [\phi^{(n)}(x)]^2 dx &= \int_{|x| \leqslant c} [\phi^{(n)}(x)]^2 dx + \int_{|x|>c} [\phi^{(n)}(x)]^2 dx \\
&\leqslant \int_{-c}^{c} \left[\frac{C_n}{c^{n-1}}\right]^2 dx + 2\int_{c}^{+\infty} \frac{[C_n \cdot c^2]^2}{x^{2(n+1)}} dx \\
&= \left(\frac{C_n}{c^{n-2}}\right)^2 - \frac{[C_n \cdot c^2]^2}{2n+1} \cdot \frac{1}{x^{2n+1}}\Bigg|_c^{\infty} \\
&\leqslant \mathcal{O}\left(\frac{1}{c^{2n-4}}\right) + \mathcal{O}\left(\frac{1}{c^{2n-3}}\right)
\end{aligned}
$$

$$= \mathcal{O}\left(\frac{1}{c^{2n-3}}\right)$$
$$= \mathcal{O}\left(\frac{1}{h^{\frac{2n-3}{n+1}}}\right). \tag{3.3.15}$$

□

从而可得如下的稳定性定理.

**定理 3.3.13** 如果取 $c = \mathcal{O}(h^{\frac{1}{n+1}})$, 则利用 MQ 拟插值估计 $n$ 阶导数算子 $\mathcal{L}$ 的误差为

$$E[(\mathcal{L}f^*)^{(n)}(x) - f^{(n)}(x)]^2 \leqslant \mathcal{O}\left(\frac{\sigma^2}{h^{\frac{n}{n+1}}}\right) + \mathcal{O}(h^{\frac{4}{n+1}}).$$

**证明** 我们有

$$\begin{aligned}
&E[(\mathcal{L}f^*)^{(n)}(x) - f^{(n)}(x)]^2 \\
=&E[(\mathcal{L}f^*)^{(n)}(x) - (\mathcal{L}f)^{(n)}(x) + (\mathcal{L}f)^{(n)}(x) - f^{(n)}(x)]^2 \\
=&E\left[\sum_{j=-\infty}^{+\infty} f^*(x_j)\psi_j^{(n)}(x) - \sum_{j=-\infty}^{+\infty} f(x_j)\psi_j^{(n)}(x) + \sum_{j=-\infty}^{+\infty} f(x_j)\psi_j^{(n)}(x) - f^{(n)}(x)\right]^2.
\end{aligned}$$

由

$$E\left[\sum_{j=-\infty}^{+\infty} f^*(x_j)\psi_j^{(n)}(x) - \sum_{j=-\infty}^{+\infty} f(x_j)\psi_j^{(n)}(x)\right] = 0$$

可得

$$\begin{aligned}
&E[(\mathcal{L}f^*)^{(n)}(x) - f^{(n)}(x)]^2 \\
=&E\left[\sum_{j=-\infty}^{+\infty} f^*(x_j)\psi_j^{(n)}(x) - \sum_{j=-\infty}^{+\infty} f(x_j)\psi_j^{(n)}(x)\right]^2 \\
&+\left[\sum_{j=-\infty}^{+\infty} f(x_j)\psi_j^{(n)}(x) - f^{(n)}(x)\right]^2 \\
\leqslant&\sigma^2 \sum_{j=-\infty}^{+\infty} [\psi_j^{(n)}(x)]^2 + \mathcal{O}(h^{\frac{2}{n+1}})^2 \\
=&\frac{\sigma^2}{4} \sum_{j=-\infty}^{+\infty} \left[\frac{\phi_{j+1}^{(n)}(x) - \phi_j^{(n)}(x)}{x_{j+1} - x_j} - \frac{\phi_j^{(n)}(x) - \phi_{j-1}^{(n)}(x)}{x_j - x_{j-1}}\right]^2 + \mathcal{O}(h^{\frac{4}{n+1}})
\end{aligned}$$

$$=\frac{\sigma^2}{4}\sum_{j=-\infty}^{+\infty}\left\{\left[\frac{\dfrac{\phi_{j+1}^{(n)}(x)-\phi_j^{(n)}(x)}{x_{j+1}-x_j}-\dfrac{\phi_j^{(n)}(x)-\phi_{j-1}^{(n)}(x)}{x_j-x_{j-1}}}{\dfrac{x_{j+1}-x_{j-1}}{2}}\right]^2\cdot\left(\frac{x_{j+1}-x_{j-1}}{2}\right)^2\right\}$$
$$+\mathcal{O}(h^{\frac{4}{n+1}})$$
$$\leqslant\frac{\sigma^2}{4}\sum_{j=-\infty}^{+\infty}\left\{[\phi^{(n+2)}(x-\xi_j)]^2\cdot\left(\frac{x_{j+1}-x_{j-1}}{2}\right)^2\right\}+\mathcal{O}(h^{\frac{4}{n+1}}),$$

这里 $\xi_j\in(x_{j-1},x_{j+1})$. 进一步, 利用证明 MQ 拟插值的收敛性定理的技术可得

$$\begin{aligned}&E[(\mathcal{L}f^*)^{(n)}(x)-f^{(n)}(x)]^2\\&\leqslant\mathcal{O}(\sigma^2h)\int_{-\infty}^{+\infty}[\phi^{(n+2)}(x)]^2dx+\mathcal{O}(h^{\frac{4}{n+1}})\\&\leqslant\mathcal{O}\left(\frac{\sigma^2}{h^{\frac{n}{n+1}}}\right)+\mathcal{O}(h^{\frac{4}{n+1}}).\end{aligned}\tag{3.3.16}$$

□

特别地, 如果在定理中我们取 $h^{\frac{2}{n+1}}=H$, 那么要想得到一样的 $H^2$ 级的误差, 对噪声应该要求

$$\sigma_{\mathcal{L}}^2\leqslant\mathcal{O}(H^{\frac{n}{2}+2}).$$

可见 $\sigma_{\mathcal{D}}^2\ll\sigma_{\mathcal{L}}^2$. 粗略地说 $\sigma_{\mathcal{D}}^2\sim(\sigma_{\mathcal{L}}^2)^4$. 也就是说, 差商对计算机的精度要求更高, 甚至是 MQ 拟插值的 4 次方级的. 当 MQ 拟插值可以用一个 64 位精度的计算机完成的精度, 利用差商就需要一个 256 位精度的计算机完成. 另一种比较是 $\sigma_{\mathcal{D}}^2\sim H^{3n/2}\sigma_{\mathcal{L}}^2$. 这意味着越是高阶的导数, 达到一样的计算精度, 差商与 MQ 拟插值比, 越是需要更高精度的计算机来完成. 当然 MQ 拟插值需要更多的采样数据.

在实际计算中, 譬如用一个只有 8 位有效数字的计算机或计算机软件来模拟 2 阶导数, 在 $[0,1]$ 用等距的 1/100 步长. 利用 MQ 拟插值就明显地比利用差商精确, 众多的算例都表现了差商的误差函数比 MQ 的误差函数有更大的振幅与更高的频率. 一般地, 对于更高阶的导数, 用差商已经不能获得可信的结果, 而利用 MQ 拟插值还可以进行计算且还得出可信的结果.

### 3.3.5 高阶 MQ 样条拟插值

Beatson 和 Dyn[9] 对 Hardy 提出的 MQ 函数进行推广, 构造出高阶 ($2k$ 阶) MQ 函数

$$\phi(x;2k)=(c^2+x^2)^{(2k-1)/2},\quad k\in\mathbb{Z}_+.$$

可以看出, $2k$ 阶 MQ 函数是 $2k$ 阶样条核 $|x|^{2k-1}$ 的光滑化. 而且, 经过简单推导可得

$$D^{2k}\phi(x;2k)=[(2k-1)!!]^2c^{2k}(c^2+x^2)^{-(2k+1)/2}.$$

进一步, 借鉴高阶 B-样条的构造思想, 利用 $2k$ 阶差商离散化 $2k$ 阶导数, 可构造 $2k$ 阶 MQ B-样条 ($\psi$-样条) 如下:

$$\psi_{j,2k}(x)=\frac{t_{j+k}-t_{j-k}}{2}[t_{j-k},t_{j-k+1},\cdots,t_{j+k}]_t\phi(x-t;2k).$$

此处的差商算子作用于变量 $t$.

下面给出 $\psi$-样条的一些性质[9,199].

- 单位分解性:

$$\sum_{j\in\mathbb{Z}}\psi_{j,2k}(x)=1,\quad x\in\mathbb{R}.$$

- 二阶拟多项式再生性:

$$\sum_{j\in\mathbb{Z}}\xi_j^{(1)}\psi_{j,2k}(x)=1,$$

$$\sum_{j\in\mathbb{Z}}\xi_j^{(2)}\psi_{j,2k}(x)=x^2+\frac{c^2}{2(k-1)},$$

这里

$$\xi_j^{(1)}=\sum_{i=j-k+1}^{j+k-1}\frac{t_i}{2k-1},$$

$$\xi_j^{(2)}=\sum_{i=j-k+1\leqslant p\leqslant q\leqslant j+k-1}\frac{t_pt_q}{C_{2k-1}^2}.$$

- 卷积表示:

$$\psi_{j,2k}(x)=kA(k)c^{2k}\int_{\mathbb{R}}N_{j,2k}(t)((x-t)^2+c^2)^{-(2k+1)/2}dt,$$

其中 $N_{j,2k}$ 为 $2k$ 阶 B-样条,

$$A(k)=\frac{(2k-1)!!}{(2k)!!}=\frac{1}{2}\cdot\frac{3}{4}\cdot\frac{5}{6}\cdots\frac{2k-1}{2k}.$$

利用 MQ B-样条 ($\psi$-样条), 参照样条拟插值格式, Beatson 和 Dyn[9] 构造出高阶 MQ 样条拟插值

$$\mathcal{L}_B f(x) = \sum_{j\in\mathbb{Z}} f(\xi_j^{(1)})\psi_{j,2k}(x)$$

并给出如下的误差估计.

**定理 3.3.14** 记 $k \geqslant 1, c > 0$, 以及单调上升的网格点 $\{t_j\}_{j\in\mathbb{Z}}$, $t_{\pm j} \to \pm\infty$ 当 $j \to \infty$. 则对任意定义在实数轴上的一致连续函数 $f$ 都有误差估计

$$\|f - \mathcal{L}_B f\|_\infty = (k + 1 + c/h)\omega(f, h),$$

这里 $h = \sup\limits_j(t_{j+1} - t_j)$, $\omega(f, h)$ 为连续模.

Zhang 和 Wu[199] 改进了上述定理, 给出更为严格的误差估计 (这里我们不加证明地介绍他们的成果, 感兴趣的读者可以参看文献 [199]).

**定理 3.3.15** 令 $k$, $c$, $\{t_j\}_{j\in\mathbb{Z}}$ 如上述定理所定义. 则对任意定义在实数轴上的一致连续函数 $f$ 都有误差估计

$$\|f - \mathcal{L}_B f\|_\infty = (1 + c/h)\omega(f, h) + \mathcal{O}(h^2).$$

进一步, 如果 $\{t_j\}_{j\in\mathbb{Z}}$ 是等距点, 则拟插值 $\mathcal{L}_B f$ 中的 $\{f(\xi_j^{(1)})\}$ 可以用采样点上的离散函数值 $\{f(t_j)\}$ 代替.

更重要地, Zhang 和 Wu[199] 还以三次 (四阶) MQB-样条为例讨论了如何构造定义在有界区间 $[a, b]$ 上的高阶 MQ 样条拟插值格式并研究了对应的误差估计及保形性.

令 $a = x_0 < x_1 < \cdots < x_{N-1} < x_N = b$ 为一单调上升的节点列, 分别在区间两端点添加重节点

$$x_{-3} = x_{-2} = x_{-1} = a, \quad x_{N+1} = x_{N+2} = x_{N+3} = b.$$

假设已获得被逼近函数在采样点 $\xi_j^{(1)} = (x_{j-1} + x_j + x_{j+1})/3$ 上的离散函数值, Zhang 和 Wu[199] 构造了拟插值算子

$$\mathcal{L}_1 f(x) = \beta_{-1}(x)f(\xi_{-1}^{(1)}) + \sum_{j=0}^{N} f(\xi_j^{(1)})\psi_{j,4}(x) + \beta_{N+1}(x)f(\xi_{N+1}^{(1)}),$$

其中

$$\beta_{-1}(x) = \frac{1}{2} - \frac{1}{2}[x - x_{-2}, x - x_{-1}, x - x_0, x - x_1, x - x_2]\phi(x; 2k),$$

$$\beta_{N+1}(x)=\frac{1}{2}+\frac{1}{2}[x-x_{N-1},x-x_N,x-x_{N+1},x-x_{N+2}]\phi(x;2k).$$

而且, 如果我们还可以获取一阶导数在两个采样点 $\xi_{-1}^{(1)}$ 和 $\xi_{N+1}^{(1)}$ 上值 $f'(\xi_{-1}^{(1)})$, $f'(\xi_{N+1}^{(1)})$, 则可继续构造拟插值算子

$$\begin{aligned}\mathcal{L}_2f(x)=&\beta_{-1}(x)f(\xi_{-1}^{(1)})+\gamma_{-1}(x)f'(\xi_{-1}^{(1)})+\sum_{j=0}^{N}f(\xi_j^{(1)})\psi_{j,4}(x)\\&+\beta_{N+1}(x)f(\xi_{N+1}^{(1)})+\gamma_{N+1}(x)f'(\xi_{N+1}^{(1)}),\end{aligned}$$

这里

$$\gamma_{-1}(x)=\frac{1}{2}(x-x_0)-\frac{1}{12}\phi''(x-x_0),$$

$$\gamma_{N+1}(x)=\frac{1}{2}(x-x_N)+\frac{1}{12}\phi''(x-x_N).$$

如果还有更多的采样信息, 则可以进一步构造另外两个拟插值算子

$$\begin{aligned}\mathcal{L}_3f(x)=&\beta_{-1}(x)f(\xi_{-1}^{(1)})+\gamma_{-1}(x)f'(\xi_{-1}^{(1)})+\lambda_{-1}(x)f''(\xi_{-1}^{(1)})+\sum_{j=0}^{N}f(\xi_j^{(1)})\psi_{j,4}(x)\\&+\beta_{N+1}(x)f(\xi_{N+1}^{(1)})+\gamma_{N+1}(x)f'(\xi_{N+1}^{(1)})+\lambda_{N+1}(x)f''(\xi_{-1}^{(1)}).\end{aligned}$$

此处

$$\lambda_{-1}(x)=\frac{(x-x_0)^2}{4}(x-x_0)-\frac{1}{12}\phi''(x-x_0)+\mathcal{O}(c^2)+\mathcal{O}(h^2),$$

$$\gamma_{N+1}(x)=\frac{(x-x_N)^2}{4}+\frac{1}{12}\phi''(x-x_N)+\mathcal{O}(c^2)+\mathcal{O}(h^2).$$

$$\begin{aligned}\mathcal{L}_4f(x)=&\beta_{-1}(x)f(\xi_{-1}^{(1)})+\gamma_{-1}(x)f'(\xi_{-1}^{(1)})+\lambda_{-1}(x)f''(\xi_{-1}^{(1)})+\tau_{-1}(x)f'''(\xi_{-1}^{(1)})\\&+\sum_{j=0}^{N}f(\xi_j^{(1)})\psi_{j,4}(x)+\beta_{N+1}(x)f(\xi_{N+1}^{(1)})+\gamma_{N+1}(x)f'(\xi_{N+1}^{(1)})\\&+\lambda_{N+1}(x)f''(\xi_{-1}^{(1)})+\tau_{N+1}(x)f'''(\xi_{-1}^{(1)}),\end{aligned}$$

其中

$$\tau_{-1}(x)=\frac{(x-x_0)^3}{12}-\frac{1}{12}\phi(x-x_0)+\frac{x-x_0}{8}c^2+\mathcal{O}(c^2)+\mathcal{O}(h^2),$$

$$\gamma_{N+1}(x)=\frac{(x-x_N)^3}{12}+\frac{1}{12}\phi(x-x_N)+\frac{x-x_N}{8}c^2+\mathcal{O}(c^2)+\mathcal{O}(h^2).$$

Zhang 和 Wu[199] 推导了以上四个拟插值算子的误差估计.

**定理 3.3.16** 令 $\mathcal{L}_1 f$ 如上所定义, 则对于任意定义在区间 $[a,\ b]$ 上的连续函数 $f$ 都有误差估计

$$\|f-\mathcal{L}_1 f\|_\infty \leqslant (1+c/h)\omega(f,h),$$

这里 $h=\max\limits_j\{x_{j+1}-x_j\}$, $\omega(f,h)$ 为 $f$ 的连续模. 进一步, 如果函数 $f$ 还具有 Lipschitz 连续的一阶导数, 则有

$$\|f-\mathcal{L}_2 f\|_\infty \leqslant \frac{c^2 M}{4}\left(1+\frac{3c^2}{2(x_N-x_0)^2}\right)+\frac{h^2 M}{8}.$$

这里 $M$ 为 $f'$ 的 Lipschitz 常数.

**定理 3.3.17** 假设函数 $f$ 具有 Lipschitz 连续的二阶导数, 令 $M'$ 为 $f''$ 的 Lipschitz 常数. 则有误差估计

$$\|f-\mathcal{L}_3 f\|_\infty \leqslant \frac{M'c^3}{12}[1+3c(x_N-x_0)]+\mathcal{O}(h^2)+\mathcal{O}(c^2).$$

进一步, 如果 $f$ 还具有 Lipschitz 连续的三阶导数, 令 $M''$ 为 $f'''$ 的 Lipschitz 常数. 则有不等式

$$\|f-\mathcal{L}_4 f\|_\infty \leqslant \frac{M''c^4}{96}[8+3\log(2(x_N-x_0)/c)]+\mathcal{O}(h^2)+\mathcal{O}(c^2).$$

为研究以上四种拟插值的保形性, Zhang 和 Wu[199] 首先推广了经典的保正性、保单调性、保凸性的概念.

**定义 3.3.1** 通常我们称一个逼近算子具有 $k$ 次保形性如果数据采自于一个 $k$ 阶差商非负的函数, 那么逼近算子的 $k$ 阶差商也非负. 特别地, 保单调性为一次保形性、保凸性为二次保形性. 更一般地, 我们称一个逼近算子具有 $k$ 次拟保形性如果存在一个正常数使得当数据采自于一个 $k$ 阶差商大于等于这个正常数的函数时, 那么逼近算子的 $k$ 阶差商也大于等于这个正常数.

在此基础上, Zhang 和 Wu[199] 证明了如下定理.

**定理 3.3.18** 拟插值 $\mathcal{L}_1 f$ 具有保单调性, 拟插值 $\mathcal{L}_2 f$, $\mathcal{L}_3 f$ 和 $\mathcal{L}_4 f$ 均具有拟保单调性和拟保凸性.

## 3.4 Multiquadric 三角样条拟插值

三角 B-样条拟插值是一个以 $2\pi$ 为周期的函数, 因而, 可以用它来逼近周期函数. 但是, 三角 B-样条拟插值的光滑性不高, 而在某些场合 (例如方程数值解), 可能会遇到对高阶导数逼近的问题. 这时, 如果用三角 B-样条拟插值的高阶导数来逼近被逼函数的高阶导数, 就需要高阶的三角 B-样条基. 而高阶的三角 B-样条基需要高阶的三角差商, 造成计算很不稳定. 为避免用高阶的三角 B-样条基, 可以借鉴 MQ 样条拟插值的构造思想, 构造 MQ 三角样条拟插值[75].

### 3.4.1 MQ 三角样条拟插值的构造理论

MQ 三角样条拟插值的构造过程分为三步: 首先, 从三角 B-样条核出发, 构造了一个无穷次光滑的 MQ 三角函数; 其次, 通过 MQ 三角函数做二阶三角差商构造出 MQ 三角样条; 最后, 以 MQ 三角样条为基函数, 构造出 MQ 三角样条拟插值. 为此, 先给出一个引理.

**引理 3.4.1** 令

$$T_{j,+}^n(x) = [x_j, x_{j+1}, \cdots, x_{j+n}]_T \left(\sin\frac{y-x}{2}\right)_+^{n-1},$$

$$T_{j,-}^n(x) = [x_j, x_{j+1}, \cdots, x_{j+n}]_T \left(\sin\frac{y-x}{2}\right)_-^{n-1},$$

其中

$$\left(\sin\frac{y-x}{2}\right)_-^{n-1} = \begin{cases} 0, & \sin\dfrac{y-x}{2} > 0, \\ -\left(\sin\dfrac{y-x}{2}\right)^{n-1}, & \sin\dfrac{y-x}{2} \leqslant 0. \end{cases}$$

则, 当 $n$ 为偶数时,

$$T_j^n(x) = T_{j,-}^n(x),$$

当 $n$ 为奇数时,

$$T_j^n(x) = -T_{j,-}^n(x).$$

**证明** 根据广义差商的定义, 可以分别将 $T_j^n(x)$, $T_{j,-}^n(x)$ 写成如下形式

$$T_j^n(x) = \sum_{l=j+1}^{j+n} \frac{(\sin((x_l - x)/2))_+^{n-1}}{\prod\limits_{k\neq l} \sin((x_k - x_l)/2)},$$

$$T_{j,-}^n(x) = \sum_{l=j+1}^{j+n} \frac{(\sin\sin((x_l - x)/2))_-^{n-1}}{\prod\limits_{k \neq l} \sin((x_k - x_l)/2)}.$$

注意到

$$\left(\sin\frac{x_l - x}{2}\right)_+^{n-1} = (-1)^n \left(\sin\frac{x_l - x}{2}\right)_-^{n-1},$$

故而引理成立. □

**注释 3.4.1** 根据上面引理, 可以看出奇次三角 B-样条基又可写成

$$T_j^n(x) = [x_j, x_{j+1}, \cdots, x_{j+n}]_T \frac{1}{2}\left|\sin\frac{y-x}{2}\right|^{n-1}.$$

特别地,

$$T_j^2(x) = [x_j, x_{j+1}, x_{j+2}]_T \frac{1}{2}\left|\sin\frac{y-x}{2}\right|.$$

**注释 3.4.2** 习惯上, 人们把 $|x|^{n-1}$, $|\sin(x/2)|^{n-1}$, $B_\pm(x)$ 分别称为 $n$ 阶 ($n-1$ 次) 多项式样条函数空间、三角样条函数空间、广义样条函数空间的一个对称生成子. 即可以用它们有限个 ($n$ 个) 平移的线性组合生成相应的函数空间.

下面介绍 MQ 三角样条拟插值的构造过程.

首先, 借鉴 MQ 函数 $\sqrt{c^2 + x^2}$ 的构造技巧, 从 $|\sin(x/2)|$ 出发, 构造一个带有形状参数的光滑的周期函数 $\phi(x) = \sqrt{c^2 + \sin^2(x/2)}$ 并称其为 MQ 三角函数. 而且, 我们还可以把 MQ 三角函数 $\phi$ 看成是一个径向函数在单位球面上的限制. 更确定地说, 令 $\Phi : \mathbb{R}^d \times \mathbb{R}^d \to \mathbb{R}$ 为一个定义在 $\mathbb{R}^d$, $d \geqslant 2$ 上的径向函数, 即 $\Phi(x, y) = \varphi(\|x - y\|) = \varphi(r)$, 其中 $\varphi$ 是一个关于欧氏距离 $r = \|x - y\|$ 的一元函数, 则 $\Phi$ 在 $d$ 维空间中的单位球面 $\mathbb{S}^{d-1}$ 上的限制为

$$\Phi(\|x - y\|) = \Phi(\sqrt{2(1 - \cos(\theta))}) =: \phi(\theta), \quad x, y \in \mathbb{R}^d,\ \|x\| = \|y\| = 1,$$

这里的 $\theta$ 是向量 $x$ 和 $y$ 之间的夹角. 特别地, 如果取 $\Phi(\|x\|) = \sqrt{4c^2 + \|x\|^2}$, 则有

$$\phi(\theta) = \Phi\left(\sqrt{2(1 - \cos(\theta))}\right) = \sqrt{4c^2 + 2(1 - \cos(\theta))} = 2\sqrt{c^2 + \sin^2\frac{\theta}{2}}.$$

这正是前面构造的带有形状参数 $c$ 的 MQ 三角函数. 而且, 这个视角还有助于利用 MQ 三角函数构造多元周期拟插值的核函数 (如球面拟插值).

其次, 从 MQ 三角函数出发, 构造 MQ 三角样条基

$$\psi_j(x) = \frac{1}{2}[x_j, x_{j+1}, x_{j+2}]_T\phi(x). \tag{3.4.1}$$

最后, 利用 MQ 三角样条基, 可构造如下的 MQ 三角样条拟插值

$$Qf(x) = \sum_{j=0}^{N} \sin\frac{x_{j+1}-x_{j-1}}{2} f(x_j)\psi_{j-1}(x). \tag{3.4.2}$$

经过简单推导可得

$$\begin{aligned}
&\sin\frac{x_{j+1}-x_{j-1}}{2}\psi_{j-1}(x)\\
=&\frac{\phi(x-x_{j+1})-\cos((x_{j+1}-x_j)/2)\phi(x-x_j)}{2\sin((x_{j+1}-x_j)/2)}\\
&-\frac{\cos((x_j-x_{j-1})/2)\phi(x-x_j)-\phi(x-x_{j-1})}{2\sin((x_j-x_{j-1})/2)}.
\end{aligned}$$

下面给出 MQ 三角样条拟插值的误差估计.

**定理 3.4.1**　假设 $f(x)$ 是一个定义在整个实数轴 $\mathbb{R}$ 上且以 $2\pi$ 为周期的二阶连续可微函数, 则存在与 $h$ 和 $c$ 无关的常数 $K_1$, $K_2$, $K_3$, 使得 MQ 三角样条拟插值 (3.4.2) 的误差为

$$\|Qf-f\|_\infty \leqslant \mathcal{O}(h^2)+\mathcal{O}(ch)+\mathcal{O}(c^2|\ln h|). \tag{3.4.3}$$

**证明**　由不等式

$$\|Qf-f\|_\infty \leqslant \|Qf-Q_{2,2}f\|_\infty + \|Q_{2,2}f-f\|_\infty$$

以及

$$\|Q_{2,2}f-f\|_\infty \leqslant h^2\left\|\left(D^2+\frac{I}{4}\right)f\right\|_\infty$$

可以看出, 我们只需要估计

$$\|Qf-Q_{2,2}f\|_\infty.$$

注意到 $Qf(x)$, $Q_{2,2}f(x)$ 分别可以改写成

$$2Qf(x) = \sum_{j=0}^{N} \sin\frac{x_{j+1}-x_{j-1}}{2}\phi(x-x_j)[x_{j-1}, x_j, x_{j+1}]_T f,$$

$$2Q_{2,2}f(x)=\sum_{j=0}^{N}\sin\frac{x_{j+1}-x_{j-1}}{2}\left|\sin\frac{x-x_j}{2}\right|[x_{j-1},x_j,x_{j+1}]_Tf.$$

则

$$\begin{aligned}&2(Qf(x)-Q_{2,2}f(x))\\=&\sum_{j=0}^{N}\sin\frac{x_{j+1}-x_{j-1}}{2}\left(\phi(x-x_j)-\left\|\sin\frac{x-x_j}{2}\right\|\right)[x_{j-1},x_j,x_{j+1}]_Tf.\end{aligned}$$

下面来估计函数

$$I(x)=\sum_{j=0}^{N}\sin\frac{x_{j+1}-x_{j-1}}{2}\left(\sqrt{c^2+\sin^2\frac{x-x_j}{2}}-\left|\sin\frac{x-x_j}{2}\right|\right).$$

把和式拆成 $|x-x_j|\leqslant h$ 以及 $|x-x_j|>h$ 两部分并注意

$$\sqrt{c^2+\sin^2\frac{x-x_j}{2}}-\left\|\sin\frac{x-x_j}{2}\right\|\leqslant c,\quad c\geqslant 0,$$

$$\sqrt{c^2+\sin^2\frac{x-x_j}{2}}-\left\|\sin\frac{x-x_j}{2}\right\|\leqslant\frac{c^2}{2|\sin((x-x_j)/2)|},\quad c\geqslant 0,\ x\neq x_j.$$

从而有

$$\begin{aligned}I(x)&\leqslant c\sum_{|x-x_j|\leqslant h}\sin\frac{x_{j+1}-x_{j-1}}{2}+\frac{c^2}{2}\sum_{|x-x_j|>h}\frac{\sin((x_{j+1}-x_{j-1})/2)}{|\sin((x-x_j)/2)|}\\&\leqslant c\sum_{|x-x_j|\leqslant h}\sin\frac{x_{j+1}-x_{j-1}}{2}+\frac{c^2}{2}(1+h^2)\sum_{|x-x_j|>h}\frac{((x_{j+1}-x_{j-1})/2)}{|\sin((x-x_j)/2)|}\\&\leqslant 8c\sin h+c^2(1+h^2)\int_{|x-t|>h}\frac{1}{|\sin((x-t)/2)|}dt+\mathcal{O}(c^2h)\\&\leqslant 8ch+\mathcal{O}(c^2|\log h|)+\mathcal{O}(c^2h).\end{aligned}$$

又因为

$$2|Qf(x)-Q_{2,2}f(x)|\leqslant\left\|\left(D^2+\frac{I}{4}\right)f\right\|I(x)$$

以及

$$\|Q_{2,2}f-f\|_\infty\leqslant h^2\left\|\left(D^2+\frac{I}{4}\right)f\right\|_\infty,$$

所以定理成立. □

**注释 3.4.3** 根据不等式

$$\|Qf - f\|_\infty \leqslant \mathcal{O}(h^2) + \mathcal{O}(ch) + \mathcal{O}(c^2|\ln h|),$$

可以发现对于任何满足条件

$$0 \leqslant c \leqslant \mathcal{O}\left(\frac{h}{\sqrt{|\ln h|}}\right)$$

的形状参数 $c$, 上面不等式都可写成

$$\|Qf - f\|_\infty \leqslant \mathcal{O}(h^2).$$

特别地, 当 $c=0$ 时, MQ 三角样条拟插值变成二阶三角 B-样条拟插值. 这说明二阶三角 B-样条拟插值是 MQ 三角样条拟插值的一个特例. 另外, 和二阶三角 B-样条拟插值相比, 尽管 MQ 三角样条拟插值损失了一些逼近精度, 但是它们的逼近阶是一样的. 更重要地, MQ 三角样条拟插值还提供了形状参数的选择范围. 而且, MQ 三角样条拟插值对高阶导数仍有很好的逼近性.

**注释 3.4.4** 为讨论方便, 这里只考虑周期是 $2\pi$ 的二阶 MQ 三角样条拟插值的构造情况. 构造思想和理论可以推广到任意周期 $T$ 的高阶 MQ 三角样条拟插值的情形. 此时, 令

$$\phi(x,n) = \left(c^2 + \sin\frac{\pi x}{T}\right)^{(n-1)/2}.$$

则对广义差商 $[x_j, x_{j+1}, \cdots, x_{j+n}]_T\phi(x,n)$ 中所有出现的 $x$ 均用 $2\pi x/T$ 来替换即可构造以 $T$ 为周期的高阶 MQ 三角核函数

$$\psi_j(x,n) = [x_j, x_{j+1}, \cdots, x_{j+n}]_T\phi(x,n).$$

进而可利用此核函数的平移的线性组合构造高阶 MQ 三角样条拟插值.

**注释 3.4.5** 更一般情况, 令

$$P(D) = \prod_{i=1}^{m}(D^2 - \lambda_i^2 I), \quad \lambda_i^2 \in \mathbb{R},\ \lambda_i \neq \lambda_j,\ i \neq j,$$

$$B(x) = [\lambda_1, \cdots, \lambda_{2m}]e^{\lambda x},$$

$$B_\pm(x) = \frac{1}{2}\mathrm{sign}(x)B(x),$$

$$\phi(x,2m) = (c^2 + B_\pm^2(x))^{(2m-1)/2}.$$

则可利用广义差商[126] 构造核函数

$$\psi_j(x,2m)=[x_{j-m},\cdots,x_{j+m}]_g\phi(x,2m),$$

进而构造相应的拟插值. 特别地,

• 当 $\lambda_i=0,\ i=1,\cdots,2m$ 时, 广义差商变为通常意义下的差商, 对应的拟插值变成 Beatson 和 Dyn[9] 构造的 MQ B-样条拟插值;

• 当 $\lambda_i,\ i=1,\cdots,2m$ 为纯虚数时, 广义差商为上面介绍的三角差商;

• 当 $\lambda_i,\ i=1,\cdots,2m$ 为非零实数时, 广义差商为文献 [143] 中用于构造指数样条的差商.

下面研究 MQ 三角样条拟插值的保形性质[76].

### 3.4.2 MQ 三角样条拟插值的广义保形性

**引理 3.4.2** 如果数据 $\{f(x_j)\}_{j\in\mathbb{Z}}$ 采自于一个以 $2\pi$ 为周期的非负函数 $f$, 则拟插值 $Qf$ 也是一个以 $2\pi$ 为周期的非负函数.

**证明** 由于 $0\leqslant\sin((x_{j+1}-x_{j-1})/2)$, 只需要证明不等式 $\psi_j(x)\geqslant 0$ 对所有的 $x\in[0,\ 2\pi)$ 恒成立.

对函数 $\psi_j(x)$ 利用中值定理有

$$\psi_j(x)=\frac{1}{2}\left[x_{j-1},x_j,x_{j+1}\right]_{T_2}\phi(x-t)=\left(D^2+\frac{I}{4}\right)\phi(x-\xi_j),$$

此处 $\xi_j\in[x_{j-1},x_{j+1}]$. 又因为

$$\left(D^2+\frac{I}{4}\right)\phi(x)=\frac{c^2(c^2+1)}{4\left(c^2+\sin^2(x/2)\right)^{\frac{3}{2}}}>0,$$

从而有

$$\left(D^2+\frac{I}{4}\right)\phi(x-\xi_j)>0.$$ □

我们知道, 伯恩斯坦逼近、B-样条拟插值、MQ 拟插值都具有保单调性和保凸性. 然而, 对于周期函数, 其在定义域内不再具有单调性和凸性. 为此, 我们引入三角凸函数的概念[133].

**定义 3.4.1** (三角凸函数[133]) 令 $x_0<x_1<x_2\in[0,\ 2\pi)$ 为任意三个互不相同的点, $[x_0,x_1,x_2]_{T_2}$ 为二阶三角差商算子. 则函数 $f$ 称为三角凸函数如果 $[x_0,x_1,x_2]_{T_2}f\geqslant 0$.

进一步, 可证明 MQ 三角样条拟插值能够保三角凸性.

**引理 3.4.3**　如果数据 $\{f(x_j)\}_{j\in\mathbb{Z}}$ 采自于一个以 $2\pi$ 为周期的三角凸函数, 则 MQ 三角拟插值 $Qf$ 也是一个以 $2\pi$ 为周期的三角凸函数[76].

**证明**　根据三角凸函数的定义, 只需要证明不等式 $[y_{j-1},y_j,y_{j+1}]_{T_2}Qf\geqslant 0$ 对任何三个互不相同的点 $y_{j-1}<y_j<y_{j+1}\in[0,\ 2\pi)$ 恒成立. 进一步, 根据 $Qf$ 的定义, 只需要证明 $[y_{j-1},y_j,y_{j+1}]_{T_2}\phi\geqslant 0$. 此性质在证明引理 3.4.2 时已经给出. □

### 3.4.3 MQ 三角样条拟插值对高阶导数的逼近阶

为研究 MQ 三角拟插值对高阶导数的逼近性质, 首先给出三个辅助引理[76].

**引理 3.4.4**　令 $k$ 为一个非负整数, $\phi(x)$ 为 MQ 三角函数. 则有

$$\left|\phi^{(k)}(x)\right|\leqslant\mathcal{O}\left(c^{1-k}\right),\quad |\sin x|\leqslant c,$$
$$\left|\phi^{(k)}(x)\right|\leqslant\mathcal{O}\left(\left|\sin\frac{x}{2}\right|^{1-k}\right),\quad |\sin x|\geqslant c.$$

**证明**　对复合函数 $\phi(x)$ 利用 Faa di Bruno 公式[142] 得

$$\phi^{(k)}(x)=\sum\frac{k!}{i_1!\cdots i_k!}(D^ig)(h(x))\left(\frac{Dh(x)}{1!}\right)^{i_1}\cdots\left(\frac{D^kh(x)}{k!}\right)^{i_k},$$

此处 $g(\cdot)=\sqrt{c^2+\cdot}$, $h(x)=\sin^2(x/2)$, $i_1+\cdots+i_k=i$. 而且, 此处的求和是对所有满足 $i_1+2i_2+\cdots+ki_k=k$ 的下标 $i_1,\cdots,i_k$. 另外, 由 $h'(x)=\dfrac{1}{2}\sin x$, $h^{(l)}(x)=\dfrac{1}{2}\sin(x+(l-1)\pi/2)$, $l=1,\cdots,k$, 可得

$$\phi^{(k)}(x)=\sum\frac{k!}{i_1!\cdots i_k!}\left(c^2+\sin^2\frac{x}{2}\right)^{\frac{1-2i}{2}}\cdot\left(\frac{\sin x}{2\cdot 1!}\right)^{i_1}\cdots\left(\frac{\sin(x+(k-1)\pi/2)}{2\cdot k!}\right)^{i_k}.$$

最后, 注意到求和式中关于 $\left(c^2+\sin^2(x/2)\right)^{\frac{-1}{2}}$ 的最高次幂

$$\frac{\sin^k x}{2^k\left(c^2+\sin^2(x/2)\right)^{\frac{2k-1}{2}}},\quad i_1=i=k$$

满足

$$\left|\frac{\sin^k x}{2^k\left(c^2+\sin^2(x/2)\right)^{\frac{2k-1}{2}}}\right|\leqslant 2^{-k}c^{1-k},\quad |\sin x|\leqslant c$$

以及

$$\left|\frac{\sin^k x}{2^k\left(c^2+\sin^2(x/2)\right)^{\frac{2k-1}{2}}}\right|\leqslant\left|\sin\frac{x}{2}\right|^{1-k},\quad |\sin x|\geqslant c,$$

从而引理成立. □

**引理 3.4.5** 令 $\phi$ 为 MQ 三角函数. 则有不等式

$$0 \leqslant \int_0^{2\pi} \left(D^2 + \frac{I}{4}\right) \phi(x) dx - 1 \leqslant \frac{(1 + |\ln c|)c^2}{2}.$$

**证明** 首先证明不等式左边部分.

由于 $\phi(x)$ 为周期函数, 所以 $\phi'(x)$ 也为周期函数. 从而有

$$\int_0^{2\pi} \phi''(x) dx = \phi'(2\pi) - \phi'(0) = 0.$$

进一步可得

$$\int_0^{2\pi} \left(D^2 + \frac{I}{4}\right) \phi(x) dx = \frac{1}{4} \int_0^{2\pi} \phi(x) dx.$$

而且, 注意到

$$\frac{1}{4} \int_0^{2\pi} \left|\sin \frac{x}{2}\right| dx = 1,$$

$$\left|\sin \frac{x}{2}\right| \leqslant \phi(x),$$

有不等式

$$0 \leqslant \frac{1}{4} \int_0^{2\pi} \phi(x) dx - 1. \tag{3.4.4}$$

下面证明不等式的右边部分.

由

$$\sqrt{c^2 + \sin^2 \frac{x}{2}} - \left|\sin \frac{x}{2}\right| \leqslant c$$

及

$$\sqrt{c^2 + \sin^2 \frac{x}{2}} - |\sin(x/2)| \leqslant \frac{c^2}{2\,|\sin(x/2)|}, \ \sin x \neq 0$$

可得

$$\int_0^{2\pi} \left(\phi(x) - \left|\sin \frac{x}{2}\right|\right) dx \leqslant \int_{|\sin x| \leqslant c^\beta} c dx + \int_{|\sin x| \geqslant c^\beta} \frac{c^2}{2\,|\sin(x/2)|} dx$$
$$\leqslant 2c^{1+\beta} + 2c^2 \beta \,|\ln c|\,.$$

因此, 最优的 $\beta$ 为 $\beta = 1$ 且有不等式

$$\int_0^{2\pi} \left(\phi(x) - \left|\sin\frac{x}{2}\right|\right) dx \leqslant 2(1 + |\ln c|)c^2.$$

综上, 引理成立. □

**引理 3.4.6**　令 $f \in \mathcal{C}_p^2([0,\ 2\pi])$ (以 $2\pi$ 为周期的二次连续可导函数), 则有不等式

$$\left|\int_0^{2\pi} f(t)\left(D^2 + \frac{I}{4}\right)\phi(x-t)dt - f(x)\right| \leqslant (3\|f''\|_\infty + 2\|f\|_\infty)\,\pi c^2(c^2+1)|\ln c|.$$

**证明**　由于

$$\begin{aligned}
&\left|\int_0^{2\pi} f(t)\left(D^2 + \frac{I}{4}\right)\phi(x-t)dt - f(x)\right| \\
\leqslant &\left|\int_0^{2\pi} (f(t) - f(x))\left(D^2 + \frac{I}{4}\right)\phi(x-t)dt\right| \\
&+ \left|\int_0^{2\pi} f(x)\left(D^2 + \frac{I}{4}\right)\phi(x-t)dt - f(x)\right|,
\end{aligned}$$

因此, 根据引理 3.4.5 有

$$\begin{aligned}
\left|\int_0^{2\pi} f(x)\left(D^2 + \frac{I}{4}\right)\phi(x-t)dt - f(x)\right| &\leqslant \|f\|_\infty \left|\int_0^{2\pi} \left(D^2 + \frac{I}{4}\right)\phi(x-t)dt - 1\right| \\
&\leqslant \frac{\|f\|_\infty(1 + |\ln c|)c^2}{2}. \qquad (3.4.5)
\end{aligned}$$

所以, 只需要得到如下定积分的界

$$\int_0^{2\pi} (f(t) - f(x))\left(D^2 + \frac{I}{4}\right)\phi(x-t)dt.$$

又因为被积函数是以 $2\pi$ 为周期的周期函数, 从而有

$$\int_0^{2\pi} (f(t)-f(x))\left(D^2 + \frac{I}{4}\right)\phi(x-t)dt = \int_{x-\pi}^{x+\pi} (f(t)-f(x))\left(D^2 + \frac{I}{4}\right)\phi(x-t)dt.$$

进一步, 对函数 $f(t)$ 在点 $x$ 处进行三角 Taylor 多项式展开得到

$$f(t) - f(x) = \left(\cos\frac{t-x}{2} - 1\right) f(x)$$

$$+2\sin\frac{t-x}{2}f'(x)+2\int_x^t \sin\frac{t-x}{2}\left(D^2+\frac{I}{4}\right)f(y)dy.$$

而且, 由于

$$\left(D^2+\frac{I}{4}\right)\phi(x)=\frac{c^2\left(c^2+1\right)}{4\left(c^2+\sin^2(x/2)\right)^{\frac{3}{2}}}$$

以及被积函数是奇函数, 有如下等式成立

$$\begin{aligned}
&\int_{x-\pi}^{x+\pi}\sin\frac{t-x}{2}f'(x)\left(D^2+\frac{I}{4}\right)\phi(x-t)dt\\
=&\frac{c^2(c^2+1)f'(x)}{4}\int_{x-\pi}^{x+\pi}\frac{\sin((t-x)/2)}{\left(c^2+\sin^2((t-x)/2)\right)^{\frac{3}{2}}}dt\\
=&\frac{c^2(c^2+1)f'(x)}{2}\int_{-\pi/2}^{\pi/2}\frac{\sin u}{\left(c^2+\sin^2 u\right)^{\frac{3}{2}}}du=0.
\end{aligned}$$

进一步, 还可得到

$$\begin{aligned}
&\left|\int_{x-\pi}^{x+\pi}(f(t)-f(x))c^{2\alpha}\phi(x-t)dt\right|\\
=&\left|\int_{x-\pi}^{x+\pi}\left[\left(\cos\frac{t-x}{2}-1\right)f(x)\right.\right.\\
&\left.\left.+2\int_x^t\sin\frac{t-x}{2}\left(D^2+\frac{I}{4}\right)f(y)dy\right]\left(D^2+\frac{I}{4}\right)\phi(x-t)dt\right|\\
\leqslant&\int_{|x-t|\leqslant c^\alpha}\left[\left|\cos\frac{t-x}{2}-1\right|\cdot|f(x)|\right.\\
&\left.+2\int_x^t\left|\sin\frac{t-x}{2}\right|\cdot\left|\left(D^2+\frac{I}{4}\right)f(y)\right|dy\right]\left(D^2+\frac{I}{4}\right)\phi(x-t)dt\\
&+\int_{c^\alpha\leqslant|x-t|\leqslant\pi}\left[\left|\cos\frac{t-x}{2}-1\right|\cdot|f(x)|\right.\\
&\left.+2\int_x^t\left|\sin\frac{t-x}{2}\right|\cdot\left|\left(D^2+\frac{I}{4}\right)f(y)\right|dy\right]\left(D^2+\frac{I}{4}\right)\phi(x-t)dt.
\end{aligned}$$

从而, 根据引理 3.4.5, 可得不等式右边第一部分的界

$$\int_{|x-t|\leqslant c^\alpha}\left[\left|\cos\frac{t-x}{2}-1\right|\cdot|f(x)|+2\int_x^t\left|\sin\frac{t-x}{2}\right|\right.$$

$$
\begin{aligned}
&\cdot\left|\left(D^2+\frac{I}{4}\right)f(y)\right|dy\Bigg]\left(D^2+\frac{I}{4}\right)\phi(x-t)dt\\
&\leqslant\left[\frac{1}{8}\|f\|_\infty c^{2\alpha}+\left(\|f''\|_\infty+\frac{1}{4}\|f\|_\infty\right)c^{2\alpha}\right]\int_0^{2\pi}\left(D^2+\frac{I}{4}\right)\phi(x-t)dt\\
&\leqslant c^{2\alpha}\left(\|f''\|_\infty+\frac{3}{8}\|f\|_\infty\right)\left[1+\frac{(1+|\ln c|)c^2}{2}\right]\\
&\leqslant c^{2\alpha}\left(\|f''\|_\infty+\frac{3}{8}\|f\|_\infty\right)(1+c^2|\ln c|). \qquad (3.4.6)
\end{aligned}
$$

接下来推导下面定积分的界

$$
\begin{aligned}
&\int_{c^\alpha\leqslant|x-t|\leqslant\pi}\left[\left|\cos\frac{t-x}{2}-1\right|\cdot|f(x)|+2\int_x^t\left|\sin\frac{t-x}{2}\right|\right.\\
&\left.\cdot\left|\left(D^2+\frac{I}{4}\right)f(y)\right|dy\right]\left(D^2+\frac{I}{4}\right)\phi(x-t)dt.
\end{aligned}
$$

一些简单的计算可以得到

$$
\begin{aligned}
&\int_{c^\alpha\leqslant|x-t|\leqslant\pi}\left[\left|\cos\frac{t-x}{2}-1\right|\cdot|f(x)|+2\int_x^t\left|\sin\frac{t-x}{2}\right|\right.\\
&\left.\cdot\left|\left(D^2+\frac{I}{4}\right)f(y)\right|dy\right]\left(D^2+\frac{I}{4}\right)\phi(x-t)dt\\
&\leqslant\frac{c^2\left(c^2+1\right)}{2}\int_{c^\alpha/2\leqslant|u|\leqslant\pi/2}\frac{u^2/2\sin^2u\|f\|_\infty+\left(4\|f''\|_\infty+\|f\|_\infty\right)|u/\sin u|}{|\sin u|}du\\
&\leqslant\frac{c^2\left(c^2+1\right)}{2}\left(\frac{\pi+4}{8}\|f\|_\infty+2\|f''\|_\infty\right)\pi\int_{c^\alpha/2\leqslant|u|\leqslant\pi/2}\frac{1}{|\sin u|}du\\
&\leqslant(\|f\|_\infty+2\|f''\|_\infty)\pi\alpha c^2\left(c^2+1\right)|\ln c|. \qquad (3.4.7)
\end{aligned}
$$

因此, 根据不等式(3.4.6), (3.4.7), 如果令 $\alpha=1$, 则有

$$
\begin{aligned}
&\left|\int_{x-\pi}^{x+\pi}(f(t)-f(x))\left(D^2+\frac{I}{4}\right)\phi(x-t)dt\right|\\
&\leqslant\left(\|f''\|_\infty+\frac{3}{8}\|f\|_\infty\right)c^2+(2\|f''\|_\infty+\|f\|_\infty)\pi c^2|\ln c|\\
&\quad+(3\|f''\|_\infty+2\|f\|_\infty)\pi c^4|\ln c|.
\end{aligned}
$$

进一步, 根据不等式(3.4.5) 有

$$\begin{aligned}
&\left|\int_0^{2\pi} f(t)\left(D^2+\frac{I}{4}\right)\phi(x-t)dt-f(x)\right| \\
\leqslant&\left(\|f''\|_\infty+\frac{7}{8}\|f\|_\infty\right)c^2+\left(2\|f''\|_\infty\pi+\|f\|_\infty\pi+\frac{\|f\|_\infty}{2}\right)c^2|\ln c| \\
&+(3\|f''\|_\infty+2\|f\|_\infty)\pi c^4|\ln c| \\
\leqslant&(3\|f''\|_\infty+2\|f\|_\infty)\pi c^2\left(c^2+1\right)|\ln c|.
\end{aligned}$$

综上, 引理得证. □

下面给出 $(Qf)^{(k)}$ 对 $f^{(k)}$ 的逼近阶.

**定理 3.4.2** 令 $Qf$ 为 MQ 三角样条拟插值 (3.4.2). 则对任意 $f\in\mathcal{C}_p^{k+2}([0,\ 2\pi])$, 可取 $c=\mathcal{O}\left(h^{\frac{1}{k+1}}\right)$, 使得 $(Qf)^{(k)}$ 对 $f^{(k)}$ 有如下逼近误差

$$\left\|(Qf)^{(k)}-f^{(k)}\right\|_\infty\leqslant\mathcal{O}\left(h^{\frac{2}{k+1}}\right).$$

**证明** 首先把逼近误差 $\left|(Qf)^{(k)}(x)-f^{(k)}(x)\right|$ 分成两部分:

$$\left|\int_0^{2\pi} f^{(k)}(t)\left(D^2+\frac{I}{4}\right)\phi(x-t)dt-f^{(k)}(x)\right|,$$

$$\left|(Qf)^{(k)}(x)-\int_0^{2\pi} f^{(k)}(t)\left(D^2+\frac{I}{4}\right)\phi(x-t)dt\right|.$$

而且, 根据上面引理可得第一部分的误差界为

$$\begin{aligned}
&\left|\int_0^{2\pi} f^{(k)}(t)\left(D^2+\frac{I}{4}\right)\phi(x-t)dt-f^{(k)}(x)\right| \\
\leqslant&\left(3\left\|f^{(k+2)}\right\|_\infty+2\left\|f^{(k)}\right\|_\infty\right)\pi c^2\left(c^2+1\right)|\ln c| \\
\leqslant&\mathcal{O}\left(c^2\right).
\end{aligned}\tag{3.4.8}$$

下面推导第二部分的误差界.

对定积分 $\int_0^{2\pi} f^{(k)}(t)\left(D^2+I/4\right)\phi(x-t)dt$ 利用分部积分公式有

$$\int_0^{2\pi} f^{(k)}(t)\left(D^2+\frac{I}{4}\right)\phi(x-t)dt=\int_0^{2\pi}\left(D^2+\frac{I}{4}\right)f(t)\phi^{(k)}(x-t)dt.$$

另外, 注意到 $(Qf)^{(k)}(x)$ 可写成

$$(Qf)^{(k)}(x)=\sum_{j=1}^{N}\sin\frac{x_{j+1}-x_{j-1}}{2}\cdot\frac{1}{2}\left[x_{j-1},x_j,x_{j+1}\right]_{T_2}f\phi^{(k)}(x-x_j)$$
$$=\sum_{j=1}^{N}\frac{x_{j+1}-x_{j-1}}{2}\left(f''(\xi_j)+\frac{f(\xi_j)}{4}\right)\phi^{(k)}(x-x_j)+\mathcal{O}\left(h^2\right),$$

此处 $\xi_j\in(x_{j-1},\ x_{j+1})$, $j=1,\cdots,N$. 从而有不等式

$$\left|(Qf)^{(k)}(x)-\int_0^{2\pi}\left(D^2+\frac{I}{4}\right)f(t)\phi^{(k)}(x-t)dt\right|$$
$$\leqslant\left|\sum_{j=1}^{N}\frac{x_{j+1}-x_{j-1}}{2}\left(f''(\xi_j)+\frac{f(\xi_j)}{4}\right)\phi^{(k)}(x-x_j)\right.$$
$$\left.-\int_0^{2\pi}\left(D^2+\frac{I}{4}\right)f(t)\phi^{(k)}(x-t)dt\right|+\mathcal{O}\left(h^2\right).$$

进一步, 分别在每个区间 $[x_{j-1},\ x_{j+1}]$ 上利用积分中值定理得

$$\left|\sum_{j=1}^{N}\frac{x_{j+1}-x_{j-1}}{2}\left(f''(\xi_j)+\frac{f(\xi_j)}{4}\right)\phi^{(k)}(x-x_j)\right.$$
$$\left.-\int_0^{2\pi}\left(D^2+\frac{I}{4}\right)f(t)\phi^{(k)}(x-t)dt\right|$$
$$=\left|\sum_{j=1}^{N}\frac{x_{j+1}-x_{j-1}}{2}\left[\left(f''(\xi_j)+\frac{f(\xi_j)}{4}\right)\phi^{(k)}(x-x_j)\right.\right.$$
$$\left.\left.-\left(f''(\eta_j)+\frac{f(\eta_j)}{4}\right)\phi^{(k)}(x-\eta_j)\right]\right|$$
$$=\left|\sum_{j=1}^{N}\frac{x_{j+1}-x_{j-1}}{2}\left[\left(f'''(\gamma_j)+\frac{f'(\gamma_j)}{4}\right)\phi^{(k)}(x-x_j)(\xi_j-\eta_j)\right.\right.$$
$$\left.\left.-\left(f''(\eta_j)+\frac{f(\eta_j)}{4}\right)\phi^{(k+1)}(x-\delta_j)(\eta_j-x_j)\right]\right|$$
$$\leqslant 2h\sum_{j=1}^{N}\left|\left(f'''(\gamma_j)+\frac{f'(\gamma_j)}{4}\right)\phi^{(k)}(x-x_j)\right.$$
$$\left.-\left(f''(\eta_j)+\frac{f(\eta_j)}{4}\right)\phi^{(k+1)}(x-\delta_j)\right|\frac{x_{j+1}-x_{j-1}}{2},$$

这里 $\eta_j \in (x_{j-1}, x_{j+1})$, $\gamma_j \in (\xi_j,\ \eta_j)$, $\delta_j \in (\eta_j, x_j)$.

根据引理 3.4.4, 对上面不等式右边的求和分成两部分: $|\sin x| \leqslant c$, $|\sin x| \geqslant c$, 可得

$$\begin{aligned}&2h\sum_{j=1}^{N}\left|\left(f'''(\gamma_j)+\frac{f'(\gamma_j)}{4}\right)\phi^{(k)}(x-x_j)\right.\\&\left.-\left(f''(\eta_j)+\frac{f(\eta_j)}{4}\right)\phi^{(k+1)}(x-\delta_j)\right|\frac{x_{j+1}-x_{j-1}}{2}\leqslant\mathcal{O}\left(\frac{h}{c^{k-1}}\right).\end{aligned}$$

进一步, 根据不等式 (3.4.8) 有

$$\left\|(Qf)^{(k)}-f^{(k)}\right\|_\infty\leqslant\mathcal{O}\left(\frac{h}{c^{k-1}}\right)+\mathcal{O}(c^2). \tag{3.4.9}$$

最后, 令 $c=\mathcal{O}\left(h^{\frac{1}{k+1}}\right)$, 可得误差估计

$$\left\|(Qf)^{(k)}-f^{(k)}\right\|_\infty\leqslant\mathcal{O}\left(h^{\frac{2}{k+1}}\right).$$

□

**推论 3.4.1** 根据误差估计 (3.4.9), 对任何自然数 $m \leqslant k$, 有如下误差

$$\left\|(Qf)^{(m)}-f^{(m)}\right\|_\infty\leqslant\mathcal{O}\left(\frac{h}{c^{m-1}}\right)+\mathcal{O}(c^2).$$

进一步, 令 $c=\mathcal{O}\left(h^{\frac{1}{k+1}}\right)$, 则有

$$\begin{aligned}\left\|(Qf)^{(m)}-f^{(m)}\right\|_\infty&\leqslant\mathcal{O}\left(h^{\frac{k+2-m}{k+1}}\right)+\mathcal{O}\left(h^{\frac{2}{k+1}}\right)\\&\leqslant\mathcal{O}\left(h^{\frac{2}{k+1}}\right).\end{aligned}$$

因此, 通过选择同一个形状参数, 我们给出了一个逼近所有的 $m$ ($m \leqslant k$) 阶导数的一致误差估计. 这在一些需要同时逼近多阶导数的场合非常有意义, 如微分方程数值解.

### 3.4.4 MQ 三角样条拟插值逼近高阶导数的稳定性

实际问题中的数据往往含有噪声, 因此需讨论 MQ 三角样条拟插对高阶导数逼近的稳定性[78].

令数据 $\{(x_j, f(x_j)+\varepsilon_j)\}_{j=0}^N$ 采自于一个以 $2\pi$ 为周期的函数. 此处, $\{\varepsilon_j\}_{j=0}^N$ 为零均值且方差有限的独立同分布噪声. 类似于 MQ 三角样条拟插值, 可以构造

如下的拟插值

$$Qf^*(x) := \sum_{j=1}^{N}(f(x_j)+\varepsilon_j)\sin\frac{x_{j+1}-x_{j-1}}{2}\psi_{j-1}(x), \tag{3.4.10}$$

这里 $\psi_j(x)$ 如公式 (3.4.1) 所定义的 MQ 三角样条基.

与 3.3.4 节中 MQ 拟插值对高阶导数逼近稳定性讨论不同, 我们从核函数回归分析的角度来研究此拟插值对噪声数据数值微分的大样本性质.

由于带宽的选择问题是核函数回归中一个最基本的问题, 而对于上面构造的拟插值 $Qf^*(x)$, 其形状参数 $c$ 扮演着带宽的角色. 因此, 首先研究如何恰当地选择形状参数 $c$. 为此, 我们推导 $(Qf^*)^{(k)}(x)$ 对 $f^{(k)}(x)$ 逼近的均方误差.

**定理 3.4.3**　令 $f(x)\in\mathcal{C}_p^{k+2}([0,\ 2\pi))$, $\{\varepsilon_j\}_{j=0}^N$ 是均值为零、方差为 $\sigma^2$ 的独立同分布噪声. 令 $\mathrm{MSE}_k(x)=E[(Qf^*)^{(k)}(x)-f^{(k)}(x)]^2$. 则有不等式

$$\|\mathrm{MSE}_k\|_\infty \leqslant \mathcal{O}(\sigma^2 h/c^{2k+1})+\mathcal{O}(c^4)+\mathcal{O}(h^2/c^{2k-2}). \tag{3.4.11}$$

**证明**　首先把均方差 $\mathrm{MSE}_k(x)$ 分解成偏差的平方及方差两部分:

$$\mathrm{MSE}_k(x)=[E((Qf^*)^{(k)}(x))-f^{(k)}(x)]^2+\mathrm{Var}((Qf^*)^{(k)}(x)).$$

另外, 由 $E((Qf^*)^{(k)}(x))=Qf^{(k)}(x)$ 可得

$$\|E((Qf^*)^{(k)})-f^{(k)}\|_\infty^2=\|Qf^{(k)}-f^{(k)}\|_\infty^2\leqslant\mathcal{O}(c^4)+\mathcal{O}(h^2/c^{2k-2}). \tag{3.4.12}$$

因此, 只需要推导方差部分的界.

根据方差的定义有

$$\begin{aligned}\mathrm{Var}((Qf^*)^{(k)}(x)) &= E[(Qf^*)^{(k)}(x)-E((Qf^*)^{(k)}(x))]^2\\ &= E\left[\sum_{i=1}^{N}\varepsilon_i\sin\frac{x_{i+1}-x_{i-1}}{2}\psi_{i-1}^{(k)}(x)\right]^2\\ &= E\sum_{i=1}^{N}\sum_{j=1}^{N}\varepsilon_i\varepsilon_j\sin\frac{x_{i+1}-x_{i-1}}{2}\sin\frac{x_{j+1}-x_{j-1}}{2}\psi_{i-1}^{(k)}(x)\psi_{j-1}^{(k)}(x)\\ &= \sigma^2\sum_{i=1}^{N}\left(\sin\frac{x_{i+1}-x_{i-1}}{2}\psi_{i-1}^{(k)}(x)\right)^2. \end{aligned} \tag{3.4.13}$$

通过一些简单的推导可得

$$\mathrm{Var}((Qf^*)^{(k)}(x))\leqslant\mathcal{O}(\sigma^2 h)\int_0^{2\pi}(\phi^{(k+2)}(x-t))^2dt.$$

进一步, 根据引理 3.4.4 有

$$\begin{aligned}\int_0^{2\pi}(\phi^{(k+2)}(t))^2dt &= \int_{|\sin\frac{t}{2}|\leqslant c}(\phi^{(k+2)}(t))^2dt+\int_{|\sin\frac{t}{2}|\geqslant c}(\phi^{(k+2)}(t))^2dt\\ &\leqslant \mathcal{O}\left(\int_{|\sin\frac{t}{2}|\leqslant c}\frac{1}{c^{2k+2}}dt\right)+\mathcal{O}\left(\int_{|\sin\frac{t}{2}|\geqslant c}\frac{1}{\left|\sin\frac{t}{2}\right|^{2k+2}}dt\right)\\ &\leqslant \mathcal{O}(c^{-2k-1}).\end{aligned}$$

从而有

$$\|\mathrm{Var}((Qf^*)^{(k)})\|_\infty \leqslant \mathcal{O}(\sigma^2h/c^{2k+1}). \tag{3.4.14}$$

最后, 根据不等式 (3.4.12), (3.4.14), 可得

$$\|\mathrm{MSE}_k\|_\infty \leqslant \mathcal{O}(\sigma^2h/c^{2k+1})+\mathcal{O}(c^4)+\mathcal{O}(h^2/c^{2k-2}). \qquad \square$$

**注释 3.4.6** 令不等式 (3.4.11) 中的方差项和偏差平方项相等可得

• 当 $\sigma^2 \leqslant \mathcal{O}(h^{\frac{k+4}{k+1}})$ 时, 则可以选择形状参数 $c = \mathcal{O}\left(h^{\frac{1}{k+1}}\right)$, 使得不等式 (3.4.11) 变为

$$\|\mathrm{MSE}_k\|_\infty \leqslant \mathcal{O}\left(h^{\frac{4}{k+1}}\right); \tag{3.4.15}$$

• 当 $\sigma^2 > \mathcal{O}(h^{\frac{k+4}{k+1}})$ 时, 则可选择形状参数 $c = \mathcal{O}\left((\sigma^2h)^{\frac{1}{2k+5}}\right)$, 使不等式 (3.4.11) 变为

$$\|\mathrm{MSE}_k\|_\infty \leqslant \mathcal{O}\left((\sigma^2h)^{\frac{4}{2k+5}}\right). \tag{3.4.16}$$

不等式 (3.4.15) 意味着如果噪声的方差很小 (即 $\sigma^2 \leqslant \mathcal{O}(h^{\frac{k+4}{k+1}})$), 则 $(Qf^*)^{(k)}(x)$ 和 $(Qf)^{(k)}(x)$ 对 $f^{(k)}(x)$ 有相同的逼近阶 (即 $\mathcal{O}(h^{\frac{2}{k+1}})$). 否则, 如果噪声的方差满足 $\sigma^2 \geqslant \mathcal{O}(h^{\frac{k+4}{k+1}})$, 则不等式 (3.4.16) 意味着 $(Qf^*)^{(k)}(x)$ 是对 $f^{(k)}(x)$ 的一个一致估计算子且收敛阶为 $\mathcal{O}\left((\sigma^2h)^{\frac{2}{2k+5}}\right)$. 这表明 MQ 三角样条拟插值对高阶导数逼近的稳定性较好.

**注释 3.4.7** 由于形状参数 $c$ 扮演着核回归分析中的带宽角色, 因此, 我们同样也给出了在均方误差最小意义下的最佳带宽的选择准则. 这个准则表明: 对噪声水平较高的数据, 需要选择较大的带宽 (对应于较光顺的逼近算子) 来进行数值微分.

**注释 3.4.8** 根据不等式 (3.4.11), 对任意自然数 $m \leqslant k$, 对应的 $(Qf^*)^{(m)}(x)$ 对 $f^{(m)}(x)$ 逼近的均方误差 $\mathrm{MSE}_m(x)$ 可一致地写成

$$\|\mathrm{MSE}_m\|_\infty \leqslant \begin{cases} \mathcal{O}\left(h^{\frac{4}{k+1}}\right), & \sigma^2 \leqslant h^{\frac{k+4}{k+1}} \text{ 和 } c = \mathcal{O}\left(h^{\frac{1}{k+1}}\right), \\ \mathcal{O}\left((\sigma^2 h)^{\frac{4}{2k+5}}\right), & \sigma^2 \geqslant h^{\frac{k+4}{k+1}} \text{ 和 } c = \mathcal{O}\left((\sigma^2 h)^{\frac{1}{2k+5}}\right). \end{cases}$$

因此, 我们给出了 $(Qf^*)^{(m)}(x)$ 对 $f^{(m)}(x)$, $m \leqslant k$ 的一个一致收敛阶和统一的形状参数.

下面研究 $(Qf^*)^{(k)}(x)$ 对 $f^{(k)}(x)$ 的渐近性质.

**定理 3.4.4** 假设 $(Qf^*)^{(k)}(x)$ 的形状参数满足注释 3.4.6 中的准则, 则在定理 3.4.3 的条件下, $(Qf^*)^{(k)}(x)$ 几乎必然收敛于 $f^{(k)}(x)$.

**证明** 根据定理 3.4.3 以及注释 3.4.6, 只需要证明 $(Qf^*)^{(k)}(x)$ 几乎必然收敛于 $E((Qf^*)^{(k)}(x))$.

令 $(\Omega, \mathscr{A}, P)$ 为概率事件空间, $e_k(x)$ 为随机误差函数:

$$e_k(x) = (Qf^*)^{(k)}(x) - E((Qf^*)^{(k)}(x)) = \sum_{i=1}^{N} \varepsilon_i \psi_{i-1}^{(k)}(x) \sin\frac{x_{i+1} - x_{i-1}}{2}.$$

则只需要证明随机误差函数 $e_k(x)$ 几乎必然收敛于零.

参考文献 [81] 中的附录 (3), 首先引入截断噪声

$$\bar{\varepsilon_i} := \begin{cases} \varepsilon_i, & \varepsilon_i^2 \leqslant i, \\ 0, & \varepsilon_i^2 > i, \end{cases} \quad i = 1, 2, \cdots, N,$$

以及一个辅助随机变量

$$e_{1,k}(x) := \sum_{i=1}^{N} \bar{\varepsilon_i} \psi_{i-1}^{(k)}(x) \sin\frac{x_{i+1} - x_{i-1}}{2}.$$

其次, 将 $e_k(x)$ 分成三部分: $e_k(x) - e_{1,k}(x)$, $E(e_{1,k}(x)) - E(e_k(x))$, $e_{1,k}(x) - E(e_{1,k}(x))$. 下面就分别证明每一部分都几乎必然收敛于零.

首先证明第一部分. 由于对所有的 $\omega \in \Omega$, 有 $E\varepsilon_i^2 = \sigma^2 < \infty$, 因此, 存在一个有限的正整数 $M_\omega$ 使得 $\bar{\varepsilon_n}(\omega) = \varepsilon_n(\omega)$ 对所有的 $n \geqslant M_\omega$ 恒成立. 综合不等式 $|\psi_{i-1}^{(k)}(x)| \leqslant \mathcal{O}(c^{-k-1})$ 以及 $|\sin((x_{i+1} - x_{i-1})/2)| \leqslant h$ 可得

$$|e_k(x) - e_{1,k}(x)| \leqslant \sum_{i=1}^{M_\omega} |\varepsilon_i - \bar{\varepsilon_i}| |\psi_{i-1}^{(k)}(x)| \left|\sin\frac{x_{i+1} - x_{i-1}}{2}\right| \leqslant \mathcal{O}(hc^{-k-1}).$$

进一步, 由于 $c=\mathcal{O}\left((\sigma^2 h)^{\frac{1}{2k+5}}\right)$, 从而对几乎所有的 $\omega\in\Omega$, 误差

$$|e_k(x)-e_{1,k}(x)|\leqslant\mathcal{O}\left(h^{\frac{k+4}{2k+5}}\sigma^{\frac{-2k-2}{2k+5}}\right)$$

在 $h$ 趋于零时收敛到零.

下面证明第二部分几乎必然收敛到零. 由 $\bar{\varepsilon}_i$ 的定义知

$$\begin{aligned}|E(e_{1,k}(x))-E(e_k(x))|&\leqslant\sum_{i=1}^{N}\left|E(\bar{\varepsilon}_i-\varepsilon_i)\psi_{i-1}^{(k)}(x)\sin\frac{x_{i+1}-x_{i-1}}{2}\right|\\&\leqslant\sum_{i=1}^{N}\frac{E\varepsilon_i^2}{\sqrt{i}}\psi_{i-1}^{(k)}(x)\left|\sin\frac{x_{i+1}-x_{i-1}}{2}\right|\\&\leqslant\mathcal{O}\left(\frac{\sigma^2}{c^{k+1}}\right)\sum_{i=1}^{N}\frac{\sqrt{h}h}{\sqrt{ih}}\\&\leqslant\mathcal{O}\left(\frac{\sqrt{h}\sigma^2}{c^{k+1}}\right)\int_0^{2\pi}\frac{dx}{\sqrt{x}}\leqslant\mathcal{O}\left(\frac{\sqrt{h}\sigma^2}{c^{k+1}}\right).\end{aligned}$$

而且, 当取 $c=\mathcal{O}\left((\sigma^2 h)^{\frac{1}{2k+5}}\right)$ 时有

$$|E(e_{1,k}(x))-E(e_k(x))|\leqslant\mathcal{O}\left(h^{\frac{3}{4k+10}}\sigma^{\frac{2k+8}{2k+5}}\right)$$

在 $h$ 趋于零时收敛到零.

最后, 证明误差 $e_{1,k}(x)-E(e_{1,k}(x))$ 几乎必然收敛到零. 利用指数矩的界 (参考文献 [27] 中关于定理 3 的证明) 可以得到

$$\begin{aligned}&P(|e_{1,k}(x)-E\ (e_{1,k}(x))|\geqslant\gamma)\\\leqslant&\,2\exp\ (-C'\gamma)\ E\ \ (\exp\ (C'(e_{1,k}(x)-E\ (e_{1,k}(x)))))\\\leqslant&\,2\exp\ (-C'\gamma)\prod_{i=1}^{N}\exp\left(C'^2\mathrm{Var}\ \left(\bar{\varepsilon}_i\psi_{i-1}^{(k)}(x)\sin\frac{x_{i+1}-x_{i-1}}{2}\right)\right)\\=&\,2\exp(-C'\gamma)\ \exp\left(C'^2\sum_{i=1}^{N}\mathrm{Var}\left(\bar{\varepsilon}_i\psi_{i-1}^{(k)}(x)\sin\frac{x_{i+1}-x_{i-1}}{2}\right)\right)\end{aligned}$$

对于任意给定的 $\gamma>0$ 以及如后面定义的 $C'$. 而且, 令 $c=\mathcal{O}\left((\sigma^2 h)^{\frac{1}{2k+5}}\right)$, 则有

$$\sum_{i=1}^{N}\mathrm{Var}\left(\bar{\varepsilon}_i\psi_{i-1}^{(k)}(x)\sin\frac{x_{i+1}-x_{i-1}}{2}\right)$$

$$\begin{aligned}
&\leqslant \sum_{i=1}^{N} E(\bar{\varepsilon_i}^2)\left(\psi_{i-1}^{(k)}(x)\sin\frac{x_{i+1}-x_{i-1}}{2}\right)^2\\
&\leqslant \sum_{i=1}^{N} \sigma^2\mathcal{O}(h^2c^{-2(k+1)})\\
&\leqslant \mathcal{O}(\sigma^{\frac{6}{2k+5}}h^{\frac{3}{2k+5}}).
\end{aligned}$$

因此, 令 $C'=\sigma^{\frac{-3}{2k+5}}h^{\frac{3}{4k+10}}$, 由于 $h=\mathcal{O}(1/N)$, 则有

$$P(|e_{1,k}(x)-E\ (e_{1,k}(x))|\geqslant\gamma)\leqslant\mathcal{O}\left(\exp\ (-N^{\frac{3}{4k+10}})\right).$$

最后, 由于

$$\sum_{N=1}^{\infty}\exp\ (-N^{\frac{3}{4k+10}})<\infty,$$

根据 Borel-Cantelli 引理, 当 $N$ 趋于无穷大时 (即 $h=\mathcal{O}(1/N)$ 趋于零时), 误差 $e_{1,k}(x)-E(e_{1,k}(x))$ 几乎必然收敛到零. 从而定理成立. □

最后, 推导 $(Qf^*)^{(k)}(x)$ 的渐近正态性.

首先给出一个引理 (即文献 [93] 中的引理 3.1).

**引理 3.4.7**　令 $\xi_{i,N}$ 为均值为零、方差为 1 的独立随机变量. 假设

$$\lim_{\lambda\to+\infty}\sup_{N}\sup_{1\leqslant i\leqslant N}E(\xi_{i,N}^2 1_{\{|\xi_{i,N}|\geqslant\lambda\}})=0,$$

这里 $1_{\{\cdot\}}$ 表示指标函数. 如果当 $N$ 趋于无穷大时, $\max\limits_{i} a_i^2/\sum\limits_{i=1}^{N}a_i^2$ 收敛到零, 则

$$\frac{\sum\limits_{i=1}^{N}a_i\xi_{i,N}}{\sqrt{\sum\limits_{i=1}^{N}a_i^2}} \tag{3.4.17}$$

以分布收敛于一个标准正态分布.

根据这个引理, 可以推导出 $(Qf^*)^{(k)}(x)$ 的标准正态性.

**定理 3.4.5**　令 $\Phi(t)$ 为一个标准正态分布函数. 假设

$$\lim_{\lambda\to+\infty}\sup_{N}\sup_{1\leqslant i\leqslant N}E\left(\frac{\varepsilon_i^2}{\sigma^2}1_{\{|\varepsilon_i|\geqslant\lambda\sigma\}}\right)=0.$$

则在定理 3.4.3 的条件下, 对于任何的 $t \in \mathbb{R}$, 有如下等式成立

$$\lim_{N\to+\infty} P\left(\frac{(Qf^*)^{(k)}(x)-E((Qf^*)^{(k)}(x))}{\sqrt{\operatorname{Var}((Qf^*)^{(k)})}}\leqslant t\right)=\Phi(t).$$

**证明** 由于

$$\frac{(Qf^*)^{(k)}(x)-E((Qf^*)^{(k)}(x))}{\sqrt{\operatorname{Var}((Qf^*)^{(k)}(x))}}=\frac{\sum\limits_{i=1}^{N}\varepsilon_i\psi_{i-1}^{(k)}(x)\sin((x_{i+1}-x_{i-1})/2)}{\sigma\sqrt{\sum\limits_{i=1}^{N}(\psi_{i-1}^{(k)}(x)\sin((x_{i+1}-x_{i-1})/2))^2}},$$

令 $\xi_{i,N}=\varepsilon_i/\sigma$, 根据上面引理, 只需要证明

$$\max_i\frac{(\psi_{i-1}^{(k)}(x)\sin((x_{i+1}-x_{i-1})/2))^2}{\sum\limits_{j=1}^{N}(\psi_{i-1}^{(k)}(x)\sin((x_{j+1}-x_{j-1})/2))^2}\to 0.$$

这是因为当 $N$ 趋于无穷大时, 下面条件成立:

$$\begin{aligned}\max_i\frac{(\psi_{i-1}^{(k)}(x)\sin((x_{i+1}-x_{i-1})/2))^2}{\sum\limits_{j=1}^{N}\left(\psi_{i-1}^{(k)}(x)\sin\dfrac{x_{j+1}-x_{j-1}}{2}\right)^2}&\leqslant\frac{\mathcal{O}\left(h^2/c^{2k+2}\right)}{h\displaystyle\int(\phi^{(k+2)}(t)+\phi^{(k)}(t)/4)^2dt}\\&\leqslant\mathcal{O}\left(h^{\frac{3}{2k+5}}\sigma^{\frac{-4k-4}{2k+5}}\right)\\&\to 0.\end{aligned}$$

□

最后, 给出一种构造 $(Qf^*)^{(k)}(x)$ 局部渐近置信区间的方法.

令 $\sqrt{\operatorname{Var}((Qf^*)^{(k)}(x))}$ 如公式 (3.4.13) 所定义, $\alpha$ 为置信度. 记

$$f_\alpha^{l,k}(x)=E\left((Qf^*)^{(k)}(x)\right)-t_{1-0.5\alpha}\sqrt{\operatorname{Var}((Qf^*)^{(k)}(x))}$$

及

$$f_\alpha^{u,k}(x)=E\left((Qf^*)^{(k)}(x)\right)+t_{1-0.5\alpha}\sqrt{\operatorname{Var}((Qf^*)^{(k)}(x))},$$

此处 $t_{1-0.5\alpha}$ 为标准正态分布的第 $(1-0.5\alpha)$ 分位数. 则根据定理 3.4.5, $(Qf^*)^{(k)}(x)$ 的渐近 $1-\alpha$ 置信区间可以写成 $[f_\alpha^{l,k}(x),\ f_\alpha^{u,k}(x)]$, 其中

$$\lim_{N\to\infty}P(f_\alpha^{l,k}(x)\leqslant(Qf^*)^{(k)}(x)\leqslant f_\alpha^{u,k}(x))=1-\alpha.$$

综上, 在核回归分析的框架下讨论了 MQ 三角拟插值对噪声数据数值微分的性质: 最佳带宽的选择准则、大样本性质等. 讨论的思想和过程同样适用于 MQ 拟插值.

## 3.5　线性泛函信息拟插值

以上几种拟插值格式都是针对采样数据为离散函数值的情形. 然而, 在许多实际问题中, 我们可能无法采集到被逼函数的函数值. 相反, 我们只能采集到被逼函数的一些线性泛函信息 (例如微分方程数值解、遥感、地震、核密度函数估计等实际应用中的采样数据). 而且, 离散函数值也可以看成是一种特殊的线性泛函信息. 因此, 非常有必要讨论如何构造一个针对线性泛函信息的拟插值公式. 另外, 由于多元拟插值可以用张量积的方法从一元拟插值得到, 为讨论方便, 我们主要考虑一元情形 (即 Backus-Gilbert 方法[8]).

令 $\{\lambda_j\}_{j=1}^N$ 为 $L^2([a,\ b])$ 上的一组线性无关的有界线性泛函, 给定一组采样信息 $\{\lambda_j(f)\}_{j=1}^N$, Backus-Gilbert[8] 方法的基本思想在于寻找一个形如

$$f^*(x_0) = \sum_{j=1}^N \lambda_j(f)\phi_j(x_0)$$

的函数来逼近 $f(x_0)$, 对任意 $x_0 \in [a,\ b]$. 为此, 令 $\{L_j(x)\}_{j=1}^N$ 为线性泛函 $\{\lambda_j\}_{j=1}^N$ 的表示函数, 则由有界线性泛函表示定理可知函数

$$W_0(x) := \sum_{j=1}^N L_j(x)\phi_j(x_0)$$

是 Dirac 分布函数 $\delta(x-x_0)$ 的一个逼近. 进一步, 为衡量 $W_0(x)$ 对 $\delta(x-x_0)$ 的逼近程度, 构造一个非负、对称且只在点 $x_0$ 处消失的函数 $J(x,x_0)$ (例如 $J(x,x_0) = (x-x_0)^2$), 进而通过使

$$S(W_0;x_0) := \int_a^b J(x,x_0)W_0^2(x)dx$$

最小来选取系数 $\{\phi_j(x_0)\}_{j=1}^N$. 另外, 由于 $W_0(x)$ 是对分布函数 $\delta(x-x_0)$ 的逼近, 通常要求

$$\int_a^b W_0(x)x^i dx = x_0^i, \quad 0 \leqslant i \leqslant m, m \leqslant N-1.$$

从以上构造过程可以看出, 构造线性泛函信息拟插值的关键在于显式地构造出核函数 $W_0$. 对于一般线性泛函, 需要求解一个约束优化问题 (即多项式再生性约

束). 然而, 对于一些特殊的线性泛函, 可以不求解优化问题而直接给出拟插值的显式表达式. 下面将以常系数线性微分泛函信息[74] 为例, 讨论如何构造相应的拟插值格式. 构造思想也可以推广到积分泛函信息[73, 79].

记 $D$ 为微分算子 $Df(x)=f'(x)$, $P(D)=\sum\limits_{i=0}^{n}a_iD^i$, $a_i\in\mathbb{R}$, $a_n=1$ 为一个 $n$ 阶常系数微分算子. 令 $P(D)f(x)=g(x)$, 进而 $P(D)f(x_j)=g(x_j)$, $j=0,\cdots,N$, 采样点 $\{x_j\}_{j=0}^{N}$ 为区间 $[a,\ b]$ 上的一些互不相同的点且满足 $x_0=a$, $x_N=b$. 取 $\{l_i\}_{0\leqslant i\leqslant n-1}$ 为任何一组使得微分方程

$$\begin{cases}P(D)f(x)=g(x),\\ L(f)=F\end{cases} \tag{3.5.1}$$

有唯一解的线性泛函. 这里 $L(f)=(l_0(f),\cdots,l_{n-1}(f))^{\mathrm{T}}$ 和 $F$ 为 $n$ 维列向量. 针对这种线性泛函信息, 我们将从两个方面考虑如何构造相应的拟插值格式. 首先构造一个定义在整个实数轴 $\mathbb{R}$ 上的拟插值格式. 在此基础上, 为了拟插值的实用性, 我们改进这个格式, 得到一个定义在有界区间上的拟插值. 为此, 给出几个引理.

**引理 3.5.1** 令 $m$ 为任意一个正整数, 记

$$t_0,\ \cdots,\ t_{2n-1},\ t_{2n},\ \cdots,\ t_{2n+m-1}$$

为多项式 $P(t)P(-t)t^m=0$ 的根. 令

$$\Phi(x)=[t_0,\ \cdots,\ t_{2n-1},\ t_{2n},\ \cdots,\ t_{2n+m-1}]e^{tx}$$

为函数 $e^{tx}$ 关于变量 $t$ 的差商. 记

$$\Phi_{\pm}(x)=(-1)^n\mathrm{sign}(x)\frac{1}{2}\Phi(x).$$

则作为 [189] 中定理 1 的一个特例, 可以知道 $\Phi_{\pm}(x)$ 为方程

$$P(D)P(-D)D^m\Phi_{\pm}(x)=\delta(x)$$

的一个基本解. 更精确地说, 对于每个 Schwarz 类的函数 $\varphi(x)$, 都有

$$\int_{\mathbb{R}}[P(D)P(-D)D^m\varphi(s)]\Phi_{\pm}(x-s)ds=\varphi(x).$$

根据这个引理, 利用 Beatson 和 Light[11] 以及 Schaback 和 Wu[147] 的方法, 可以构造一个如下的满足完全 Strang-Fix 条件[61] 的核函数[74]:

**引理 3.5.2**　记 $\phi(x)=P(D)P(-D)\Phi_{\pm}(x)$, $v$ 为满足 $1\leqslant v\leqslant m$ 的任意整数. 则我们可以找到常系数 $c_\alpha$, $\alpha=-m,\ \cdots,\ v-1$, 进而定义

$$\psi_h(x)=\frac{1}{h^m}\sum_{-m}^{v-1}c_\alpha\phi(x-\alpha h),$$

使得函数

$$\psi(x)=h\psi_h(hx)$$

与采样点密度 $h$ 无关且满足 $v$ 阶完全 Strang-Fix 条件. 即

$$\begin{cases}\hat{\psi}(\omega)=1+\mathcal{O}(\omega^v),\\ \hat{\psi}(\omega+2\pi k)=\mathcal{O}(\omega^v),\quad k\in\mathbb{Z}\setminus\{0\},\end{cases}\tag{3.5.2}$$

当 $\omega$ 趋于零.

**证明**　记 $\psi(x)$ 的 Fourier 变换为

$$\hat{\psi}(\omega)=\int_{\mathbb{R}}\psi(x)e^{ix\omega}dx.$$

则

$$\hat{\psi}(\omega)=\widehat{\psi_h}(\omega/h).$$

另外, 根据 $\psi_h(x)$ 和 $\phi(x)$ 的定义, $\psi_h(x)$ 的 Fourier 变换 $\widehat{\psi_h}(\omega)$ 可以表示为

$$\widehat{\psi_h}(\omega)=\frac{1}{(-i)^m h^m\omega^m}\sum_{-m}^{v-1}c_\alpha e^{i\alpha h\omega}.$$

从而可得

$$\hat{\psi}(\omega)=\frac{1}{(-i)^m\omega^m}\sum_{-m}^{v-1}c_\alpha e^{i\alpha\omega}.$$

根据 [51] 中的引理 2.2 有

$$(c_{-m},\ \cdots,\ c_{v-1})^{\mathrm{T}}=A^{-1}(0,\ \cdots,\ 0,\ (-1)^m m!,\ 0,\ \cdots,\ 0)^{\mathrm{T}},\tag{3.5.3}$$

这里

$$A=(\alpha^\beta)_{-m\leqslant\alpha\leqslant v-1,\ 0\leqslant\beta\leqslant m+v-1}$$

为一个 $(m+v)\times(m+v)$ 的矩阵. 从而引理成立　□

上面构造的核函数关于 $x$ 不对称, 为此, 我们对其进行改进, 构造一个对称的核函数:

**推论 3.5.1** 记 $\Phi_{\pm}(x)$, $\phi(x)$ 如上定义, 假设

$$\psi_h^*(x) = \frac{1}{2h^m}\sum_{-m}^{v-1} c_\alpha(\phi(x-\alpha h)+\phi(x+\alpha h)),$$

这里 $c_\alpha$ 如公式 (3.5.3) 定义. 令

$$\psi^*(x) = h\psi_h^*(hx).$$

则函数 $\psi^*(x)$ 是一个对称的且满足 $v$ 阶完全 Strang-Fix 条件的函数.

接下来, 以 $\psi^*(x)$ 为核函数, 我们构造 $g(x)$ 的一个针对离散函数值 $\{g(jh)\}_{j\in\mathbb{Z}}$ 的拟插值算子

$$g^*(x) = \sum_{j\in\mathbb{Z}} g(jh)\psi^*\left(\frac{x}{h}-j\right). \tag{3.5.4}$$

而且, 根据 Strang-Fix 条件, 有以下误差估计[74]:

**定理 3.5.1** 令 $g\in\mathcal{C}^l(\mathbb{R}), l\geqslant v$, 给定数据 $\{g(jh)\}_{j\in\mathbb{Z}}$. 则拟插值算子 $g^*(x)$ 的误差估计为

$$\|g^*-g\|_\infty \leqslant \mathcal{O}(h^v).$$

有了以上的理论, 接下来开始讨论针对泛函信息 $\{g(jh)\}_{j\in\mathbb{Z}}$ 和 $L(f)$ 的拟插值格式的构造问题.

注意到 $\{l_i(f)\}_{0\leqslant i\leqslant n-1}$ 是使得微分方程

$$\begin{cases} P(D)f(x) = g(x), \\ L(f) = F \end{cases} \tag{3.5.5}$$

唯一可解的线性泛函, 因而, 微分方程

$$\begin{cases} P(D)f^*(x) = g^*(x), \\ L(f^*) = L(f) = F \end{cases} \tag{3.5.6}$$

的解 $f^*(x)$ 是 $f(x)$ 在 $x\in\Omega$ 上的一个逼近函数, 这里 $\Omega$ 是 $\mathbb{R}$ 中的任意一个有界闭区间. 下面的任务就是来构造 $f^*(x)$.

由于 $g(x)$ 的拟插值 $g^*(x)$ 又可以写成:

$$g^*(x) = h\sum_{j\in\mathbb{Z}} g(jh)P(D_x)P(-D_x)\phi_h(x-jh),$$

这里

$$\phi_h(x)=\frac{1}{2h^m}\left(\sum_{\alpha=-m}^{v-1}c_\alpha\Phi_\pm(x-\alpha h)+\sum_{\alpha=-v+1}^{m}c_{-\alpha}\Phi_\pm(x-\alpha h)\right), \tag{3.5.7}$$

因而, 可以证明

$$f_1^*(x)=h\sum_{j\in\mathbb{Z}}g(jh)P(-D_x)\phi_h(x-jh)$$

满足微分方程 $P(D)f_1^*(x)=g^*(x)$. 这样, 当令 $f_2^*(x)=f^*(x)-f_1^*(x)$ 时, 构造 $f^*(x)$ 又可以转化为构造一个满足方程

$$\begin{cases}P(D)f_2^*(x)=0,\\ L(f_2^*)=L(f)-L(f_1^*)\end{cases} \tag{3.5.8}$$

的函数 $f_2^*(x)$.

令 $\{B_i(x)\}_{i=0}^{n-1}$ 为核空间 $P(D)$ 的一组基, 则 $f_2^*(x)$ 可以表示为

$$f_2^*(x)=\sum_{i=0}^{n-1}d_iB_i(x)=B(x)(d_0,\ \cdots,\ d_{n-1})^{\mathrm{T}}, \tag{3.5.9}$$

这里 $B(x)=(B_0(x),B_1(x),\cdots,B_{n-1}(x))$ 并且 $d_i,\ i=0,\ \cdots,\ n-1$ 为一些常系数.

接下来的任务就是求出这些常系数 $d_i,\ i=0,\ \cdots,\ n-1$.

将 $L$ 作用在等式 (3.5.9) 两端可以得到

$$L(f)-L(f_1^*)=L(f_2^*)=L(B(\cdot))(d_0,\ \cdots,\ d_{n-1})^{\mathrm{T}}.$$

另外, 由问题 (3.5.5) 的唯一可解性可知矩阵 $L(B(\cdot))$ 是非奇异的. 这样, 求解这个线性方程组可以得到

$$(d_0,\ \cdots,\ d_{n-1})^{\mathrm{T}}=(L(B(\cdot)))^{-1}[L(f)-L(f_1^*)].$$

把这些系数代入到 (3.5.9), $f_2^*(x)$ 可表示为

$$f_2^*(x)=B(x)(L(B(\cdot)))^{-1}[L(f)-L(f_1^*)]. \tag{3.5.10}$$

综上, 可把 $f^*(x)$ 写成

$$f^*(x)=h\sum_{j\in\mathbb{Z}}g(jh)P(-D_x)\phi_h(x-jh)$$

$$+B(x)(L(B(\cdot)))^{-1}\left[L(f)-L\left(h\sum_{j\in\mathbb{Z}}g(jh)P(-D)\phi_h(\cdot-jh)\right)\right]. \quad (3.5.11)$$

为强调 $f^*(x)$ 是 $f(x)$ 关于微分算子 $P(D)$ 的拟插值算子, 以下用 $Q_{P(D)}f(x)$ 来代替 $f^*(x)$ 即 $Q_{P(D)}f(x)=f^*(x)$.

进一步, 根据定理 3.5.1 可以得到拟插值格式 $Q_{P(D)}f(x)$ 的误差估计.

**定理 3.5.2** 记 $\Omega$ 为 $\mathbb{R}$ 内的任意一有界闭区间, $g(x)$ 是一个支集为 $\Omega$ 且 $l$ 次连续可微的函数. 则对于给定的线性泛函信息 $\{g(jh)\}_{j\in\mathbb{Z}}$ 和 $L(f)$, 以及任意满足 $1\leqslant v\leqslant \min\{l,\ m\}$ 的正整数 $v$, 我们可以从公式 (3.5.7) 找到一个核函数 $\phi_h(x)$ 使得误差估计

$$\|Q_{P(D)}f-f\|_\infty \leqslant \mathcal{O}(h^v)$$

在区间 $\Omega$ 上成立.

**注释 3.5.1** 通过令 $v=m=l$, 可以使拟插值格式 (3.5.11) 达到对应于 $g(x)$ 的光滑性的最佳逼近阶 $\mathcal{O}(h^l)$.

**注释 3.5.2** 拟插值格式 (3.5.11) 不仅能再生微分算子 $P(D)$ 的核空间, 而且还包含关于离散函数值的拟插值格式 ($P(D)=I$).

综上, 我们构造了一个定义在整个实数轴 $\mathbb{R}$ 上的针对线性泛函信息 $\{g(jh)\}_{j\in\mathbb{Z}}$ 和 $L(f)$ 的拟插值格式并给出它的误差估计. 然而, 在实际应用中, 信息的采集通常是在某个有界区间内进行的. 因此, 为使我们的拟插值格式更有实用价值, 我们进一步讨论如何构造针对线性泛函信息 $\{g(x_j)\}_{j=0}^N$ 和 $L(f)$ 拟插值. 为讨论方便, 假设采样点 $\{x_j\}_{j=0}^N$ 在区间 $[a,\ b]$ 上等距分布, 即 $x_j=a+jh$, $h=(b-a)/N$, $N$ 是某个正整数. 所有的结论都可以利用 Wu 和 Liu[188] 的方法推广到散乱采样点的情况.

首先将方程右端函数 $g(x)$ 光滑地延拓到整个实数轴 $\mathbb{R}$ 上. 另外, 为讨论方便, 假设延拓后的函数是一个紧支集的函数. 这里有很多种延拓方法, 例如 Hermite 插值方法、Taylor 展开方法、推广的 Shepard 插值方法等等. 作为一个例子, 我们用推广的 Shepard 插值方法[154] 将 $g(x)$ 延拓为

$$\tilde{g}(x)=\begin{cases}0, & x<a-1,\\ g_1(x), & a-1\leqslant x<a,\\ g(x), & a\leqslant x\leqslant b,\\ g_2(x), & b<x\leqslant b+1,\\ 0, & x>b+1,\end{cases} \quad (3.5.12)$$

这里

$$g_1(x) = \left( \sum_{i=0}^{l} \frac{g^{(i)}(a)(x-a)^i}{i!} \right) \frac{|x-a+1|^{l+1}}{|x-a|^{l+1} + |x-a+1|^{l+1}}, \tag{3.5.13}$$

$$g_2(x) = \left( \sum_{i=0}^{l} \frac{g^{(i)}(b)(x-b)^i}{i!} \right) \frac{|x-b-1|^{l+1}}{|x-b|^{l+1} + |x-b-1|^{l+1}}. \tag{3.5.14}$$

**注释 3.5.3** 我们假设数据 $g^{(i)}(a)$, $g^{(i)}(b)$, $i=1, \cdots, l$ 都已经知道. 在实际应用中, 如果无法获得这些数据, 这时可以分别用端点 $a$, $b$ 附近的采样点 $x_j$ 的数据 $\{g(x_j)\}$ 来构造 $g^{(i)}(a)$, $g^{(i)}(b)$ 的逼近. 这种方法可以在 Ma 和 Wu[113] 的论文中找到.

其次, 令 $x_j = a + jh$, $j \in \mathbb{Z}$, 将采样点 $\{x_j\}_{j=0}^{N}$ 延拓到整个实数轴上得 $\{x_j\}_{j\in\mathbb{Z}}$. 这样就可以得到线性泛函数据 $\{\tilde{g}(x_j)\}_{j\in\mathbb{Z}}$ 以及 $L(f)$ . 利用公式 (3.5.11) 可得拟插值格式

$$\begin{aligned} Q_{P(D)}f(x) = & h\sum_{j\in\mathbb{Z}} \tilde{g}(x_j)P(-D_x)\phi_h(x-x_j) + B(x)(L(B(\cdot)))^{-1} \\ & \cdot \left[ L(f) - L\left( h\sum_{j\in\mathbb{Z}} \tilde{g}(x_j)P(-D)\phi_h(\cdot - x_j) \right) \right]. \end{aligned} \tag{3.5.15}$$

另外, 由于 $\tilde{g}(x)$ 在区间 $[a-1,\ b+1]$ 以外恒为零, 上面的求和实际上只是在区间 $[a-1,\ b+1]$ 上进行. 因此, 可将其写成

$$\begin{aligned} Q_{P(D)}f(x) = & h\sum_{j=-M}^{N+M} \tilde{g}(x_j)P(-D_x)\phi_h(x-x_j) + B(x)(L(B(\cdot)))^{-1} \\ & \cdot \left[ L(f) - L\left( h\sum_{j=-M}^{N+M} \tilde{g}(x_j)P(-D)\phi_h(\cdot - x_j) \right) \right], \end{aligned} \tag{3.5.16}$$

这里 $M = \lceil N/(b-a) \rceil$, $\lceil \cdot \rceil$ 表示向上取整.

基于以上分析, 得到了定义在有界区间 $[a,\ b]$ 上的拟插值格式 (3.5.16). 而且定理 3.5.2 中的误差估计对此格式仍然成立.

作为常系数线性微分泛函信息的拟插值的一个特例, 讨论如何从经典的 MQ 拟插值出发, 构造一个针对离散导数值的 MQ 拟插值格式并研究它的逼近性以及保形性. 从而拓广了以往的 MQ 拟插值的定义 (只是针对离散函数值). 同时, 这个格式还具有经典的 MQ 拟插值的优点.

首先考虑节点分布在整个实数轴 $\mathbb{R}$ 上的情形.

记

$$-\infty = \cdots < x_{j-1} < x_j < x_{j+1} < \cdots = +\infty,$$

$h = \max_j\{x_j - x_{j-1}\}$ 表示节点的密度, $\phi(x) = \sqrt{c^2 + x^2}$ 为 MQ 函数. 给定在节点列上的导数值 $f'(x_j), j \in \mathbb{Z}$ 以及初始值 $f(\bar{x}),\ \bar{x} \in \mathbb{R}$. 利用第 3 章介绍的 MQ 拟插值格式, 首先构造 $f'(x)$ 的 MQ 拟插值算子

$$Qf'(x) = \sum_{j \in Z} f'(x_j)\psi_j(x),$$

这里

$$\psi_j(x) = \frac{\phi(x - x_{j+1}) - \phi(x - x_j)}{2(x_{j+1} - x_j)} - \frac{\phi(x - x_j) - \phi(x - x_{j-1})}{2(x_j - x_{j-1})}.$$

下面就从 $Qf'(x)$ 以及 $f(\bar{x})$ 来构造出 $f(x)$ 的一个拟插值格式.

由于 $Qf'(x)$ 是 $f'(x)$ 的一个拟插值, 所以

$$f^*(x) = \int_{\bar{x}}^{x} Qf'(t)dt + f(\bar{x})$$

是 $f(x)$ 的一个逼近函数. 为了得到 $f^*(x)$ 的表达式, 将 $Qf'(x)$ 改写成

$$Qf'(x) = \sum_{j \in \mathbb{Z}} \frac{x_{j+1} - x_{j-1}}{2} f'(x_j)[x_{j-1}, x_j, x_{j+1}]\phi(x - y),$$

这里的二阶差商是关于自变量 $y$ 进行的. 从而有

$$\begin{aligned} f^*(x) &= \sum_{j \in \mathbb{Z}} \frac{x_{j+1} - x_{j-1}}{2} f'(x_j) \int_{\bar{x}}^{x} [x_{j-1}, x_j, x_{j+1}]\phi(t - y)dt + f(\bar{x}) \\ &= -\sum_{j \in \mathbb{Z}} \frac{x_{j+1} - x_{j-1}}{4} f'(x_j)[x_{j-1}, x_{j+1}](\phi(x - y) \\ &\quad - \phi(\bar{x} - y)) + \mathcal{O}(h^2) + f(\bar{x}). \end{aligned}$$

于是, 令

$$Q_D^{\bar{x}} f(x) = f(\bar{x}) + \sum_{j \in \mathbb{Z}} f'(x_j)(\varphi_j(x) - \varphi_j(\bar{x})), \tag{3.5.17}$$

这里

$$\varphi_j(x) = \frac{\phi(x - x_{j-1}) - \phi(x - x_{j+1})}{4}.$$

则 $Q_D^{\bar{x}} f(x)$ 是函数 $f(x)$ 的一个拟插值格式.

更进一步, 根据第 3 章介绍的 MQ 函数的性质, 有下面的引理成立.

**引理 3.5.3** 如果函数 $f(x)\in\mathcal{C}(\mathbb{R})$ 且满足 $|f'(x)|\leqslant M|x|^{2-\varepsilon}$, 这里 $M$ 为任意的正整数, $\varepsilon$ 为任意小的正数. 则和式 (3.5.17) 绝对收敛.

**证明** 只需要证明和式

$$\sum_{j\in\mathbb{Z}}f'(x_j)(\varphi_j(x)-\varphi_j(\bar{x}))$$

绝对收敛. 连续利用两次中值定理得

$$\sum_{j\in\mathbb{Z}}f'(x_j)\phi''(\xi_j),$$

这里

$$\xi_j\in(x-x_{j+1},x-x_{j-1}).$$

又因为当 $\xi_j$ 趋于无穷大时,

$$\phi''(\xi_j)=\mathcal{O}(|\xi_j|^{-3}),$$

所以引理成立. □

另外, 由的定理 3.5.2, 可得到 $Q_D^{\bar{x}}f(x)$ 的误差估计.

**定理 3.5.3** 记 $f(x)\in\mathcal{C}^3(\mathbb{R})$ 且满足引理 3.5.3 中的条件. 则拟插值格式 (3.5.17) 的误差估计为

$$\|Q_D^{\bar{x}}f-f\|_\infty\leqslant(K_1h^2+K_2ch+K_3c^2|\log h|)|x-\bar{x}|.$$

**注释 3.5.4** 根据定理可知:

- 当 $c^2|\log h|=\mathcal{O}(h^2)$ 时, $\|Q_D^{\bar{x}}f-f\|_\infty\leqslant\mathcal{O}(h^2)|x-\bar{x}|$;
- 当 $c=\mathcal{O}(h)$ 时, $\|Q_D^{\bar{x}}f-f\|_\infty\leqslant\mathcal{O}(h^2|\log h|)|x-\bar{x}|$.

下面, 研究这个拟插值格式的一些性质.

对拟插值格式 (3.5.17) 两边求导得

$$(Q_D^{\bar{x}}f)'(x)=\sum_{j\in\mathbb{Z}}f'(x_j)\frac{\phi'(x-x_{j-1})-\phi'(x-x_{j+1})}{4}.$$

由于

$$\phi'(x)=\frac{x}{(c^2+x^2)^{1/2}}$$

以及

$$\phi''(x)=\frac{c^2}{(c^2+x^2)^{3/2}}>0,$$

所以不等式组

$$-1 < \phi'(x - x_m) < \phi'(x - x_k) < 1$$

对所有的 $m > k$ 恒成立. 特别地,

$$-1 < \phi'(x - x_{j+1}) < \phi'(x - x_{j-1}) < 1.$$

这样就得到下面的引理.

**引理 3.5.4** 如果数据信息 $\{f'(x_j)\}_{j\in\mathbb{Z}}$ 以及 $f(\bar{x})$ 采自于一个单调函数 $f(x)$, 那么, 拟插值 $Q_D^{\bar{x}}f(x)$ 也是一个单调函数.

而且, 还可证明 $Q_D^{\bar{x}}f(x)$ 具有保凸性.

**引理 3.5.5** 如果数据 $\{f'(x_j)\}_{j\in\mathbb{Z}}$ 以及 $f(\bar{x})$ 采自于一个凸 (凹、线性) 函数, 那么, 拟插值 $Q_D^{\bar{x}}f(x)$ 也是一个凸 (凹、线性) 函数.

**证明** 注意到 $Q_D^{\bar{x}}f(x)$ 可以改写成

$$Q_D^{\bar{x}}f(x) = f(\bar{x}) + \sum_{j\in\mathbb{Z}} \frac{f'(x_{j+1}) - f'(x_{j-1})}{4}[\phi(x - x_j) - \phi(\bar{x} - x_j)],$$

从而有

$$(Q_D^{\bar{x}}f)''(x) = \sum_{j\in\mathbb{Z}} \frac{f'(x_{j+1}) - f'(x_{j-1})}{4}\phi''(x - x_j).$$

又因为 $\phi''(x) > 0$, 所以引理成立. □

综上, 构造了一个定义在整个实数轴 $\mathbb{R}$ 上的针对离散导数值的 MQ 拟插值格式 (3.5.17). 而且, 这个拟插值格式还具有保单调性、保凸性.

下面讨论定义在有界区间 $[a, b]$ 上的拟插值格式的构造问题.

假设已经采集到在节点 $a = x_0 < x_1 < \cdots < x_{N-1} < x_N = b$ 上的导数值 $\{f'(x_j)\}_{j=0}^N$ 以及区间 $[a, b]$ 内任意一点处的函数值 $f(\bar{x})$.

首先, 将函数 $f(x)$ 线性延拓到整个实数轴上, 且将延拓后的函数的一阶导数记为 $\tilde{f}'(x)$. 则有

$$\tilde{f}'(x) = \begin{cases} f'(b), & x > b, \\ f'(x), & a \leqslant x \leqslant b, \\ f'(a), & x < a. \end{cases} \tag{3.5.18}$$

其次, 将节点列 $\{x_j\}_{j=0}^N$ 延拓到整个实数轴 $\mathbb{R}$ 上即 $\{x_j\}_{\in\mathbb{Z}}$.

这样就得到了数据 $\{f'(x_j)\}_{\in\mathbb{Z}}$ 以及 $f(\bar{x})$. 显然 $\tilde{f}'(x)$ 满足引理 3.5.3 的条件, 应用上面的拟插值格式 (3.5.17) 有

$$Q_D^{\bar{x}}f(x) = f(\bar{x}) + f'(a)\sum_{j=-\infty}^{-1}(\varphi_j(x) - \varphi_j(\bar{x}))$$

$$+\sum_{j=0}^{N} f'(x_j)(\varphi_j(x)-\varphi_j(\bar{x}))+f''(b)\varphi_N(x,\bar{x})$$
$$+f'(b)\sum_{j=N+1}^{+\infty}(\varphi_j(x)-\varphi_j(\bar{x})). \tag{3.5.19}$$

最终, 可得

$$\begin{aligned}Q_D^{\bar{x}}f(x)=&f(\bar{x})+\sum_{j=1}^{N-1} f'(x_j)(\varphi_j(x)-\varphi_j(\bar{x}))\\&+f'(a)\left[\frac{\phi(\bar{x}-a)-\phi(x-a)}{4}+\frac{\phi(\bar{x}-x_1)-\phi(x-x_1)}{4}+\frac{x-\bar{x}}{2}\right]\\&+f'(b)\left[\frac{\phi(x-b)-\phi(\bar{x}-b)}{4}+\frac{\phi(x-x_{N-1})-\phi(\bar{x}-x_{N-1})}{4}+\frac{x-\bar{x}}{2}\right].\end{aligned} \tag{3.5.20}$$

而且, 拟插值格式 $Q_D^{\bar{x}}f$ 还具有保形性.

**引理 3.5.6** 如果数据 $\{f'(x_j)\}_{j=0}^{N}$, $f''(a)$, $f''(b)$, $f(\bar{x})$ 采自一个单调函数, 那么, 拟插值 $Q_D^{\bar{x}}f(x)$ 也是一个单调函数.

**证明** 对拟插值 (3.5.20) 两边同时求导得

$$\begin{aligned}Q_D^{\bar{x}}f(x)=&\frac{1}{2}f'(a)\left(1-\frac{\phi'(x-a)+\phi'(x-x_1)}{2}\right)+\sum_{j=1}^{N-1} f'(x_j)\varphi_j'(x)\\&+\frac{1}{2}f'(b)\left(1+\frac{\phi'(x-b)+\phi'(x-x_{N-1})}{2}\right).\end{aligned}$$

由于 $\phi'(x)$ 严格单调递增且 $-1<\phi'(x)<1$, 因此有

$$1-\frac{\phi'(x-a)+\phi'(x-x_1)}{2}>0,$$

$$1+\frac{\phi'(x-b)+\phi'(x-x_{N-1})}{2}>0$$

和 $\varphi_j'(x)>0$. 这就说明拟插值 $Q_D^{\bar{x}}f(x)$ 的导数和函数 $f(x)$ 的导数同号. 即引理成立. □

**引理 3.5.7** 如果数据 $\{f'(x_j)\}_{j=0}^{N}$, $f(\bar{x})$ 采自一个凸 (凹、线性) 函数, 那么, 拟插值 $Q_D^{\bar{x}}f(x)$ 也是一个凸 (凹、线性) 函数.

**证明** 将拟插值 (3.5.20) 改写成

$$
\begin{aligned}
Q_D^{\bar{x}}f(x) = f(\bar{x}) + f'(a)\left[\frac{\phi(\bar{x}-a)-\phi(x-a)}{4}+\frac{x-\bar{x}}{2}\right] \\
+ f'(x_1)\frac{\phi(x-a)-\phi(\bar{x}-a)}{4} \\
+ \sum_{j=1}^{N-1}\frac{f'(x_{j+1})-f'(x_{j-1})}{4}[\phi(x-x_j)-\phi(\bar{x}-x_j)] \\
+ f'(x_{N-1})\frac{\phi(\bar{x}-b)-\phi(x-b)}{4} \\
+ f'(b)\left[\frac{\phi(x-b)-\phi(\bar{x}-b)}{4}+\frac{x-\bar{x}}{2}x-\bar{x}\right].
\end{aligned}
$$

对此等式两端同时求二阶导数有

$$
\begin{aligned}
(Q_D^{\bar{x}}f)''(x) = (f'(x_1)-f'(a))\frac{\phi''(x-a)}{4} \\
+ \sum_{j=1}^{N-1}\frac{f'(x_{j+1})-f'(x_{j-1})}{4}\phi''(x-x_j) \\
+ (f'(b)-f'(x_{N-1}))\frac{\phi''(x-b)}{4}.
\end{aligned}
$$

又由于 $\phi''(x) > 0$, 所以引理成立. □

## 3.6 香农采样公式

以上讨论表明, 对于一个未知的连续函数, 如果可以获取它的一些采样信息 (如离散函数值或更一般的线性泛函信息), 则可以构造相应的拟插值算子来逼近这个连续函数. 而在许多信号分析中, 为避免信息丢失, 人们希望能够通过有限个采样信息完全重构信号. 香农 (Shannon) 采样定理告诉我们, 对于一些频率有限的连续函数, 这个愿望完全可以实现.

首先引入基本正弦函数 (cardinal sine function): $\sin c(x) = \sin(\pi x)/(\pi x)$, $x \in \mathbb{R}$. 根据 Fourier 变换理论可知, 基本正弦函数是定义在区间 $[-1/2, 1/2]^d$ 上的特征函数的 Fourier 变换. 而且, 它的整数平移 $\sin c(k,x) = \sin c(x-k)$, $k \in \mathbb{Z}^d$, 构成函数空间

$$V := \{g \in L^2(\mathbb{R}^d) | \mathrm{supp}(\hat{g}) \subset [-1/2, 1/2]^d\}$$

中的一组标准正交基, 即

$$\langle \sin c(k,x), \sin c(j,x)\rangle = \delta_{kj}.$$

进一步, 可推导如下重构定理.

**定理 3.6.1** 令 $f(x)$ 是一个绝对可积的连续函数, 即 $f(x)\in \mathcal{C}(\mathbb{R}^d)\cap L^1(\mathbb{R}^d)$. 如果它的 Fourier 变换 $\hat{f}(\omega)$ 的支柱为正方体 $Q=[-1/2,1/2]^d$, 那么 $f(x)$ 可以由其在整数点上的离散函数值完全重构:

$$f(x)=\sum_{v\in\mathbb{Z}^d} f(v)\sin c(x-v), \quad x\in\mathbb{R}^d.$$

**证明** 由于函数 $f$ 绝对可积, 它的 Fourier 变换 $\hat{f}$ 是连续函数. 又因为 $\hat{f}$ 是紧支柱函数, 可知 $\hat{f}\in L^2(\mathbb{R}^d)$. 从而它的 Fourier 级数在 $L^2$ 意义下收敛到 $\hat{f}$:

$$\hat{f}(\omega)=\sum_{v\in\mathbb{Z}^d} c_v e^{-2\pi i v\omega}, \quad \omega\in Q.$$

这里, Fourier 系数

$$c_v=\int_Q \hat{f}(\omega)e^{2\pi i v\omega}d\omega.$$

进一步, 由 Fourier 逆变换以及基函数 $\{e^{-2\pi i v\omega}\}$ 的标准正交性可得

$$c_v=\int_Q \hat{f}(\omega)e^{2\pi i v\omega}d\omega=f(v).$$

从而有

$$\begin{aligned} f(x)&=\int_Q \hat{f}(\omega)e^{2\pi i x\omega}d\omega\\ &=\int_Q \sum_{v\in\mathbb{Z}^d} c_v e^{-2\pi i v\omega}e^{2\pi i x\omega}d\omega\\ &=\sum_{v\in\mathbb{Z}^d} f(v)\sin c(x-v). \end{aligned}$$ □

更一般地, 利用基本正弦函数在格子点 $\{vh\}_{v\in\mathbb{Z}^d}$ 上的平移的线性组合, 可以构造香农采样公式

$$S_h(f)(x)=\sum_{v\in\mathbb{Z}^d} f(vh)\sin c(x-vh), \quad x\in\mathbb{R}^d.$$

这里, $\{f(vh)\}$ 为采样数据, $h$ 为采样频率. 而且, 类似定理 3.6.1, 可得如下定理.

**定理 3.6.2** 令 $f(x)\in\mathcal{C}(\mathbb{R}^d)\cap L^1(\mathbb{R}^d)$ 且 $\hat{f}(\omega)$ 支柱为正方体 $Q=[-h/2,h/2]^d$, 则 $f(x)$ 可以由其在采样点上的离散函数值完全重构, 即

$$f(x)=S_h(f)(x)=\sum_{v\in\mathbb{Z}^d}f(vh)\sin c(x-vh),\quad x\in\mathbb{R}^d. \tag{3.6.1}$$

公式 (3.6.1) 的右端可以看成是一个以 $\sin c(x)=\sin(\pi x)/(\pi x)$ 为核函数的拟插值格式. 更重要地, 由于 $\sin c(v)=\delta_{v0}$, 该拟插值还具有插值离散函数值的性质.

特别地, 对于任意一个三角多项式

$$f(t)=\sum_{k=-N}^{N}c_k e^{i2\pi\lambda_k t},$$

由于对应的谱

$$\sum_{k=-N}^{N}c_k\delta_{\lambda_k}$$

是有限支集的, 因此, 香农重构公式

$$f(t)=S_h(f)(t)=\sum_{v\in\mathbb{Z}}f(vh)\sin c(t-vh)$$

对任何采样频率 $h\in(0,1/(2\lambda_c))$ 以及 $t\in\mathbb{R}$ 恒成立, 这里的 $\lambda_c=\max\limits_{|k|\leqslant N}\{|\lambda_k|\}$. 有关香农采样公式的深入研究和广泛应用, 感兴趣的读者可以参考相关文献 [95], [118], [157].

# 第 4 章　拟插值方法的基础理论

第 3 章介绍了几种常见的一元拟插值方法. 可以看出, 拟插值不需要求解线性方程组就可以直接给出逼近函数, 具有形式简单、易于计算、稳定性好等优点. 更重要地, 许多拟插值格式还具有几何设计层面的保形性. 因此, 拟插值作为一种基本的数据拟合工具, 受到了大量的研究和广泛的应用, 出现了许多经典且有重要影响的拟插值方法和理论, 参见文献 [5], [10], [12], [18], [19], [22], [39], [40], [43], [51], [86], [106], [111], [122], [159]. 根据前言中介绍的拟插值定义以及在两个不同视角下的基本思想, 我们知道构造拟插值算法的关键在于: 如何构造一组满足某种特定性质的核 (基) 函数以及如何根据数据和基函数构造拟插值格式. 为此, 本章将分别从拟插值核 (基) 函数的构造、拟插值格式的构造及拟插值性质三个方面介绍拟插值方法的相关理论.

## 4.1　拟插值核 (基) 函数的构造理论

本节将讨论三种构造方法: 基于 (局部) 多项式再生性、基于 Strang-Fix 条件和基于广义 Strang-Fix 条件 (矩条件或者卷积意义下多项式再生性).

### 4.1.1　基于 (局部) 多项式再生性

这种方法源于拟插值的移动加权平均视角, 其基本思想在于寻找一组满足某种特殊性质 (多项式再生性) 的基函数 $\{\varphi_j(x)\}_{j=0}^N$, 使得拟插值 $Qf(x)=\sum\limits_{j=0}^N f(x_j)\varphi_j(x)$ 具有较高的逼近阶. 单位分解性 (常数再生性) 是一种最简单且最常见的多项式再生性, 对于任何满足 $\sum\limits_{j=0}^N \varphi_j(x)\neq 0$ 的一组函数 $\{\varphi_j(x)\}_{j=0}^N$, 均可以构造一组新的基函数

$$\varphi_k^*(x)=\frac{\varphi_k(x)}{\sum\limits_{j=0}^N \varphi_j(x)},$$

使其满足单位分解性. 从这个角度, Shepard 方法[154] 也可以看成是一种特殊的拟插值形式. de Boor[48] 给出了更一般的拟插值格式

$$Qf(x) = \sum_{j=0}^{N} \lambda_j(f)\varphi_j(x),$$

其中线性泛函 $\{\lambda_j(f)\}$ 可通过拟插值具有高阶 (如 $l$ 阶) 多项式再生性建立方程组求出[11,56,58,159]. 更确切地说, 从等式

$$\sum_{j=0}^{N} \lambda_j(p)\varphi_j(x) = p(x)$$

对于任意阶数不超过 $l$ 的多项式 $p(x)$ 均成立中求出 $\{\lambda_j(f)\}$. 常见的线性泛函 $\{\lambda_j(f)\}$ 为离散函数值的有限个线性组合、离散导数值 (甚至积分值) 的线性组合[74]. Backus-Gilbert 方法[8]、移动最小二次法[15] 均可以看成是这类方法的特例. 而且, 结合拟插值的高阶多项式再生性和函数的 Taylor 展开式可以推导拟插值的逼近阶, 详细过程如下. 对于任何阶数不超过 $l$ 的多项式 $p(x)$, 有误差估计 (参看 [57])

$$\begin{aligned}
|f(x) - Qf(x)| &\leqslant |f(x) - p(x)| + |p(x) - Qf(x)| \\
&= |f(x) - p(x)| + \left|\sum_{j=0}^{N}(p(x_j) - f(x_j))\varphi_j(x)\right| \\
&\leqslant \|f - p\|_\infty \left(1 + \sum_{j=0}^{N} |\varphi_j(x)|\right).
\end{aligned}$$

此时, 我们需要考虑两个关键问题:

1. 多项式 $p(x)$ 对被逼近函数 $f(x)$ 的逼近误差;
2. 基函数绝对值和 $\sum_{j=0}^{N} |\varphi_j(x)|$ 的上界.

第一个问题可由 Taylor 多项式展开定理得到误差估计 $\|f-p\|_\infty \leqslant h^l|f^{(l+1)}|$, 对任意 $l+1$ 阶导数存在且有界的函数 $f$ 均成立. 因此, 如果基函数满足 $\sum_{j=0}^{N} |\varphi_j| \leqslant C$, 那么拟插值的误差估计为

$$|f(x) - Qf(x)| \leqslant Ch^l|f^{(l+1)}|.$$

为此, 拟插值格式构造的关键核心问题转化为如何构造恰当的基函数使其不仅具有较高阶多项式再生性, 而且还要使 $\sum\limits_{j=0}^{N}|\varphi_j(x)|$ 一致有上界.

Buhmann 和 Jäger 在专著 [24] 中详细介绍了如何利用满足一定条件的生成子 (如样条函数的生成子、径向基函数的生成子) 的平移的线性组合构造具有高阶局部多项式再生性的核函数. 作为例子, 此处介绍如何利用径向基函数的生成子 $\varphi$ 在取样点 $\eta$ ($\eta\in\mathbb{E}$, $\mathbb{E}$ 为取样点集合) 平移的线性组合构造一组函数

$$\psi_\xi(x)=\sum_{\eta\in\mathbb{E}}\mu_{\xi\eta}\varphi(\|x-\eta\|)$$

使得拟插值算子

$$Qf(x)=\sum_{\xi\in\mathbb{E}}f(\xi)\psi_\xi(x)$$

局部再生高阶多项式. 参考 Buhmann 和 Dai[22] 的构造方法, 假设生成子 $\varphi$ 的广义 Fourier 变换 $\hat{\varphi}$ 在零点附近的区域 $B_1(0)$ 内具有如下形式[23]

$$\hat{\varphi}(\omega)=(F(\omega)+\tilde{G}(\omega)\log\|\omega\|)/G(\omega),\quad \omega\in B_1(0).$$

此处, $G$ 是一个偶数次齐次多项式并且除零外再无其他零点 (例如 $G(x)=\|x\|^{-2r_1}$ 或者为模拟各向异性的性质, 令 $G(x)=\|x^{\mathrm{T}}Hx\|^{-2r_1}$, $H$ 为一个正定矩阵), $F$, $\tilde{G}$ 满足一定的光滑性 ($F,\tilde{G}\in C^{r_0}(B_1(0))$) 且 $F(0)\neq 0$,

$$|D^\alpha[F(\eta)-T_0^{r_0}F(\eta)]|=\mathcal{O}(\|\eta\|^{r_0+\tau-|\alpha|})=o(\|\eta\|^{r_0-|\alpha|}),\quad \|\eta\|\to 0,$$

这里 $T_0^{r_0}F$ 为 $F$ 在零处的 $r_0$ 次 Taylor 多项式, $0<\tau\leqslant 1$, $0\leqslant|\alpha|\leqslant r_0+n+2$. 另外, 为了使得最终的核函数具有一定的下降性, 要求 $\hat{\varphi}$ 满足相应的光滑性, 例如存在一个正常数 $M$ 使得

$$\max_{|\alpha|<r_0+d+2}\int_{\mathbb{R}^d/B_{0.25}(0)}|D^\alpha\hat{\varphi}(\omega)|d\omega\leqslant M.$$

令 $P=GQ$, 其中 $Q$ 为函数 $1/(F+\tilde{G}\log\|\cdot\|)$ 在零处展开的 $r_2-1$ 次多项式部分. 对于任意的点对 $\xi,\eta\in\mathbb{E}$, 借助卷积算子构造系数

$$\mu_{\xi\eta}=(\tilde{\psi}_\xi(\cdot)*P(iD_x)\tilde{\psi}_\eta(x))(0),$$

其中 $\{\tilde{\psi}_\xi\}$ 为紧支柱的函数列 (例如样条) 且满足, 对任意次数不超过 $k:=2r_1+r_0+1$ 的多项式 $q$ 均有

$$q=\sum_{\xi\in\mathbb{E}}q(\xi)\tilde{\psi}_\xi.$$

可以证明对于任意满足 $G(D)q=0$ 的多项式 $q$, 系数列 $\{\mu_{\xi\eta}\}$ 具有如下性质[24]

$$\sum_{\eta\in\mathbb{E}}\mu_{\xi\eta}q(\eta)\equiv 0.$$

更重要地, 借助这组系数以及满足如上性质的径向基函数生成子 $\varphi$, 可构造函数组

$$\psi_{\xi}=\sum_{\eta\in\mathbb{E}}\mu_{\xi\eta}\varphi(\|x-\eta\|)$$

使得拟插值

$$Qf(x)=\sum_{\xi\in\mathbb{E}}f(\xi)\psi_{\xi}(x)$$

再生 $\ell:=\min\{r_0+1,2r_1\}$ 次多项式空间. 特别地, Wendland 在其专著 [177] 中介绍了如何借助紧支柱径向基函数 (如 Wendland 函数[176]、吴函数[182]) 的平移构造具有高阶局部多项式再生性的紧支柱函数组, 具体过程如下.

令 $\gamma:[0,+\infty)\to[0,\ 1]$ 且满足 $\gamma(0)=1$, $\gamma(x)=0,x\geqslant 1$, 以及 $\gamma'(0)=\gamma'(1)=0$. 对于每个 $i\in\mathbb{Z}$, 以及 $x\in\bar{\Omega}$, 构造函数

$$\psi_i(x):=\gamma\left(\frac{\|x-\xi_i\|}{\delta}\right)p(\xi_i),$$

此处点集 $\mathcal{E}=\{\xi_i\}_{i\in\mathbb{Z}}\subset\bar{\Omega}\subset\mathbb{R}^d$ 为 $(k,\delta)$-唯一可解点集 (见定义 4.1.1). 而且, 根据里斯表示定理 (Riesz representation theorem), 存在唯一的 $k$ 阶多项式 $p$ 使得函数组 $\{\psi_i(x)\}_{i\in\mathbb{Z}}$ 局部再生 $k$ 阶多项式, 即等式

$$\sum_{j\in\mathbb{Z}}\psi_j(x)q(\xi_j)=q(x)$$

对任何阶数不超过 $k$ 的多项式 $q$ 均成立.

**定义 4.1.1** 称点集 $\mathcal{E}=\{\xi_i\}_{i\in\mathbb{Z}}\subset\bar{\Omega}\subset\mathbb{R}^d$ 是 $(k,\delta)$-唯一可解的, 如果不存在 $x\in\bar{\Omega}$ 以及非零的 $k$ 阶多项式 $p$ 使得 $p(\xi_i)=0$ 对所有满足 $\|\xi_i-x\|\leqslant\delta$ 的点 $\{\xi_i\}_{i\in\mathbb{Z}}$ 均成立.

进一步, 借助函数组 $\{\psi_i(x)\}_{i\in\mathbb{Z}}$ 可构造拟插值

$$Qf(x)=\sum_{j\in\mathbb{Z}}f(\xi_j)\psi_j(x)$$

并推导出如下的误差估计[177].

**定理 4.1.1** 令 $\Omega \subset \mathbb{R}^d$ 为一个有界凸区域, $k$ 为一个正常数, 点集 $\mathcal{E}$ 为 $(k,\delta)$-唯一可解集, 函数组 $\{\psi_i(x)\}_{i\in\mathbb{Z}}$ 如上所构造, $(\mathcal{E},\delta)$ 是一个以常数 $c$ 拟均匀的点集 (见定义4.1.2). 则对于任意 $f \in \mathcal{C}^k(\Omega)$ 且 $\|f^{(k)}\|_\infty < +\infty$, 都有 $\|f - Qf\|_\infty \leqslant C\delta^k\|f^{(k)}\|_\infty$.

**定义 4.1.2** 令 $q_{\mathcal{E}}$ 为点集 $\mathcal{E}$ 的分离距离, 即

$$q_{\mathcal{E}} := 0.5 \min_{i,j\in\mathbb{Z}, i\neq j} \|\xi_i - \xi_j\|.$$

如果存在一个正常数 $c$ 使得 $\delta \leqslant cq_{\mathcal{E}}$, 则称 $(\mathcal{E},\delta)$ 是一个以常数 $c$ 拟均匀的点集.

当采样点等距地分布在整个实空间 $\mathbb{R}^d$ 中时, 甚至还可以通过对一个满足某种性质的核函数 $\Psi$ 进行平移、伸缩构造一组函数, 进而利用这组函数及采样数据 $\{(jh, f(jh))\}_{j\in\mathbb{Z}^d}$ 构造 Schoenberg 拟插值[148]

$$Q_s f(x) = \sum_{j\in\mathbb{Z}^d} f(jh)\Psi\left(\frac{x}{h} - j\right), \quad x \in \mathbb{R}^d.$$

更重要地, 此时函数组的 (局部) 多项式再生性转化成核函数 $\Psi$ 的多项式再生性.

**定义 4.1.3** 称核函数 $\Psi(x)$ 具有 $l$ 阶多项式再生性, 如果对于任意的 $0 \leqslant |\alpha| \leqslant l-1$, 都有

$$\sum_{j\in\mathbb{Z}^d} V_\alpha(jh)\Psi\left(\frac{x}{h} - j\right) = V_\alpha(x).$$

此处, $V_\alpha(x) = x^\alpha/\alpha!$, $\alpha$ 为多重指标.

而且, 如果核函数 $\Psi$ 具有 $l$ 阶多项式再生性, 则对应的 Schoenberg 拟插值格式的逼近阶为 $l$[104, 202].

**定理 4.1.2** 令 $f(x) \in \mathcal{C}^l(\mathbb{R}^d)$ 且 $\|f^{(l)}\|_\infty < +\infty$, 核函数 $\Psi(x)$ 具有 $l$ 阶多项式再生性, 则 Schoenberg 拟插值 $Q_s f$ 的误差估计为

$$\|Q_s f - f\|_\infty \leqslant \mathcal{O}(h^l).$$

**证明** 由于 $f(x) \in \mathcal{C}^l(\mathbb{R}^d)$, 则其以 $x$ 为中心的 $l$ 阶 Taylor 多项式为

$$T_l(y) = \sum_{|\alpha|=0}^{l-1} (D^\alpha f)(x) V_\alpha(y - x),$$

其中 $(D^\alpha f)(x)$ 为 $f$ 在点 $x$ 处的 $|\alpha|$ 阶偏导数.

进一步, 令 $r(y)$ 为 Taylor 余项: $r(y) = f(y) - T_l(y)$, 则有

$$\sum_{j\in\mathbb{Z}^d} f(jh)\Psi(x/h - j) = \sum_{j\in\mathbb{Z}^d} T_l(jh)\Psi(x/h - j) + \sum_{j\in\mathbb{Z}^d} r_l(jh)\Psi(x/h - j).$$

从而

$$
\begin{aligned}
|Q_s f(x) - f(x)| \leqslant & \left| \sum_{j \in \mathbb{Z}^d} T_l(jh)\Psi(x/h - j) - T_l(x) \right| \\
& + \left| \sum_{j \in \mathbb{Z}^d} r_l(jh)\Psi(x/h - j) - r(x) \right|.
\end{aligned}
$$

由于 $\Psi(x)$ 具有 $l$ 阶多项式再生性, 从而可得

$$
\sum_{j \in \mathbb{Z}^d} T_l(jh)\Psi(x/h - j) - T_l(x) = 0.
$$

注意到 $r(x) = 0$, 故而有不等式

$$
\begin{aligned}
|Q_s f(x) - f(x)| & \leqslant h^l \|f^{(l)}\|_\infty \left| \sum_{j \in \mathbb{Z}^d} (jh - x)^l / l! \Psi(x/h - j) \right| \\
& = \mathcal{O}(h^l).
\end{aligned}
$$

□

**注释 4.1.1** 实际应用中, 最常用的核函数 $\Psi$ 是 B-样条、张量积 B-样条或者是某个条件正定的径向基函数 (例如 MQ 函数、薄板样条等) 有限个平移的线性组合 (详细介绍可参看 Buhmann 和 Jäger 专著 [24]). 用 B-样条来表示曲线曲面以及香农采样定理中用函数 $\sin c(x) = \sin(x)/x$ 来重构频谱有限的函数, 都可以看成 Schoenberg 拟插值格式的两个重要应用. 另外, Schoenberg 拟插值格式还被广泛地应用到信号分析和电路模拟等领域. 它形式简单、易于存储 (计算机只需要存这个核函数, 其他的基函数可以通过对它做最基本的加减、乘除运算即可). 有关更多的 Schoenberg 拟插值格式的介绍, 感兴趣的读者可以参看文献 [141].

### 4.1.2 基于 Strang-Fix 条件

多项式再生性从空间域上刻画核函数 $\Psi$ 的性质, 许多专家还从频率域上刻画 $\Psi$ 并提出了与多项式再生性等价的 Strang-Fix 条件[96]. 首先介绍 Fourier 变换的定义和一些性质[162].

给定一个函数 $f(x) \in L^1(\mathbb{R}^d)$, 它的 Fourier 变换 $\hat{f}(\omega)$ 定义为

$$
\hat{f}(\omega) = \int_{\mathbb{R}^d} f(x) e^{-ix\cdot\omega} dx.
$$

进一步, 如果 $f(x) \in L^1(\mathbb{R}^d)$ 且 $\hat{f}(\omega) \in L^1(\mathbb{R}^d)$, 则这个变换是可逆的, 而且有

$$f(x) = \int_{\mathbb{R}^d} \hat{f}(\omega) e^{ix\cdot\omega} d\omega.$$

Fourier 变换有以下性质:

1. $\widehat{f(y)}(\omega) = e^{-ih\omega}\hat{f}(\omega)$, $y = x - h$;
2. $h^d \widehat{f(x/h)}(\omega) = \hat{f}(\omega/h)$;
3. $\widehat{f^{(k)}(x)}(\omega) = (-i\omega)^k \hat{f}(\omega)$, $f^{(k)}(x)$ 为 $f(x)$ 的 $k$ 阶导数.

有关 Fourier 变换的更多介绍, 感兴趣的读者可以参看 Stein 和 Weiss 的专著[162].

下面, 我们从讨论 Schoenberg 拟插值格式收敛性问题入手引出 Strang-Fix 条件[202]. 为讨论方便, 只考虑一元 $L^2$ 范数的情形, 对于多元网格数据问题, 可以用张量积的方法类似得到.

首先, 把误差用 Fourier 积分表示得到

$$\|Q_s f(x) - f(x)\| = \left\| \int e^{ix\omega} \left( \sum e^{i(jh-x)\omega} \Psi\left(\frac{x}{h} - j\right) - 1 \right) \hat{f}(\omega) d\omega \right\|.$$

函数

$$I_h(x,\omega) = \sum e^{i(jh-x)\omega} \Psi\left(\frac{x}{h} - j\right) - 1$$

是一个关于 $x$ 的周期函数 (周期为 $h$), 其 Fourier 级数为

$$I_h(x,\omega) = \sum a_j e^{2ij\pi x/h},$$

此处 Fourier 系数

$$\begin{aligned}
a_j(\omega) &= h^{-1} \int_0^h I_h(x,\omega) e^{-2ij\pi x/h} dx \\
&= h^{-1} \int_0^h \left( \sum_k e^{i(kh-x)\omega} \Psi\left(\frac{x}{h} - k\right) \right) e^{-2ij\pi x/h} dx \\
&= h^{-1} \int_{-\infty}^{\infty} \Psi\left(\frac{x}{h}\right) e^{-ix\omega - 2ij\pi x/h} dx \\
&= \hat{\Psi}(2j\pi + h\omega), \quad j \neq 0,
\end{aligned}$$

以及

$$a_0(\omega) = \hat{\Psi}(h\omega) - 1.$$

由 Fourier 级数的性质, 函数 $I_h(x,\omega)$ 的 $L^\infty$ 范数与 Fourier 展开系数的 $L^1$ 范数 $\sum|a_j(\omega)|$ 等价. 这样得到了拟插值的误差估计式

$$\|Q_sf(x)-f(x)\|=\left\|\int e^{ix\omega}\left[\sum\hat{\Psi}(2j\pi+h\omega)e^{2ij\pi x/h}-1\right]\hat{f}(\omega)d\omega\right\|.$$

进一步, 利用 $I_h(x,t)$ 的 Fourier 级数展开式得到

$$\begin{aligned}\|Q_sf(x)-f(x)\|&\leqslant\int|I_h(x,\omega)||\hat{f}(\omega)|d\omega\\&\leqslant\int\|I_h(x,\omega)\|_\infty|\hat{f}(t)|d\omega\\&\equiv\int\left(\sum_{j\neq0}|\hat{\Psi}(2j\pi+h\omega)|+|\hat{\Psi}(h\omega)-1|\right)|\hat{f}(\omega)|d\omega.\end{aligned}$$

为此, 得到 Strang-Fix 条件的定义[61].

**定义 4.1.4** 称函数 $\Psi$ 满足 $l$ 阶 (完全的) Strang-Fix 条件, 如果

$$\begin{cases}\hat{\Psi}(\omega)=1+\mathcal{O}(\omega^l), & \omega\to0,\\ \hat{\Psi}(2j\pi+\omega)=\mathcal{O}(\omega^l), & \omega\to0.\end{cases}$$

这里在零点附近 $\hat{\Psi}(\omega)=1+\mathcal{O}(\omega^l)$ 不是必要的. 只要 $\hat{\Psi}$ 在零点不为零, 那么就可以重新构造 (用它的平移的线性组合) $\Psi$, 使得它满足 $l$ 阶 (完全的) Strang-Fix 条件[147]. 这个问题将在后面的内容中给出详细的讨论.

从上面 Strang-Fix 条件的引入, 可以得到 Strang-Fix 条件与 Schoenberg 拟插值格式收敛阶的关系.

**定理 4.1.3** 如果核函数 $\Psi$ 满足 $l$ 阶 (完全的) Strang-Fix 条件, 那么当 $\int\omega^l\hat{f}(\omega)d\omega$ 积分存在时, 有误差估计

$$\|Q_sf-f\|_2<\mathcal{O}(h^l),$$

反之, 如果对任何满足积分 $\int\omega^l\hat{f}(\omega)d\omega$ 有限的可积函数 $f$, 都有

$$\|Q_sf-f\|_2<\mathcal{O}(h^l),$$

那么函数 $\Psi$ 满足 $l$ 阶 (完全的) Strang-Fix 条件.

**证明**　对任何满足条件的 $f$, 不等式

$$\|Q_s f - f\|_2 < \mathcal{O}(h^l)$$

与

$$|\hat{\Psi}(h\omega) - 1| + \sum_{j\neq 0} |\hat{\Psi}(2j\pi + h\omega)| < \mathcal{O}(h\omega)^l$$

等价. 分析和式中的每一项得到上式与 $l$ 阶 (完全的) Strang-Fix 条件等价. □

$l$ 阶 (完全的) Strang-Fix 条件要求核函数的 Fourier 变换在零点和 $2j\pi$ 点处的零点的重数相同. 对于许多函数, 往往满足 $l$ 阶 (不完全的) Strang-Fix 条件

$$\begin{cases} \hat{\Psi}(\omega) = 1 + \mathcal{O}(\omega^l), & \omega \to 0, \\ \hat{\Psi}(2j\pi + \omega) = \mathcal{O}(\omega^k), & \omega \to 0,\ l < k. \end{cases}$$

此时, 可以利用核函数 $\Psi$ 有限个平移的线性组合来构造新的核函数 $\Psi$, 使其满足 $k$ 阶 (完全的) Strang-Fix 条件[147]. 只要 $\hat{\Psi}$ 在零点不为零且满足一定的光滑性 (不妨假设 $\hat{\Psi} \in \mathcal{C}^k$) 以及 $\hat{\Psi}(2j\pi + \omega) = \mathcal{O}(\omega^k)$, $\omega \to 0$, $l < k$, 那么就可以利用 $\Psi$ 的有限个平移的线性组合构造一个新函数 (不妨仍记为 $\Psi$) 使其满足 $k$ 阶 (完全的) Strang-Fix 条件. 基本思想如下[202].

由于 $\hat{\Psi}$ 在零点不为零且在零点附近至少 $l$ 阶连续, 所以有 Taylor 多项式 $p$ 满足 $p(0) \neq 0$ 及 $\hat{\Psi}(\omega) = p(\omega) + \mathcal{O}(\omega^k)$. 进一步, 如果 $\Psi$ 是径向函数, 那么 $p$ 是对称多项式. 令多项式 $q(\omega)$ 是 $1/p(\omega)$ 在零点的 $k$ 阶 Taylor 展式, 那么 $q(\omega)\hat{\Psi}(\omega) = 1 + \mathcal{O}(\omega^k)$. 由于 $q(\omega)$ 也是对称函数, 在零点附近可以用三角多项式 $r(e^{i\omega})$ 逼近, 即

$$r(e^{i\omega}) = q(\omega) + \mathcal{O}(\omega^k).$$

这意味着存在三角多项式 $r(e^{i\omega})$, 使得 $r(e^{i\omega})\hat{\Psi}(\omega) = 1 + \mathcal{O}(\omega^k)$. 根据 Fourier 变换的性质, 存在 $\Psi(x)$ 的 $k$ 个平移的线性组合, 使得它的 Fourier 变换是 $r(e^{i\omega})\hat{\Psi}(\omega)$. 特别地, 令 $r(e^{i\omega}) = \sum c_j e^{ij\omega}$, 那么 $\Psi(x) = \sum c_j \Psi(x+j)$ 满足 $k$ 阶 (完全的) Strang-Fix 条件.

作为特例, 如果函数 $\phi(x)$ 的 Fourier 变换 (这里是指广义的) $\hat{\phi}(\omega) = 1/\omega^k$, 那么可以构造如下的对称的核函数 $\psi(x)$ 使其满足 $v+1$ (其中, $v \leqslant k$) 阶 (完全的) Strang-Fix 条件:

$$\psi(x) = \frac{1}{2}\sum_{-k}^{v} c_\alpha(\phi(x-\alpha) + \phi(x+\alpha)),$$

其中, 系数 $\{c_\alpha\}$ 满足方程组

$$\sum_{-k}^{v} c_\alpha \alpha^\beta = 0, \quad \beta = 0, \cdots, v,$$

$$\sum_{-k}^{v} c_\alpha \alpha^k = (-1)^k k!,$$

$$\sum_{-k}^{v} c_\alpha \alpha^\beta = 0, \quad \beta = k+1, \cdots, k+v.$$

由于这里矩阵

$$A = (\alpha^\beta)_{-k \leqslant \alpha \leqslant k-1,\ 0 \leqslant \beta \leqslant k+v}$$

是范德蒙德矩阵, 从而其逆矩阵存在. 求解此方程组可以得到

$$(c_{-k}, \ \cdots, \ c_v)^{\mathrm{T}} = A^{-1}(0, \ \cdots, \ 0, \ (-1)^k k!, \ 0, \ \cdots, \ 0)^{\mathrm{T}}. \tag{4.1.1}$$

进一步, 还可以得出 Strang-Fix 条件与多项式再生性之间的关系[104, 202].

**定理 4.1.4** 如果 $\Psi(x)$ 满足 $l$ 阶 (完全的) Strang-Fix 条件且 $\hat{\Psi} \in \mathcal{C}^l(\mathbb{R}^d)$, 那么, 以 $\Psi(x)$ 为核函数的 Schoenberg 拟插值格式能够再生任何一个阶数不超过 $l$ 的多项式. 确切地说, 对于任意一组采自于一个阶数不超过 $l$ 的多项式 $f(x)$ 的数据 $\{f(jh)\}$, 都有

$$\sum f(jh)\Psi\left(\frac{x}{h} - j\right) = f(x).$$

**证明** 由于单项式 $x^k$, $k \leqslant l-1$ 是阶数不超过 $l$ 的多项式空间的一组基函数, 因此, 只需要证明拟插值再生这些基函数, 即

$$\sum (jh)^k \Psi\left(\frac{x}{h} - j\right) = x^k, \quad \forall k \leqslant l-1.$$

令 $y = x/h$, 转化为证明

$$\sum j^k \Psi(y-j) = y^k, \quad \forall k \leqslant l.$$

因为 $\hat{\Psi}$ 是 $l$ 次连续可微函数, 所以 $\Psi$ 有超过 $l+1$ 阶的下降速度, 从而这个和式是有意义的. 由上面的讨论可见, $\sum \Psi(y-j)$ 是一个周期为 1 的周期函数, 它有 Fourier 级数表示

$$\sum \Psi(y-j) = \sum a_j e^{2\pi i j y}.$$

计算 Fourier 级数的系数, 并且注意 Strang-Fix 条件得到

$$\begin{aligned} a_j &= \int_0^1 \sum_k \Psi(y-k)e^{-2\pi ijy}dy \\ &= \int_{-\infty}^{\infty} \Psi(y)e^{-2\pi ijy}dy = \hat{\Psi}(2\pi j) = \delta_{0j}. \end{aligned}$$

所以 $\sum \Psi(y-j) = 1$. 一般地, 利用 Fourier 积分表示函数 $\Psi$ 得到

$$\sum j^k \Psi(x-j) = \sum_j j^k \int_{-\infty}^{\infty} e^{i(x-j)\omega}\hat{\Psi}(\omega)d\omega,$$

利用分部积分法得到

$$\begin{aligned} \sum_j j^k \Psi(x-j) &= \sum_j \int_{-\infty}^{\infty} (-i)^k e^{-ij\omega}(e^{ix\omega}\hat{\Psi}(\omega))^{(k)}d\omega \\ &= \sum_j \int_{-\infty}^{\infty} (-i)^k \left( \sum_{n=0}^{k} \binom{k}{n} (ix)^n e^{i(x-j)\omega}\hat{\Psi}^{(k-n)}(\omega) \right) d\omega \\ &= \sum_{n=0}^{k} \binom{k}{n} (ix)^n \sum_j \int_{-\infty}^{\infty} (-i)^k e^{i(x-j)\omega}\hat{\Psi}^{(k-n)}(\omega)d\omega \\ &= \sum_{n=0}^{k} \binom{k}{n} (ix)^n I_{kn}(x). \end{aligned}$$

其中

$$I_{kn}(x) = \sum_j \int_{-\infty}^{\infty} (-i)^k e^{i(x-j)\omega}\hat{\Psi}^{(k-n)}(\omega)d\omega$$

是关于 $x$ 的周期函数, 并且有 Fourier 级数展开式

$$I_{kn}(x) = (-i)^k \sum \hat{\Psi}^{(k-n)}(2\pi j)e^{2\pi ijx} = (-i)^k \delta_{kn},$$

从而

$$\sum_j j^k \Psi(x-j) = x^k. \qquad \square$$

因此, $\Psi$ 满足 $l$ 阶 (完全的) Strang-Fix 条件当且仅当以其为核函数的 Schoenberg 拟插值格式能够再生 $l$ 阶多项式. 也就是说对于 Schoenberg 拟插值格式, 核函数的多项式再生性与 Strang-Fix 条件是等价的, 它们分别从空间域和频率域两个角度刻画核函数 $\Psi$.

### 4.1.3 基于广义 Strang-Fix 条件

Strang-Fix 条件完全确定了 Schoenberg 拟插值的误差估计. 然而, Strang-Fix 条件排除了很多被广泛应用于拟插值的函数如高斯函数. 更重要地, 文献 [183] 指出, 当空间维数大于 1 时, 不存在紧支柱径向函数满足 Strang-Fix 条件. 另外, 还有很多被广泛应用的拟插值格式虽然不具有多项式再生性 (Strang-Fix 条件), 却仍能提供很好的逼近精度 (例如基于高斯函数的拟插值[22]、三角 B-样条拟插值[111]、Multiquadric 三角 B-样条拟插值[75,76] 等). 而且, Strang-Fix 条件很难推广到多元散乱点的情形. 为此, 文献 [188] 对 Strang-Fix 条件进行推广, 提出广义 Strang-Fix 条件.

**定义 4.1.5** 称核函数 $\Psi$ 满足 $l$ 阶广义 Strang-Fix 条件如果

$$\hat{\Psi}(\omega) - 1 = \mathcal{O}(\omega^l), \quad \omega \to 0.$$

广义 Strang-Fix 条件只需要 Strang-Fix 条件的第一部分, 它比 Strang-Fix 条件更弱且更容易满足. 特别地, 对于任意一个满足 $\hat{\Psi}(0) \neq 0$ 的函数 $\Psi$, 均可构造一个核函数 $\Psi/\hat{\Psi}(0)$ 使其满足广义 Strang-Fix 条件. 进一步, 如果函数 $\Psi$ 还有一定的下降速度, 还可以构造一个满足更高阶广义 Strang-Fix 条件的核函数.

我们知道 Strang-Fix 条件与多项式再生性等价, 它们分别在频率域内和空间域内刻画拟插值的核函数. 由于广义 Strang-Fix 条件只需要 Strang-Fix 条件的第一部分, 此时核函数不再具有多项式再生性. 然而, 可以证明满足广义 Strang-Fix 条件的核函数在空间域内具有在卷积意义下的多项式再生性[36,37,77].

**定理 4.1.5** 令 $\Psi$ 为 $d$ 元函数, 则称 $\Psi$ 满足 $l$ 阶广义 Strang-Fix 条件当且仅当 $\Psi$ 在卷积意义下再生 $l$ 阶多项式, 即

$$V_\alpha * \Psi(x) = \int_{\mathbb{R}^d} V_\alpha(t)\Psi(x-t)dt = V_\alpha(x), \quad 0 \leqslant |\alpha| \leqslant l-1.$$

此处, $V_\alpha(x) = x^\alpha/\alpha!$ 为单项式, $\alpha$ 为多重指标.

**证明** 首先证明充分性. 由于 $\Psi$ 满足 $l$ 阶广义 Strang-Fix 条件, 从而有

$$\hat{\Psi}(0) = 1, \quad \hat{\Psi}^{(i)}(0) = 0, \quad i = 1, 2, \cdots, l-1.$$

进一步, 根据 Fourier 变换的性质, $\Psi$ 在时域内满足 $l$ 阶矩条件 ([119, 120])

$$\int_{\mathbb{R}^d} \Psi(x)dx = 1, \quad \int_{\mathbb{R}^d} V_\alpha(x)\Psi(x)dx = 0, \quad 1 \leqslant |\alpha| \leqslant l-1.$$

另一方面, 根据卷积的定义有

$$V_\alpha * \Psi(x) = \int_{\mathbb{R}^d} \frac{t^\alpha}{\alpha!}\Psi(x-t)dt$$

$$= \int_{\mathbb{R}^d} \frac{(y+x)^\alpha}{\alpha!} \Psi(y) dy$$

$$= \frac{x^\alpha}{\alpha!} \int_{\mathbb{R}^d} \Psi(y) dy + \sum_{i=1}^{\alpha} \frac{x^{\alpha-i}}{i!(\alpha-i)!} \int_{\mathbb{R}^d} y^i \Psi(y) dy.$$

从而根据矩条件可得

$$V_\alpha * \Psi(x) = V_\alpha(x).$$

最后, 由于上面每个过程都是可逆的, 必要性得证. □

通过以上分析可发现, 广义 Strang-Fix 条件、矩条件、卷积意义下的多项式再生性这三者彼此互相等价[77]. 更确切地说, 广义 Strang-Fix 条件是在频率域内刻画核函数, 而矩条件、卷积意义下的多项式再生性则是在空间域内刻画核函数. 矩条件在统计中经常碰到, 而卷积意义下的多项式再生性则经常在函数逼近论中出现. 广义 Strang-Fix 条件则把两个不同领域的知识结合起来.

一般来说, 构造具有高阶广义 Strang-Fix 条件的核函数有三种方法: 平移法、求导法、伸缩法. 由于平移法在上面构造满足高阶 Strang-Fix 条件的核函数中已经介绍, 这里只介绍求导法和伸缩法.

#### 4.1.3.1　求导法

这种方法由 Maz'ya 和 Schmidt[120] 提出. 给定一个满足特定条件的函数 $\Phi$, 通过利用其有限个导数的线性组合构造一个满足高阶矩条件的核函数 $\Psi$. 另外, 由于矩条件和广义 Strang-Fix 条件彼此等价, 这种方法构造的满足高阶矩条件的核函数在频率域内也满足高阶广义 Strang-Fix 条件.

**定理 4.1.6**　令 $\Phi(x) \in \mathcal{C}^l(\mathbb{R}^d)$ 且 $\hat{\Phi}(0) \neq 0$, $|\hat{\Phi}(\omega)| \leqslant o(1+|\omega|)^{-l-d}$ 以及 $\int_{\mathbb{R}^d} |x^l||\partial^\alpha \Phi(x)| dx < +\infty$, $0 \leqslant \alpha \leqslant l-1$. 则可构造核函数

$$\Psi(x) = \sum_{|\alpha|=0}^{l-1} \frac{\partial^\alpha (1/\hat{\Phi})(0)}{\alpha!(2\pi i)^{|\alpha|}} \partial^\alpha \Phi(x)$$

使其满足 $l$ 阶矩条件

$$\int_{\mathbb{R}^d} \Psi(x) dx = 1, \quad \int_{\mathbb{R}^d} x^\alpha \Psi(x) dx = 0, \quad 0 < \alpha < l.$$

**证明**　记 $P_l(\omega)$ 为 $1/\hat{\Phi}(\omega)$ 在零点的 $l$ 阶 Taylor 多项式

$$P_l(\omega) = \sum_{|\alpha|=0}^{l-1} \partial^\alpha (1/\hat{\Phi})(0) \frac{\omega^\alpha}{\alpha!}.$$

利用 Fourier 变换性质有

$$P_l(\omega)\hat{\Phi}(\omega) = \mathfrak{F}\left(\sum_{|\alpha|=0}^{l-1} \partial^\alpha(1/\hat{\Phi})(0)\frac{1}{\alpha!}\left(\frac{1}{2\pi i}\right)^{|\alpha|}\partial^\alpha \Phi(x)\right)(\omega),$$

这里 $\mathfrak{F}$ 表示 Fourier 变换. 对上面公式两边同时取 Fourier 逆变换 $\mathfrak{F}^{-1}$ 可得

$$\Psi(x) = \mathfrak{F}^{-1}\Big(P_l(\omega)\hat{\Phi}(\omega)\Big)(x) = \sum_{|\alpha|=0}^{l-1} \frac{\partial^\alpha(1/\hat{\Phi})(0)}{\alpha!(2\pi i)^{|\alpha|}}\partial^\alpha \Phi(x).$$

下面证明 $\Psi(x)$ 满足 $l$ 阶矩条件.

由于

$$\partial^\alpha\Big(P_l(\omega)\hat{\Phi}(\omega)\Big)\Big|_{\omega=0} = \partial^\beta\left(\frac{1}{\hat{\Phi}(\omega)}\hat{\Phi}(\omega)\right)\Big|_{\omega=0} = \delta_{|\alpha|0}, \quad 0 \leqslant |\alpha| \leqslant l-1,$$

利用 Fourier 变换性质, 在空间域上, 上述公式对应于 $l$ 阶矩条件

$$\int_{\mathbb{R}^d} \Psi(x)dx = 1, \quad \int_{\mathbb{R}^d} x^\alpha \Psi(x)dx = 0, \quad 0 < |\alpha| \leqslant l-1. \qquad \square$$

特别地, 当 $\Phi$ 为径向函数 ($\Phi(x) = \varphi(\|x\|)$, $\varphi : [0,\ +\infty) \to \mathbb{R}$) 时, 对应的矩条件为

$$\hat{\Psi}(0) = 1, \quad \Delta^i\hat{\Psi}(0) = 0, \quad 1 \leqslant i \leqslant l-1,$$

这里 $\Delta$ 为拉普拉斯微分算子, $\Delta = \sum\limits_{i=0}^{d} \partial^2/\partial x_i^2$. 对应的核函数 $\Psi(x)$ 也为径向函数且表达式为

$$\Psi(x) = \Gamma(d/2)\sum_{j=0}^{M-1} \frac{(-1)^j\Delta^j(1/\hat{\Phi})(0)}{j!(4\pi)^{2j}\Gamma(j+n/2)}\Delta^j\Phi(x),$$

其中 $l = 2M$, $\Gamma$ 为 Gramma 函数.

求导方法本质是对 $\hat{\Phi}$ 分别乘以 $1/\hat{\Phi}$ 在零点的 Taylor 展开多项式, 使得核函数 $\Psi$ 的 Fourier 变换 $\hat{\Psi}$ 在零点满足高阶广义 Strang-Fix 条件. 可是, 这种方法需要计算 $\hat{\Phi}$, 很多情况下往往很难显式给出. 为此, 针对径向函数, Gao 和 Wu[77] 提出一种不需要计算 Fourier 变换就能给出径向核函数 $\Psi$ 显式表达式的构造方法[77].

首先介绍径向函数的一些预备知识.

令 $\Phi$ 为一个 $d$ 元径向函数且有 $f$-型: $\Phi(x)=\varphi(r)=f(r^2/2)$, $r=||x||$. 如果 $\Phi$ 的 Fourier 变换存在, 则对应的 Fourier 变换也是径向函数. 因此, 其 Fourier 变换及逆变换可以对称地定义如下[162]:

$$\hat{\Phi}(\omega)=\int_{\mathbb{R}^d}\varphi(||x||)e^{-2\pi i x^{\mathrm{T}}\omega}dx:=\mathfrak{F}_d(\varphi)(||\omega||),$$

$$\check{\Phi}(x)=\int_{\mathbb{R}^d}\mathfrak{F}_d(\varphi)(||\omega||)e^{2\pi i x^{\mathrm{T}}\omega}d\omega:=\mathfrak{F}_d^{-1}(\mathfrak{F}_d(\varphi))(||x||),$$

此处 T 表示向量的转置. 进一步, 令第一类 Bessel 函数为

$$J_v=\left(\frac{z}{2}\right)^v\sum_{k=0}^{+\infty}\frac{(-z^2/4)^k}{k!\Gamma(k+v+1)},$$

则 Fourier 变换可以写成径向形式

$$\begin{aligned}\hat{\Phi}(\omega)=\mathfrak{F}_d(\varphi)(s)=(2\pi)^{d/2}\int_0^{+\infty}&\varphi(r)r^{d-1}\\&\cdot(2\pi rs)^{-(d-2)/2}J_{(d-2)/2}(2\pi rs)dr,\quad s=||\omega||.\end{aligned}\tag{4.1.2}$$

而且, 当令

$$H_v\left(\frac{z^2}{4}\right)=\left(\frac{z}{2}\right)^{-w}J_v(z),$$

$$\hat{f}_v(s)=(2\pi)^{v+1}A_d^{-1}\int_0^{+\infty}f(t)t^vH_v(ts)dt,\quad s=||\omega||^2/2,$$

则有恒等式 ([146])

$$\hat{\Phi}(\omega)=\hat{f}_v(s).\tag{4.1.3}$$

为给出在不同维数下 Fourier 变换之间的关系式, 引入两个算子[182]

$$D\varphi(r)=-\frac{D\varphi(r)}{r}=-\frac{\varphi'(r)}{r},$$

$$I\varphi(r)=\int_r^{\infty}t\varphi(t)dt,$$

则有

$$D\varphi(r)=-f'\left(\frac{r^2}{2}\right),\quad I\varphi(r)=-\int_r^{\infty}f(t)dt.\tag{4.1.4}$$

进一步, 用算子 $D$ 作用到 $\hat{\Phi}$ 的径向形式 (4.1.2) 有

$$D\mathfrak{F}_d(\varphi)(s) = -(2\pi)^{d/2}\int_0^{+\infty}\varphi(r)r^{d-1}\frac{d\left((2\pi rs)^{-(d-2)/2}J_{(d-2)/2}(2\pi rs)\right)}{sds}dr.$$

另外, 由第一类 Bessel 函数的递推公式

$$(z^{-u}J_u(z))' = -z^{-u}J_{u+1}(z)$$

可得不同维数下径向函数的 Fourier 变换之间的维数游走公式[182]

$$\begin{aligned}D\mathfrak{F}_d(\varphi)(s) &= 2\pi\int_0^{+\infty}\varphi(r)r^d(2\pi)^{d/2}(2\pi rs)^{-d/2}2\pi rJ_{d/2}(2\pi rs)dr\\&= 2\pi\int_0^{+\infty}\varphi(r)r^{d+1}(2\pi)^{(d+2)/2}(2\pi rs)^{-d/2}J_{d/2}(2\pi rs)dr\\&= 2\pi\mathfrak{F}_{d+2}(\varphi)(s).\end{aligned}$$

这个维数游走公式以 2 为游走步长. 而且, 把算子 $I$ 作用到 $\hat{\Phi}$ 的径向形式 (4.1.2) 有

$$\begin{aligned}I\mathfrak{F}_d(\varphi)(t) &= \int_t^{+\infty}s\int_0^{+\infty}\varphi(r)r^{d-1}(2\pi)^{d/2}(2\pi rs)^{-(d-2)/2}J_{(d-2)/2}(2\pi rs)drds\\&= \frac{1}{4\pi^2}\int_0^{+\infty}(2\pi)^{d/2}\varphi(r)r^{d-3}(2\pi rt)^{-(d-4)/2}J_{(d-4)/2}(2\pi rt)dr.\end{aligned}$$

另一方面,

$$\begin{aligned}\mathfrak{F}_dD(\varphi)(t) &= (2\pi)^{d/2}\int_0^{+\infty}\frac{-\varphi(r)}{r}r^{d-1}(2\pi rt)^{-(d-2)/2}J_{(d-2)/2}(2\pi rt)dr\\&= (2\pi)^{d/2}\int_0^{+\infty}\varphi(r)d\left(r^{d-2}(2\pi rt)^{-(d-2)/2}J_{(d-2)/2}(2\pi rt)\right)\\&= (2\pi)^{d/2}\int_0^{+\infty}\varphi(r)r^{d-3}\frac{(2\pi rt)^{-(d-4)/2}}{2\pi rt}((d-2)J_{(d-2)/2}(2\pi rt)\\&\quad-(2\pi rt)J_{(d-2)/2+1}(2\pi rt))dr.\end{aligned}$$

进一步, 根据第一类 Bessel 函数的递推公式

$$zJ_{(d-2)/2-1}(z) = (d-2)J_{(d-2)/2}(z) - zJ_{(d-2)/2+1}(z)$$

可导出

$$\mathfrak{F}_d D(\varphi)(s) = (2\pi)^2 I \mathfrak{F}_d(\varphi)(s). \tag{4.1.5}$$

综上, 得到如下关系式

$$\mathfrak{F}_{d+2k}^{\pm 1}(\varphi)(||\omega||) = (2\pi)^{-k} D^k \mathfrak{F}_d^{\pm 1}(\varphi)(||\omega||), \tag{4.1.6}$$

$$\mathfrak{F}_d^{\pm 1} D^n(\varphi)(||\omega||) = (2\pi)^{2n} I^n \mathfrak{F}_d^{\pm 1}(\varphi)(||\omega||). \tag{4.1.7}$$

这两个公式由 Wu[182] 首次提出并被用于构造紧支柱正定径向函数, 随后很多学者利用它们研究紧支柱正定径向函数的相关理论[146, 176, 188].

利用以上结论, 可构造如下形式的径向函数使其满足高阶广义 Strang-Fix 条件[77].

**定理 4.1.7** 如果一元函数 $f : [0, +\infty) \to \mathbb{R}$ 满足 $f \in \mathcal{C}^p$, $\int_0^{+\infty} t^q f(t)dt < +\infty$, 这里 $p$, $q$ 为给定的正整数, 则对所有满足 $0 \leqslant n \leqslant q-1$ 的非负整数 $n$, 可构造 $(2n+1)$ 元径向函数

$$\Psi_{m,2n+1}(x) = \sum_{i=0}^{m} C_i(m,n) \left(\frac{r^2}{2}\right)^i f^{(i)}\left(\frac{r^2}{2}\right), \quad r = ||x||, \tag{4.1.8}$$

使其满足 $(2m+2$, 当 $m \leqslant k-1$, 或者最 $2k+1$, 当 $m = k)$ 阶广义 Strang-Fix 条件. 此处, $k = \min\{p, q-n\}$,

$$C_i(m,n) = A_{2n}^{-1} \sum_{j=i}^{m} \sum_{l=j}^{m} \frac{C_n^{j-i} C_{2l}^l C_l^j}{4^{l-j} C_{2j}^j i!},$$

$$A_{2n} = S_{2n} \int_0^{+\infty} (2t)^{n-1/2} f(t)dt,$$

$S_{2n}$ 为 $2n$ 维单位球面面积且满足 $S_0 = 2$.

在证明这个定理之前, 先给出三个辅助引理.

**引理 4.1.1** 令 $g(t)$ 为一个一元 $u$ 次多项式,

$$g(t) = \sum_{j=0}^{u} a_j t^j, \quad a_j \in \mathbb{R}, \quad a_u \neq 0.$$

则对每个 $v = 0, 1, 2, \cdots, u$, 存在唯一的一组与系数 $\{a_j\}_{j=0}^u$ 无关的常系数 $c_i = (-1)^i$, $i = 0, 1, 2, \cdots, v$, 使得多项式

$$G_v(t) = \sum_{i=0}^{v} c_i \frac{t^i}{i!} g^{(i)}(t)$$

满足

$$G_v(t) = a_0 + \mathcal{O}(t^{v+1}).$$

**证明** 根据 $g(t)$ 的表达式, 其第 $i$ 阶导数为

$$g^{(i)}(t) = \sum_{j=0}^{k} a_j i! C_j^i t^{j-i}, \quad C_j^i = \frac{j!}{i!(j-i)!}, \quad i = 0, 1, 2, \cdots, v.$$

将它们代入 $G_v(t)$ 表达式并由条件

$$G_v(t) = a_0 + \mathcal{O}(t^{v+1})$$

可得线性方程组

$$\sum_{i=0}^{v} c_i \sum_{j=i}^{v} a_j C_j^i t^j = a_0.$$

写成矩阵形式有

$$(1,\ t,\ t^2,\ \cdots,\ t^v)\begin{pmatrix} a_0 & 0 & 0 & \cdots & 0 \\ 0 & a_1 & 0 & \cdots & 0 \\ 0 & 0 & a_2 & \cdots & 0 \\ \vdots & \vdots & \vdots & & \vdots \\ 0 & 0 & 0 & \cdots & a_v \end{pmatrix}\begin{pmatrix} 1 & 0 & 0 & \cdots & 0 \\ C_1^0 & C_1^1 & 0 & \cdots & 0 \\ C_2^0 & C_2^1 & C_2^2 & \cdots & 0 \\ \vdots & \vdots & \vdots & & \vdots \\ C_v^0 & C_v^1 & C_v^2 & \cdots & C_v^v \end{pmatrix}$$

$$\times\begin{pmatrix} c_0 \\ c_1 \\ \vdots \\ c_{v-1} \\ c_v \end{pmatrix} = (1,\ t,\ t^2,\ \cdots,\ t^v)\begin{pmatrix} a_0 & 0 & 0 & \cdots & 0 \\ 0 & a_1 & 0 & \cdots & 0 \\ 0 & 0 & a_2 & \cdots & 0 \\ \vdots & \vdots & \vdots & & \vdots \\ 0 & 0 & 0 & \cdots & a_v \end{pmatrix}\begin{pmatrix} 1 \\ 0 \\ \vdots \\ 0 \\ 0 \end{pmatrix}.$$

因此, 下面的任务就是求解这个线性方程组

$$\begin{pmatrix} 1 & 0 & 0 & \cdots & 0 \\ C_1^0 & C_1^1 & 0 & \cdots & 0 \\ C_2^0 & C_2^1 & C_2^2 & \cdots & 0 \\ \vdots & \vdots & \vdots & & \vdots \\ C_v^0 & C_v^1 & C_v^2 & \cdots & C_v^v \end{pmatrix}\begin{pmatrix} c_0 \\ c_1 \\ \vdots \\ c_{v-1} \\ c_v \end{pmatrix} = \begin{pmatrix} 1 \\ 0 \\ \vdots \\ 0 \\ 0 \end{pmatrix}.$$

由于线性方程组的系数矩阵中的数字组成一个杨辉三角, 因此, 可以求出

$$c_i = (-1)^i, \quad i = 0, 1, 2, \cdots, v, \quad v = 0, 1, 2, \cdots, u. \qquad \square$$

利用这个引理, 我们可以在频率域内刻画 $(2n+1)$ 元核函数 $\Psi_{m,2n+1}$ 如下.

**引理 4.1.2**　如果 $f$ 满足定理 4.1.7 的条件, 则当 $m \leqslant k$, $n \leqslant q-1$ 时, 由 Fourier 变换

$$\hat{\Psi}_{m,2n+1}(\omega) = \sum_{i=0}^{m} \frac{(-1)^i s^i}{i!} \hat{f}_v^{(i)}(s) \tag{4.1.9}$$

刻画的径向函数 $\Psi_{m,2n+1}$ 满足 ($2m+2$, 当 $0 \leqslant m \leqslant k-1$, 或者 $2k+1$, 当 $m=k$) 阶广义 Strang-Fix 条件, 这里 $s = ||\omega||^2/2$, $v = (2n-1)/2$.

**证明**　令 $\Phi_{2n+1}(x) = A_{2n}^{-1} f(r^2/2)$, $r = ||x||$. 根据 $f$ 的性质可知 $\hat{\Phi}_{2n+1}$ 满足条件: $\hat{\Phi}_{2n+1}(0) = 1$, 以及 $\hat{\Phi}_{2n+1} \in \mathcal{C}^{2k}$. 因此, 在零点对 $\hat{\Phi}_{2n+1}(\omega)$ 进行 Taylor 展开有

$$\hat{\Phi}_{2n+1}(\omega) = \sum_{j=0}^{k} d_j ||\omega||^{2j} + \mathcal{O}(||\omega||^{2k+1}), \quad d_j = \frac{\hat{\Phi}_{2n+1}^{(2j)}(0)}{(2j)!}. \tag{4.1.10}$$

进一步, 利用等式 (4.1.3) 可得

$$\hat{f}_v(s) = \sum_{j=0}^{k} 2^j d_j s^j + \mathcal{O}(||\omega||^{2k+1}).$$

因此, 根据引理 4.1.1, 函数

$$G_{m,v}(s) = \sum_{i=0}^{m} \frac{(-1)^i s^i}{i!} \hat{f}_v^{(i)}(s)$$

满足

$$G_{m,v}(s) = \begin{cases} d_0 + \mathcal{O}(s^{m+1}), & 0 \leqslant m \leqslant k-1, \\ d_0 + \mathcal{O}(||\omega||^{2k+1}), & m = k. \end{cases}$$

最后, 令 $\hat{\Psi}_{m,2n+1}(\omega) = G_{m,v}(s)$, 则引理成立. □

**注释 4.1.2**　这个引理给出 $\Psi_{m,2n+1}$ 在频率域内的刻画. 和文献 [120], [188] 相比, 它不需要计算径向函数 $\hat{\Phi}$ 在零点的 Taylor 展开多项式的系数, 从而成功避免计算多元 Fourier 变换.

**引理 4.1.3**　记 $\varphi(r) = f(r^2/2)$. 则径向核函数 $\Psi_{m,2n+1}$ 可以写成与 $D$, $I$, $\varphi$ 有关的形式

$$\Psi_{m,2n+1}(x) = A_{2n}^{-1} D^n \sum_{i=0}^{m} \frac{(-1)^i}{2^i i!} \left(\frac{d^{2i}}{dr^{2i}}\right) I^{n+i} \varphi(r), \quad r = ||x||. \tag{4.1.11}$$

**证明** 记 $\Phi_{2n+1}(x) = A_{2n}^{-1} f(r^2/2)$, $r = ||x||$. 根据等式 (4.1.4) 有

$$(-1)^i \hat{f}_v^{(i)}(s) = D^i \hat{\Phi}_{2n+1}(\omega) = A_{2n}^{-1} D^i \mathfrak{F}_{2n+1}(\varphi)(||\omega||).$$

因此, 公式 (4.1.15) 可以重新写成

$$\hat{\Psi}_{m,2n+1}(\omega) = A_{2n}^{-1} \sum_{i=0}^{m} \frac{\omega^{2i}}{2^i i!} D^i \mathfrak{F}_{2n+1}(\varphi)(||\omega||).$$

最后, 利用等式 (4.1.6), (4.1.7), 将上式两边同时取 $(2n+1)$ 元 Fourier 逆变换有

$$\begin{aligned}
\Psi_{m,2n+1}(x) &= (2\pi)^{-2n} A_{2n}^{-1} D^n \sum_{i=0}^{m} \mathfrak{F}_1^{-1} \left( \frac{\omega^{2i}}{2^i i!} D^{n+i} \mathfrak{F}_1(\varphi)(||\omega||) \right) (||x||) \\
&= (2\pi)^{-2n} A_{2n}^{-1} D^n \sum_{i=0}^{m} \frac{(-1)^i}{2^i i! (2\pi)^{2i}} \left( \frac{d^{2i}}{dr^{2i}} \right) \mathfrak{F}_1^{-1} \left( D^{n+i} \mathfrak{F}_1(\varphi)(||\omega||) \right) (r) \\
&= A_{2n}^{-1} D^n \sum_{i=0}^{m} \frac{(-1)^i}{2^i i!} \left( \frac{d^{2i}}{dr^{2i}} \right) I^{n+i} \varphi(r).
\end{aligned}$$

□

综合以上引理, 下面给出定理 4.1.7 的证明过程.

**定理 4.1.7 的证明.**

根据等式 (4.1.4), 可得

$$I^{n+i}\varphi(r) = (-1)^{n+i} f^{(-n-i)} \left( \frac{r^2}{2} \right).$$

从而, 公式 (4.1.11) 变为

$$\Psi_{m,2n+1}(x) = A_{2n}^{-1} D^n \sum_{i=0}^{m} \frac{(-1)^n}{2^i i!} \frac{d^{2i}}{dr^{2i}} f^{(-n-i)} \left( \frac{r^2}{2} \right), \quad r = ||x||.$$

进一步, 利用 Faa di Bruno 公式[142] 有

$$\begin{aligned}
\frac{d^{2i}}{dr^{2i}} f^{(-n-i)} \left( \frac{r^2}{2} \right) = &\sum_{j_1, j_2, \cdots, j_{2i}} \frac{(2i)!}{j_1! j_2! \cdots j_{2i}!} f^{(-n-i+\alpha)} \left( \frac{r^2}{2} \right) \left( \frac{d}{dr} \frac{r^2}{2} \right)^{j_1} \\
&\cdot \left( \frac{d^2}{2! dr^2} \frac{r^2}{2} \right)^{j_2} \cdots \left( \frac{d^{2i}}{(2i)! dr^{2i}} \frac{r^2}{2} \right)^{j_{2i}},
\end{aligned}$$

此处 $j_1 + \cdots + j_{2i} = \alpha$, 而且求和是对所有满足

$$j_1 + 2j_2 + \cdots + 2i j_{2i} = 2i$$

的 $j_1,\cdots,j_{2i}$, 进行. 另外, 由于 $D^\beta(r^2/2)=0,\ 3\leqslant\beta$, 从而

$$\frac{d^{2i}}{dr^{2i}}f^{(-n-i)}\left(\frac{r^2}{2}\right)=\sum_{j=0}^{i}\frac{(2i)!2^i}{4^j j!(2i-2j)!}\left(\frac{r^2}{2}\right)^{i-j}f^{(i-j-n)}\left(\frac{r^2}{2}\right).$$

因此, 结合关系式 (4.1.4) 有

$$\Psi_{m,2n+1}(x)=A_{2n}^{-1}\sum_{i=0}^{m}\sum_{j=0}^{i}\frac{(2i)!2^i}{4^j j!(2i-2j)!}\frac{d^n}{dt^n}\left(t^{i-j}f^{(i-j-n)}(t)\right),\quad t=r^2/2. \tag{4.1.12}$$

利用两个函数乘积求高阶导数法则可得

$$\frac{d^n}{dt^n}\left(f^{(i-j-n)}(t)t^{i-j}\right)=\sum_{l=0}^{i-j}C_n^{i-j-l}\frac{(i-j)!}{l!}t^l f^{(l)}(t).$$

最后, 把此等式代入方程 (4.1.12) 可得

$$\Psi_{m,2n+1}(x)=\sum_{i=0}^{m}C_i(m,n)\left(\frac{r^2}{2}\right)^i f^{(i)}\left(\frac{r^2}{2}\right),$$

此处,

$$C_i(m,n)=A_{2n}^{-1}\sum_{j=i}^{m}\sum_{l=j}^{m}\frac{C_n^{j-i}C_{2l}^{l}C_l^{j}}{4^{l-j}C_{2j}^{j}i!}.$$

则定理 4.1.7 得证.

综上, 我们给出一种在奇数维空间中构造满足高阶广义 Strang-Fix 条件的径向核函数方法. 同理, 也可在偶数维空间中构造相应的径向核函数.

$$\Psi_{m,2n+2}(x)=\sum_{i=0}^{m}C_i(m,n)\left(\frac{r^2}{2}\right)^i \bar{f}^{(i)}\left(\frac{r^2}{2}\right),$$

这里

$$C_i(m,n)=A_{2n+1}^{-1}\sum_{j=i}^{m}\sum_{l=j}^{m}\frac{C_n^{j-i}C_{2l}^{l}C_l^{j}}{4^{l-j}C_{2j}^{j}i!},$$

$$\bar{f}(t)=-\int_t^{+\infty}\frac{f'(r)dr}{\Gamma(1/2)\sqrt{r-t}}.$$

此时需要计算一个分数阶导数[146].

**注释 4.1.3** 这种构造方法只需要计算一元函数 $f$ 的高阶导数就可给出核函数的显式表达式. 它不仅避免求解多元函数的 Fourier 变换这个难题, 而且还给出在不同维数下满足不同阶数的广义 Strang-Fix 条件的核函数的一般形式. 另外, 根据公式 (4.1.8), 给定一个正整数 $m$, 对所有满足定理条件的维数 $n$, 此方法只需计算一次 $f$ 的高阶导数 (阶数不超过 $m$).

下面给出几个例子[77].

**例 1 高斯核函数** 令 $\varphi$ 带有形状参数 $\sigma$ 的高斯生成子

$$\varphi(r) = \frac{1}{\sqrt{2\pi}\sigma} e^{-\frac{r^2}{2\sigma^2}}, \quad 0 \leqslant r.$$

其 $f$-型为

$$f(t) = \frac{1}{\sqrt{2\pi}\sigma} e^{-\frac{t}{\sigma^2}}.$$

对应的一阶、二阶导数可分别写成

$$f'(t) = -\sigma^{-2} f(t), \quad f''(t) = \sigma^{-4} f(t).$$

另外, 通过一些简单的计算有

$$A_0 = 1, \quad A_2 = 2\pi\sigma^2, \quad A_4 = (2\pi\sigma)^4.$$

最后, 根据公式 (4.1.11) 可给出 $\Psi_{m,2n+1}$ $(m, n = 0, 1, 2)$ 的形式如表 4.1.

**例 2 逆 MQ 核函数** 令 $\varphi_{2k}$ 为 $2k$ 阶逆 MQ 生成子[18]

$$\varphi_{2k}(r) = (c^2 + r^2)^{-\frac{2k-1}{2}},$$

这里 $c$ 是一个正的形状参数. 另外, 为使表 4.2 中每个核函数都有定义, 假设 $5 \leqslant k$. 对应的 $f$-型为

$$f_{2k}(t) = (c^2 + 2t)^{-\frac{2k-1}{2}},$$

以及其一阶、二阶导数分别为

$$f'_{2k}(t) = (1-2k)(c^2 + 2t)^{-\frac{2k+1}{2}}, \quad f''_{2k}(t) = (4k^2 - 1)(c^2 + 2t)^{-\frac{2k+3}{2}}.$$

而且, 经过一些基本计算可以得到

$$A_0 = \frac{2c^{2-2k}(2k-4)!!}{(2k-3)!!}, \quad A_2 = \frac{2\pi c^{4-2k}(2k-2)!!}{k(2k-1)!!},$$

$$A_4 = \frac{16\pi^4 c^{6-2k}(2k-1)(2k-4)!!}{k(2k+1)!!}.$$

最后, 根据公式 (4.1.11), $\Psi_{m,2n+1}$ 的表达式如表 4.2.

**例 3 紧支柱径向核函数** 取吴函数[182]

$$\varphi(r) = (1-r)_+^7 (5 + 35r + 101r^2 + 147r^3 + 101r^4 + 35r^5 + 5r^6).$$

经计算可得

$$A_0 = \frac{429}{140}, \quad A_2 = \frac{143\pi}{420}, \quad A_4 = \frac{26\pi^4}{189}.$$

表 4.3 为由此径向函数构造的满足不同阶的广义 Strang-Fix 条件的核函数表达式.

**表 4.1　不同维数下满足高阶广义 Strang-Fix 条件的高斯核函数**

| $n$ \ $m$ | 0 (二阶) | 1 (四阶) | 2 (六阶) |
|---|---|---|---|
| 0 | $\Psi_{0,1}(x)=\frac{1}{\sqrt{2\pi}\sigma}e^{-\frac{r^2}{2\sigma^2}}$ | $\Psi_{1,1}(x)=\frac{(3\sigma^2-r^2)}{2\sqrt{2\pi}\sigma^3}e^{-\frac{r^2}{2\sigma^2}}$ | $\Psi_{2,1}(x)=\frac{(15\sigma^4-10r^2\sigma^2+r^4)}{8\sqrt{2\pi}\sigma^5}e^{-\frac{r^2}{2\sigma^2}}$ |
| 1 | $\Psi_{0,3}(x)=\frac{1}{(\sqrt{2\pi}\sigma)^3}e^{-\frac{r^2}{2\sigma^2}}$ | $\Psi_{1,3}(x)=\frac{(5\sigma^2-r^2)}{2(\sqrt{2\pi})^3\sigma^5}e^{-\frac{r^2}{2\sigma^2}}$ | $\Psi_{2,3}(x)=\frac{(35\sigma^4-14r^2\sigma^2+r^4)}{8(\sqrt{2\pi})^3\sigma^7}e^{-\frac{r^2}{2\sigma^2}}$ |
| 2 | $\Psi_{0,5}(x)=\frac{1}{(\sqrt{2\pi})^9\sigma^5}e^{-\frac{r^2}{2\sigma^2}}$ | $\Psi_{1,5}(x)=\frac{(7\sigma^2-r^2)}{2(\sqrt{2\pi})^9\sigma^7}e^{-\frac{r^2}{2\sigma^2}}$ | $\Psi_{2,5}(x)=\frac{(63\sigma^4-18r^2\sigma^2+r^4)}{8(\sqrt{2\pi})^9\sigma^9}e^{-\frac{r^2}{2\sigma^2}}$ |

**表 4.2　不同维数下满足高阶广义 Strang-Fix 条件的逆 MQ 核函数**

| $n$ \ $m$ | 0 (二阶) | 1 (四阶) | 2 (六阶) |
|---|---|---|---|
| 0 | $\Psi_{0,1}(x)=A_0^{-1}\varphi_{2k}(r)$ | $\Psi_{1,1}(x)=\frac{6\varphi_{2k}(r)-(2k+1)r^2\varphi_{2k-2}(r)}{4A_0}$ | $\Psi_{2,1}(x)=\frac{60\varphi_{2k}(r)-20(2k+1)r^2\varphi_{2k-2}(r)+(4k^2-1)r^4\varphi_{2k-4}(r)}{32A_0}$ |
| 1 | $\Psi_{0,3}(x)=A_2^{-1}\varphi_{2k}(r)$ | $\Psi_{1,3}(x)=\frac{10\varphi_{2k}(r)-(2k+1)r^2\varphi_{2k-2}(r)}{4A_2}$ | $\Psi_{2,3}(x)=\frac{140\varphi_{2k}(r)-28(2k+1)r^2\varphi_{2k-2}(r)+(4k^2-1)r^4\varphi_{2k-4}(r)}{32A_2}$ |
| 2 | $\Psi_{0,5}(x)=A_4^{-1}\varphi_{2k}(r)$ | $\Psi_{1,5}(x)=\frac{12\varphi_{2k}(r)-(2k+1)r^2\varphi_{2k-2}(r)}{4A_4}$ | $\Psi_{2,5}(x)=\frac{252\varphi_{2k}(r)-36(2k+1)r^2\varphi_{2k-2}(r)+(4k^2-1)r^4\varphi_{2k-4}(r)}{32A_4}$ |

表 4.3 不同维数下满足高阶广义 Strang-Fix 条件的紧支柱径向核函数

| n \ m | 0 (二阶) | 1 (四阶) |
|---|---|---|
| 0 | $\Psi_{0,1}(x)=A_0^{-1}\varphi(r)$ | $\Psi_{1,1}(x)=\dfrac{70(1-r)_+^6(15+90r+120r^2-330r^3-1204r^4-1134r^5-480r^6-80r^7)}{429}$ |
| 1 | $\Psi_{0,3}(x)=A_2^{-1}\varphi(r)$ | $\Psi_{1,3}(x)=\dfrac{210(1-r)_+^6(5-5r-78r^2-468r^3-1066r^4-836r^5-290r^6-65r^7)}{143\pi}$ |
| 2 | $\Psi_{0,5}(x)=A_4^{-1}\varphi(r)$ | $\Psi_{1,5}(x)=\dfrac{189(1-r)_+^6(35+210r+384r^2-146r^3-1388r^4-1398r^5-600r^6-100r^7)}{52\pi^4}$ |

| n \ m | 2 (六阶) |
|---|---|
| 0 | $\Psi_{2,1}(x)=\dfrac{35(1-r)_+^5(75+375r-240r^2-4200r^3-6216r^4+6720r^5+12864r^6+7200r^7+1440r^8)}{858}$ |
| 1 | $\Psi_{2,3}(x)=\dfrac{105(1-r)_+^5(175+875r+168r^2-6160r^3-10448r^4+6840r^5+15768r^6+9000r^7+1800r^8)}{286\pi}$ |
| 2 | $\Psi_{2,5}(x)=\dfrac{189(1-r)_+^5(315+1575r+864r^2-8280r^3-15416r^4+6800r^5+18960r^6+11000r^7+2200r^8)}{208\pi^4}$ |

#### 4.1.3.2　伸缩方法[80]

这种方法利用径向函数不同伸缩尺度的线性组合构造满足高阶广义 Strang-Fix 条件的核函数. 首先, 给出主要定理.

**定理 4.1.8**　令 $\phi$ 为一个定义在区间 $[0,\ +\infty)$ 上的一元函数且满足: $\phi \in \mathcal{C}^u([0,\ +\infty))$, $\int_0^{+\infty} r^b\phi(r)dr < +\infty$. 此处, $u$ 和 $b$ 为正整数. $f$ 是 $\phi$ 的 $f$-型: $\phi(r) = f(t)$, $t = r^2/2$, $r = \|x\|$. 则对所有满足条件: $1 \leqslant d \leqslant b$ (称为允许条件) 的正整数 $d$, 均可构造一个 $d$ 元多尺度径向核函数

$$\Psi_{d,k}(x) = \psi_{d,k}(\|x\|) = A_d^{-1}\sum_{i=0}^{k} c_i z_i^{-d/2} f(t/z_i), \quad t = \|x\|^2/2, \tag{4.1.13}$$

使其满足 $2k+2$ 阶 (或者最高阶 $2m+1$, 当 $k = m$) 广义 Strang-Fix 条件, 当 $k \leqslant m-1$. 此处, $2m = b+1-d$, $\{z_i\}_{i=0}^k$ 为一些互不相同的尺度参数, $\{C_{i,d}\}_{i=0}^k$ 是一些与维数有关的系数.

在未证明此定理之前, 先给出两个辅助引理.

**引理 4.1.4**　另 $g(t)$ 为一个次数为 $n$ 的一元多项式:

$$g(t) = \sum_{j=0}^{n} a_j t^j, \quad a_j \in \mathbb{R}, \quad a_n \neq 0.$$

则对于每个 $k = 0, 1, 2, \cdots, n$, 存在唯一的一组与系数 $\{a_j\}_{j=0}^n$ 无关的常数 $c_i$, $i = 0, 1, 2, \cdots, k$, 使得多项式

$$h_k(t) = \sum_{i=0}^{k} c_i g(tz_i)$$

满足条件:

$$h_k(t) = a_0 + \mathcal{O}((tz_{\max})^{k+1}).$$

此处, $z_i$, $i = 0, 1, 2, \cdots, k$, 为一些互不相同的实数, $z_{\max} = \max\{z_i\}_{i=0}^k$.

**证明**　根据 $g(t)$ 的定义, 有

$$g(tz_i) = \sum_{j=0}^{n} a_j (tz_i)^j.$$

将其代入 $h_k(t)$ 的表达式, 则根据条件

$$h_k(t) = a_0 + \mathcal{O}((tz_{\max})^{k+1})$$

可以导出如下关于常数 $c_i$, $i = 0, 1, 2, \cdots, k$ 的线性方程组

$$\sum_{j=0}^{k} \left( \sum_{i=0}^{k} c_i z_i^j \right) a_j t^j = a_0.$$

写成矩阵形式为

$$\begin{pmatrix} 1 & 1 & 1 & \cdots & 1 \\ z_1^1 & z_2^1 & z_3^1 & \cdots & z_k^1 \\ z_1^2 & z_2^2 & z_3^2 & \cdots & z_k^2 \\ \vdots & \vdots & \vdots & & \vdots \\ z_1^k & z_2^k & z_3^k & \cdots & z_k^k \end{pmatrix} \begin{pmatrix} c_0 \\ c_1 \\ \vdots \\ c_{k-1} \\ c_k \end{pmatrix} = \begin{pmatrix} 1 \\ 0 \\ \vdots \\ 0 \\ 0 \end{pmatrix}.$$

由于系数矩阵为范德蒙德矩阵, 对不同的 $z_i$, $i = 0, 1, \cdots, k$ 非奇异. 因此, 可以求出唯一的一组系数

$$c_i = \prod_{j=0, j \neq i}^{k} \frac{z_j}{z_j - z_i}, \quad i = 0, 1, \cdots, k. \tag{4.1.14}$$

□

**引理 4.1.5** 令 $\phi$ 满足定理 4.1.8 的条件. 则对于任何 $k \leqslant m$ 以及满足允许条件 $(1 \leqslant d \leqslant b)$ 的维数 $d$, 多尺度径向核函数 $\Psi_{d,k}(x)$ 的 Fourier 变换为

$$\hat{\Psi}_{d,k}(\omega) = A_d^{-1} \sum_{i=0}^{k} c_i \hat{f}_v(sz_i). \tag{4.1.15}$$

**证明** 根据 $\phi$ 满足定理 4.1.8 的条件以及径向函数的 Fourier 变换的性质知: $\hat{\Phi}$ 为径向函数且有 $\hat{\Phi}(0) = 1$, $\hat{\Phi} \in \mathcal{C}^{2m}$. 因此, 对 $\hat{\Phi}(\omega)$ 在零点附近进行 Taylor 展开有

$$\hat{\Phi}(\omega) = \sum_{j=0}^{m} d_j ||\omega||^{2j} + \mathcal{O}(||\omega||^{2m+1}), \quad d_j = \frac{\hat{\Phi}^{(2j)}(0)}{(2j)!}. \tag{4.1.16}$$

而且, 由于 $\hat{\Phi}(\omega)=\hat{f}_v(s)$, $v=(d-2)/2$, 故而有

$$\hat{f}_v(s)=\sum_{j=0}^{m}2^j d_j s^j+\mathcal{O}\left(\|\omega\|^{2m+1}\right).$$

最后, 根据引理 4.1.4, 当 $\omega$ 趋于零时, 函数

$$G_{d,k}(\omega)=\sum_{i=0}^{k}c_i\hat{f}_v(sz_i)$$

满足条件

$$G_{d,k}(\omega)=\begin{cases}A_d+\left(\prod_{i=0}^{k}z_i\right)\dfrac{\hat{\Phi}_d^{(2k+2)}(0)}{(2k+2)!}\omega^{2k+2}+\mathcal{O}\left((\omega\sqrt{z_{\max}})^{2k+4}\right), & 0\leqslant k\leqslant m-2,\\ A_d+\left(\prod_{i=0}^{m-1}z_i\right)\dfrac{\hat{\Phi}_d^{(2m)}(0)}{(2m)!}\omega^{2m}+\mathcal{O}\left((\omega\sqrt{z_{\max}})^{2m+1}\right), & k=m-1,\\ A_d+\mathcal{O}\left((\omega\sqrt{z_{\max}})^{2m+1}\right), & k=m,\end{cases}$$

这里 $z_{\max}=\max\{z\}_{i=0}^{k}$.

进一步, 由于所有的尺度参数都是正数, 右边等式的第二项不为零. 因此, 令 $\hat{\Psi}_{d,k}=A_d^{-1}G_{d,k}$, 则引理成立. □

最后, 对等式 (4.1.15) 两边同时取 $d$ 元 Fourier 逆变换有

$$\Psi_{d,k}(x)=A_d^{-1}\sum_{i=0}^{k}c_i z_i^{-d/2}f(t/z_i).$$

此处, $t=\|x\|^2/2$, $y_i$, $i=0,1,\cdots,k$ 为互不相同的正数. 从而定理 4.1.8 得证.

**注释 4.1.4** (尺度参数的维数无关性)　这种方法不仅给出核函数的显式形式, 而且它只需要计算一个给定的一元函数 $\phi$ 的 $f$-型在不同尺度下的线性组合. 另外, 由于线性组合的系数

$$\prod_{j=0,j\neq i}^{k}\frac{z_j^2}{z_j^2-z_i^2},\quad i=0,1,\cdots,k$$

与维数无关, 因此, 对所有满足允许条件的维数 $d$, 只需要计算一次线性组合的系数.

**注释 4.1.5** (差商形式) 上面构造的多尺度径向核函数 $\Psi_{d,k}(x)$ 可以写成关于尺度变量的差商的线性组合

$$\Psi_{d,k}(x) = \sum_{j=0}^{k} C_{j,d}[z_0, z_1, \cdots, z_j]\left(z^{-d/2} f(t/z)\right), \tag{4.1.17}$$

这里

$$C_{0,d} = A_d^{-1}, \quad C_{j,d} = A_d^{-1}(-1)^j \prod_{l=0}^{j-1} z_l, \quad j = 1, 2, \cdots, k.$$

从而, 包含 [120] 中利用伸缩方法构造满足高阶矩条件的核函数.

**注释 4.1.6** (导数形式) 根据差商形式, 如果所有的尺度参数 $\{z_j\}_{j=0}^k$ 都趋于一个正数 $z$, 那么多尺度径向核函数 $\Psi_{d,k}(x)$ 变为

$$\Psi_{d,k}(x) = A_d^{-1} \sum_{j=0}^{k} \frac{(-z)^j}{j!} \frac{d^j}{dz^j}\left(z^{-d/2} f(t/z)\right).$$

这说明, 上面讨论的利用导数方法构造满足高阶广义 Strang-Fix 条件的径向核函数可以看成是 $z=1$ 的特例.

**注释 4.1.7** (尺度参数个数最小) 由于所有的尺度参数 $\{z_i\}_{i=0}^k$ 都是正的, 根据等式 (4.1.13), 不能通过适当地选取这些尺度参数使得核函数 $\Psi_{d,k}$ 满足更高阶的广义 Strang-Fix 条件. 这说明, 该方法中所需要的尺度参数的个数是最少的. 这也改进了 Cheney 等在逼近论教材 [36] 中所提到的用伸缩方法构造高阶卷积意义下多项式再生性的多尺度径向核函数.

**注释 4.1.8** (递推公式) 特别地, 如果令 $z_0 = 1$, $z_j = z^j$, $j = 1, 2, \cdots, m-1$, 对于某个给定的正数 $z$ 满足 $z \neq 1$, 则可以得到如下的递推公式

$$\Psi_{d,0}(x) = A_d^{-1}\Phi_d(x) = A_d^{-1} f(r^2/2),$$

$$\Psi_{d,k}(x) = \frac{z^{2k}\Psi_{d,k-1}(x) - z^{-d}\Psi_{d,k-1}(x/z)}{z^{2k}-1}, \quad k = 1, 2, \cdots, m-1.$$

这里 $\Psi_{d,k}(x)$ 为满足 $2k+2$ 阶广义 Strang-Fix 条件的径向核函数, 而 $\Psi_{d,k-1}(x)$, $\Psi_{d,k-1}(x/z)$ 则为满足 $2k$ 阶广义 Strang-Fix 条件的径向核函数. 从而给出一种由满足低阶广义 Strang-Fix 条件的径向核函数构造满足高阶广义 Strang-Fix 条件的多尺度径向核函数的快速金字塔算法.

下面给出用伸缩方法构造满足高阶广义 Strang-Fix 条件的多尺度径向核函数的例子.

**例 1 多尺度高斯核函数** 令 $\phi$ 为一元高斯生成子:

$$\phi(r) = \frac{1}{\sqrt{2\pi}\sigma} e^{-\frac{r^2}{2\sigma^2}}, \quad 0 \leqslant r,$$

其中 $\sigma$ 为形状参数. 另外, 通过一些简单计算有

$$A_1 = 1, \quad A_2 = \sqrt{2\pi}\sigma, \quad A_3 = 2\pi\sigma^2.$$

根据公式 (4.1.13), 可以给出 $\Psi_{d,k}$ ($d = 1, 2, 3,\ k = 0, 1, 2$) 的表达式如表 4.4.

**例 2 多尺度逆 MQ 核函数** 记 $\phi_{2l}$ 为 $2l$ 阶的逆 MQ 生成子[20]:

$$\varphi_{2l}(r) = (c^2 + r^2)^{-\frac{2l-1}{2}},$$

这里 $c$ 称为形状参数. 另外, 为使得表中的函数的表达式有意义, 令 $3 \leqslant l$. 而且, 通过一些简单的计算有

$$A_1 = \frac{2c^{2-2l}(2l-4)!!}{(2l-3)!!}, \quad A_2 = \frac{2\pi c^{3-2l}}{2l-3}, \quad A_3 = \frac{2\pi c^{4-2l}(2l-2)!!}{l(2l-1)!!}.$$

最后, 根据公式 (4.1.13), $\Psi_{d,k}$ ($d = 1, 2, 3,\ k = 0, 1, 2$) 的表达式如表 4.5.

**例 3 多尺度紧支柱径向核函数** 取吴函数[182]

$$\phi(r) = (1 - r)_+^7 (5 + 35r + 101r^2 + 147r^3 + 101r^4 + 35r^5 + 5r^6).$$

通过一些简单计算有

$$A_1 = \frac{429}{140}, \quad A_2 = \frac{7\pi}{12}, \quad A_3 = \frac{143\pi}{420}.$$

利用公式 (4.1.13), $\Psi_{d,k}$ ($d = 1, 2, 3,\ k = 0, 1, 2$) 的表达式如表 4.6.

表 4.4 满足广义 Strang-Fix 条件的多尺度高斯核函数的表达式

| $d \backslash k$ | 0（二阶） | 1 (四阶) |
| --- | --- | --- |
| 1 | $\Psi_{1,0}(x)=\dfrac{1}{z_0}\phi\left(\dfrac{\lvert x\rvert}{z_0}\right)$ | $\Psi_{1,1}(x)=\dfrac{z_1^2}{z_0(z_1^2-z_0^2)}\phi\left(\dfrac{\lvert x\rvert}{z_0}\right)+\dfrac{z_0^2}{z_1(z_0^2-z_1^2)}\phi\left(\dfrac{\lvert x\rvert}{z_1}\right)$ |
| 2 | $\Psi_{2,0}(x)=\dfrac{1}{\sqrt{2\pi}\sigma z_0^2}\phi\left(\dfrac{\lVert x\rVert}{z_0}\right)$ | $\Psi_{2,1}(x)=\dfrac{1}{\sqrt{2\pi}\sigma}\left(\dfrac{z_1^2}{z_0^2(z_1^2-z_0^2)}\phi\left(\dfrac{\lVert x\rVert}{z_0}\right)+\dfrac{z_0^2}{z_1^2(z_0^2-z_1^2)}\phi\left(\dfrac{\lVert x\rVert}{z_1}\right)\right)$ |
| 3 | $\Psi_{3,0}(x)=\dfrac{1}{2\pi\sigma^2 z_0^3}\phi\left(\dfrac{\lVert x\rVert}{z_0}\right)$ | $\Psi_{3,1}(x)=\dfrac{1}{2\pi\sigma^2}\left(\dfrac{z_1^2}{z_0^3(z_1^2-z_0^2)}\phi\left(\dfrac{\lVert x\rVert}{z_0}\right)+\dfrac{z_0^2}{z_1^3(z_0^2-z_1^2)}\phi\left(\dfrac{\lVert x\rVert}{z_1}\right)\right)$ |
| $d \backslash k$ | 2 (六阶) | |
| 1 | $\Psi_{1,2}(x)=\dfrac{z_1^2z_2^2}{z_0(z_1^2-z_0^2)(z_2^2-z_0^2)}\phi\left(\dfrac{\lvert x\rvert}{z_0}\right)+\dfrac{z_0^2z_2^2}{z_1(z_0^2-z_1^2)(z_2^2-z_1^2)}\phi\left(\dfrac{\lvert x\rvert}{z_1}\right)+\dfrac{z_0^2z_1^2}{z_2(z_0^2-z_2^2)(z_1^2-z_2^2)}\phi\left(\dfrac{\lvert x\rvert}{z_2}\right)$ | |
| 2 | $\Psi_{2,2}(x)=\dfrac{1}{\sqrt{2\pi}\sigma}\left(\dfrac{z_1^2z_2^2}{z_0^2(z_1^2-z_0^2)(z_2^2-z_0^2)}\phi\left(\dfrac{\lVert x\rVert}{z_0}\right)+\dfrac{z_0^2z_2^2}{z_1^2(z_0^2-z_1^2)(z_2^2-z_1^2)}\phi\left(\dfrac{\lVert x\rVert}{z_1}\right)+\dfrac{z_0^2z_1^2}{z_2^2(z_0^2-z_2^2)(z_1^2-z_2^2)}\phi\left(\dfrac{\lVert x\rVert}{z_2}\right)\right)$ | |
| 3 | $\Psi_{3,2}(x)=\dfrac{1}{2\pi\sigma^2}\left(\dfrac{z_1^2z_2^2}{z_0^3(z_1^2-z_0^2)(z_2^2-z_0^2)}\phi\left(\dfrac{\lVert x\rVert}{z_0}\right)+\dfrac{z_0^2z_2^2}{z_1^3(z_0^2-z_1^2)(z_2^2-z_1^2)}\phi\left(\dfrac{\lVert x\rVert}{z_1}\right)+\dfrac{z_0^2z_1^2}{z_2^3(z_0^2-z_2^2)(z_1^2-z_2^2)}\phi\left(\dfrac{\lVert x\rVert}{z_2}\right)\right)$ | |

表 4.5 满足广义 Strang-Fix 条件的多尺度逆 MQ 核函数的表达式

| $d$ \ $k$ | 0 (二阶) | 1 (四阶) |
|---|---|---|
| 1 | $\Psi_{1,0}(x)=\dfrac{(2l+1)!!}{2c^{2-2l}(2l)!!z_0}\phi\left(\dfrac{\lvert x\rvert}{z_0}\right)$ | $\Psi_{1,1}(x)=\dfrac{(2l+1)!!}{2c^{2-2l}(2l)!!}\left(\dfrac{z_1^2}{z_0(z_1^2-z_0^2)}\phi\left(\dfrac{\lvert x\rvert}{z_0}\right)+\dfrac{z_0^2}{z_1(z_0^2-z_1^2)}\phi\left(\dfrac{\lvert x\rvert}{z_1}\right)\right)$ |
| 2 | $\Psi_{2,0}(x)=\dfrac{2l-3}{2\pi c^{3-2l}z_0^2}\phi\left(\dfrac{\lVert x\rVert}{z_0}\right)$ | $\Psi_{2,1}(x)=\dfrac{2l-3}{2\pi c^{3-2l}}\left(\dfrac{z_1^2}{z_0^2(z_1^2-z_0^2)}\phi\left(\dfrac{\lVert x\rVert}{z_0}\right)+\dfrac{z_0^2}{z_1^2(z_0^2-z_1^2)}\phi\left(\dfrac{\lVert x\rVert}{z_1}\right)\right)$ |
| 3 | $\Psi_{3,0}(x)=\dfrac{l(2l-1)!!}{2\pi c^{4-2l}(2l-2)!!z_0^3}\phi\left(\dfrac{\lVert x\rVert}{z_0}\right)$ | $\Psi_{3,1}(x)=\dfrac{l(2l-1)!!}{2\pi c^{4-2l}(2l-2)!!}\left(\dfrac{z_1^2}{z_0^3(z_1^2-z_0^2)}\phi\left(\dfrac{\lVert x\rVert}{z_0}\right)+\dfrac{z_0^2}{z_1^3(z_0^2-z_1^2)}\phi\left(\dfrac{\lVert x\rVert}{z_1}\right)\right)$ |

| $d$ \ $k$ | 2 (六阶) |
|---|---|
| 1 | $\Psi_{1,2}(x)=\dfrac{(2l+1)!!}{2c^{2-2l}(2l)!!}\left(\dfrac{z_1^2z_2^2\phi\left(\dfrac{\lvert x\rvert}{z_0}\right)}{z_0(z_1^2-z_0^2)(z_2^2-z_0^2)}+\dfrac{z_0^2z_2^2\phi\left(\dfrac{\lvert x\rvert}{z_1}\right)}{z_1(z_0^2-z_1^2)(z_2^2-z_1^2)}+\dfrac{z_0^2z_1^2\phi\left(\dfrac{\lvert x\rvert}{z_2}\right)}{z_2(z_0^2-z_2^2)(z_1^2-z_2^2)}\right)$ |
| 2 | $\Psi_{2,2}(x)=\dfrac{2l-3}{2\pi c^{3-2l}}\left(\dfrac{z_1^2z_2^2\phi\left(\dfrac{\lVert x\rVert}{z_0}\right)}{z_0^2(z_1^2-z_0^2)(z_2^2-z_0^2)}+\dfrac{z_0^2z_2^2\phi\left(\dfrac{\lVert x\rVert}{z_1}\right)}{z_1^2(z_0^2-z_1^2)(z_2^2-z_1^2)}+\dfrac{z_0^2z_1^2\phi\left(\dfrac{\lVert x\rVert}{z_2}\right)}{z_2^2(z_0^2-z_2^2)(z_1^2-z_2^2)}\right)$ |
| 3 | $\Psi_{3,2}(x)=\dfrac{l(2l-1)!!}{2\pi c^{4-2l}(2l-2)!!}\left(\dfrac{z_1^2z_2^2\phi\left(\dfrac{\lVert x\rVert}{z_0}\right)}{z_0^3(z_1^2-z_0^2)(z_2^2-z_0^2)}+\dfrac{z_0^2z_2^2\phi\left(\dfrac{\lVert x\rVert}{z_1}\right)}{z_1^3(z_0^2-z_1^2)(z_2^2-z_1^2)}+\dfrac{z_0^2z_1^2\phi\left(\dfrac{\lVert x\rVert}{z_2}\right)}{z_2^3(z_0^2-z_2^2)(z_1^2-z_2^2)}\right)$ |

**表 4.6 满足广义 Strang-Fix 条件的多尺度紧支柱径向核函数的表达式**

| $d$ \ $k$ | 0 (二阶) | 1 (四阶) |
|---|---|---|
| 1 | $\Psi_{1,0}(x)=\dfrac{140}{429z_0}\phi\left(\dfrac{\lvert x\rvert}{z_0}\right)$ | $\Psi_{1,1}(x)=\dfrac{140}{429}\left(\dfrac{z_1^2}{z_0(z_1^2-z_0^2)}\phi\left(\dfrac{\lvert x\rvert}{z_0}\right)+\dfrac{z_0^2}{z_1(z_0^2-z_1^2)}\phi\left(\dfrac{\lvert x\rvert}{z_1}\right)\right)$ |
| 2 | $\Psi_{2,0}(x)=\dfrac{2l-3}{2\pi c^{3-2l}z_0^2}\phi\left(\dfrac{\lVert x\rVert}{z_0}\right)$ | $\Psi_{2,1}(x)=\dfrac{2l-3}{2\pi c^{3-2l}}\left(\dfrac{z_1^2}{z_0^2(z_1^2-z_0^2)}\phi\left(\dfrac{\lVert x\rVert}{z_0}\right)+\dfrac{z_0^2}{z_1^2(z_0^2-z_1^2)}\phi\left(\dfrac{\lVert x\rVert}{z_1}\right)\right)$ |
| 3 | $\Psi_{3,0}(x)=\dfrac{420}{143\pi z_0^3}\phi\left(\dfrac{\lVert x\rVert}{z_0}\right)$ | $\Psi_{3,1}(x)=\dfrac{420}{143\pi}\left(\dfrac{z_1^2}{z_0^3(z_1^2-z_0^2)}\phi\left(\dfrac{\lVert x\rVert}{z_0}\right)+\dfrac{z_0^2}{z_1^3(z_0^2-z_1^2)}\phi\left(\dfrac{\lVert x\rVert}{z_1}\right)\right)$ |

| $d$ \ $k$ | 2 (六阶) |
|---|---|
| 1 | $\Psi_{1,2}(x)=\dfrac{140}{429}\left(\dfrac{z_1^2z_2^2\phi\left(\dfrac{\lvert x\rvert}{z_0}\right)}{z_0(z_1^2-z_0^2)(z_2^2-z_0^2)}+\dfrac{z_0^2z_2^2\phi\left(\dfrac{\lvert x\rvert}{z_1}\right)}{z_1(z_0^2-z_1^2)(z_2^2-z_1^2)}+\dfrac{z_0^2z_1^2\phi\left(\dfrac{\lvert x\rvert}{z_2}\right)}{z_2(z_0^2-z_2^2)(z_1^2-z_2^2)}\right)$ |
| 2 | $\Psi_{2,2}(x)=\dfrac{2l-3}{2\pi c^{3-2l}}\left(\dfrac{z_1^2z_2^2\phi\left(\dfrac{\lVert x\rVert}{z_0}\right)}{z_0^2(z_1^2-z_0^2)(z_2^2-z_0^2)}+\dfrac{z_0^2z_2^2\phi\left(\dfrac{\lVert x\rVert}{z_1}\right)}{z_1^2(z_0^2-z_1^2)(z_2^2-z_1^2)}+\dfrac{z_0^2z_1^2\phi\left(\dfrac{\lVert x\rVert}{z_2}\right)}{z_2^2(z_0^2-z_2^2)(z_1^2-z_2^2)}\right)$ |
| 3 | $\Psi_{3,2}(x)=\dfrac{420}{143\pi}\left(\dfrac{z_1^2z_2^2\phi\left(\dfrac{\lVert x\rVert}{z_0}\right)}{z_0^3(z_1^2-z_0^2)(z_2^2-z_0^2)}+\dfrac{z_0^2z_2^2\phi\left(\dfrac{\lVert x\rVert}{z_1}\right)}{z_1^3(z_0^2-z_1^2)(z_2^2-z_1^2)}+\dfrac{z_0^2z_1^2\phi\left(\dfrac{\lVert x\rVert}{z_2}\right)}{z_2^3(z_0^2-z_2^2)(z_1^2-z_2^2)}\right)$ |

## 4.2 Schoenberg 型拟插值

4.1 节已经讨论了如何从一个满足 Strang-Fix 条件 (多项式再生性条件) 的核函数出发构造 Schoenberg 拟插值格式以及对应的误差估计, 本节主要研究如何利用一个满足广义 Strang-Fix 条件 (卷积意义下多项式再生性条件、矩条件) 的核函数的平移、伸缩的线性组合构造等距采样数据的拟插值格式并推导其对应的误差估计[188].

**定义 4.2.1** 称紧支集的函数 $\Psi:\mathbb{R}^d\to\mathbb{R}$ 在整数格子点上满足单位分解性, 如果等式 $\sum\limits_{j\in\mathbb{Z}^d}\Psi(x-j)=1$ 对于任意的 $x\in\mathbb{R}^d$ 都成立.

对于一个满足单位分解性的函数 $\Psi$, 可以证明其对应的 Schoenberg 拟插值格式有如下的误差估计.

**定理 4.2.1** 令 $\Psi$ 为一个具有单位分解性的紧支集有界函数, 则对任意满足 $\|f'\|_\infty<\infty$ 的函数 $f:\mathbb{R}^d\to\mathbb{R}$, 都有不等式

$$\left\|\sum_{j\in\mathbb{Z}^d}f(jh)\Psi\left(\frac{\cdot}{h}-j\right)-f(\cdot)\right\|_\infty\leqslant\mathcal{O}(h).$$

**证明** 假设 $\Psi$ 的支集半径为 $R$, $R>0$, 由单位分解性得

$$\begin{aligned}\left|\sum_{j\in\mathbb{Z}^d}f(jh)\Psi\left(\frac{x}{h}-j\right)-f(x)\right|&=\left|\sum_{j\in\mathbb{Z}^d}[f(jh)-f(x)]\Psi\left(\frac{x}{h}-j\right)\right|\\&=\left|\sum_{|x-jh|\leqslant Rh}[f(jh)-f(x)]\Psi\left(\frac{x}{h}-j\right)\right|\\&\leqslant c(d)\|f'\|_\infty\|\Psi\|_\infty Rh,\end{aligned}$$

这里 $c(d)$ 是一个与维数 $d$ 有关的常数. 从而有

$$\left\|\sum_{j\in\mathbb{Z}^d}f(jh)\Psi\left(\frac{\cdot}{h}-j\right)-f\right\|_\infty\leqslant\mathcal{O}(h).$$ □

更一般地, 由 $\Psi$ 满足广义 Strang-Fix 条件知

$$\hat{\Psi}(0)=\int_{\mathbb{R}^d}\Psi(x)dx=1.$$

利用格子点上的黎曼求积公式 (步长为 $h^p$) 有

$$h^{pd}\sum_{j\in\mathbb{Z}^d}\Psi\left(h^p\left(\frac{x}{h}-j\right)\right)\to\int_{\mathbb{R}^d}\Psi(x)dx=1.$$

借鉴单位分解性思想, 通过对核函数 $\Psi$ 做平移、伸缩的线性组合, 构造拟插值 (称为 Schoenberg 型拟插值)

$$Q_gf(x)=h^{pd}\sum_{j\in\mathbb{Z}^d}f(jh)\Psi\left(h^p\left(\frac{x}{h}-j\right)\right). \tag{4.2.1}$$

这个格式具有 Schoenberg 拟插值的优点. 进一步, 还可推导出以下误差估计.

**定理 4.2.2** 令 $f(x)\in\mathcal{C}^u(\mathbb{R}^d)$ 且满足 $\|f\|_\infty$, $\|f\|_1$ 有界, $|\hat{f}(\omega)|\leqslant o(1+|\omega|)^{-u-d}$. 令 $\Psi\in\mathcal{C}^v(\mathbb{R}^d)$, $v\geqslant u$, 满足 $l$ 阶广义 Strang-Fix 条件及 $|\Psi(x)|\leqslant o(1+|x|)^{-l-d}$. 令 $Q_g$ 如公式 (4.2.1) 定义. 则当取 $p=(l+d)/(2l+u+d)$ 时有

$$\|Q_gf-f\|_\infty\leqslant\mathcal{O}(h^{lu/(2l+u+d)}).$$

为证明这个定理, 首先给出一个引理.

**引理 4.2.1** 令 $\Psi\in\mathcal{C}^v(\mathbb{R}^d)$ 且满足 $|\Psi(x)|\leqslant o(1+|x|)^{-l-d}$, 则

$$\left\|\int_{\mathbb{R}^d}\Psi(\cdot-t)dt-h^d\sum_{j\in\mathbb{Z}^d}\Psi(\cdot-jh)\right\|_\infty\leqslant\mathcal{O}(h^{lv/(l+d)}).$$

这个引理表明等距点上的离散积分格式的误差取决于被积函数的光滑性和下降性, 和积分的离散化格式无关.

现在, 我们证明上面定理.

**证明** 首先将误差 $|Q_gf(x)-f(x)|$ 分成两部分: 积分离散化误差

$$\left|h^{pd}\sum_{j\in\mathbb{Z}^d}f(jh)\Psi\left(\frac{x}{h^{1-p}}-jh^p\right)-\int_{\mathbb{R}^d}f(h^{1-p}t)\Psi\left(\frac{x}{h^{1-p}}-t\right)dt\right|,$$

以及卷积逼近误差

$$\left|\int_{\mathbb{R}^d}f(h^{1-p}t)\Psi\left(\frac{x}{h^{1-p}}-t\right)dt-f(x)\right|.$$

进一步, 根据上面的引理知积分离散化误差为

$$\left|h^{pd}\sum_{j\in\mathbb{Z}^d}f(jh)\Psi\left(\frac{x}{h^{1-p}}-jh^p\right)-\int_{\mathbb{R}^d}f(h^{1-p}t)\Psi\left(\frac{x}{h^{1-p}}-t\right)dt\right|\leqslant\mathcal{O}(h^{lup/(l+d)}).$$

下面推导卷积逼近误差. 根据 Fourier 变换知识有

$$\begin{aligned}
&\left|\int_{\mathbb{R}^d} f(h^{1-p}t)\Psi\left(\frac{x}{h^{1-p}}-t\right)dt - f(x)\right| \\
=&\left|\int_{\mathbb{R}^d} \hat{f}(\omega)e^{-ix\omega}\left(\hat{\Psi}(h^{1-p}\omega)-1\right)d\omega\right| \\
\leqslant&\left|\int_{|\omega|\leqslant h^{-r}} \hat{f}(\omega)e^{-ix\omega}\left(\hat{\Psi}(h^{1-p}\omega)-1\right)d\omega\right| \\
&+\left|\int_{|\omega|\geqslant h^{-r}} \hat{f}(\omega)e^{-ix\omega}\left(\hat{\Psi}(h^{1-p}\omega)-1\right)d\omega\right| \\
\leqslant&\|\hat{f}\|_1 h^{l(1-p-r)} + (1+\|\hat{\Psi}\|_\infty)h^{ru} \\
\leqslant&\mathcal{O}(h^{l(1-p)u/(l+u)}),
\end{aligned}$$

如果令 $r=(1-p)l/(u+l)$.

综上, 有不等式

$$\|Q_g f - f\|_\infty \leqslant \mathcal{O}(h^{lup/(l+d)}) + \mathcal{O}(h^{lu(1-p)/(l+u)}).$$

进一步, 取 $p=(l+d)/(2l+u+d)$, 有误差估计

$$\|Q_g f - f\|_\infty \leqslant \mathcal{O}(h^{lu/(2l+u+d)}).$$

□

从上面讨论可知, 由满足 $l$ 阶广义 Strang-Fix 条件的核函数构造的 Schoenberg 型拟插值提供的逼近阶远远低于经典的满足 $l$ 阶 Strang-Fix 条件的核函数构造的 Schoenberg 拟插值. Maz'ya 和 Schmidt[119] 首次提出近似逼近 (approximate approximation) 的概念, 使得拟插值在相差一个计算机精度误差 (称为饱和误差: saturation error) 意义下提供 $l$ 阶逼近阶.

Maz'ya 和 Schmidt[121] 构造的拟插值格式为

$$Q_{\mathcal{D},h}f(x) = \mathcal{D}^{-d/2}\sum_{j\in\mathbb{Z}^d} f(jh)\Psi\left(\frac{x-jh}{\sqrt{\mathcal{D}}h}\right). \tag{4.2.2}$$

进一步, Maz'ya 和 Schmidt[121] 给出如下误差估计.

**定理 4.2.3**　令拟插值 $Q_{\mathcal{D},h}f$ 如公式 (4.2.2) 所定义, 核函数 $\Psi$ 满足 $l$ 阶广义 Strang-Fix 条件以及下降性

$$|\Psi(x)| \leqslant C(1+\|x\|^2)^{-K/2}, \quad d+l<K.$$

则对于任何函数 $f \in \mathcal{C}^l(\mathbb{R}^d)$ 均有

$$\|f - Q_{\mathcal{D},h}f\|_\infty = \mathcal{O}(h^l) + E_0(\Psi, \mathcal{D}). \tag{4.2.3}$$

更重要地, 利用泊松求和公式, Maz'ya 和 Schmidt[119] 给出了饱和误差 $E_0(\Psi, \mathcal{D})$ 的上界

$$E_0(\Psi, \mathcal{D}) \leqslant \sum_{j \in \mathbb{Z}^d/\{0\}} \widehat{\Psi}(j\sqrt{\mathcal{D}}).$$

结合 $\hat{\Psi}$ 的下降性, 从而可以通过选择足够大的参数 $\mathcal{D}$ 使得饱和误差小于计算机的舍入误差. 这意味着虽然理论上这个拟插值不收敛, 但是在实际应用中却可以达到较高的 (近似) 逼近阶. 这里的饱和误差可以理解为是广义 Strang-Fix 条件和 Stang-Fix 条件之间的偏差. 关于近似逼近的更多理论和应用, 可参考文献 [103], [120], [121].

综上, 讨论了如何从一个满足高阶广义 Strang-Fix 条件的核函数出发, 构造整个空间上等距采样数据的 Schoenberg 型拟插值格式并推导出对应的误差估计. 对于有界区域上的等距采样数据, 可以首先用延拓定理将函数 (紧支集地) 延拓到整个空间, 然后在整个空间中采样, 进而构造整个空间中的等距采样数据拟插值格式, 最后将此拟插值格式限制在有界区域上即可. 然而, 实际应用中往往面临有界区域上的散乱数据逼近问题. 为使得拟插值能够更好地解决实际问题, 下面将进一步研究如何基于一个满足高阶广义 Strang-Fix 条件的核函数构造有界区域上的散乱数据拟插值格式[22, 72, 188].

## 4.3 拟蒙特卡罗拟插值

令 $\Omega$ 为 $\mathbb{R}^d$ 空间的一个凸区域. 对于一个未知函数 $f \in \mathcal{C}^v(\Omega)$, 在 $\Omega$ 内获取其有限个采样数据 $\{(x_j, f(x_j))\}$. 其中, 采样中心 $\{x_j\}$ 的密度 $h = \sup\limits_{x\in\Omega} \inf\limits_{j} \|x - x_j\|$ 为一个有限的且很小的正数. 令核函数 $\Psi$ 满足 $\int_{\mathbb{R}^d} \Psi(x)dx = 1$. 令 $\Psi_h(x) = h^{-d}\Psi(x/h)$, $h$ 为伸缩因子, 则可构造如下形式的散乱数据拟插值:

$$Q_s f(x) = \sum_j f(x_j)\Psi_h(x - x_j)\omega_j, \tag{4.3.1}$$

这里 $\omega_j$ 为权系数, 它使得当固定每个 $x$ 时, $Q_s f(x)$ 可以看成是对卷积

$$C_{h,\Omega}(f)(x) = \int_\Omega f(t)\Psi_h(x - t)dt$$

的一个离散化格式. 此时, 误差估计 $|Q_sf(x)-f(x)|$ 可以分解成卷积逼近误差 $|C_{h,\Omega}(f)(x)-f(x)|$ 和卷积离散化误差 $|Q_sf(x)-C_{h,\Omega}(f)(x)|$ 两部分. 而且, 由三角不等式得

$$|Q_sf(x)-f(x)|\leqslant|C_{h,\Omega}(f)(x)-f(x)|+|Q_sf(x)-C_{h,\Omega}(f)(x)|.$$

从而, 只需要分别推导这两部分的误差即可. 首先推导卷积逼近误差[72].

**引理 4.3.1** (卷积逼近误差) 令 $\Psi$ 为一个满足 $k$ 阶广义 Strang-Fix 条件的核函数. 令 $V$ 为 $\Omega$ 的一个有界子区域: $V\subset\Omega$, 它们之间的 Hausdorff 距离 $\mathrm{dist}(\partial\Omega,\partial V)$ 满足 $\mathrm{dist}(\partial\Omega,\partial V)\geqslant c$, 其中 $c$ 为任意一个满足 $0<c<1$ 的正常数. 则对任何满足 $f\in W_p^l(\mathbb{R}^d)$, $1\leqslant p\leqslant\infty$, $l>d/2$ 的函数, 均存在一个与 $h$ 无关的正常数 $C$ 使得不等式成立:

$$\|\mathcal{C}_{h,\Omega}(f)-f\|_{p,V}\leqslant Ch^m,\quad m=\min\{k,l\}. \tag{4.3.2}$$

**证明** 首先由闵可夫斯基不等式得

$$\|f-\mathcal{C}_{h,\Omega}(f)\|_{p,V}\leqslant\|f-\mathcal{C}_h(f)\|_{p,V}+\|\mathcal{C}_h(f)-\mathcal{C}_{h,\Omega}(f)\|_{p,V}.$$

这里

$$\mathcal{C}_h(f)(x)=\int_{\mathbb{R}^d}f(t)\Psi_h(x-t)dt$$

是对所有定义在 $\mathbb{R}^d$ 上的 $L^p$ 可积函数, 而 $\mathcal{C}_{h,\Omega}$ 是对所有限制在有界区域 $\Omega$ 上的 $L^p$ 可积函数. 接下来, 将证明上面不等式右端两项的逼近阶为 $\mathcal{O}(h^m)$. 根据广义 Strang-Fix 条件知道, 存在一个与 $h$ 无关的正常数 $C_1$ 使得

$$\|f-\mathcal{C}_h(f)\|_{p,V}\leqslant\|f-\mathcal{C}_h(f)\|_p\leqslant C_1h^m.$$

对于第二部分, 固定 $x\in V$, 由于 $\mathrm{dist}(\partial\Omega,\partial V)\geqslant c$, 可得

$$\begin{aligned}\left|\int_{\mathbb{R}^d\setminus\Omega}f(t)\psi_h(x-t)dt\right|&=\left|\int_{|x-t|\geqslant c}f(t)h^{-d}\psi((x-t)/h)dt\right|\\&=\left|\int_{|y|\geqslant c/h}f(x-hy)\psi(y)dy\right|\\&\leqslant\|f\|_\infty\int_{|y|\geqslant c/h}|y|^{-m}|y|^m|\psi(y)|dy\\&\leqslant\|f\|_\infty c^{-m}h^m\int_{|y|\geqslant c/h}|y|^m|\psi(y)|dy.\end{aligned}$$

进一步, 利用 $\Psi$ 满足 $k$ ($k \geqslant m$) 广义 Strang-Fix 条件得 $\int_{|y|\geqslant c/h} |y|^m|\psi(y)|dy < +\infty$, 从而存在一个与 $h$ 和 $x \in V$ 无关的正常数 $C_2$ 使得不等式

$$\left|\int_{\mathbb{R}^d\backslash\Omega} f(t)\psi_h(x-t)dt\right| \leqslant C_2h^m$$

成立. 进而有

$$\|\mathcal{C}_h(f)-\mathcal{C}_{h,\Omega}(f)\|_{\infty,V} = \left|\int_{\mathbb{R}^d\backslash\Omega} f(t)\psi_h(x-t)dt\right| \leqslant C_2h^m.$$

最后, 由嵌入不等式得

$$\begin{aligned}\|\mathcal{C}_h(f)-\mathcal{C}_{h,\Omega}(f)\|_{p,V} &\leqslant \|\mathcal{C}_h(f)-\mathcal{C}_{h,\Omega}(f)\|_{\infty,V}\,|V|^{1/p}\\ &\leqslant C_2|V|^{1/p}h^m.\end{aligned}$$

因此, 当令 $C = C_1 + C_2|V|^{1/p}$ 时, 引理成立. □

卷积离散化误差由 (积分) 离散化格式决定, 不同的离散化格式会导出不同的拟插值格式及对应的误差分析. 作为一个例子, 这里考虑用拟蒙特卡罗方法离散化积分, 对应的拟插值格式称为拟蒙特卡罗拟插值[71].

为简化讨论, 令 $\Omega = \mathbb{I}^d = [0,\ 1]^d$, $\{(t_j, f(t_j))\}_{j=1}^N$ 为单位立方体上的采样数据, 则积分离散化的拟蒙特卡罗格式如下:

$$\int_{\mathbb{I}^d} f(x)dx \approx \frac{1}{N}\sum_{j=1}^N f(t_j) =: \mathrm{QMC}[f].$$

显然这个格式的误差估计由两个因素确定: 采样点的性质和被积函数的性质. 为此, 首先介绍低差点的定义.

令 $u$ 为集合 $(1{:}d) := \{1,2,\cdots,d\}$ 的任意一个子集, $x_u$ 为向量 $x = (x^{(1)}, x^{(2)}, \cdots, x^{(d)}) \in \mathbb{R}^d$ 中的分量 $x^{(j)}, j \in u$ 所构成的集合, $x_{u^c,1}$ 是 $\mathbb{R}^d$ 中的点, 它是把点 $x$ 中的所有的指标在 $j \in (1{:}d)\backslash u$ (即 $u$ 在集合 $(1{:}d)$ 的补集) 的分量 $x^{(j)}$ 用 1 替代. 注意这里我们用 $x_u$ 代表集合, 例如, 以后我们用 $\partial^{|u|}f/\partial x_u$ 表示对函数 $f$ 关于它的在集合 $x_u$ 中的分量求混合偏导. 而 $x_{u^c,1}$ 是 $\mathbb{R}^d$ 中的点, 它满足向量空间 $\mathbb{R}^d$ 中的所有运算. 令 $\mathbf{1}_{[0,x]}$ 为 $d$ 维空间中的立方体 $[0,x]^d := [0,x^{(1)}] \times \cdots \times [0,x^{(d)}]$ 上的指标函数 ($\mathbf{1}_{[0,x]^d}(y) = 1$, 如果 $y \in [0,x]^d$; $\mathbf{1}_{[0,x]^d}(y) = 0$, 其他情况). 令 $\mathbb{P}$ 为 $d$ 维空间中采样点的集合 ($\mathbb{P} = \{t_j\}_{j=1}^N$), $\Delta_{\mathbb{P}}(x)$ 为采样点集合 $\mathbb{P}$ 的局部差函数[49]

$$\Delta_{\mathbb{P}}(x) = \frac{1}{N}\sum_{j=1}^N \mathbf{1}_{[0,x]}(t_j) - \prod_{i=1}^d x^{(i)}.$$

则定义采样点集 $\mathbb{P}$ 的 $L^q$-差 $\|\Delta_{\mathbb{P}}\|_{q,q'}$ 为[49]

$$\|\Delta_{\mathbb{P}}\|_{q,q'} := \left(\sum_{u\subseteq(1:d)}\left(\int_{[0,1]^{|u|}}\left|\Delta_{\mathbb{P}}(x_{u^c,1})\right|^q dx_u\right)^{q'/q}\right)^{1/q'}, \quad 1\leqslant q,q'\leqslant\infty. \tag{4.3.3}$$

利用 $L^q$-差, 可以定义低差采样点如下.

**定义 4.3.1**　称采样点集合 $\mathbb{P}$ 为低差采样点集, 如果它的 $L^q$-差满足不等式

$$\|\Delta_{\mathbb{P}}\|_{q,q'} \leqslant B(d)\frac{(\ln N)^d}{N}, \tag{4.3.4}$$

这里 $B(d)$ 是一个只与 $d$ 有关的正常数.

经典的低差采样点有: Halton 点[89]、Sobol 点[131]、网格点[49] 等等. 关于低差点的更多介绍, 大家可以参考文献 [49], [130], 以及里面的参考文献.

其次, 介绍函数 $f$ 的 Hardy-Krause[130] 变差 $\|f\|_{p,p'}$ 的定义.

**定义 4.3.2**　令 $f\in W_p^l(\mathbb{R}^d)$, $l>d/2$, 则定义函数 $f$ 的 Hardy-Krause 变差 $\|f\|_{p,p'}$ 为

$$\|f\|_{p,p'} := \left(\sum_{u\subseteq(1:d)}\left(\int_{[0,1]^{|u|}}\left|\frac{\partial^{|u|}}{\partial x_u}f(x_{u^c,1})\right|^p dx_u\right)^{p'/p}\right)^{1/p'}, \quad 1\leqslant p,p'\leqslant\infty. \tag{4.3.5}$$

这里的 $L_q$-差用于衡量采样点的质量, 直观上讲, $L_q$-差越小意味着采样点越趋向于均匀点, 而函数 $f$ 的 Hardy-Krause 变差则用于衡量被积分函数 $f$ 的复杂程度. 最后, 利用上面的两个定义以及广义的 Koksma-Hlawka 不等式, 可以得出拟蒙特卡罗积分离散化格式的误差估计 ([49, 130]):

$$\left|\int_{\mathbb{I}^d} f(x)dx - \mathrm{QMC}[f]\right| \leqslant \|f\|_{p,p'}\|\Delta_{\mathbb{P}}\|_{q,q'}, \quad 1\leqslant p,p',q,q'\leqslant\infty. \tag{4.3.6}$$

这里 $1/p+1/q=1$, $1/p'+1/q'=1$. 从这个公式可以看出, 给定被积函数 $f$ 满足 $\|f\|_{p,p'}<\infty$, 则拟蒙特卡罗积分离散化格式的误差估计只与采样点的 $L^q$-差有关. 因此, 拟蒙特卡罗方法的关键在于如何选择具有最佳的 $L^q$-差的采样点集 (即对应的最差误差估计问题[100]).

利用积分的拟蒙特卡罗方法, 对于每个固定的点 $x\in\mathbb{R}^d$, 可以构造拟蒙特卡

罗拟插值格式如下:

$$Q_h f(x) := N^{-1} \sum_{j=1}^{N} f(t_j)\psi_h(x - t_j), \tag{4.3.7}$$

这里的采样点 $\{t_j\}_{j=1}^N$ 的 $L^q$-差满足不等式 (4.3.4). 进一步, 有误差估计[71]:

**引理 4.3.2** (积分离散化误差) 假设 $\psi \in W_\infty^l(\mathbb{R}^d)$, $f \in W_p^l(\mathbb{R}^d)$, $l \geqslant d$. 令 $1/p + 1/q = 1$ 并假设采样点 $\{t_j\}_{j=1}^N$ 的 $L^q$-差满足不等式 (4.3.4). 则存在一个与 $h$ 和 $N$ 都不相关的正常数 $C$ 使得

$$\sup_{x\in\mathbb{R}^d} \left| \int_{\mathbb{I}^d} f(t)\psi_h(x-t)dt - Q_h f(x) \right| \leqslant C\ \frac{\ln^d N}{N} h^{-(q+1)d/q}. \tag{4.3.8}$$

根据拟蒙特卡罗积分离散化格式的误差估计可知, 为得到上面的误差估计, 需要推导 $f\psi_h$ 的 Hardy-Krause 变差[71].

**引理 4.3.3** 假设 $\psi \in W_\infty^l(\mathbb{R}^d)$, $f \in W_p^l(\mathbb{R}^d)$, $l \geqslant d$. 则存在一个与 $h$ 无关的常数 $C > 0$ 使得函数 $f\psi_h$ 的 Hardy-Krause 变差满足不等式:

$$\sup_{x\in\mathbb{R}^d} \|f(\cdot)\psi_h(x-\cdot)\|_{p,p'} \leqslant C\ h^{(1-2p)d/p}, \quad 1 \leqslant p, p' \leqslant \infty.$$

**证明** 对于给定的 $x \in \mathbb{R}^d$ 以及数对 $1 \leqslant p, p' \leqslant \infty$, 根据 Hardy-Krause 变差的定义有

$$\begin{aligned}
&\|f(\cdot)\psi_h(x-\cdot)\|_{p,p'} \\
&:= \left( \sum_{u\subseteq(1:d)} \left( \int_{[0,1]^{|u|}} \left| \frac{\partial^{|u|}}{\partial t_u} \left( f(t_{u^c,1})\psi_h(x - t_{u^c,1}) \right) \right|^p dt_u \right)^{p'/p} \right)^{1/p'}.
\end{aligned}$$

利于微分的 Leibniz 公式以及变量替换 $x - t_{u^c,1} = hz_{u^c,1}$, $x - t_u = hz_u$, 可得

$$\begin{aligned}
&\|f(\cdot)\psi_h(x-\cdot)\|_{p,p'} \\
&= \left( \sum_{u\subseteq(1:d)} \left( \int_{[0,1]^{|u|}} \left| \frac{\partial^{|u|}}{\partial t_u} \left( f(t_{u^c,1})\psi_h(x - t_{u^c,1}) \right) \right|^p dt_u \right)^{p'/p} \right)^{1/p'} \\
&= \left( \sum_{u\subseteq(1:d)} \left( \int_{[0,1]^{|u|}} \left| \sum_{v\subseteq u} \frac{|u|!}{|v|!(|u|-|v|)!} \frac{\partial^{|v|}}{\partial t_v} f(t_{u^c,1}) \right.\right.\right.
\end{aligned}$$

$$
\begin{aligned}
&\cdot \frac{\partial^{|u|-|v|}}{\partial t_{u\setminus v}}\psi_h(x-t_{u^c,1})\Bigg|^p dt_u\Bigg)^{p'/p}\Bigg)^{1/p'}\\
\leqslant\ & h^{-d}\Bigg(\sum_{u\subseteq(1:d)}\sum_{v\subseteq u}\frac{|u|!}{|v|!(|u|-|v|)!}\\
&\cdot\Bigg(\int_{[(x-1)/h,(x-0_{u^c,1})/h]^{|u|}}\left|f^{(|v|)}(x-hz_{u^c,1})h^{|v|-|u|}\psi^{(|u|-|v|)}(z_{u^c,1})\right|^p h^{|u|}dz_u\Bigg)^{p'/p}\Bigg)^{1/p'}\\
\leqslant\ & h^{-d}\Bigg(\sum_{u\subseteq(1:d)}\sum_{v\subseteq u}\frac{|u|!}{|v|!(|u|-|v|)!}h^{(|v|+(1-p)|u|/p)p'}\\
&\cdot\Bigg(\int_{\mathbb{R}^{|u|}}\left|f^{(|v|)}(x-h\ z_{u^c,1})\psi^{(|u|-|v|)}(z_{u^c,1})\right|^p dz_u\Bigg)^{p'/p}\Bigg)^{1/p'}\\
\leqslant\ & h^{-d}\sum_{u\subseteq(1:d)}\sum_{v\subseteq u}\frac{|u|!}{|v|!(|u|-|v|)!}h^{|v|+(1-p)|u|/p}\\
&\cdot\Bigg(\int_{\mathbb{R}^{|u|}}\left|f^{(|v|)}(x-h\ z_{u^c,1})\psi^{(|u|-|v|)}(z_{u^c,1})\right|^p dz_u\Bigg)^{1/p}\\
\leqslant\ & h^{(1-2p)d/p}\sum_{u\subseteq(1:d)}\sum_{v\subseteq u}\frac{|u|!}{|v|!(|u|-|v|)!}\\
&\cdot\Bigg(\int_{\mathbb{R}^{|u|}}\left|f^{(|v|)}(x-h\ z_{u^c,1})\psi^{(|u|-|v|)}(z_{u^c,1})\right|^p dz_u\Bigg)^{1/p}.
\end{aligned}
$$

由于 $\psi\in W_\infty^l(\mathbb{R}^d)$, $f\in W_p^l(\mathbb{R}^d)$, $l\geqslant d$, 可得对于任意的 $v\subseteq u\subseteq(1{:}d)$,

$$
\Bigg(\int_{R^{|u|}}\left|f^{(|v|)}(x-hz_{u^c,1})\psi^{(|u|-|v|)}(z_{u^c,1})\right|^p dz_u\Bigg)^{1/p}<+\infty,
$$

由于这个估计与 $x\in\mathbb{R}^d$ 无关, 故引理成立. □

根据以上两个引理, 可推导拟蒙特卡罗拟插值的误差估计.

**定理 4.3.1** 假设 $\psi$ 满足 $k$ 阶广义 Strang-Fix 条件及下降性条件 $\psi\in W_\infty^l(\mathbb{R}^d)$. 假设采样点 $\{t_j\}_{j=1}^N$ 为单位立方体 $\mathbb{I}^d$ 上的低差采样点 (即其 $L^q$-差满足不等式 (4.3.4)). 令 $c$ 为一个满足 $0<c<1/2$ 的小常数, $\mathbb{I}_c^d=[c,\ 1-c]^d$. 则存在

一个与 $h, N$ 都无关的常数 $C$ 使得不等式

$$\|Q_h f - f\|_{p,\mathbb{I}_c^d} \leqslant C \left(h^m + \frac{\ln^d N}{N} h^{-(q+1)d/q}\right), \quad m = \min\{l, k\} \tag{4.3.9}$$

对任何的 $f \in W_p^l(\mathbb{R}^d)$ $(1 \leqslant p \leqslant \infty, 1/p + 1/q = 1;\ l \geqslant d)$ 均成立. 特别地, 如果选择 $h = \left(\ln^d N/N\right)^{q/(mq+(q+1)d)}$, 则有最佳估计

$$\|Q_h f - f\|_{p,\mathbb{I}_c^d} \leqslant C \left(\frac{\ln^d N}{N}\right)^{q/(mq+(q+1)d)}. \tag{4.3.10}$$

## 4.4 移动最小二乘拟插值

移动最小二乘法在统计学习领域也称为局部多项式回归. 本节将揭示移动最小二乘法和拟插值法之间的关系, 向读者阐述如何在拟插值框架下理解移动最小二乘法.

首先我们将介绍离散加权最小二乘法[57]. 给定有界区域 $\Omega$ 上的有限个采样数据 $\{(x_j, f(x_j))\}_{j=1}^N$、离散权 $\{\omega(x_j)\}_{j=1}^N$ 以及函数空间 $\mathcal{U}$ 中的一组基函数 $u_1, u_2, \cdots, u_m$, $m < N$, 寻找逼近函数 $u(x) = \sum\limits_{i=1}^m c_i u_i(x)$ 使得如下加权平方误差和最小:

$$\sum_{j=1}^N (f(x_j) - u(x_j))^2 \omega(x_j).$$

进一步, 定义离散加权内积

$$\langle f, g\rangle_\omega := \sum_{j=1}^N f(x_j) g(x_j) \omega(x_j),$$

则可将上述优化问题转化为如下正规方程

$$\sum_{i=1}^m c_i \langle u_i, u_k\rangle_\omega = \langle f, u_k\rangle_\omega, \quad k = 1, 2, \cdots, m$$

及对应的矩阵形式

$$Ac = f_u, \quad A_{ik} = \langle u_i, u_k\rangle_\omega, \quad c = (c_1, c_2, \cdots, c_m)^{\mathrm{T}},$$

$$f_u = (\langle f, u_1\rangle_\omega, \langle f, u_2\rangle_\omega, \cdots, \langle f, u_m\rangle_\omega)^{\mathrm{T}}.$$

更一般地, 当离散权随着预测点 $y$ 的变化而变化时, 由权函数 $\{\omega(x_j, y)\}_{j=1}^N$, 定义的移动加权内积

$$\langle f, g\rangle_{\omega_y} := \sum_{j=1}^N f(x_j)g(x_j)\omega(x_j, y),$$

进而可构造逼近函数 $u(x, y) = \sum_{i=1}^m c_i(y)u_i(x, y)$ 使得移动加权平方误差和最小:

$$\sum_{j=1}^N (f(x_j) - u(x_j, y))^2\omega(x_j, y).$$

注意, 此处 $x$ 是一个全局变量, 而 $y$ 是一个局部预测变量, 逼近函数中的未知系数与预测变量 $y$ 有关. 上述最优化问题对应的正规方程为

$$\sum_{i=1}^m c_i(y)\langle u_i(\cdot, y), u_k(\cdot, y)\rangle_{\omega_y} = \langle f, u_k(\cdot, y)\rangle_{\omega_y}, \quad k = 1, 2, \cdots, m.$$

写成矩阵形式为

$$G(y)c(y) = f(y),$$

此处

$$G_{ik}(y) = \langle u_i(\cdot, y), u_k(\cdot, y)\rangle_{\omega_y}, \quad c(y) = (c_1(y), c_2(y), \cdots, c_m(y))^{\mathrm{T}},$$

$$f(y) = (\langle f, u_1(\cdot, y)\rangle_{\omega_y}, \langle f, u_2(\cdot, y)\rangle_{\omega_y}, \cdots, \langle f, u_m(\cdot, y)\rangle_{\omega_y})^{\mathrm{T}}.$$

为进一步建立移动最小二乘法与拟插值方法的关系, 将逼近函数 $u(x, y)$ 写成拟插值的 Backus-Gilbert 形式[57]:

$$u(x, y) = \sum_{j=1}^N f(x_j)\Psi_j(x, y). \tag{4.4.1}$$

为使得上述逼近函数具有较好的逼近性质及光滑性质, 函数组 $\{\Psi_j(x, y)\}$ 满足 $l$ 阶多项式再生性

$$\sum_{j=1}^N p(x_j - y)\Psi_j(x, y) = p(x - y),$$

以及使得加权二次范数

$$\sum_{j=1}^{N} \Psi_j^2(x,y)\frac{1}{\omega(x_j,y)}$$

最小. 此处 $p$ 是任意一个阶数不超过 $l$ 的多项式. 对应的矩阵形式为

$$A(y)\Psi(x,y) = p(x-y), \quad A_{ij}(y) = p_i(x_j-y), \quad i=1,2,\cdots,m, \quad j=1,2,\cdots,N,$$

$$\Psi(x,y) = (\Psi_1(x,y),\Psi_2(x,y),\cdots,\Psi_N(x,y))^{\mathrm{T}},$$

$$p = (p_1,p_2,\cdots,p_m)^{\mathrm{T}},$$

以及

$$\Psi^{\mathrm{T}}(x,y)Q(y)\Psi(x,y), \quad Q(y) = \operatorname{diag}\left(\frac{1}{\omega(x_1,y)},\frac{1}{\omega(x_2,y)},\cdots,\frac{1}{\omega(x_N,y)}\right).$$

利用 Lagrange 乘子法求解上述约束优化问题可得

$$\lambda(x,y) = (A(y)Q^{-1}(y)A^{\mathrm{T}}(y))^{-1}p(x-y),$$

$$\Psi(x,y) = Q^{-1}(y)A^{\mathrm{T}}(y)\lambda(x,y).$$

因此, 一旦求出 Lagrange 乘子 $\lambda_j(x,y)$, 即可得到函数组

$$\Psi_j(x,y) = \omega(x_j,y)\sum_{i=1}^{m}\lambda_i(x,y)p_i(x_j-y), \quad j=1,2,\cdots,m,$$

进而可构造出拟插值 (4.4.1). 特别地, 当 $x=y$ 时, 拟插值 (4.4.1) 变为经典拟插值格式

$$u(x,x) = \sum_{j=1}^{N} f(x_j)K(x,x_j), \quad K(x,x_j) = \omega(x_j,x)\lambda^{\mathrm{T}}(x,x)p(x_j-x). \tag{4.4.2}$$

通过以上分析可以看出, 当移动最小二乘法中所考虑的函数空间 $\mathcal{U}$ 为多项式空间时, 对应的逼近函数变成拟插值 (4.4.1), 反过来, 当选择拟插值中的基函数再生移动最小二乘法中的函数空间 $\mathcal{U}$ 时, 可以构造再生任何给定函数空间的拟插值格式. 进一步, 可得如下误差估计.

**定理 4.4.1** 令 $h$ 为有界区域 $\Omega$ 上的拟均匀采样点 $\{x_j\}$ 的填充距离 (fill distance), 如果紧支柱的函数组 $\{K(x-x_j)\}$ 满足 $l$ 阶多项式再生性且支柱半径为 $\{\rho_j = c_j h\}$, $\{c_j\}$ 为一组常数, 则拟插值

$$u_h(x,x) = \sum_{j=1}^{N} f(x_j) K\left(\frac{x-x_j}{h}\right)$$

的误差估计为

$$\|u_h - f\|_\infty \leqslant Ch^l \max_{\xi\in\Omega} |f^{(l)}(\xi)|.$$

从这个定理可以看出, 移动最小二乘法 (拟插值法) 的关键在于如何构造一组具有 $l$ 阶多项式再生性的函数组. 另外, 通过上面的分析可知, 构造具有高阶多项式再生性的函数组需要求解线性方程组. 实际应用中通常考虑具有低阶多项式再生性的函数组, 下面给出两个例子[57].

**常数再生的拟插值格式 (Shepard 方法)** 令 $u(x,x) = c_1(x)$,

$$G(x) = \langle p_1(\cdot - x), p_1(\cdot - x)\rangle_{\omega_x} = \sum_{j=1}^{N} \omega(x_j, x),$$

则由 $G(x)c_1(x) = f(x)$ 可得

$$u(x,x) = c_1(x) = \sum_{j=1}^{N} \frac{f(x_j)\omega(x_j,x)}{\sum\limits_{j=k}^{N} \omega(x_k,x)} := \sum_{j=1}^{N} f(x_j)\Psi_j(x,x).$$

容易验证 $\{\Psi_j(x,x)\}$ 满足一阶多项式再生性.

**一次多项式再生的拟插值格式** 令 $\mathcal{U} = \mathrm{span}\{p_1(x)=1, p_2(x)=x\}$, 则对应的矩阵

$$G(x) = \begin{pmatrix} \sum\limits_{j=1}^{N} \omega(x_j,x) & \sum\limits_{j=1}^{N} (x_j - x)\omega(x_j,x) \\ \sum\limits_{j=1}^{N} (x_j - x)\omega(x_j,x) & \sum\limits_{j=1}^{N} (x_j - x)^2\omega(x_j,x) \end{pmatrix} := \begin{pmatrix} \mu_0(x) & \mu_1(x) \\ \mu_0(x) & \mu_2(x) \end{pmatrix}$$

以及向量 $p(0) = (1,0)^{\mathrm{T}}$. 由方程组 $G(x)\lambda(x,x) = p(0)$ 可求出对应的 Lagrange 乘子

$$\lambda_1(x,x) = \frac{\mu_2(x)}{\mu_0(x)\mu_2(x) - \mu_1^2(x)},$$

$$\lambda_2(x,x) = \frac{\mu_1(x)}{\mu_1^2(x) - \mu_0(x)\mu_2(x)},$$

进而代入公式 (4.4.2) 得到再生一次多项式的拟插值格式.

综上, 我们讨论了三种拟插值核函数的构造方法以及如何利用核函数构造对应的拟插值格式及误差估计. 下面我们讨论拟插值的一些性质. 第 3 章在介绍 MQ 拟插值和 MQ 三角样条拟插值时已经从几何视角下讨论了几种拟插值方法的 (广义) 保形性, 这里主要讨论拟插值在函数逼近视角下的最优性和统计视角下的正则化性.

## 4.5 拟插值的最优性和正则化性

函数逼近的基本思想是在给定的函数空间中寻找一个满足某种最优性和正则化性 (学习理论中称为泛化能力) 的逼近函数. 拟插值是一种基本的函数逼近方法, 那么拟插值是否也具有最优性和正则化性呢? 答案是肯定的. 这一节将分别从确定性和随机性两个视角讨论拟插值的最优性和正则化性[71].

令 $\psi$ 满足 $k$ 广义 Strang-Fix 条件, $r_h(x) = \sum\limits_{j=1}^{N} \omega_j \psi_h(x-t_j)$, 这里 $\{\omega_i\}_{i=1}^N$ 为权系数. 当 $r_h(x) > 0$ 时, 构造有理拟插值格式

$$Q_h^* f(x) := \sum_{i=1}^{N} Y_i \frac{\omega_i \psi_h(x-t_i)}{r_h(x)}. \tag{4.5.1}$$

这里我们考虑有理形式有以下三个原因. 首先, 有理函数逼近是一种最基本且研究非常广泛的函数逼近方法[24] 以及核回归分析方法[93]; 其次, 有理拟插值包含所有具有常数再生性的经典拟插值格式如 Shepard 方法[154]; 更重要地, 我们将证明有理拟插值还具有最优性.

### 4.5.1 拟插值的最优性

假设 $\psi(x) > 0$ 对所有的 $x \in \Omega$. 用 $L^2(\Omega, \psi_h)$ 表示希尔伯特空间, 其内积定义为

$$\langle f, g \rangle_{\psi_h} := \int_\Omega f(x) g(x) r_h(x) dx, \quad f, g \in L^2(\Omega, \psi_h).$$

可以证明对于固定的 $N$ 和 $h$, $L^2(\Omega, \psi_h)$ 空间中的内积 $\langle \cdot, \cdot \rangle_{\psi_h}$ 和经典的 $L^2(\Omega)$ 空间中的内积等价. 进一步, 用 $L^2(\Omega, \mu)$ 表示具有测度 $\mu$ 的希尔伯特空间, 其内积定义为

$$\langle f, g \rangle_\mu := \int_\Omega f(x) g(x) d\mu(x), \quad f, g \in L^2(\Omega, \mu).$$

则当 $N \to \infty$ 和 $h \to 0^+$ 满足某种协调性使得空间 $L^2(\Omega, \psi_h)$ 能够很好地逼近空间 $L^2(\Omega, \mu)$ 时, 能够证明拟插值提供了最佳逼近. 对于给定的采样数据 $\{t_i, Y_i\}_{i=1}^N$, 在 $L^2(\Omega, \psi_h)$ 中定义二次损失泛函 $I_{N,h}$:

$$I_{N,h}(f) := \int_\Omega \sum_{i=1}^N (Y_i - f(x))^2 \omega_i \psi_h(x - t_i) dx.$$

可以看出 $N$ 越大且 $h$ 越小, $I_{N,h}$ 越能有效地衡量那些距离 $t_i$ 近的点 $x$ 处的函数值 $f(x)$ 与 $t_i$ 处的采样值 $Y_i$ 之间的误差.

令 $V_{N,\psi_h}$ 为由 $\{\psi_h(\cdot - t_i)\}_{i=1}^N$ 张成的函数空间, $V_{N,\psi_h}^*$ 为由 $\{\psi_h(\cdot - t_i)/r_h(\cdot)\}_{i=1}^N$ 张成的函数空间. 下面定理表明有理拟插值 (4.5.1) 是在给定的函数空间 $V_{N,\psi_h}^*$ 中唯一一个使得二次损失泛函 $I_{N,h}(f)$ 取最小值的函数.

**定理 4.5.1** (最优性)　令 $\{t_i, Y_i\}_{i=1}^N$ 为给定的采样数据. 假设 $\psi$ 在区域 $\Omega$ 恒为正函数且 $\psi_h$ 的 $N$ 个平移 $\psi_h(\cdot - t_i)$, $1 \leqslant i \leqslant N$ 线性无关. 则由公式 (4.5.1) 定义的有理拟插值 $Q_h^* f$ (其中权 $\{\omega_i\}_{i=1}^N$ 为正数) 是在给定的函数空间 $V_{N,\psi_h}^*$ 中唯一一个使得二次损失泛函取最小值的函数. 特别地, 我们有

$$I_{N,h}(Q_h^* f) = \min_{g \in V_{N,\psi_h}^*} I_{N,h}(g).$$

**证明**　首先把 $V_{N,\psi_h}^*$ 中的任意一个函数 $g$ 写成如下形式

$$g(x) = \sum_{i=1}^N c_i \frac{\psi_h(x - t_i)}{r_h(x)}.$$

把 $I_{N,h}$ 限制在 $V_{N,\psi_h}^*$ 上, 则可以把 $I_{N,h}$ 看成是一个从 $\mathbb{R}^N$ 到 $\mathbb{R}_+$ 的一个如下形式的二次损失泛函:

$$I_{N,h}[(c_1, c_2, \cdots, c_N)] = \int_\Omega \sum_{i=1}^N \left( Y_i - \sum_{j=1}^N c_j \frac{\psi_h(x - t_j)}{r_h(x)} \right)^2 \omega_i \psi_h(x - t_i) dx,$$

其中, 二次项 $c_i c_j$ 的系数为

$$A_{ij} := \left\langle \frac{\psi_h(x - t_i)}{r_h(x)}, \frac{\psi_h(x - t_j)}{r_h(x)} \right\rangle_{\psi_h}.$$

因此, 对于任意给定的 $x$, $N \times N$ 的系数矩阵 $A := (A_{ij})$ 是一个格拉姆矩阵. 由于 $N$ 个定义在 $\Omega$ 的函数 $\psi_h(\cdot - t_i)$, $1 \leqslant i \leqslant N$, 在 $\mathbb{R}$ 上线性无关, 格拉姆矩

阵 $A$ 是正定矩阵. 从而二次损失泛函 $I_{N,h}$ 有唯一一个最小值点. 为找到这个点, 对 $I_{N,h}$ 关于 $c_k, 1 \leqslant k \leqslant N$ 求偏导数得

$$\frac{\partial I_{N,h}}{\partial c_k} = -2\int_{\Omega}\sum_{i=1}^{N}\left(Y_i - \sum_{j=1}^{N} c_j \frac{\psi_h(x-t_j)}{r_h(x)}\right)\frac{\psi_h(x-t_k)}{r_h(x)}\omega_i\psi_h(x-t_i)dx, \quad 1\leqslant k\leqslant N.$$

令这些偏导数为零并根据 $r_h(x)$ 的定义可把上述方程组简化为

$$\int_{\Omega}\frac{\psi_h(x-t_k)}{r_h(x)}\sum_{i=1}^{N}(\omega_i Y_i - c_i)\psi_h(x-t_i)dx = 0, \quad 1 \leqslant k \leqslant N.$$

从而可得 $c_i = \omega_i Y_i$. 最后, 把这些系数代入到 $g$ 的表达式中即为有理拟插值 (4.5.1). □

这里定义的二次损失泛函 $I_{N,h}$ 被广泛地用在变权重加权逼近中作为一个衡量准则寻找最佳的逼近函数 (参看 [42], [144], [172] 及里面的参考文献). 这个泛函优于常用的经验加权损失泛函

$$DI[f] := \sum_{i=1}^{N}(Y_i - f(t_i))^2\omega_i.$$

$DI[f]$ 只考虑逼近函数 $f^*$ 和被逼近函数 $f$ 在采样点处的误差, 而 $I_{N,h}[f]$ 却考虑了被逼近函数在定义域中的所有点的误差. 而且, 可以找个恰当的 $h > 0$ 来调整采样点附近邻域的大小进而强化相应的误差. 类似地, 还可以证明在任何给定的预测点 $x$, 拟插值 $Q_h^* f(x)$ 是在函数空间 $V_{N,\psi_h}^*$ 中唯一一个使得二次加权泛函

$$I_{N,h}^*[f](x) = \sum_{i}(Y_i - f(x))^2\omega_i\psi_h(x-t_i), \quad f \in L^2(\Omega, \psi_h)$$

取最小值的函数. 这些性质都显示了 (有理) 拟插值具有简单易实现性、鲁棒性以及良好的泛化能力.

### 4.5.2 拟插值的正则化性

正则化是机器学习领域中一个常用的方法[82, 169-171]. 其目的在于寻找一个既有很好的稳定性又能融入某些先验信息 (如光滑性、稀疏性、凸性等) 和样本信息的逼近函数. 利用正则化方法, 可以通过有效地权衡偏差-方差 (学习理论中称为逼近误差和泛化能力) 之间的关系, 进而得到一个能够重现某些先验信息的逼近函数[170].

在正则化领域中, 光滑性是一种最自然且常用的先验信息, 可以用显式和隐式两种技巧对逼近函数施加光滑性约束条件[170]. 在经典的 Tikhonov 正则化方法中[171], 通过对损失泛函加入一个衡量光滑性的惩罚项来融入光滑性信息, 进而通过求解惩罚优化问题获得最终的逼近函数. 逼近函数的光滑性和逼近精度通过施加的惩罚项的系数 (正则化参数) 加以控制. 然而, 这种通过加入惩罚项的技巧并不是正则化方法的唯一手段. 例如在核函数回归中[127], 函数的光滑性通过核函数的带宽隐式地体现出来. 另外, 在截断基函数展开逼近、迭代逼近、提升算法、下采样等方法均可以认为是某种正则化方法[170]. 更一般地, Bickel 和 Li[14] 从统计的视角给出了正则化方法的一般解释, 即把正则化看成两步逼近过程: 首先, 构造一个具有控制偏差的参数的逼近函数列, 然后通过使得逼近函数列的偏差和方差在同一个量级上 (即逼近函数的均方损失泛函最小) 的方法选择一个恰当的参数进而获得具有一定光滑性的逼近函数. 这种正则化思想包含了数据拟合领域中的大部分正则化方法. 例如, 最常用的 Tikhonov 正则化方法可以理解为首先构造一个逼近函数序列

$$f_\lambda^*(x) := (\phi_1(x), \phi_2(x), \cdots, \ \phi_N(x))(A+\lambda I)^{-1}(f(x_1), f(x_2), \cdots, f(x_N))^{\mathrm{T}},$$

然后通过选取一个使得 $f_\lambda^*$ 的偏差和方差之和最小的参数 $\lambda$ 作为最终的逼近函数所对应的参数. 这里 $\{\phi_j\}_{j=1}^N$ 是给定函数空间中的一组基函数, $I$ 为单位矩阵, $A=(\phi_j(x_i))$ 是基矩阵. 同理, Fasshauer 和 Zhang[59] 提出的迭代拟插值方法也可以看成是一种正则化方法: 首先构造带有参数的逼近函数序列

$$f_M^*(x) := (\phi_1(x), \phi_2(x), \cdots, \ \phi_N(x))\sum_{i=0}^{M}(I-A)^i(f(x_1), f(x_2), \cdots, f(x_N))^{\mathrm{T}},$$

然后选取一个使得 $f_M^*(x)$ 的方差最小的 $M$ 作为最终的逼近函数所对应的参数.

下面我们将说明有理拟插值也具有正则化性质且正则化参数为伸缩核函数中的伸缩参数. 为此, 在核函数回归框架下推导有理拟插值 $Q_h^*f$ 的均方误差估计. 然而, 不同于核函数回归需要对核函数和采样点有许多条件限制, 我们用两步法的思想来推导拟插值的均方误差估计. 首先, 用卷积逼近序列逼近被逼近函数, 然后用积分离散化方法离散化卷积逼近序列. 为此, 给出拟插值的另一种表示形式

$$Q_hf(x) = \sum_j Y_j\omega_j\psi_h(x-t_j). \tag{4.5.2}$$

注意这里的 $Q_hf$ 和 $Q_h^*f$ 不同 ($Q_h^*f(x) = Q_hf(x)r_h(x)$). 对于 $1 \leqslant p \leqslant \infty$, 令 $\|f\|_{p,\Omega} := \|f\cdot \mathbf{1}_\Omega\|_p$. 则有

$$\|Q_h^*f - f\|_{p,\Omega} \leqslant \|Q_h^*f - Q_hf\|_{p,\Omega} + \|Q_hf - f\|_{p,\Omega}$$

$$\leqslant \|Q_h^* f\|_{p,\Omega} \cdot \|r_h - \mathbf{1}_\Omega\|_{p,\Omega} + \|Q_h f - f\|_{p,\Omega}. \tag{4.5.3}$$

如果 $r_h(x) = \sum\limits_j \omega_j \psi_h(x - t_j) \equiv 1,\ x \in \Omega$, 则有 $Q_h^* f = Q_h f$ 且上面的不等式变为等式. 假设我们有如下的误差估计

$$\|Q_h f - f\|_{p,\Omega} = \mathcal{O}(h^\alpha), \quad f \in \mathbb{S},$$

这里 $\alpha$ 是一个正常数, $\mathbb{S}$ 是一个函数类. 不失一般性, 假设 $\Omega$ 上的特征函数 $\mathbf{1}_\Omega$ 属于函数类 $\mathbb{S}$, 由于 $r_h$ 可以看成是 $\Omega$ 上的特征函数 $\mathbf{1}_\Omega$ 的拟插值, 因此有

$$\|r_h - \mathbf{1}_\Omega\|_{p,\Omega} = O(h^\alpha).$$

进一步, 利用不等式 (4.5.3) 可得

$$\|Q_h^* f - f\|_{p,\Omega} = \mathcal{O}(h^\alpha).$$

这说明可以用拟插值 $Q_h f$ 的逼近误差控制有理拟插值 $Q_h^* f$ 的逼近误差, 从而为后续的讨论提供了方便. 接下来假设采样点 $\{X_i\}_{i=1}^N$ 是区域 $\Omega$ 上的服从均匀分布的随机变量 $X$ 的 $N$ 个独立同分布的样本, 则对于任意一个预测点 $x$, 拟插值 $Q_h f(x)$ 是一个随机变量, 其期望为

$$E\left[Q_h f(x)\right] = \mathcal{C}_{h,\Omega}(f)(x) := \int_\Omega \psi_h(x - y) f(y) dy.$$

从而可以把 $Q_h f(x)$ 对 $f(x)$ 的逼近误差分解为两部分 (偏差-方差分解)

$$\begin{aligned} E\left[Q_h f(x) - f(x)\right]^2 &= \left[E\left[Q_h f(x)\right] - f(x)\right]^2 + E\left[Q_h f(x) - E\left[Q_h f(x)\right]\right]^2 \\ &= \left[\mathcal{C}_{h,\Omega}(f)(x) - f(x)\right]^2 + E\left[Q_h f(x) - \mathcal{C}_{h,\Omega}(f)(x)\right]^2. \end{aligned} \tag{4.5.4}$$

由于公式 (4.5.4) 右端的第二项可以看成是随机变量 $Q_h f(x)$ 的方差, 因此用 Var $(Q_h f(x))$ 表示. 交换积分顺序可得

$$E\left\|Q_h f - f\right\|_{2,\Omega}^2 = \left\|E(Q_h f - f)^2\right\|_{2,\Omega}^2. \tag{4.5.5}$$

从而由公式 (4.5.4) 可得

$$E\left\|Q_h f - f\right\|_{2,\Omega}^2 = \left\|\mathcal{C}_{h,\Omega}(f) - f\right\|_{2,\Omega}^2 + \left\|\mathrm{Var}(Q_h f)\right\|_{2,\Omega}^2. \tag{4.5.6}$$

这是统计中经典的偏差-方差分解公式. 在学习理论中, 上面公式右端的两项又分别称为逼近误差和采样误差 (参考 [44], [158]). 逼近误差 (即偏差的平方和) 是由所选择的函数空间确定, 它与数据无关, 而方差项是由采样点、权以及卷积积分 $\mathcal{C}_{h,\Omega}(f)$ 的先验信息确定.

**注释 4.5.1** (正则化性) 基于以上统计视角[14] 的讨论可以看出, 有理拟插值具有正则化性质. 它通过伸缩核中的伸缩参数 $h$ 来隐式地控制逼近函数的光滑性. 而且, 由偏差-方差分解公式 (4.5.6), 我们可以通过均方误差最小的方法选出一个最佳的伸缩参数 $h$ 使得对应的拟插值兼顾逼近能力和光滑性. 当然, $h$ 的选择准则和积分离散化格式有关, 对应拟蒙特卡罗积分离散化方法, 定理 4.3.1 给出了一种选择 $h$ 的准则. 下一章还将给出 $h$ 对应蒙特卡罗积分离散化方法 (随机拟插值) 的选择准则.

# 第 5 章　随机拟插值方法

概率数值逼近, 这种在概率统计框架下研究用经典函数逼近算法处理随机问题的思想, 已成为数据科学领域研究的一个前沿方向. 特别地, Wahba [173] 构造基于噪声数据的光滑样条, Wu 和 Schaback [190] 借助 Kriging 思想, 系统地研究了散乱数据的径向基函数插值的误差估计问题 [180]. 而且, 在 Kriging 框架下, Wu [181] 还研究了一般线性泛函信息的径向基函数插值算法的构造理论, 为微分方程数值解领域提供了无网格对称方法 [202]. Hennig 等 [92] 还讨论了概率数值逼近及不确定性量化分析在科学计算中的应用. 本章将以拟插值为例, 研究一类概率数值逼近算法 (随机拟插值方法) 的构造理论及其性质.

## 5.1　随机伯恩斯坦拟插值

本节研究如何把传统的基于确定 (等距) 采样点上的离散函数值的伯恩斯坦拟插值方法推广到随机采样点的情形, 进而构造一类概率数值逼近算法.

经典伯恩斯坦逼近 (3.1.2) 针对等距采样点上的离散函数值构造拟插值格式. 实际应用中, 由于信号延迟等原因采样节点通常带有某种随机性. 为使经典伯恩斯坦逼近能够更有效地处理实际应用问题, Wu 等[192] 提出了随机伯恩斯坦拟插值, 其形式如下

$$B_n^X f(t) := \sum_{k=0}^{n} f\left(X_{n,k}\right) B_k^n(t), \quad B_k^n(t) := \binom{n}{k} t^k (1-t)^{n-k}, \tag{5.1.1}$$

其中 $X_{n,k}, k=0,1,\cdots,n$ 为 $n+1$ 个均匀分布对应的次序统计量.

下面, 将从概率统计的角度研究随机伯恩斯坦拟插值的依概率收敛性质. 也就是推导如下的概率误差估计

$$P\left\{(X_{n,0}, X_{n,1}, \cdots, X_{n,n}) : \left\|\sum_{k=0}^{n} f(X_{n,k}) B_k^n(x) - f(x)\right\|_\infty > \epsilon\right\}. \tag{5.1.2}$$

首先, 介绍次序统计量的一些性质.

**定理 5.1.1**　令 $X$ 为一个密度函数为 $f(x)$、分布函数为 $F(x)$ 的随机变量. 如果 $X^{(1)} < X^{(2)} < \cdots < X^{(n)}$ 是 $X$ 的 $n$ 个样本值的次序统计量, 那么随机变

量 $X^{(j)}$ 的密度函数 $f_{X^{(j)}}(x)$ 满足

$$f_{X^{(j)}}(x)=\frac{n!}{(j-1)!(n-j)!}[F(x)]^{j-1}[1-F(x)]^{n-j}f(x).$$

特别地, 当 $X$ 为 [0, 1] 区间上的均匀分布时, 由其 $n+1$ 个样本构成的次序统计量 $X_{n,k}, k=0,1,\cdots,n$, 服从 $\mathrm{Beta}(k+1,n-k+1)$ 分布[30].

**引理 5.1.1** 令 $X$ 为 [0, 1] 区间上的均匀分布, $X_{n,k}, k=0,1,\cdots,n$ 为由 $X$ 的 $n+1$ 个样本构成的次序统计量. 则随机变量 $X_{nk}$ 的密度函数为 $(n+1)B_k^n$, $k=0,1,\cdots,n$.

**证明** 给定一个自然数 $n$, 对于任意的 $x\in(0,1)$, 取 $\Delta x>0$ 使得

1. 以 $x$ 为中心, 长度为 $\Delta x$ 的区间完全包含在区间 $(0,1)$ 内;
2. 不等式 $(n+1)\Delta x<1$ 成立.

下面计算次序统计量 $X_{n,k}$ 落在区间 $\left(x-\frac{\Delta x}{2},x+\frac{\Delta x}{2}\right)$ 内的概率.

由于有 $n+1$ 种方法把 $n+1$ 个点中的一个点放在区间 $\left(x-\frac{\Delta x}{2},x+\frac{\Delta x}{2}\right)$ 内, 根据可加原理, 点 $X_{n,k}$ 落在区间 $\left(x-\frac{\Delta x}{2},x+\frac{\Delta x}{2}\right)$ 的概率为 $(n+1)\Delta x$. 而且, 从剩下的 $n$ 个点中选取 $k$ 个点放入区间 $\left[0,x-\frac{\Delta x}{2}\right)$ 的概率为 $\binom{n}{k}\cdot\left(x-\frac{\Delta x}{2}\right)^k$. 另外, 把余下的 $(n-k)$ 都放入区间 $\left(x+\frac{\Delta x}{2},1\right]$ 的概率是 $\left(1-x-\frac{\Delta x}{2}\right)^{n-k}$. 因此, 以上三件事情同时且独立发生的概率为

$$((n+1)\Delta x)\cdot\left(\binom{n}{k}\left(x-\frac{\Delta x}{2}\right)^k\right)\cdot\left(\left(1-x-\frac{\Delta x}{2}\right)^{n-k}\right). \tag{5.1.3}$$

把此概率两边同时除以 $\Delta x$ 并令 $\Delta x$ 趋于零可得密度函数 $(n+1)B_k^n(x)$. □

接下来, 推导 $\mathrm{Beta}(k+1,n-k+1)$ 分布偶数阶中心距的性质.

**引理 5.1.2** 对每个固定的 $k=0,1,\cdots,n$, 有不等式:

$$\int_0^1\left(x-\frac{k}{n}\right)^4B_k^n(x)dx\leqslant\frac{1}{(n+1)(n+3)(n+5)},$$

$$\int_0^1\left(x-\frac{k}{n}\right)^6B_k^n(x)dx\leqslant\frac{15}{64(n+1)(n+3)(n+5)(n+7)}.$$

**证明** 由于这两个不等式的证明思路类似, 我们只证明第一个不等式. 经过一些简单的计算有

$$\begin{aligned}
&\int_0^1 \left(x-\frac{k}{n}\right)^4 (n+1)B_k^n(x)dx \\
=&\frac{120k^4+24n^4-240k^3n+240k^2n^2-120kn^3}{n^4(n+2)(n+3)(n+4)(n+5)} \\
&+\frac{26n^4k+112k^2n^3+172k^3n^2-86k^4n}{n^4(n+2)(n+3)(n+4)(n+5)} \\
&+\frac{3n^4k^2-6k^3n^3+3k^4n^2}{n^4(n+2)(n+3)(n+4)(n+5)}.
\end{aligned}$$

当 $n$ 是偶数时, 这个式子在 $k=n/2$ 取最大值; 而当 $n$ 是奇数时, 在 $k=(n+1)/2$ 时取最大值. 把 $k$ 的取值代入上式的右端进而得到第一个不等式. □

进一步, 还可得不等式

$$\int_0^1 \left(x-\frac{k}{n}\right)^{2j} B_k^n(x)dx \leqslant \frac{C(j)}{(n+1)(n+3)\cdots(n+j+1)}, \quad j\geqslant 4, \tag{5.1.4}$$

这里, $C(j)$ 是一个只与 $j$ 有关的常数.

**引理 5.1.3** 设 $B_n^X f$ 如 (5.1.1) 定义. 则对于任意的 $\epsilon>0$, 可取 $n$ 满足 $\omega\left(\frac{1}{\sqrt{n}}\right)<\epsilon/4.2$, 使得不等式成立:

$$P\{\|B_n^X f-f\|_\infty>\epsilon\}\geqslant \sum_{k=0}^n P\left\{\left|X_{n,k}-\frac{k}{n}\right|>\frac{\epsilon}{2}\frac{1}{\sqrt{n}\omega\left(\frac{1}{\sqrt{n}}\right)}\right\}. \tag{5.1.5}$$

**证明** 首先利用定理 3.1.2 有

$$\begin{aligned}
&\left\|\sum_{k=0}^n f\left(X_{n,k}\right)B_k^n(x)-f(x)\right\|_\infty \\
\leqslant&\left\|\sum_{k=0}^n f\left(X_{n,k}\right)B_k^n(x)-\sum_{k=0}^n f\left(\frac{k}{n}\right)B_k^n(x)\right\|_\infty+\left\|\sum_{k=0}^n f\left(\frac{k}{n}\right)B_k^n(x)-f(x)\right\|_\infty \\
\leqslant&\left\|\sum_{k=0}^n f\left(X_{n,k}\right)B_k^n(x)-\sum_{k=0}^n f\left(\frac{k}{n}\right)B_k^n(x)\right\|_\infty+1.1\omega\left(\frac{1}{\sqrt{n}}\right)
\end{aligned}$$

$$\leqslant \left\|\sum_{k=0}^{n}\left|f\left(X_{n,k}\right)-f\left(\frac{k}{n}\right)\right|B_k^n(x)\right\|_\infty+1.1\omega\left(\frac{1}{\sqrt{n}}\right)$$

$$\leqslant \left\|\sum_{k=0}^{n}\omega\left(\left|X_{n,k}-\frac{k}{n}\right|\right)B_k^n(x)\right\|_\infty+1.1\omega\left(\frac{1}{\sqrt{n}}\right).$$

接下来利用引理 3.1.1 以及伯恩斯坦拟插值的常数再生性 $\left(\sum\limits_{k=0}^{n}B_k^n(x)=1\right)$ 可将上述不等式进一步写成

$$\leqslant \left\|\sum_{k=0}^{n}\left(1+\frac{\left|X_{n,k}-\frac{k}{n}\right|}{\frac{1}{\sqrt{n}}}\right)\omega\left(\frac{1}{\sqrt{n}}\right)B_k^n(x)\right\|_\infty+1.1\omega\left(\frac{1}{\sqrt{n}}\right)$$

$$\leqslant \frac{\omega\left(\frac{1}{\sqrt{n}}\right)}{\frac{1}{\sqrt{n}}}\left\|\sum_{k=0}^{n}\left|X_{n,k}-\frac{k}{n}\right|B_k^n(x)\right\|_\infty+2.1\omega\left(\frac{1}{\sqrt{n}}\right).$$

从而对任意的 $x\in[0,1]$ 有

$$\sum_{k=0}^{n}\left|X_{n,k}-\frac{k}{n}\right|B_k^n(x)\leqslant\max_{0\leqslant k\leqslant n}\left|X_{n,k}-\frac{k}{n}\right|\sum_{k=0}^{n}B_k^n(x)=\max_{0\leqslant k\leqslant n}\left|X_{n,k}-\frac{k}{n}\right|.$$

这意味着

$$\left\|\sum_{k=0}^{n}\left|X_{n,k}-\frac{k}{n}\right|B_k^n(x)\right\|_\infty\leqslant\max_{0\leqslant k\leqslant n}\left|X_{n,k}-\frac{k}{n}\right|.$$

因此有

$$P\left\{\left\|\sum_{k=0}^{n}f\left(X_{n,k}\right)B_k^n(x)-f(x)\right\|_\infty>\epsilon\right\}$$

$$\leqslant P\left\{\frac{\omega\left(\frac{1}{\sqrt{n}}\right)}{\frac{1}{\sqrt{n}}}\max_{0\leqslant k\leqslant n}\left|X_{n,k}-\frac{k}{n}\right|+2.1\omega\left(\frac{1}{\sqrt{n}}\right)>\epsilon\right\}.$$

根据引理中的假设有 $2.1\omega\left(\frac{1}{\sqrt{n}}\right)<\epsilon/2$, 要使

$$\left\|\sum_{k=0}^{n}f\left(X_{n,k}\right)B_k^n(x)-f(x)\right\|_\infty>\epsilon,$$

只需要

$$\frac{\omega\left(\frac{1}{\sqrt{n}}\right)}{\frac{1}{\sqrt{n}}}\max_{0\leqslant k\leqslant n}\left|X_{n,k}-\frac{k}{n}\right|>\frac{\epsilon}{2},$$

或者等价为

$$\max_{0\leqslant k\leqslant n}\left|X_{n,k}-\frac{k}{n}\right|>\frac{1}{2}\epsilon\frac{1}{\sqrt{n}\omega\left(\frac{1}{\sqrt{n}}\right)}.$$

综上, 可得不等式

$$\begin{aligned}
&P\left\{\left\|\sum_{k=0}^{n}f\left(X_{n,k}\right)B_k^n(x)-f(x)\right\|_\infty>\epsilon\right\}\\
\leqslant\ &P\left\{\max_{0\leqslant k\leqslant n}\left|X_{n,k}-\frac{k}{n}\right|>\frac{\epsilon}{2}\frac{1}{\sqrt{n}\omega\left(\frac{1}{\sqrt{n}}\right)}\right\}\\
\leqslant\ &\sum_{k=0}^{n}P\left\{\left|X_{n,k}-\frac{k}{n}\right|>\frac{\epsilon}{2}\frac{1}{\sqrt{n}\omega\left(\frac{1}{\sqrt{n}}\right)}\right\}.
\end{aligned}$$

□

**定理 5.1.2** 给定 $\epsilon>0$ 以及 $f\in\mathcal{C}([0,1])$. 假设 $\omega\left(\frac{1}{\sqrt{n}}\right)<\epsilon/4.2$, $X_{n,0},X_{n,1},\cdots,X_{n,n}$ 为区间 $[0,1]$ 上均匀分布对应的次序统计量. 则有概率估计

$$P\left\{(x_{n,0},x_{n,1},\cdots,x_{n,n}):\left\|B_n^X f(x)-f(x)\right\|_\infty>\epsilon\right\}\leqslant\frac{15}{64}\cdot\frac{n\omega^6\left(\frac{1}{\sqrt{n}}\right)}{\epsilon^6}. \quad (5.1.6)$$

**证明** 令 $\alpha_n:=\frac{1}{2}\sqrt{n}\omega\left(\frac{1}{\sqrt{n}}\right)$, 利用上面引理的不等式以及 $X_{n,k}$ 的分布函数, 可以估计不等式右端求和中的每一项:

$$\begin{aligned}
&P\left\{\left|X_{n,k}-\frac{k}{n}\right|>\alpha_n\epsilon\right\}\\
\leqslant\ &(n+1)\int_{|x-\frac{k}{n}|>\epsilon\,\alpha_n}B_k^n(x)\frac{\left(x-\frac{k}{n}\right)^6}{\epsilon^6\,\alpha_n^6}dx
\end{aligned}$$

$$
\begin{aligned}
&\leqslant \frac{n+1}{\epsilon^6\alpha_n^6}\int_0^1 B_k^n(x)\left(x-\frac{k}{n}\right)^6 dx \\
&\leqslant \frac{15}{64(n+3)(n+5)(n+7)}\cdot\frac{n^3\,\omega^6\left(\dfrac{1}{\sqrt{n}}\right)}{\epsilon^6}. \\
&\leqslant \frac{15}{64}\cdot\frac{\omega^6\left(\dfrac{1}{\sqrt{n}}\right)}{\epsilon^6}.
\end{aligned}
$$

由于上面的估计与 $k$ 无关, 利用引理 5.1.3 可得

$$
P\left\{\left\|\sum_{k=0}^{n} f(X_{n,k})B_k^n(x)-f(x)\right\|_\infty > \epsilon\right\} \leqslant \frac{15}{64}\cdot\frac{n\,\omega^6\left(\dfrac{1}{\sqrt{n}}\right)}{\epsilon^6}.
$$

从而定理成立. □

上面的估计可以保证随机伯恩斯坦拟插值对于指数 $\alpha\in\left(\dfrac{1}{3},1\right]$ 的 Hölder 连续函数是依概率收敛的. 但是经典伯恩斯坦拟插值对任意的连续函数都收敛, 这意味着估计 (5.1.6) 并不令人满意. 因此, 需要改进随机伯恩斯坦逼近的依概率收敛阶的估计.

对于随机模型估计概率收敛阶的问题可转化为对矩或者随机变量方幂的期望估计问题, 而这中间的桥梁是切比雪夫多项式. 为了得到估计式 (5.1.6), Wu 等[192] 估计了随机变量 $\left|X_{n,k}-\dfrac{k}{n}\right|$ 的六阶矩:

$$
\sum_{k=0}^{n} E\left(X_{n,k}-\frac{k}{n}\right)^6 \leqslant \mathcal{O}\left(n^{-2}\right).
$$

高阶矩蕴含着随机模型更多的信息, 估计更高阶矩通常会得到好的收敛效果, 但估计高阶矩却非常困难. 结合数值分析中的基本方法与特殊函数的性质, 通过估计高阶矩

$$
\sum_{k=0}^{n} E\left(X_{n,k}-\frac{k}{n}\right)^{2r}, \tag{5.1.7}
$$

我们改进估计 (5.1.6) 得到如下结果.

**定理 5.1.3**　设 $B_n^X f$ 如 (5.1.1) 定义, $r$ 是一个正整数, $C(r)$ 是一个仅依赖

于 $r$ 的常数. 则对任意的 $\epsilon > 0$, 当 $n$ 满足 $\omega\left(\frac{1}{\sqrt{n}}\right) < \epsilon/4.2$ 时, 可得概率估计式

$$P\{\|B_n^X f - f\|_\infty > \epsilon\} \leqslant C(r) \cdot \frac{n\omega^{2r}\left(\frac{1}{\sqrt{n}}\right)}{\epsilon^{2r}}, \quad \forall f \in \mathcal{C}([0,1]). \tag{5.1.8}$$

为证明定理 5.1.3, 我们从 Wu 等 [192] 的证明出发, 首先对公式 (5.1.5) 运用切比雪夫不等式得

$$P\left\{\left\|B_n^X f - f\right\|_\infty > \epsilon\right\} \leqslant \frac{2^{2r} n^r \omega^{2r}\left(\frac{1}{\sqrt{n}}\right)}{\epsilon^{2r}} \sum_{k=0}^{n} E\left(X_{n,k} - \frac{k}{n}\right)^{2r}.$$

因此, 只需证明下面定理 5.1.4.

**定理 5.1.4** 假设 $X_{n,k}, k = 0, \cdots, n$ 为 $[0,1]$ 上的均匀分布 $X$ 的 $n+1$ 个样本对应的次序统计量, 那么不等式

$$\sum_{k=0}^{n} E\left(X_{n,k} - \frac{k}{n}\right)^{2r} \leqslant \mathcal{O}(n^{-r+1}) \tag{5.1.9}$$

对任意正整数 $n$ 均成立.

我们先化简高阶矩. 根据二项式展开有

$$\begin{aligned}
\sum_{k=0}^{n} E\left(X_{n,k} - \frac{k}{n}\right)^{2r} &= \sum_{k=0}^{n} E\left[\sum_{m=0}^{2r} \binom{2r}{m} X_{n,k}^m \left(-\frac{k}{n}\right)^{2r-m}\right] \\
&= \sum_{k=0}^{n} \sum_{m=0}^{2r} (-1)^m \binom{2r}{m} \left(\frac{k}{n}\right)^{2r-m} E[X_{n,k}^m].
\end{aligned}$$

把 Beta 分布的原点矩[30]

$$E[X_{n,k}^m] = \frac{(k+m)!(n+1)!}{k!(n+m+1)!}$$

代入二项式展开式可得

$$\begin{aligned}
\sum_{k=0}^{n} E\left(X_{n,k} - \frac{k}{n}\right)^{2r} &= \sum_{k=0}^{n} \sum_{m=0}^{2r} (-1)^m \binom{2r}{m} \left(\frac{k}{n}\right)^{2r-m} \frac{(k+m)!(n+1)!}{k!(n+m+1)!} \\
&= \sum_{m=0}^{2r} (-1)^m \binom{2r}{m} \frac{(n+1)!}{(n+m+1)! n^{2r-m}} \sum_{k=0}^{n} k^{2r-m} \frac{(k+m)!}{k!}.
\end{aligned}$$

下面对此式中的项 $\dfrac{(k+m)!}{k!}$ 进行讨论. 为此, 先定义一类多项式 $p_j(x)$.

**定义 5.1.1**　对于 $j \geqslant 0$, 多项式 $p_j$ 由下面的方程递归定义

$$\sum_{j=0}^{n-1}\binom{n}{j}p_j(x)=(x+1)^n,\quad n\geqslant 1,\quad x\in\mathbb{R}.$$

对于 $p_j(x)$ 有下面引理.

**引理 5.1.4**　设 $p_j(x)$ 的定义如上, 那么有

$$p_j(m)=\sum_{k=1}^{m}k^j,\quad j\geqslant 1,\quad m\geqslant 0.$$

**证明**　根据 $p_j$ 的定义有

$$\begin{aligned}&\sum_{j=0}^{n-1}\binom{n}{j}(p_j(x+1)-p_j(x)-(x+1)^j)\\&=(x+2)^n-(x+1)^n-\sum_{j=0}^{n-1}\binom{n}{j}(x+1)^j=0.\end{aligned}$$

利用数学归纳法可得

$$p_j(x+1)-p_j(x)-(x+1)^j=0,\quad j\geqslant 0,\quad x\in\mathbb{R}.$$

特别地, 上面等式对于 $x$ 为整数的时候也成立. 因此有

$$p_j(m+1)=p_j(m)+(m+1)^j=p_j(0)+\sum_{j=1}^{m+1}k^j.$$

基于递归方程, 再次利用数学归纳法可得

$$p_j(0)=0,\quad j\geqslant 1.$$

从而可得

$$p_j(m+1)=p_j(m)+(m+1)^j=\sum_{j=1}^{m+1}k^j.$$

综上, 引理成立. □

而且, 根据引理 5.1.4, 可得不等式

$$p_j(m) \leqslant m^{j+1}. \tag{5.1.10}$$

进一步, 利用 $p_j$, 可定义多项式 $e_k$ 如下.

**定义 5.1.2** 对于 $j \geqslant 0$, 方程

$$e_k(x) = \begin{cases} 1, & k = 0, \\ \dfrac{1}{k}\displaystyle\sum_{j=1}^{k}(-1)^{j-1}e_{k-j}(x)p_j(x), & k > 0 \end{cases} \tag{5.1.11}$$

递归地定义一个 $2k$ 次多项式 $e_k(x)$.

利用 $e_k(x)$, 可将 $\dfrac{(k+m)!}{k!}$ 写成如下形式.

**引理 5.1.5** 多项式 $e_k(x)$ 满足

$$\frac{(k+m)!}{k!} = \sum_{j=0}^{m} e_j(m)k^{m-j}, \quad m \geqslant 0. \tag{5.1.12}$$

**证明** 设 $\sigma_{k,n}$ 表示 $k$ 次 $n$ 元对称多项式, 同时 $n$ 个点 $x_1, \cdots, x_n$ 的 $k$ 次方求和定义为

$$\pi_{k,n}(x_1, \cdots, x_n) := \sum_{j=1}^{n} x_j^k, \quad k,\ n \geqslant 1.$$

根据引理 5.1.4 可得

$$\pi_{k,n}(1, \cdots, n) = p_k(n).$$

通过韦达定理有

$$\prod_{k=1}^{n}(t - x_k) = \sum_{k=0}^{n} t^{n-k}(-1)^k \sigma_{k,n}(x_1, \cdots, x_n),$$

结合 Newton 等式[151] 有

$$k\sigma_{k,n}(x_1, \cdots, x_n) = \sum_{j=1}^{k}(-1)^{j-1}\sigma_{k-j,n}(x_1, \cdots x_n)\pi_{k,n}(x_1, \cdots, x_n), \quad 1 \leqslant k \leqslant n.$$

特别取 $x_1, \cdots, x_n$ 为 $1, 2, \cdots, n$ 得到

$$k\sigma_{k,n}(1, \cdots, n) = \sum_{j=1}^{k}(-1)^{j-1}\sigma_{k-j,n}(1, \cdots, n)\pi_{k,n}(1, \cdots, n), \quad 1 \leqslant k \leqslant n.$$

因为 $e_k(n)$ 和 $\sigma_{k,n}$ 满足相同的递推方程, 并且有相同的初始值 $e_0 = 1 = \sigma_{0,n}$, 所以

$$e_k(n) = \sigma_{k,n}(1, \cdots, n), \quad 1 \leqslant k \leqslant n.$$

容易验证 (5.1.12) 对于 $m = 0$ 时成立. 对于 $m > 0$

$$\begin{aligned}
\frac{(k+m)!}{k!} &= \prod_{j=1}^{m}(k+j) \\
&= (-1)^m \prod_{j=1}^{m}(-k-j) \\
&= (-1)^m \sum_{j=0}^{m}(-k)^{m-j}(-1)^j \sigma_{j,m}(1, \cdots, m) \\
&= \sum_{j=0}^{m} k^{m-j}\sigma_{j,m}(1, \cdots, m) \\
&= \sum_{j=0}^{m} k^{m-j} e_j(m).
\end{aligned}$$

因此 (5.1.12) 对 $m \geqslant 0$ 均成立. □

下面介绍 $e_k(x)$ 的一个重要性质.

**引理 5.1.6**　$e_k(x)$ 满足

$$e_k(j) = 0, \quad 0 \leqslant j < k.$$

**证明**　对于 $e_1(x) = x(x+1)/2$ 易知结论成立. 同时根据 (5.1.11) 可知 $e_k(0) = 0$, $k \geqslant 1$. 现在假设结论对于 $e_i$, $i < k$ 是正确的, 则对于 $e_k$ 有

$$\begin{aligned}
ke_k(m) &= \sum_{j=1}^{k}(-1)^{j-1}e_{k-j}(m)p_j(m) \\
&= \sum_{j=k-m}^{k}(-1)^{j-1}e_{k-j}(m)p_j(m) \\
&= \sum_{j=k-m}^{k}(-1)^{j-1}\sigma_{k-j,m}(1, \cdots, m)\pi_{j,m}(1, \cdots, m). \qquad (5.1.13)
\end{aligned}$$

根据 Newton 第二等式 [151]

$$0=\sum_{j=k-m}^{k}(-1)^{j-1}\sigma_{k-j,m}(x_1,\cdots,x_m)\pi_{j,m}(x_1,\cdots,x_m),\quad k>m\geqslant 1.$$

因此对于 $k>m\geqslant 1$ 有 $e_k(m)=0$. □

从而有

$$\begin{aligned}
&\sum_{k=0}^{n}E\left(X_{n,k}-\frac{k}{n}\right)^{2r}\\
=&\sum_{m=0}^{2r}(-1)^m\binom{2r}{m}\frac{(n+1)!}{(n+m+1)!n^{2r-m}}\sum_{k=0}^{n}\sum_{l=0}^{m}e_l(m)k^{2r-l}\\
=&\sum_{m=0}^{2r}(-1)^m\binom{2r}{m}\frac{(n+1)!}{(n+m+1)!n^{2r-m}}\sum_{k=0}^{n}\sum_{l=0}^{2r}e_l(m)k^{2r-l}\\
=&\sum_{l=0}^{2r}p_{2r-l}(n)\sum_{m=0}^{2r}(-1)^m\binom{2r}{m}\frac{(n+1)!e_l(m)}{(n+m+1)!n^{2r-m}}\\
=&\sum_{l=0}^{2r}p_{2r-l}(n)\sum_{m=0}^{2r}(-1)^m\binom{2r}{m}\frac{\Gamma(n+2)e_l(m)}{\Gamma(n+2+m)n^{2r-m}}.
\end{aligned}\tag{5.1.14}$$

(5.1.14) 中第三个等式成立是根据引理 5.1.6, 对于 $l>m$, 有 $e_l(m)=0$. 在等式 (5.1.14) 中我们定义

$$A_{l,n,r}=\sum_{m=0}^{2r}(-1)^m\binom{2r}{m}\frac{\Gamma(n+2)e_l(m)}{\Gamma(n+2+m)n^{2r-m}}.\tag{5.1.15}$$

这样可得

$$\sum_{k=0}^{n}E\left(X_{n,k}-\frac{k}{n}\right)^{2r}=\sum_{l=0}^{2r}p_{2r-l}(n)A_{l,n,r}.\tag{5.1.16}$$

由于 $p_{2r-l}(n)$ 为关于 $n$ 的多项式, 当 $n\to\infty$ 时它的增长阶是容易得到的, 因此我们主要讨论 $A_{l,n,r}$ 的估计.

定义

$$h_{l,n}(x):=\frac{\Gamma(n+2)e_l(x)}{\Gamma(n+2+x)n^{2r-x}},\tag{5.1.17}$$

则

$$A_{l,n,r}=\sum_{m=0}^{2r}(-1)^m\binom{2r}{m}h_{l,n}(m).\tag{5.1.18}$$

注意到 $A_{l,n,r}$ 的表示与整数格子点上的有限差分格式是一致的. 下面介绍有限差分的一个引理[26].

**引理 5.1.7** 设 $\Delta^{2r}f(x_0)$ 表示 $f(x)$ 在等距点 $\{x_0, x_1, \cdots, x_{2r}\}$ 处的 $2r$ 阶向前差分. 令 $\tau = x_1 - x_0$, 那么存在 $\xi \in (x_0, x_{2r})$ 使得

$$\Delta^{2r}f(x_0) = \sum_{m=0}^{2r}(-1)^m \binom{2r}{m} f(x_m) = \tau^{2r}f^{2r}(\xi). \tag{5.1.19}$$

在引理 5.1.7 中令 $x_j = j$, 那么存在 $\xi_{l,n} \in (0, 2r)$ 使得下面的等式成立.

$$A_{l,n,r} = \Delta^{2r}h_{l,n}(0) = h_{l,n}^{(2r)}(\xi_{l,n}), \quad \xi_{l,n} \in (0, 2r). \tag{5.1.20}$$

这样我们将 $A_{l,n,r}$ 用 $h_{l,n}$ 的高阶导数表示, 因此为了估计 $A_{l,n,r}$, 只需要研究函数 $h_{l,n}$ 及其高阶导数的性质即可.

**$A_{l,n,r}$ 的下降性质**

根据上面的讨论可知 $A_{l,n,r}$ 被 $\sup\limits_{x\in[0,2r]}\left|h_{l,n}^{(2r)}(x)\right|$ 控制. 为此, 我们分成三种情况.

**情况 1**　$l = 0$.

首先注意到

$$h_{0,n}(x) = \frac{\Gamma(n+2)}{\Gamma(n+2+x)n^{2r-x}}. \tag{5.1.21}$$

我们的目标是估计 $\sup\limits_{x\in[0,2r]}\left|h_{0,n}^{(2r)}(x)\right|$ 的下降性质. 为此先介绍两个引理.

**引理 5.1.8** 给定正整数 $r$, 设 $\psi_0(x) = \dfrac{\Gamma'(x)}{\Gamma(x)}$, $\psi_m(x)$ 表示 Polygamma 函数:

$$\psi_m(x) = \frac{d^m\psi_0(x)}{dx^m}, \quad m = 0, 1, \cdots, 2r.$$

那么对于 $x \in [0, 2r]$ 有

$$|\ln(n) - \psi_0(n+2+x)| \leqslant \frac{C(r)}{n}, \tag{5.1.22}$$

$$|\psi_m(n+x+2)| \leqslant \frac{C(r)}{n^m}, \quad m \neq 0, \tag{5.1.23}$$

其中 $C(r)$ 为仅依赖于 $r$ 的常数.

**证明** 对于 $y>0$, Qi 等[137] 证明了

$$\ln(y)-\frac{1}{y}<\psi_0(y)<\ \ln(y)-\frac{1}{2y},$$

$$\frac{(m-1)!}{y^m}+\frac{m!}{2y^{m+1}}<(-1)^{m+1}\psi_m(y)<\frac{(m-1)!}{y^m}+\frac{m!}{y^{m+1}},\quad m\geqslant 1.$$

因此对于 $n>1$

$$\begin{aligned}&|\ln(n)-\psi_0(n+2+x)|\\ \leqslant\ &|\ln(n)-\ln(n+x+2)|+|\ln(n+x+2)-\psi_0(n+2+x)|\\ \leqslant\ &\frac{x+2}{n}+\frac{1}{n}\leqslant\frac{2r+3}{n}.\end{aligned}$$

进一步可以得到

$$|\psi_m(n+x+2)|\leqslant\frac{2m!}{(n+x+2)^m}\leqslant\frac{2(2r)!}{n^m},$$

令 $C(r)=\max\{2r+3,2(2r)!\}$, 则可以得到不等式 (5.1.22) 和 (5.1.23). □

下面引理给出了两个 Gamma 函数比的上界.

**引理 5.1.9** 对于 $x\geqslant 0$, $n\geqslant 1$, 设 $\Gamma(x)$ 表示 Gamma 函数, 则

$$\frac{\Gamma(n)}{\Gamma(n+x)}\leqslant\frac{2}{n^x}.$$

**证明** 首先利用 Gamma 函数的性质有

$$\begin{aligned}\frac{\Gamma(n)}{\Gamma(n+x)}&=\frac{\Gamma(n)}{(n+x-1)\cdots(n+x-[x])\Gamma(n+x-[x])}\\ &\leqslant\frac{1}{n^{[x]}}\frac{\Gamma(n)}{\Gamma(n+x-[x])}.\end{aligned}$$

利用 Wendel[175] 的结果, 对于 $0\leqslant s\leqslant 1$, $y>0$ 有

$$\left(\frac{y}{y+s}\right)^{1-s}\leqslant\frac{\Gamma(y+s)}{y^s\Gamma(y)}\leqslant 1.$$

进一步, 令 $y=n, s=x-[x]$ 可得

$$\frac{\Gamma(n)}{\Gamma(n+x)}\leqslant\frac{1}{n^{[x]}}\frac{(n+x-[x])^{1-(x-[x])}}{n}$$

$$\leqslant \frac{1}{n^{[x]}} \frac{1}{(n+x-[x])^{x-[x]}} \frac{n+x-[x]}{n}$$
$$\leqslant \frac{2}{n^x}.$$ □

接下来我们估计 $\sup\limits_{x\in[0,2r]} \left|h_{0,n}^{(2r)}(x)\right|$.

**引理 5.1.10**　对于 $m=0,1,\cdots,2r$, 下面的不等式当 $x\in[0,2r]$ 时一致成立:

$$|h_{0,n}^{(m)}(x)| \leqslant \mathcal{O}\left(\frac{1}{n^{2r+\lceil \frac{m}{2}\rceil}}\right). \tag{5.1.24}$$

**证明**　对 $m=0,1$, 简单计算有

$$h_{0,n}(x) = \frac{\Gamma(n+2)}{\Gamma(n+2+x)n^{2r-x}}, \quad h_{0,n}^{'}(x) = \Gamma(n+2)\frac{\ln(n) - \dfrac{\Gamma^{'}(n+2+x)}{\Gamma(n+2+x)}}{\Gamma(n+2+x)n^{2r-x}}.$$

利用引理 5.1.8 和引理 5.1.9 得到

$$|h_{0,n}(x)| \leqslant \mathcal{O}\left(\frac{1}{n^{2r}}\right),$$
$$|h_{0,n}^{'}(x)| = \Gamma(n+2)\frac{|\ln(n) - \psi_0(n+2+x)|}{\Gamma(n+2+x)n^{2r-x}} \leqslant \mathcal{O}\left(\frac{1}{n^{2r+1}}\right).$$

接下来用数学归纳法证明引理. 容易证明当 $m=1$ 时结论成立. 假设

$$|h_{0,n}^{(m)}| \leqslant \mathcal{O}\left(\frac{1}{n^{2r+\lceil \frac{m}{2}\rceil}}\right), \quad 1\leqslant m\leqslant k,$$

对于 $m=k+1$, 定义 $f_n(x)$ 为

$$f_n(x) = \ln(n) - \psi_0(n+2+x),$$

则 $f_n(x)$ 满足

$$|f_n^{(m)}(x)| = |\psi_m(n+2+x)|, \quad m\geqslant 1. \tag{5.1.25}$$

再利用 Leibniz 法则有

$$h_{0,n}^{(k+1)} = (h_{0,n}^{'})^{(k)} = (f_n h_{0,n})^{(k)} = \sum_{i=0}^{k}\binom{k}{i} f_n^{(k-i)} h_{0,n}^{(i)}.$$

最后利用归纳法假设与引理 5.1.8 有

$$
|h_{0,n}^{(i)}| \leqslant \mathcal{O}\left(\frac{1}{n^{2r+\lceil \frac{i}{2} \rceil}}\right),
$$
$$
|f_n^{(k-i)}| \leqslant \mathcal{O}\left(\frac{1}{n^{k-i}}\right), \quad i<k,
$$
$$
|f_n| \leqslant \mathcal{O}\left(\frac{1}{n}\right).
$$

因此

$$
|h_{0,n}^{(k+1)}| \leqslant \sum_{i=0}^{k-1} \mathcal{O}\left(\frac{1}{n^{2r+k-i+\lceil \frac{i}{2} \rceil}}\right) + \mathcal{O}\left(\frac{1}{n^{2r+1+\lceil \frac{k}{2} \rceil}}\right).
$$

最后由于 $-i+\left\lceil \dfrac{i}{2} \right\rceil$ 随着 $i$ 单调下降, 所以有

$$
\begin{aligned}
|h_{0,n}^{(k+1)}| &\leqslant \mathcal{O}\left(\frac{1}{n^{2r+1+\lceil \frac{k-1}{2} \rceil}}\right) + \mathcal{O}\left(\frac{1}{n^{2r+1+\lceil \frac{k}{2} \rceil}}\right) \\
&\leqslant \mathcal{O}\left(\frac{1}{n^{2r+1+\lceil \frac{k-1}{2} \rceil}}\right) = \mathcal{O}\left(\frac{1}{n^{2r+\lceil \frac{k+1}{2} \rceil}}\right).
\end{aligned}
$$ □

利用引理 5.1.10 可以得到

$$
|h_{0,n}^{(2r)}(x)| \leqslant \mathcal{O}\left(\frac{1}{n^{2r+r}}\right).
$$

再利用 (5.1.20) 最终得到

$$
A_{0,n,r} \leqslant \mathcal{O}\left(\frac{1}{n^{3r}}\right).
$$

**情况 2** $0<l\leqslant r$.

首先注意到 $h_{l,n}$ 与 $h_{0,n}$ 有如下关系

$$
h_{l,n}(x) = \frac{\Gamma(n+2)e_l(x)}{\Gamma(n+2+x)n^{2r-x}} = h_{0,n}(x)e_l(x).
$$

利用 Leibniz 法则可得到 $h_{l,n}(x)$ 的 $2r$ 阶导数

$$
h_{l,n}^{(2r)}(x) = \sum_{i=0}^{2r} \binom{2r}{i} h_{0,n}^{(2r-i)}(x) e_l^{(i)}(x).
$$

因为 $e_l(x)$ 是 $2l$ 次的多项式, 所以 $e_l^{(i)}(x)$ 是 $2l-i$ 次的多项式, 因而 $e_l^{(i)}(x)$ 在区间 $[0,2r]$ 上是有界的. 另外对于 $i>2l$ 有 $e_l^{(i)}(x)=0$. 这样我们就得到

$$|h_{l,n}^{(2r)}| \leqslant \sum_{i=0}^{2l} \mathcal{O}\left(h_{0,n}^{(2r-i)}\right) \leqslant \mathcal{O}\left(h_{0,n}^{(2r-2l)}\right) \leqslant \mathcal{O}\left(\frac{1}{n^{3r-l}}\right), \tag{5.1.26}$$

其中最后一个不等式成立是根据引理 5.1.10. 结合等式 (5.1.20) 与不等式 (5.1.26) 有

$$A_{l,n,r} \leqslant \mathcal{O}\left(\frac{1}{n^{3r-l}}\right), \quad 0<l\leqslant r.$$

**情况 3** $r<l\leqslant 2r$.

对于这种情况直接利用 $h_{l,n}$ 的形式

$$h_{l,n}(x)=\frac{\Gamma(n+2)e_l(x)}{\Gamma(n+2+x)n^{2r-x}}.$$

利用引理 5.1.9, 并注意到 $e_l(x)$ 为区间 $[0,2r]$ 上的有界函数, 从而有

$$|h_{l,n}(x)| \leqslant \mathcal{O}\left(\frac{1}{n^{2r}}\right) \leqslant \mathcal{O}\left(\frac{1}{n^{3r-l}}\right).$$

再运用公式 (5.1.18) 得到

$$A_{l,n,r} \leqslant \mathcal{O}\left(\frac{1}{n^{3r-l}}\right), \quad r<l\leqslant 2r.$$

综合以上三种情况可推出如下不等式

$$A_{l,n,r} \leqslant \mathcal{O}\left(\frac{1}{n^{3r-l}}\right), \quad 0\leqslant l\leqslant 2r. \tag{5.1.27}$$

联合不等式 (5.1.16), (5.1.10) 和 (5.1.27), 可得

$$\begin{aligned}\sum_{k=0}^{n} E\left(X_{n,k}-\frac{k}{n}\right)^{2r} &= \sum_{l=0}^{2r} p_{2r-l}(n)A_{l,n,r} \\ &\leqslant \sum_{l=0}^{2r} \mathcal{O}\left(n^{2r-l+1}\right)\mathcal{O}\left(\frac{1}{n^{3r-l}}\right) \\ &\leqslant \mathcal{O}\left(n^{-r+1}\right).\end{aligned}$$

注意到上述不等式组中的最后一个不等式就是式 (5.1.9), 进而完成了定理 5.1.4 的证明.

**对比** 与 Wu 等[192] 的估计进行对比, 本节推导的误差估计有以下三个方面特点.

1. 对于 Lipschitz 连续函数, $\omega\left(\dfrac{1}{\sqrt{n}}\right) \sim \dfrac{1}{\sqrt{n}}$. Wu 等[192] 的结论表明事件

$$\{(X_{n,0},\cdots,X_{n,n}) : ||B_n^X f - f||_\infty \leqslant n^{-1/6}\}$$

的概率大于 $1-\mathcal{O}\left(\dfrac{1}{n}\right)$. 这意味着在置信水平 $\mathcal{O}\left(\dfrac{1}{n}\right)$ 下, 置信区间的长度是 $2\epsilon = 2n^{-1/6}$. 在相同的置信水平 $\mathcal{O}\left(\dfrac{1}{n}\right)$ 下, 本章的结论 (定理 5.1.3) 表示置信区间的长度为 $2n^{-\frac{r-2}{2r}}$, 所以比 Wu 等[192] 有着更短的置信区间长度. 而且, 当 $r$ 充分大时, 置信区间的长度接近到 $2n^{-1/2}$.

2. 对于指数 $\alpha \in \left(\dfrac{1}{3}, 1\right]$ 的 Hölder 连续函数, $\omega\left(\dfrac{1}{\sqrt{n}}\right) \sim \dfrac{1}{n^{\frac{\alpha}{2}}}$. 因此对于给定的 $\epsilon > 0$, Wu 等 [192] 得到的依概率收敛率为

$$P\{(X_{n,0},\cdots,X_{n,n}) : ||B_n^X f - f||_\infty > \epsilon\} \leqslant \frac{\mathcal{O}(n^{1-3\alpha})}{\epsilon^6},$$

同时运用本章的估计有

$$P\{(X_{n,0},\cdots,X_{n,n}) : ||B_n^X f - f||_\infty > \epsilon\} \leqslant \frac{\mathcal{O}(n^{1-r\alpha})}{\epsilon^{2r}}.$$

这意味着我们可以选取大的 $r$ 去获得更高阶的依概率收敛率.

3. 对于指数 $\alpha \in \left(0, \dfrac{1}{3}\right]$ 的 Hölder 连续函数, Wu 等[192] 的结果不能保证随机伯恩斯坦逼近依概率收敛. 然而运用本章的结果, 我们可以取足够大的 $r$ 使得 $r\alpha > 1$, 这样就保证随机伯恩斯坦逼近仍然收敛.

**结论** 对于任何指数 $\alpha \in (0, 1]$ 的 Hölder 连续函数 $f$, 我们有

$$P\{(X_{n,0},\cdots,X_{n,n}) : ||B_n^X f - f||_\infty > \epsilon\} \leqslant \frac{\mathcal{O}(n^{1-r\alpha})}{\epsilon^{2r}}.$$

因此对于任意的 Hölder 连续函数 $f$, 随机伯恩斯坦拟插值依概率收敛, 或者说

$$\lim_{n\to\infty} P\{||B_n^X f(x) - f(x)||_\infty > \epsilon\} = 0.$$

**$L^\infty$- 概率意义下的指数收敛阶**[164]

给定正整数 $1 \leqslant p \leqslant \infty$, 首先定义 $L^p$-概率收敛.

**定义 5.1.3**　给定 $f \in \mathcal{C}([0,1])$. 如果对任意的 $\epsilon > 0$ 有

$$\lim_{n\to\infty} P\{\|B_n^X f - f\|_p > \epsilon\} = 0,$$

则称 $B_n^X f$ 在 $L^p$ 范数意义下依概率收敛到 $f$. 我们也将此时的收敛记成 $L^p$-概率收敛.

下面证明随机伯恩斯坦拟插值在 $L^\infty$-概率意义下具有指数收敛阶.

对于任意的 $n \in \mathbb{N}$, $t \in [0,1]$, 我们定义

$$Y_n(t) := \sum_{k=0}^{n} B_k^n(t)\left|X_{n,k} - E(X_{n,k})\right|. \tag{5.1.28}$$

在 $L^p$-概率的意义下, 类似引理 5.1.3, 可得下面引理.

**引理 5.1.11**　给定 $\epsilon > 0, f \in \mathcal{C}([0,1])$. 假设 $n$ 满足 $\omega\left(\frac{1}{\sqrt{n}}\right) < \frac{\epsilon}{6.2}$. 那么下面的不等式成立:

$$P\{\|B_n^X f - f\|_p > \epsilon\} \leqslant P\left\{\|Y_n\|_p > \frac{\epsilon}{2\sqrt{n}\,\omega\left(\frac{1}{\sqrt{n}}\right)}\right\}, \quad 1 \leqslant p \leqslant \infty. \tag{5.1.29}$$

**证明**　给定 $1 \leqslant p \leqslant \infty$, 首先根据 $L^p$ 空间中的三角不等式有

$$\|B_n^X f - f\|_p \leqslant \|B_n^X f - B_n^E f\|_p + \|B_n f - B_n^E f\|_p + \|B_n f - f\|_p, \tag{5.1.30}$$

其中

$$B_n^E f(t) := \sum_{k=0}^{n} f\left(E\left(X_{n,k}\right)\right) B_k^n(t), \quad t \in [0,1].$$

由于 $X_{n,k} \sim \mathrm{Beta}(k+1, n-k+1)$, 所以 $E(X_{n,k})$ 为[30]

$$E(X_{n,k}) = \frac{k+1}{n+2}, \quad 0 \leqslant k \leqslant n. \tag{5.1.31}$$

而且分布 $\mathrm{Beta}(k+1, n-k+1)$ 对应的密度函数为 $(n+1)B_k^n(t)$.

不等式 (5.1.30) 中最后两项不含随机项, 为确定误差. 利用引理 5.1.3 有

$$\|B_n f - f\|_p \leqslant \|B_n f - f\|_\infty \leqslant 1.1\omega\left(\frac{1}{\sqrt{n}}\right), \tag{5.1.32}$$

再利用连续模的定义以及伯恩斯坦拟插值的常数再生性可得

$$\|B_nf - B_n^Ef\|_p \leqslant \|B_nf - B_n^Ef\|_\infty \leqslant \sum_{k=0}^{n}\omega\left(\frac{|2k-n|}{n(n+2)}\right)B_k^n(t) \leqslant \omega\left(\frac{1}{\sqrt{n}}\right). \tag{5.1.33}$$

对上述不等式进一步放缩可得

$$\begin{aligned}
&\|B_n^Xf - B_n^Ef\|_p\\
&\leqslant \left(\int_0^1\left|\sum_{k=0}^{n}\omega\left(|X_{n,k}-E(X_{n,k})|\right)B_k^n(t)\right|^p dt\right)^{1/p}\\
&\leqslant \omega\left(\frac{1}{\sqrt{n}}\right)\left(\int_0^1\left|\sum_{k=0}^{n}\left(1+\sqrt{n}\,|X_{n,k}-E(X_{n,k})|\right)B_k^n(t)\right|^p dt\right)^{1/p}\\
&\leqslant \omega\left(\frac{1}{\sqrt{n}}\right)+\sqrt{n}\,\omega\left(\frac{1}{\sqrt{n}}\right)\left(\int_0^1\left|\sum_{k=0}^{n}|X_{n,k}-E(X_{n,k})|\,B_k^n(t)\right|^p dt\right)^{1/p}.
\end{aligned}$$

结合 $L^p$ 空间的三角不等式以及引理 3.1.1 可得

$$\omega\left(|X_{n,k}-E(X_{n,k})|\right) \leqslant \left(1+\sqrt{n}\,|X_{n,k}-E(X_{n,k})|\right)\omega\left(\frac{1}{\sqrt{n}}\right).$$

进一步, 由不等式 (5.1.32)–(5.1.33) 可推出

$$\|B_n^Xf - f\|_p \leqslant 3.1\,\omega\left(\frac{1}{\sqrt{n}}\right)+\sqrt{n}\,\omega\left(\frac{1}{\sqrt{n}}\right)\|Y_n\|_p.$$

最后, 利用引理假设 $\omega\left(\frac{1}{\sqrt{n}}\right) < \frac{\epsilon}{6.2}$ 得到

$$3.1\,\omega\left(\frac{1}{\sqrt{n}}\right) < \frac{\epsilon}{2}.$$

因此要使得 $\|B_n^Xf - f\|_p > \epsilon$ 成立, 只需要

$$\sqrt{n}\,\omega\left(\frac{1}{\sqrt{n}}\right)\|Y_n\|_p > \frac{\epsilon}{2},$$

或者等价形式

$$\|Y_n\|_p > \frac{\epsilon}{2\sqrt{n}\,\omega\left(\frac{1}{\sqrt{n}}\right)}.$$

从而引理得到证明. □

为了得到 $L^\infty$-概率意义下的指数收敛阶, 我们引入下面的引理:

**引理 5.1.12** ([117]) 设 $X \sim \text{Beta}(\alpha,\beta)$, 那么

$$P\{|X-E(X)|>r\} \leqslant 2\exp[-2(\alpha+\beta+1)r^2], \quad r>0. \tag{5.1.34}$$

**定理 5.1.5** 给定 $\epsilon>0, f\in\mathcal{C}([0,1])$. 假设 $n$ 满足 $\omega\left(\frac{1}{\sqrt{n}}\right)<\frac{\epsilon}{6.2}$, 那么下面的不等式成立:

$$\begin{aligned}&P\{\|B_n^X f-f\|_\infty>\epsilon\}\\ &\leqslant 2(n+1)\exp\left(-\frac{2\epsilon^2}{\omega^2\left(\frac{1}{\sqrt{n}}\right)}\right).\end{aligned} \tag{5.1.35}$$

**证明** 给定 $\epsilon>0, f\in\mathcal{C}([0,1])$. 利用引理 5.1.11 $(p=\infty)$ 和引理 5.1.12 有

$$\begin{aligned}&P\{\|B_n^X f-f\|_\infty>\epsilon\}\\ &\leqslant P\left\{\|Y_n\|_\infty>\frac{\epsilon}{2\sqrt{n}\ \omega\left(\frac{1}{\sqrt{n}}\right)}\right\}\\ &\leqslant P\left\{\max_{0\leqslant k\leqslant n}|X_{n,k}-E(X_{n,k})|>\frac{\epsilon}{2\sqrt{n}\ \omega\left(\frac{1}{\sqrt{n}}\right)}\right\}\\ &\leqslant \sum_{k=0}^{n}P\left\{|X_{n,k}-E(X_{n,k})|>\frac{\epsilon}{2\sqrt{n}\ \omega\left(\frac{1}{\sqrt{n}}\right)}\right\}\\ &\leqslant 2(n+1)\exp\left(-\frac{2\epsilon^2}{\omega^2\left(\frac{1}{\sqrt{n}}\right)}\right).\end{aligned}$$

在上述不等式中第二行到第三行, 我们利用了下面的不等式:

$$|Y_n(t)|\leqslant \max_{0\leqslant k\leqslant n}|X_{n,k}-E(X_{n,k})|\sum_{k=0}^{n}B_k^n(t)$$

$$= \max_{0\leqslant k\leqslant n} |X_{n,k} - E(X_{n,k})|, \quad 0 \leqslant t \leqslant 1. \qquad \square$$

**注释 5.1.1** 假设 $f \in \mathcal{C}([0,1])$ 为指数 $s$, $0 < s \leqslant 1$ 的 Hölder 连续函数. 更确切地, 假设 $\omega\left(\dfrac{1}{\sqrt{n}}\right) \sim \dfrac{1}{n^{s/2}}$, 那么运用定理 5.1.5 得到

$$P\{||B_n^X f - f||_\infty > \epsilon\} \leqslant 2(n+1)\exp\left(-2\epsilon^2 n^s\right),$$

这样就得到一个关于 $n$ 的指数收敛阶.

虽然得到指数收敛阶, 但可以发现, 如果我们选择 $f \in \mathcal{C}([0,1])$ 使得它的连续模满足

$$\omega(h) \sim |\log h|^{-1/2}, \quad h \to 0^+,$$

那么不等式 (5.1.35) 右端当 $n \to \infty$ 时不趋于零. 这说明定理 5.1.5 得到的估计并不能保证对于任意 $f \in \mathcal{C}([0,1])$, 随机伯恩斯坦拟插值均依 $L^\infty$-概率收敛. 为此, 我们继续研究随机伯恩斯坦拟插值的依 $L^p$-概率收敛以及逐点收敛的性质.

**$L^p$-概率意义下的多项式收敛阶** [164]

主要目标是证明下面不等式.

令 $\epsilon > 0$, $p \in [1, \infty)$, $f \in \mathcal{C}([0,1])$. 则对充分大的 $n$ 有

$$P\{||B_n^X f - f||_p > \epsilon\} < C_p \frac{\omega^p\left(\dfrac{1}{\sqrt{n}}\right)}{\epsilon^p},$$

这里 $C_p$ 表示仅依赖于 $p$ 的常数, 在后面的定理 5.1.6 中我们将给出具体的值. 基于引理 5.1.11, 我们需要估计 $Y_n$ 的 $L^p$ 范数, 这样将问题转化为估计次序统计量 $X_{n,k}$ 的 $p$ 阶矩. 为此, 我们先给出如下等式

$$E(Y) = \int_0^\infty P(Y > r)dr, \tag{5.1.36}$$

其中 $Y$ 是一个非负随机变量.

**引理 5.1.13** 假设 $0 < p < \infty$. 则有

$$E\left(|X_{n,k} - EX_{n,k}|^p\right) \leqslant \frac{p\,\Gamma\left(\dfrac{p}{2}\right)}{2^{p/2}(n+3)^{p/2}}, \quad k = 0, 1, \cdots, n.$$

**证明** 根据等式 (5.1.36) 可得

$$E\left(|X_{n,k} - EX_{n,k}|^p\right)$$

$$
\begin{aligned}
&= p\int_0^{\infty} P\{|X_{n,k}-EX_{n,k}|>r\}r^{p-1}dr\\
&\leqslant 2p\int_0^{\infty} \exp^{-2(n+3)r^2}\, r^{p-1}dr\\
&= \frac{p\,\Gamma\left(\dfrac{p}{2}\right)}{2^{p/2}(n+3)^{p/2}},
\end{aligned}
$$

故而引理成立. □

**引理 5.1.14**　对于任意满足 $1\leqslant p<\infty$ 的 $p$, 都有

$$
E\|Y_n\|_p^p \leqslant \frac{p\,\Gamma\left(\dfrac{p}{2}\right)}{2^{p/2}(n+3)^{p/2}}.
$$

**证明**　注意到等式

$$
\int_0^1 B_k^n(t)dt = \frac{1}{n+1}
$$

对任意的 $k=0,1,\cdots,n$ 均成立. 进一步, 由于函数 $f(x)=x^p$ 对任意的 $1\leqslant p<\infty$ 均为凸函数, 利用 Fubini 定理可得

$$
\begin{aligned}
E\left\|Y_n\right\|_p^p &= \int_0^1 E\left(\sum_{k=0}^{n} B_k^n(t)\left|X_{n,k}-EX_{n,k}\right|\right)^p dt\\
&\leqslant \int_0^1 \sum_{k=0}^{n} B_k^n(t)E\left|X_{n,k}-EX_{n,k}\right|^p dt\\
&= \frac{1}{n+1}\sum_{k=0}^{n} E\left|X_{n,k}-EX_{n,k}\right|^p.
\end{aligned}
$$

最后, 根据引理 5.1.13, 可得结论. □

**定理 5.1.6**　给定 $\epsilon>0,\ 1\leqslant p<\infty$. 假设 $f\in\mathcal{C}([0,1])$, $n$ 满足

$$
\omega\left(\frac{1}{\sqrt{n}}\right) < \frac{\epsilon}{6.2}, \tag{5.1.37}
$$

那么下面不等式成立:

$$
P\{\|B_n^X(f)-f\|_p>\epsilon\} \leqslant p\ 2^{\frac{p}{2}}\Gamma\left(\frac{p}{2}\right)\frac{\omega^p\left(\dfrac{1}{\sqrt{n}}\right)}{\epsilon^p}.
$$

**证明** 对于 $\epsilon > 0$, $p \in [1, \infty)$, $f \in \mathcal{C}([0,1])$, 首先利用公式 (5.1.28) 定义 $Y_n$, 然后利用引理 5.1.11 可得

$$
\begin{aligned}
& P\{\|B_n^X f - f\|_p > \epsilon\} \\
& \leqslant P\left\{\|Y_n\|_p > \frac{\epsilon}{2\sqrt{n}\,\omega\left(\dfrac{1}{\sqrt{n}}\right)}\right\} \\
& = P\left\{\|Y_n\|_p^p > \frac{\epsilon^p}{2^p n^{p/2}\ \omega^p\left(\dfrac{1}{\sqrt{n}}\right)}\right\} \\
& \leqslant 2^p\ n^{p/2}\omega^p\left(\frac{1}{\sqrt{n}}\right)\frac{E\,\|Y_n\|_p^p}{\epsilon^p} \\
& \leqslant p\ 2^{\frac{p}{2}}\Gamma\left(\frac{p}{2}\right)\frac{\omega^p\left(\dfrac{1}{\sqrt{n}}\right)}{\epsilon^p}.
\end{aligned}
$$

在上述一系列的等式与不等式中, 第三行到第四行利用 Markov 不等式, 第四行到最后一行利用引理 5.1.14. □

定理 5.1.6 改进了定理 5.1.4 的结果. 它在依 $L^p$-概率收敛的意义下将随机伯恩斯坦拟插值的收敛函数范围扩大到了整个连续函数空间. 进一步, 我们还可以得到指数收敛阶.

**$L^p$-概率意义下的指数收敛阶**[164]

我们将在 $L^p$-概率收敛的意义下建立指数收敛阶, 这里的 $p$ 限制在区间 $[1,2]$ 内. 主要结果为定理 5.1.7, 它建立在三个引理之上.

**引理 5.1.15** 假设随机变量 $X$ 满足 $\mathrm{Beta}(\alpha,\beta), \alpha,\beta \geqslant 1$ 分布, 那么我们有

$$
E\left[\exp\left((\alpha+\beta)(X-E(X))^2\right)\right] \leqslant 2. \tag{5.1.38}
$$

**证明** 运用不等式 (5.1.36), 其中 $Y = \exp\left((\alpha+\beta)(X-E(X))^2\right)$, 则

$$
\begin{aligned}
E\left[\exp\left((\alpha+\beta)(X-E(X))^2\right)\right] &= \int_0^\infty P\Big\{\exp\left((\alpha+\beta)(X-E(X))^2\right) > r\Big\}dr \\
&= \int_0^\infty P\Big\{\exp\left((\alpha+\beta)(X-E(X))^2\right) > \exp\left((\alpha+\beta)\tau^2\right)\Big\}d\ \exp\left((\alpha+\beta)\tau^2\right) \\
&= \int_0^\infty P\{|X-E(X)| > \tau\}d\ \exp\left((\alpha+\beta)\tau^2\right).
\end{aligned}
$$

利用引理 5.1.12, 我们得到

$$
\begin{aligned}
&E\left[\exp\left((\alpha+\beta)(X-E(X))^2\right)\right]\\
&\leqslant 2\int_0^{\infty}\exp\left(-2(\alpha+\beta)\tau^2\right)d\ \exp\left((\alpha+\beta)\tau^2\right)\leqslant 2.
\end{aligned}
$$

从而完成了证明. □

**引理 5.1.16**　给定 $r$ 和 $p_1,\cdots,p_n$, 其中 $0<r,p_1,\cdots,p_n\leqslant\infty$, 如果它们满足

$$
\sum_{k=1}^{n}\frac{1}{p_k}=\frac{1}{r}.
$$

这里我们将 $\dfrac{1}{\infty}$ 视为 0. 那么对于所有 $[0,1]$ 的 Lebesgue 可测函数有下面的不等式成立:

$$
\left\|\prod_{k=1}^{n}f_k\right\|_r\leqslant\prod_{k=1}^{n}\|f_k\|_{p_k}.
$$

上述不等式也称为推广的 Hölder 不等式, 其证明可参见文献 [2].

**引理 5.1.17**　对于 $n\in\mathbb{N}$, 下面的不等式成立:

$$
E\left[\exp\left((n+1)\|Y_n\|_2^2\right)\right]\leqslant 2.
$$

**证明**　利用等式 (5.1.28) 和詹森不等式, 我们得到

$$
\|Y_n\|_2^2\leqslant\frac{1}{n+1}\sum_{k=0}^{n}\left|X_{n,k}-EX_{n,k}\right|^2. \tag{5.1.39}
$$

对于 $k=0,1,\cdots,n$, 运用引理 5.1.15 有

$$
E\left(\exp[(n+1)(X_{n,k}-E(X_{n,k}))^2]\right)\leqslant 2. \tag{5.1.40}
$$

再利用推广的 Hölder 不等式 (引理 5.1.16), 其中 $r=1$, $p_k=n+1$, 结合不等式 (5.1.39) 和不等式(5.1.40) 得到

$$
\begin{aligned}
E\left[\exp\left((n+1)\|Y_n\|_2^2\right)\right]&\leqslant E\left[\exp\left(\sum_{k=0}^{n}\left|X_{n,k}-EX_{n,k}\right|^2\right)\right]\\
&\leqslant\prod_{k=0}^{n}\left\{E\ \left[\exp\left((n+1)\left|X_{n,k}-EX_{n,k}\right|^2\right)\right]\right\}^{\frac{1}{n+1}}
\end{aligned}
$$

$$\leqslant \left[\prod_{k=0}^{n} 2\right]^{1/(n+1)} = 2,$$

上述不等式即为所求结果. □

在以上三个引理的基础上, 我们给出主要定理.

**定理 5.1.7** 给定 $\epsilon > 0, p \in [1,2], f \in \mathcal{C}([0,1])$, 假设 $f \in \mathcal{C}([0,1])$, $n$ 满足

$$\omega\left(\frac{1}{\sqrt{n}}\right) < \frac{\epsilon}{6.2}.$$

则有如下指数收敛阶

$$P\left\{\left\|B_n^X f - f\right\|_p > \epsilon\right\} \leqslant 2\exp\left[-\frac{\epsilon^2}{4\ \omega^2\left(\frac{1}{\sqrt{n}}\right)}\right].$$

**证明** 根据定理条件有

$$P\left\{\left\|B_n^X f - f\right\|_p > \epsilon\right\} \leqslant P\left\{\left\|B_n^X f - f\right\|_2 > \epsilon\right\}.$$

利用引理 5.1.11 和 Markov 不等式, 上述不等式可继续放缩为

$$\leqslant P\left\{\|Y_n\|_2 > \frac{\epsilon}{2\sqrt{n}\ \omega\left(\frac{1}{\sqrt{n}}\right)}\right\}$$

$$= P\left\{\|Y_n\|_2^2 > \frac{\epsilon^2}{4n\ \omega^2\left(\frac{1}{\sqrt{n}}\right)}\right\}$$

$$\leqslant \frac{E\left[\exp\left((n+1)\|Y_n\|_2^2\right)\right]}{\exp\left[(n+1)\left(\frac{\epsilon^2}{4n\ \omega^2\left(\frac{1}{\sqrt{n}}\right)}\right)\right]}$$

$$\leqslant 2\exp\left[-\frac{\epsilon^2}{4\ \omega^2\left(\frac{1}{\sqrt{n}}\right)}\right].$$

这里最后一个不等式利用了引理 5.1.17. □

**注释 5.1.2**　对于 $2 < p \leqslant \infty$, 关于定理 5.1.7 的最新研究成果可参考 [165].

**逐点意义下的指数收敛阶**[164]

Sun 和 Wu [163] 研究了随机伯恩斯坦拟插值的逐点依概率收敛性并得到下面不等式

$$P\{|B_n^X f(t) - f(t)| > \epsilon\} \leqslant 40 \frac{\omega^2\left(\dfrac{1}{\sqrt{n}}\right)}{\epsilon^2}, \quad \forall\, t \in [0,1]. \tag{5.1.41}$$

我们将在此基础上证明下面定理.

**定理 5.1.8**　给定 $\epsilon > 0$, $f \in \mathcal{C}([0,1])$, $t \in [0,1]$ . 假设 $n$ 满足

$$\omega\left(\frac{1}{\sqrt{n}}\right) < \frac{\epsilon}{6.2}.$$

则有如下不等式成立:

$$P\left\{|B_n^X f(t) - f(t)| > \epsilon\right\} \leqslant 2\exp\left[-\frac{\epsilon^2}{4\,\omega^2\left(\dfrac{1}{\sqrt{n}}\right)}\right].$$

为证明定理 5.1.8, 我们先给出如下引理.

**引理 5.1.18**　给定 $\epsilon > 0$, $f \in \mathcal{C}([0,1])$. 假设 $n$ 满足

$$\omega\left(\frac{1}{\sqrt{n}}\right) < \frac{\epsilon}{6.2}.$$

则对于任意 $t \in [0,1]$, 下面不等式成立:

$$P\{|B_n^X f(t) - f(t)| > \epsilon\} \leqslant P\left\{|Y_n(t)| > \frac{\epsilon}{2\sqrt{n}\,\omega\left(\dfrac{1}{\sqrt{n}}\right)}\right\}.$$

引理 5.1.18 与引理 5.1.11 的证明过程类似. 接下来, 我们证明定理 5.1.8.

**定理 5.1.8 的证明**　对于 $t = 0, 1$ 结论显然成立. 在下面的证明中我们假设 $0 < t < 1$, 这样有

$$B_k^n(t) > 0, \quad k = 0, 1, \cdots, n, \quad t \in (0,1).$$

证明的核心是得到

$$E\exp\left[n\sum_{k=0}^{n}B_k^n(t)\left|X_{n,k}-E(X_{n,k})\right|^2\right]$$

的上界.

同样利用推广的 Hölder 不等式 (引理 5.1.16), 其中 $r=1$, $p_k=\dfrac{1}{B_k^n(t)}$, 则

$$\begin{aligned}
&E\left[\exp\left(n\sum_{k=0}^{n}B_k^n(t)\left|X_{n,k}-E(X_{n,k})\right|^2\right)\right]\\
\leqslant&\prod_{k=0}^{n}\left\{E\ \left[\exp\left(n\ B_k^n(t)\ |X_{n,k}-E(X_{n,k})|^2\right)^{\frac{1}{B_k^n(t)}}\right]\right\}^{B_k^n(t)}\\
=&\prod_{k=0}^{n}\left\{E\ \left[\exp\left(n\ |X_{n,k}-E(X_{n,k})|^2\right)\right]\right\}^{B_k^n(t)}.
\end{aligned}$$

利用引理 5.1.15, 上述最后一个等式中的所有因子中的每一项都小于或者等于 2. 这样有

$$\prod_{k=0}^{n}\left\{E\left[\exp\left(n\ |X_{n,k}-E(X_{n,k})|^2\right)\right]\right\}^{B_k^n(t)}\leqslant\prod_{k=0}^{n}2^{B_k^n(t)}=2^{\sum\limits_{k=0}^{n}B_k^n(t)}=2.$$

利用引理 5.1.18 和 Markov 不等式得到

$$\begin{aligned}
&P\left\{|B_n^X f(t)-f(t)|>\epsilon\right\}\\
\leqslant&P\left\{|Y_n(t)|>\frac{\epsilon}{2\sqrt{n}\ \omega\left(\dfrac{1}{\sqrt{n}}\right)}\right\}\\
=&P\left\{|Y_n(t)|^2>\frac{\epsilon^2}{4n\ \omega^2\left(\dfrac{1}{\sqrt{n}}\right)}\right\}\\
\leqslant&P\left\{\sum_{k=0}^{n}B_k^n(t)\left|X_{n,k}-E(X_{n,k})\right|^2>\frac{\epsilon^2}{4n\ \omega^2\left(\dfrac{1}{\sqrt{n}}\right)}\right\}
\end{aligned}$$

$$\leqslant \frac{E\left[\exp\left(n\sum_{k=0}^{n} B_k^n(t)\left|X_{n,k}-E(X_{n,k})\right|^2\right)\right]}{\exp\left[n\left(\dfrac{\epsilon^2}{4n\ \omega^2\left(\dfrac{1}{\sqrt{n}}\right)}\right)\right]}$$

$$\leqslant 2\exp\left[-\frac{\epsilon^2}{4\ \omega^2\left(\dfrac{1}{\sqrt{n}}\right)}\right].$$

从而完成了定理 5.1.8 的证明.

**数值模拟实验.** 给定函数 $f \in \mathcal{C}([0,1]), n \in \mathbb{N}$, 分别记 $B_n^X f$, $B_n f$ 为随机伯恩斯坦逼近和经典伯恩斯坦逼近. 由于每次 $n$ 个随机变量的实现值不一定相同, 对应的随机伯恩斯坦逼近 $B_n^X f$ 具有不确定性. 测试函数选择为

$$f(x) = |x - 0.5|, \quad x \in [0,1].$$

下面将展示三个蒙特卡罗模拟实验结果用于验证随机伯恩斯坦的收敛性质. 另外, 为使对于 $n$ 足够大时也可以对伯恩斯坦逼近以及随机伯恩斯坦逼近格式进行计算, 我们利用 de Casteljau 算法[55] 计算对应的伯恩斯坦多项式, 从而克服因需要计算高阶伯恩斯坦多项式而导致的不稳定性.

**模拟 I** 我们分别研究在 $n = 50, 100, 400, 700, 1000, 3000, 5000, 7000$ 情况下对应的随机 (经典) 伯恩斯坦逼近的收敛情况, 选择 $[0,1]$ 上 100 个等距测试点, 分别计算逼近格式在这些测试点上的最大误差来近似理论误差的 $\|\cdot\|_\infty$ 范数. 详细的结果见表 5.1.

**表 5.1 不同数量采样点的随机 (经典) 伯恩斯坦逼近的最大预测误差**

| $n$ | 50 | 100 | 400 | 700 | 1000 | 3000 | 5000 | 7000 |
|---|---|---|---|---|---|---|---|---|
| $\max_S$ | 0.2144 | 0.1016 | 0.0782 | 0.0365 | 0.0328 | 0.0177 | 0.0163 | 0.0146 |
| $\max_C$ | 0.0512 | 0.0349 | 0.0153 | 0.0106 | 0.0082 | 0.0033 | 0.002 | 0.0013 |

在表 5.1中, $\max_S$ 和 $\max_C$ 分别代表随机伯恩斯坦逼近与经典伯恩斯坦逼近在 100 个等距点上的最大误差, 这里仅仅是一次模拟的误差, 对应的 $B_n^X f$ 与 $B_n f$ 的图像如图 5.1 所示, 其中子图 (a)—(d) 分别对应 $n = 50, n = 700, n = 3000, n = 7000$ 下单次模拟的结果, 其中实线 (虚线) 为随机 (经典) 伯恩斯坦逼近曲线. 可以看出, 和经典伯恩斯坦逼近曲线相比, 随机伯恩斯坦逼近曲线光滑性较差, 这也进一步展现了逼近效果受采样点随机性的影响, 子图 (e) 中实线表示在 $n = 400$

的情况下模拟 1000 次取平均之后得到的逼近曲线, 和对应的经典伯恩斯坦逼近 (虚线) 曲线几乎重合.

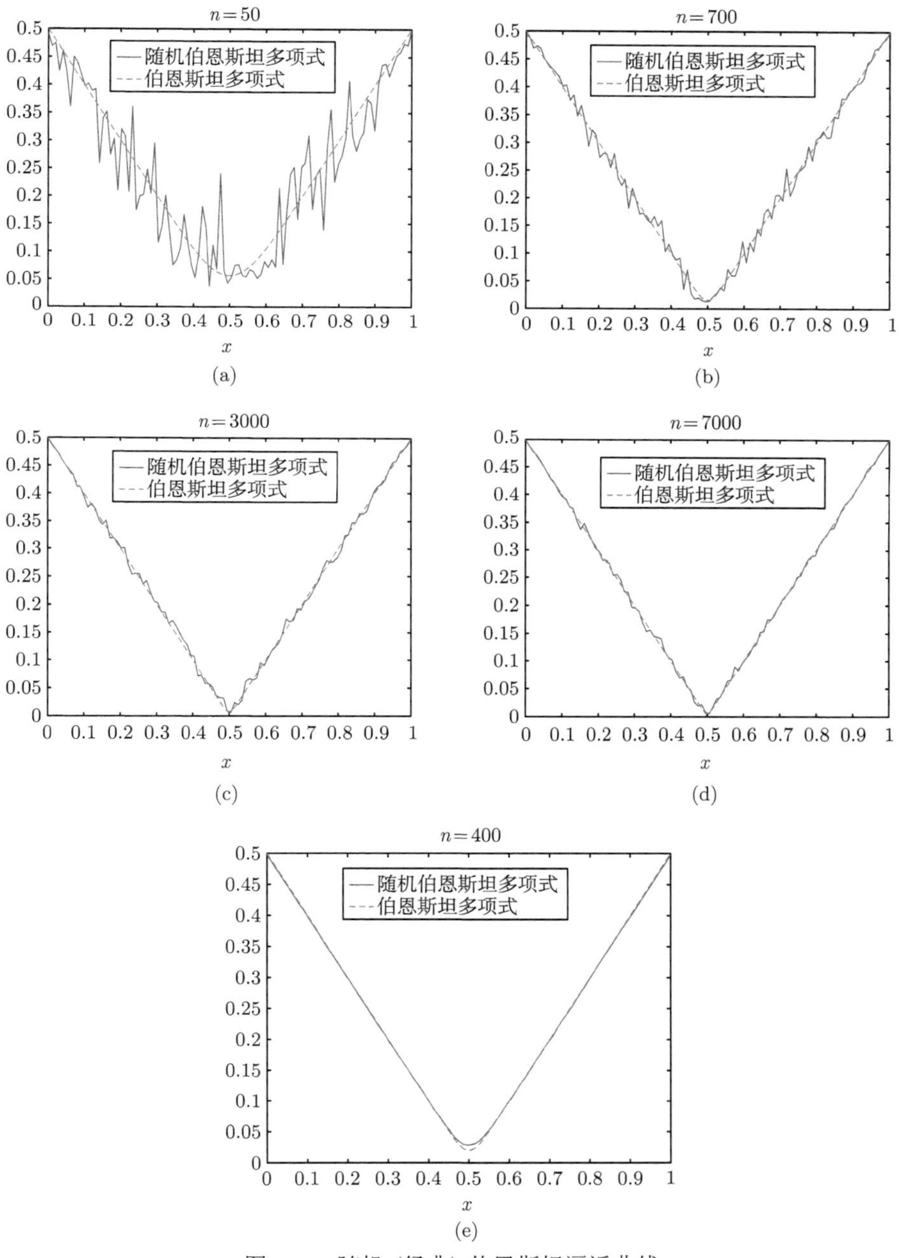


图 5.1 随机 (经典) 伯恩斯坦逼近曲线

**模拟 II**　固定 $\epsilon = 0.1$, 并以 $x = 0.1$ 为始点从 $[0,1]$ 中选择 9 个等距点. 对于每个点, 我们都模拟 1000 次, 然后计算事件 $|B_n^X f(x) - f(x)| > \epsilon$ 发生的概率. 其中 $x$ 表示被选择的 9 个点之一. 图 5.2(a) 展示模拟结果. 其中横坐标表示随机伯恩斯坦逼近中 $n$ 的变化情况, 纵坐标表示上述事件对应的概率值. 图 5.2(a) 中的每一条曲线都展现出快速下降的性质, 同时也大致呈现出指数下降的收敛阶, 这个结果与定理 5.1.8 基本一致.

**模拟 III**　固定 $\epsilon = 0.1$ 并以 $\xi = 0.01$ 为始点从 $[0,1]$ 区间中选择 100 个等距点, 记为 $\Xi$. 模拟 1000 次, 计算事件 $\max\limits_{\xi\in\Xi}|B_n^X f(\xi) - f(\xi)| > \epsilon$ 发生的概率, 以此来模拟事件 $\|B_n^X f(\cdot) - f(\cdot)\|_\infty > \epsilon$ 的概率. 在图 5.2(b) 中横坐标表示随机伯恩斯坦逼近中 $n$ 的变化, 纵坐标表示上述事件的概率值. 图 5.2(b) 清晰地展示了随着 $n$ 的增加, 事件 $\max\limits_{\xi\in\Xi}|B_n^X f(\xi) - f(\xi)| > \epsilon$ 的快速下降性质, 并且暗示了随机伯恩斯坦逼近误差的最大范数的指数收敛性[164].

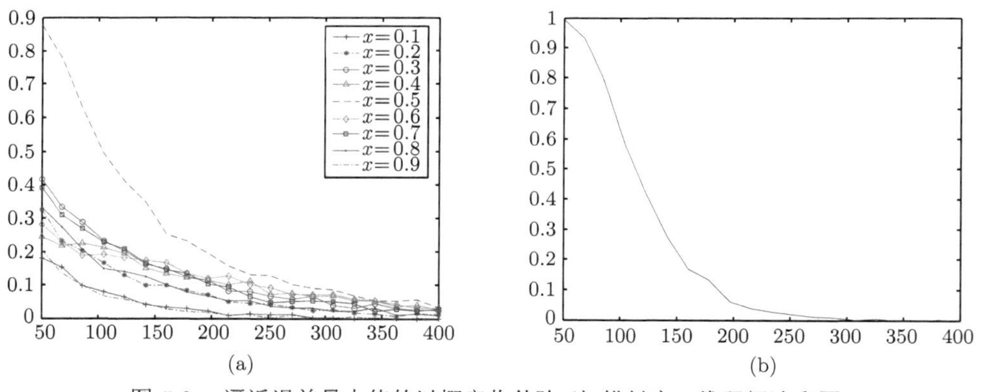


图 5.2　逼近误差最大值的以概率收敛阶 (扫描封底二维码阅读彩图)

## 5.2　蒙特卡罗拟插值

多元散乱点拟插值的构造问题一直是拟插值领域研究的焦点. Buhmann 等[23] 曾研究过基于散乱中心点的多元拟插值, 他们的格式虽然也是散乱点, 但是在用这些散乱点构造基函数的时候并不是直接的, 很多情况下需要解线性方程组. 因此在预测的时候采样点还是只能在事先选择的散乱中心上. Dyn 和 Ron[52] 则利用两步法构造基于散乱中心的多元拟插值, 具体地先给出网格点上的拟插值然后用基于径向基函数在散乱点上的插值对其进行逼近. Yoon[197] 则在 Dyn 和 Ron 的基础上考虑更加普遍的基函数. 其他还可参见 Dyn 等[51] 的相关工作.

Wu 和 Liu[188] 首先从积分离散化的观点出发进行多元拟插值的构造, 他们提出了广义 Strang-Fix 条件. 但是多元积分公式本身是一个困难问题, 为此他们提出用局部最小二乘进行积分离散化, 这样减轻了因求解线性方程组而带来的计算复杂性.

我们将沿着 Wu 和 Liu [188] 的思想, 将拟插值看成是由卷积序列逼近和卷积序列离散化两个过程构成. 但是, 在卷积序列离散化过程中我们采样蒙特卡罗积分离散化方法, 进而构造多元随机拟插值并讨论相应的误差估计与稳定性[72].

首先引入一些记号. 给定两个正整数 $d, l$. $\Omega$ 表示欧几里得空间 $\mathbb{R}^d$ 上的有界区域, 用 $|\Omega|$ 表示 $\Omega$ 的体积. 设 $1 \leqslant p \leqslant \infty$, $W_p^l(\mathbb{R}^d)$ 为经典索伯列夫空间, 其中的函数 $f$ 满足

$$D^\alpha f \in L^p(\mathbb{R}^d), \quad 0 \leqslant |\alpha| \leqslant l,$$

这里 $\alpha = (\alpha_1, \cdots, \alpha_d)$ 是一个多指标, $|\alpha| = \sum\limits_{j=1}^{d} \alpha_j$, $D^\alpha f$ 为 $f$ 在分布意义下的导数. $\|f\|_{W_p^l(\mathbb{R}^d)}$ 定义为

$$\|f\|_{W_p^l(\mathbb{R}^d)} = \sum_{0 \leqslant |\alpha| \leqslant l} \|D^\alpha f\|_{L^p(\mathbb{R}^d)}, \tag{5.2.1}$$

假设 $\Psi \in \mathcal{C}(\mathbb{R}^d)$ 满足 $l$ $(l > d/2)$ 阶的矩条件. 令 $\Psi_h = h^{-d}\Psi(x/h)$, 其中 $h > 0$ 表示尺度参数. 设 $X$ 为 $\Omega$ 上满足均匀分布的随机变量. $(X_j)_{j=1}^N$ 为 $N$ 个与 $X$ 独立同分布的样本. $V$ 为有界区域且满足

$$V \subset \Omega, \quad \mathrm{dist}(\partial\Omega, \partial V) \geqslant c, \quad 其中\ 0 < c < 1.$$

这里 $\mathrm{dist}(\partial\Omega, \partial V)$ 定义为 $\partial\Omega$ 与 $\partial V$ 之间的 Hausdorff 距离.

设 $f \in W_p^l(\mathbb{R}^d)$ $(l > d/2)$. 给定散乱点 $\{X_j\}_{j=1}^N$ 上的离散函数值 $\{f(X_j)\}_{j=1}^N$, 构造多元随机 (蒙特卡罗) 拟插值

$$Q_{\Psi,h}(f)(x) = \frac{|\Omega|}{N} \sum_{j=1}^{N} f(X_j)\Psi_h(x - X_j), \quad x \in V. \tag{5.2.2}$$

接下来, 我们在非参数核回归框架下 [13] 推导蒙特卡罗拟插值格式的最佳带宽选择准则以及对应的优收敛阶. 为此, 令均方误差函数

$$\mathrm{MSE}(f, x) = E\left(f(x) - Q_{\Psi,h}f(x)\right)^2, \quad x \in V,$$

则 $\mathrm{MSE}(f)$ 为 $V$ 上的连续函数, 进而可定义 $Q_{\Psi,h}f$ 逼近到 $f$ 的一致均方误差 (M-MSE)

$$\sup_{x \in V} \mathrm{MSE}(f, x).$$

我们将证明在 $h = N^{-1/(2l+d)}$ 下, 一致均方误差满足不等式:

$$\sup_{x\in V} E\left(f(x) - Q_{\Psi,h}(f)(x)\right)^2 \leqslant C\ N^{-\frac{2l}{2l+d}}, \tag{5.2.3}$$

其中 $C$ 是一个与 $h$ 无关的正常数.

**定理 5.2.1**　假设 $\Psi$ 满足 $l > d/2$ 阶矩条件. 设 $V$ 为有界区域且满足 $V \subset \Omega$ 以及 $\mathrm{dist}(\partial\Omega, \partial V) \geqslant c$, 其中 $0 < c < 1$. 那么存在一个与 $h$ 无关的正常数 $C$ 使得不等式成立:

$$\sup_{x\in V} \mathrm{MSE}(f, x) \leqslant C\ (h^{2l} + h^{-d}N^{-1}), \quad f \in W_p^l(\mathbb{R}^d)\ \ (1 \leqslant p \leqslant \infty). \tag{5.2.4}$$

特别地, 令 $h = N^{-1/(2l+d)}$, 可得

$$\sup_{x\in V} \mathrm{MSE}(f, x) \leqslant C\ N^{-2l/(2l+d)}, \quad f \in W_p^l(\mathbb{R}^d)\ \ (1 \leqslant p \leqslant \infty).$$

**证明**　固定 $x \in V$. 我们有

$$\begin{aligned}\mathrm{MSE}(f, x) &= E\left(f(x) - \int_\Omega f(t)\Psi_h(x-t)dt + \int_\Omega f(t)\Psi_h(x-t)dt - Q_{\Psi,h}f(x)\right)^2 \\ &\leqslant 2E\left(f(x) - \int_\Omega f(t)\Psi_h(x-t)dt\right)^2 \\ &\quad + 2E\left(\int_\Omega f(t)\Psi_h(x-t)dt - Q_{\Psi,h}f(x)\right)^2.\end{aligned}$$

分别估计上述不等式的右边两项. 在两个估计中我们均需要下面的索伯列夫嵌入定理:

$$\|f\|_\infty \leqslant C\|f\|_{W_p^l(\mathbb{R}^d)}, \quad l > d/2,$$

其中 $C$ 是与 $f$ 无关的常数. 对于上述不等式中的第一项有

$$\begin{aligned}&\left|f(x) - \int_\Omega f(t)\Psi_h(x-t)dt\right| \\ &\leqslant \left|f(x) - \int_{\mathbb{R}^d} f(t)\Psi_h(x-t)dt\right| + \left|\int_{\mathbb{R}^d\setminus\Omega} f(t)\Psi_h(x-t)dt\right|.\end{aligned}$$

由 $x \in V$ 及 $\mathrm{dist}(\partial\Omega, \partial V) \geqslant c$, 可得

$$\left|\int_{\mathbb{R}^d\setminus\Omega} f(t)\Psi_h(x-t)dt\right| \leqslant \|f\|_\infty \int_{|x|\geqslant c/h} |x|^{-l}|x|^l|\Psi(x)|dx.$$

利用 $l$ 阶矩条件有

$$\left|\int_{\mathbb{R}^d\setminus\Omega} f(t)\Psi_h(x-t)dt\right| \leqslant C_1 h^l,$$

其中 $C_1$ 是与 $h$ 无关的常数. 进一步, 根据 Cheney 等[37] 的研究结果, 当 $\Psi$ 满足 $l$ 阶矩条件时, 可得卷积序列逼近误差为

$$\|\Psi_h * f - f\|_{L^p(\mathbb{R}^d)} \leqslant C_{l,d}\ |f|_{l,p}\ h^l, \quad f\in W_p^l(\mathbb{R}^d), \quad 1\leqslant p\leqslant\infty, \tag{5.2.5}$$

其中 $|f|_{l,p}$ 表示半索伯列夫范数, 定义为

$$|f|_{l,p} = \sum_{|\alpha|=l} \|D^\alpha f\|_{L^p(\mathbb{R}^d)}.$$

这样存在独立于 $h$ 的常数 $C_2$ 使得

$$\left(f(x) - \int_{\mathbb{R}^d} f(t)\Psi_h(x-t)dt\right)^2 \leqslant C_2\ h^{2l}.$$

因此, 第一项被下面的不等式控制:

$$\left(f(x) - \int_{\Omega} f(t)\Psi_h(x-t)dt\right)^2 \leqslant C_3 h^{2l}, \tag{5.2.6}$$

其中 $C_3 = \max\{C_1, C_2\}$. 为估计第二项, 我们固定 $x\in V$, 则对随机变量

$$\frac{1}{|\Omega|}\Psi_h(x-X)f(X),$$

其方差有下面估计:

$$\|f\|_\infty^2 \int_{\mathbb{R}^d} \Psi_h^2(y)dy = h^{-d}\ \|f\|_\infty^2 \int_{\mathbb{R}^d} \Psi^2(y)dy.$$

因此, 利用蒙特卡罗数值积分的误差估计有[45, 54, 85]

$$E\left(\int_\Omega f(t)\Psi_h(x-t)dt - Q_{\Psi,h}f(x)\right)^2 \leqslant C_4\ h^{-d}\ N^{-1}. \tag{5.2.7}$$

其中 $C_4$ 为与 $h$ 无关的常数. 联合两个不等式 (5.2.6) 和 (5.2.7) 得到

$$\mathrm{MSE}(f,x) \leqslant C(h^{2l} + h^{-d}N^{-1}), \quad x\in V,$$

其中 $C = \max\{C_3, C_4\}$. 这样定理得证. □

**注释 5.2.1** 由不等式 (5.2.6) 可知, $h$ 越小卷积序列逼近到 $f$ 的误差 (偏差) 越小, 然而, 由不等式 (5.2.7) 可知, $h$ 越小卷积离散化误差 (方差) 反而越大. 因此, 通过最小化误差估计 (5.2.4) 可得到最优参数 (带宽) $h$ 的选择准则 $h = N^{-1/(2l+d)}$.

在许多应用中, 例如不确定量化 (uncertainty quantification)[7, 41, 125, 195], 人们常用平均 $L^p$ 收敛来刻画收敛性. 对于 $p \in [1, 2]$, 利用定理 5.2.1 也可得到类似结论.

**推论 5.2.1** 假设 $\Psi$ 满足 $l$ 阶矩条件. 则可选择最优参数 $h = N^{-1/(2l+d)}$ 以及一个与 $h$ 无关的常数 $C$, 使得不等式

$$E\left(\|Q_{\Psi,h}f - f\|_{L^p(V)}^p\right) \leqslant C\ N^{-pl/(2l+d)}, \quad 1 \leqslant p \leqslant 2$$

对任何 $f \in W_p^l(\mathbb{R}^d)$ $(l > d/2)$, $p \in [1, 2]$ 均成立.

**证明** 首先我们有

$$\begin{aligned} E\left(\|Q_{\Psi,h}f - f\|_{L^p(V)}^p\right) &= E\left(\int_V |Q_{\Psi,h}f(x) - f(x)|^p dx\right) \\ &= \int_V E\left[(Q_{\Psi,h}f(x) - f(x))^2\right]^{\frac{p}{2}} dx. \end{aligned}$$

因此, 对于 $p \in [1, 2]$, 运用 Hölder 不等式得

$$E(\|Q_{\Psi,h}f - f\|_{L^p(V)}^p) \leqslant \int_V \left(E[(Q_{\Psi,h}f(x) - f(x))^2]\right)^{\frac{p}{2}} dx.$$

最后利用定理 5.2.1 即可得到结论. □

**注释 5.2.2** Maz'ya 等基于近似逼近构造一系列的多元散乱数据拟插值格式 [119-121]. 但这些格式并不能收敛到被逼近函数. 而由定理 (5.2.1) 可知多元随机 (蒙特卡罗) 拟插值格式在区域内部逐点收敛.

下面将讨论随机拟插值格式 (5.2.2) 的渐近正态性与置信区间. 为此, 我们假设核函数 $\Psi$ 满足下降性

$$|\Psi(x)| \leqslant \frac{C}{(1 + |x|)^{d+l+\delta}}, \quad x \in \mathbb{R}^d. \tag{5.2.8}$$

此处, $C$ 为正常数, $\delta$ 为一个任意小的正常数.

**定理 5.2.2** 假设 $\Psi$ 满足 $l$ 阶广义 Strang-Fix 条件与下降性质 (5.2.8) 以及 $\mathrm{Var}(Q_{\Psi,h}f(x)) \neq 0$, $\forall x \in V$ . 固定 $x \in V$, 令 $Y_N(x)$ 表示随机变量

$$Y_N(x) = \frac{Q_{\Psi,h}f(x) - E[Q_{\Psi,h}f(x)]}{\sqrt{\mathrm{Var}(Q_{\Psi,h}f(x))}}, \quad h = N^{-1/(2l+d)}.$$

那么当 $N\to\infty$ 时, 随机变量序列 $Y_N(x)$ 收敛到标准正态分布.

**证明** 固定 $x\in V$. 我们首先注意到 $Y_N(x)$ 为 $N$ 个独立同分布的随机变量的线性组合, 这些随机变量均与随机变量 $\tilde{\xi}(x)$ 独立同分布, 这里 $\tilde{\xi}(x)$ 的定义为

$$\tilde{\xi}(x)=|\Omega|f(X)\Psi_h(x-X)-E[Q_{\Psi,h}f(x)],$$

其中 $X$ 表示区域 $\Omega$ 上满足均匀分布的随机变量. 从而有 $E[\tilde{\xi}(x)]=0$,

$$\begin{aligned}\operatorname{Var}(\tilde{\xi}(x))&=\operatorname{Var}(|\Omega|f(X)\Psi_h(x-X))\\&=N\operatorname{Var}\left(\frac{|\Omega|}{N}\sum_{j=1}^{N}f(X_j)\Psi_h(x-X_j)\right)\\&=N\operatorname{Var}(Q_{\Psi,h}f(x)).\end{aligned}$$

通过简单计算并利用假设 $\operatorname{Var}(Q_{\Psi,h}f(x))>0$, 我们得到

$$\begin{aligned}Y_N(x)=&\frac{1}{\sqrt{\operatorname{Var}(Q_{\Psi,h}f(x))}}\left(\frac{|\Omega|}{N}\sum_{j=1}^{N}f(X_j)\Psi_h(x-X_j)-E[Q_{\Psi,h}f(x)]\right)\\=&\frac{1}{N}\sum_{j=1}^{N}\frac{|\Omega|f(X_j)\Psi_h(x-X_j)-E[Q_{\Psi,h}f(x)]}{\sqrt{\operatorname{Var}(Q_{\Psi,h}f(x))}}\\=&\frac{1}{\sqrt{N}}\sum_{j=1}^{N}\frac{\tilde{\xi}_j(x)}{\sqrt{\operatorname{Var}(\tilde{\xi}_j(x))}}.\end{aligned}\tag{5.2.9}$$

其中 $\{\tilde{\xi}_j(x)\}_{j=1}^N$ 为随机变量 $\tilde{\xi}(x)$ 的 $N$ 个样本. 但是随机变量 $\tilde{\xi}(x)$ 依赖于 $h$, 因此依赖于 $N$, 导致我们没有办法直接用中心极限定理. 为此我们考察 $Y_N(x)$ 的特征函数 $\varphi_{Y_N(x)}$.

$$\varphi_{Y_N(x)}(t):=E\left(\exp\left(itY_N(x)\right)\right).$$

固定 $x\in V$, 运用公式 (5.2.9) 可得

$$\begin{aligned}\varphi_{Y_N(x)}(t)&=E\left(\exp\left(it\sum_{j=1}^{N}\frac{\tilde{\xi}_j(x)}{\sqrt{N}\sqrt{\operatorname{Var}(\tilde{\xi}_j(x))}}\right)\right)\\&=\varphi^N_{\tilde{\xi}_1(x)}\left(\frac{t}{\sqrt{N}\sqrt{\operatorname{Var}(\tilde{\xi}_1(x))}}\right).\end{aligned}$$

再利用指数函数的 Taylor 展开得

$$\varphi_{Y_N(x)}(t) = \left(1 - \frac{t^2 E(\tilde{\xi}_1^2(x))}{2N\mathrm{Var}(\tilde{\xi}_1(x))} + o\left(\frac{t^2}{N\mathrm{Var}(\tilde{\xi}_1(x))}\right)\right)^N.$$

令 $N \to \infty$, 则有

$$\begin{aligned}\lim_{N\to\infty} \varphi_{Y_N(x)}(t) &= \lim_{N\to\infty}\left(1 - \frac{t^2 E(\tilde{\xi}_1^2(x))}{2N\mathrm{Var}(\tilde{\xi}_1(x))} + o\left(\frac{t^2}{N\mathrm{Var}(\tilde{\xi}_1(x))}\right)\right)^N \\ &= \exp\left(-\frac{t^2}{2\mathrm{Var}(\tilde{\xi}_1(x))}E(\tilde{\xi}_1^2(x))\right) \\ &= \exp\left(-\frac{t^2}{2}\right).\end{aligned}$$

□

**注释 5.2.3** 上述定理中, 我们假设 $\mathrm{Var}(Q_{\Psi,h}f(x)) \neq 0$. 事实上, 如果存在 $x \in V$ 使得 $\mathrm{Var}(Q_{\Psi,h}f(x)) = 0$, 则由柯西不等式可得乘积 $\Psi_h(x-y)\ f(y)$ 对于任意 $y \in \Omega$ 为常数. 然而利用下降性质 (5.2.8), 当 $h \to 0$ 时有

$$\Psi_h(0) \to \infty, \quad \Psi_h(a) \to 0, \quad \forall a \neq 0,$$

所以当 $\mathrm{Var}(Q_{\Psi,h}f(x)) = 0$ 时必定有 $f \in W_p^r(\mathbb{R}^d)\ (r > d/2)$ 恒为零.

$Y_N(x)$ 的渐近正态性质有助于建立随机拟插值 $Q_{\Psi,h}f(x)$ 的逐点局部极限置信区间[127]. 令 $\alpha < 1$ 表示一个任意小的正数 (在统计中表示置信水平 [101]), 相应的区间上下界为

$$f_\alpha^U(x) = E\left(Q_{\Psi,h}f(x)\right) + t_{1-0.5\alpha}\sqrt{\mathrm{Var}(Q_{\Psi,h}f(x))},$$

$$f_\alpha^L(x) = E\left(Q_{\Psi,h}f(x)\right) - t_{1-0.5\alpha}\sqrt{\mathrm{Var}(Q_{\Psi,h}f(x))},$$

其中 $t_{1-0.5\alpha}$ 表示标准正态分布的 $(1-0.5\alpha)$ 分位数[101]. 基于定理 5.2.2, $[f_\alpha^L, f_\alpha^U(x)]$ 为 $Q_{\Psi,h}f(x)$ 在点 $x$ 处的极限 $(1-\alpha)$ 置信区间. 也就是说对于任意的 $x \in V$, 我们有

$$\lim_{N\to\infty} P\left\{f_\alpha^L(x) \leqslant Q_{\Psi,h}f(x) \leqslant f_\alpha^U(x)\right\} = 1 - \alpha.$$

接下来研究随机拟插值格式 (5.2.2) 的稳健性. 假设采样数据为

$$\{(X_k, f(X_k) + \varepsilon_k)\}_{k=1}^N,$$

其中 $\{\varepsilon_j\}_{k=1}^N$ 独立同分布于均值为零, 方差为 $\sigma^2$ 的高斯噪声. 此时, 拟插值格式 (5.2.2) 可写成

$$Q_{\Psi,h}^*f(x)=\frac{|\Omega|}{N}\sum_{k=1}^N(f(X_k)+\varepsilon_k)\Psi_h(x-X_k). \tag{5.2.10}$$

对于拟插值 $Q_{\Psi,h}^*f$, 我们有下面定理.

**定理5.2.3** 假设 $\Psi$ 满足 $l$ 阶广义 Strang-Fix 条件. $Q_{\Psi,h}^*f(x)$ 如公式 (5.2.10) 所定义. 对任意 $x\in V$, 令 $\mathrm{MSE}^*(f,x)=E[Q_{\Psi,h}^*f(x)-f(x)]^2$ 表示 $Q_{\Psi,h}^*f(x)$ 与 $f(x)$ 之间的均方误差. 则存在独立于 $h$ 与 $\sigma^2$ 的常数 $C$ 使得

$$\sup_{x\in V}\mathrm{MSE}^*(f,x)\leqslant C\ \left(h^{2l}+\frac{\|f\|_\infty^2+\sigma^2|\Omega|}{Nh^d}\right). \tag{5.2.11}$$

**证明** 首先有

$$\begin{aligned}E(Q_{\Psi,h}^*f(x)-f(x))^2&=E\left(\frac{|\Omega|}{N}\sum_{k=1}^N(f(X_k)+\varepsilon_k)\Psi_h(x-X_k)-f(x)\right)^2\\&\leqslant\underbrace{2\,E\left(\frac{|\Omega|}{N}\sum_{k=1}^Nf(X_k)\Psi_h(x-X_k)-f(x)\right)^2}_{P_1}\\&\quad+\underbrace{2\,E\left(\frac{|\Omega|}{N}\sum_{k=1}^N\varepsilon_k\Psi_h(x-X_k)\right)^2}_{P_2}.\end{aligned}$$

利用定理 5.2.1, 存在与 $h$ 无关的常数 $C$ 使得

$$P_1\leqslant\frac{2\|f\|_\infty^2}{Nh^d}+C\ h^{2l}.$$

因此只需要估计 $P_2$. 注意到

$$\begin{aligned}P_2&=\frac{2|\Omega|^2}{N^2}\sum_{k=1}^NE(\varepsilon_k^2\Psi_h^2(x-X_k))\\&=\frac{2\sigma^2|\Omega|^2}{N}E(\Psi_h^2(x-X_k))\\&\leqslant\frac{2\sigma^2|\Omega|}{Nh^d}\|\Psi\|_{L^2(\mathbb{R}^d)}^2.\end{aligned}$$

从而定理得证. □

**注释 5.2.4** 基于不等式 (5.2.11), 可得下面结论:

1. 如果 $\sigma^2 \leqslant \dfrac{\|f\|_\infty^2}{|\Omega|}$, 则可取 $h = N^{-1/(2l+d)}$, 使得不等式 (5.2.11) 变为

$$\sup_{x\in V} \mathrm{MSE}^*(f,x) \leqslant C\ N^{-2l/(2l+d)}.$$

2. 如果 $\sigma^2 \geqslant \dfrac{\|f\|_\infty^2}{|\Omega|}$, 则可取 $h = (\sigma^2/N)^{1/(2l+d)}$, 使得不等式 (5.2.11) 变为

$$\sup_{x\in V} \mathrm{MSE}^*(f,x) \leqslant C\ (\sigma^2/N)^{2l/(2l+d)}.$$

在上述两种情况中, $C$ 均为与 $N$ 无关的常数. 从而给出了基于噪声数据的随机拟插值 $Q_{\Psi,h}^*f$ 的最优参数 (带宽) 的选择准则. 通常, 当噪声比较大的时, 应该选择比较大的尺度参数 $h$ (对应于更光滑的拟插值). 以上两种误差分析的结果表明随机拟插值具有较好的稳定性.

渐近正态性与置信区间的估计对于平均 $L^p(1 \leqslant p \leqslant 2)$ 误差也有相应的结论.

**推论 5.2.2** 假设 $\Psi$ 满足 $l$ 阶广义 Strang-Fix 条件. 则在尺度参数

$$h = \max\left(N^{-1/(2l+d)}, (\sigma^2/N)^{1/(2l+d)}\right)$$

的条件下有

$$E(\|Q_{\Psi,h}^*f - f\|_p^p) \leqslant C\ \max\left(N^{-pl/(2l+d)}, (\sigma^2/N)^{2l/(2l+d)}\right),$$

其中 $C$ 是一个与 $N$ 无关的常数.

**推论 5.2.3** 固定 $x \in V$, 令 $\mathrm{Var}(Q_{\Psi,h}^*f(x))$ 表示随机变量 $Q_{\Psi,h}^*f(x)$ 的方差且满足 $\mathrm{Var}(Q_{\Psi,h}^*f(x)) > 0$. 令

$$Y_N^*(x) = \frac{Q_{\Psi,h}^*f(x) - E[Q_{\Psi,h}^*f(x)]}{\sqrt{\mathrm{Var}(Q_{\Psi,h}^*f(x))}},$$

则在尺度参数 $h$ 按照推论 5.2.2 的选择准则下, 随机变量序列 $Y_N^*(x)$ 依分布收敛到标准正态分布.

随机拟插值 $Q_{\Psi,h}^*f$ 的渐近正态性质有助于得到其渐近 $(1-\alpha)$ 的置信区间 $[f_\alpha^{*,L}(x), f_\alpha^{*,U}(x)]$. 其中

$$f_\alpha^{*,L}(x) = E\left(Q_{\Psi,h}^*f(x)\right) - t_{1-0.5\alpha}\sqrt{\mathrm{Var}(Q_{\Psi,h}^*f(x))},$$

$$f_{\alpha}^{*,U}(x) = E\left(Q_{\Psi,h}^{*} f(x)\right) + t_{1-0.5\alpha}\sqrt{\mathrm{Var}(Q_{\Psi,h}^{*} f(x))}.$$

下面我们通过数值模拟验证以上的理论分析. 在这些数值模拟中, 我们分别用随机拟插值格式 $Q_{\Psi,h}f$ 与 $Q_{\Psi,h}^{*}f$ 逼近给定的测试函数.

**数值模拟 I** (多尺度紧支柱径向函数拟插值) 考虑测试函数

$$f_{\text{test}} := \begin{cases} \dfrac{1}{1+x^2}, & \text{一维}, \\ \text{Franke 函数 [63]}, & \text{二维}, \\ \sin(2\pi x)\cos(2\pi y)\sin(2\pi z), & \text{三维}. \end{cases} \tag{5.2.12}$$

采样区域为单位球面 $\Omega = \{x : |x| \leqslant 1\}$, 测试区域为 $V = \{x : |x| \leqslant 0.92\}$. 理论上我们可以选择任意 $\{x : c \leqslant |x| \leqslant 1-c\}$ 形式的测试区域, 但是由于我们的计算资源有限, 同时 $c$ 不能小于 $h$. 实验中我们的 $h$ 最小值为 0.08, 这样我们选择 $c$ 为 0.08. 在每次实验中, 给定采样节点数目 $N$, 为了模拟均方误差, 我们重复采样 1000 次. 也就是每次模拟首先从区域 $\Omega$ 随机产生 $1000 \times N$ 的节点矩阵 $\left\{X_j^{(i)}\right\}_{i=1,j=1}^{1000,N}$. 利用这些采样节点上的数据分别构造随机拟插值: $Q_{\Psi,h}^{(i)}f$ 和 $Q_{\Psi,h}^{*(i)}f$ (每一个格式各 1000 次模拟), 后者加上高斯噪声 ($\sigma^2 = 4$). 为了模拟拟插值 $Q_{\Psi,h}f$ 和 $Q_{\Psi,h}^{*}f$ 的一致均方误差, 我们计算下面的经验 M-MSE:

$$\text{M-MSE}_{\text{emp}}(Q_{\Psi,h}f) = \max_{1\leqslant k\leqslant M} \frac{1}{1000}\sum_{i=1}^{1000}\left(Q_{\Psi,h}^{(i)}f(t_k) - f(t_k)\right)^2,$$

$$\text{M-MSE}_{\text{emp}}(Q_{\Psi,h}^{*}f) = \max_{1\leqslant k\leqslant M} \frac{1}{1000}\sum_{i=1}^{1000}\left(Q_{\Psi,h}^{*(i)}f(t_k) - f(t_k)\right)^2.$$

测试点 $\{t_k\}_{k=1}^{M}$ 为区域 $V$ 中均匀点, $M = 500$ 为测试点的数目.

下面将给出随机拟插值 $Q_{\Psi,h}f$ 和 $Q_{\Psi,h}^{*}f$ 对应的后验收敛阶.

分别用 $\text{M-MSE}_{\text{emp}}(Q_{\Psi,h}f)$ 与 $\text{M-MSE}_{\text{emp}}(Q_{\Psi,h}^{*}f)$ 表示. 我们选取 $N$ 的范围为 $N = 2^i, i = 6, 7, 8, \cdots, 15$, 然后运用最小二乘法从模拟的数值结果中回归出最后的收敛阶.

我们选择多尺度紧支柱核函数[80] 在尺度参数 $z_0 = 1, z_1 = 2, z_2 = 3$ 下进行数值模拟 (具体可参见 4.1.3 节中满足高阶广义 Strang-Fix 条件的多尺度紧支柱核函数).

表 5.2 为不同维数 ($d$) 下满足不同阶 ($k$) 的广义 Strang-Fix 条件的多尺度紧支柱核函数下对应的随机拟插值的后验收敛阶. 表中每一个单元格的三元组依次

表示拟插值的理论收敛阶、无噪声情况下的后验收敛阶、噪声情况下 ($\sigma^2 = 4$) 的后验收敛阶. 可以看出后验收敛阶在加噪声或者不加噪声的情况下均高于理论收敛阶. 从而在数值上验证了随机拟插值格式的稳健性.

**表 5.2 多尺度紧支柱径向函数拟插值的先验与后验收敛阶**

| $d$ \ $k$ | 2 | 4 | 6 |
|---|---|---|---|
| 1 | (0.40, 0.43, 0.46) | (0.44, 0.46, 0.49) | (0.46, 0.47, 0.50) |
| 2 | (0.33, 0.43, 0.42) | (0.4, 0.47, 0.47) | (0.43, 0.46, 0.49) |
| 3 | (0.29, 0.35, 0.39) | (0.36, 0.43, 0.47) | (0.40, 0.46, 0.49) |

进一步, 为展示 $Q_{\Psi,h}f(x)$ 与 $Q^*_{\Psi,h}f(x)$ 的渐近正态性, 分别绘制逼近误差 $E(x) = Q_{\Psi,h}f(x) - f(x)$ 和 $E_{\rm noi}(x) = Q^*_{\Psi,h}f(x) - f(x)$ 在 25 个测试点上的箱图. 图 5.3 为用满足四阶广义 Strang-Fix 条件的多尺度紧支柱径向核函数拟插值逼近二维 Frank 函数[63] 的误差箱图.

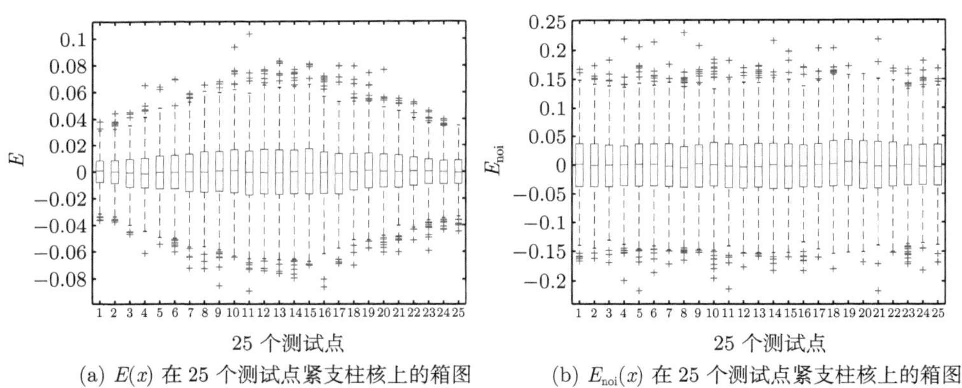


(a) $E(x)$ 在 25 个测试点紧支柱核上的箱图 (b) $E_{\rm noi}(x)$ 在 25 个测试点紧支柱核上的箱图

图 5.3 误差函数在 25 个测试点上的箱图

几乎所有的箱图都近似关于中位数对称分布, 这表明 $Q_{\Psi,h}f(x)$ 和 $Q^*_{\Psi,h}f(x)$ 具有较好的渐近正态性质 [169].

最后, 基于渐近正态性质, 我们给出 $Q_{\Psi,h}f(x)$ 和 $Q^*_{\Psi,h}f(x)$ 在 100 个测试点上的置信区间. 在图 5.4 中, 我们选取测试函数为

$$f(x) = \frac{1}{1+x^2}.$$

由图可见, 无论是否存在噪声, 被逼近函数 $f(x)$ 均落在 95% 的置信区间内, 这也从数值上验证了先验误差估计的正确性.

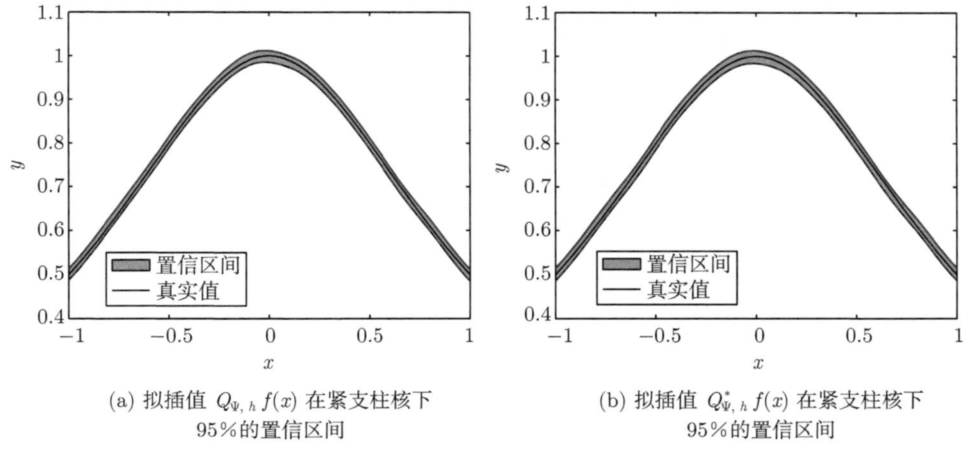


(a) 拟插值 $Q_{\Psi,h}f(x)$ 在紧支柱核下 95%的置信区间

(b) 拟插值 $Q^*_{\Psi,h}f(x)$ 在紧支柱核下 95%的置信区间

图 5.4 置信度为 95% 的置信区间

**数值模拟 II** (多尺度高斯核函数拟插值) 在这个模拟实验中, 我们选择多尺度高斯函数[80] 作为随机拟插值的核函数. 作为例子, 选择尺度参数为 $z_0 = 1, z_1 = 2, z_2 = 3, c = 0.1$ (具体可参见 4.1.3 节中满足高阶广义 Strang-Fix 条件的多尺度高斯核函数). 需要注意的是这里我们用 $c^2$ 代替了多尺度高斯核函数中的 $\sigma^2$, 因为在本节中, 我们用 $\sigma^2$ 代表高斯噪声的方差. 后验收敛阶的结果见表 5.3. 渐近正态性质见图 5.5, 拟插值的置信区间见图 5.6.

**表 5.3 多尺度高斯核函数拟插值的先验与后验收敛阶**

| $d$ \ $k$ | 2 | 4 | 6 |
|---|---|---|---|
| 1 | (0.40, 0.44, 0.46) | (0.44, 0.49, 0.48) | (0.46, 0.48, 0.50) |
| 2 | (0.33, 0.41, 0.42) | (0.4, 0.43, 0.49) | (0.43, 0.51, 0.50) |
| 3 | (0.29, 0.43, 0.48) | (0.36, 0.52, 0.55) | (0.40, 0.55, 0.61) |

**数值模拟 III** (高维数值实验结果) 作为最后一个例子, 我们利用多尺度高斯核函数构造一个 11 维的随机拟插值, 进而用它逼近一个 11 维函数

$$f(x) = \prod_{j=1}^{11}\left(\sin\left[\frac{\pi}{2}\left(x_j + \frac{j}{11}\right)\right]\right)^{5/j}, \quad x = (x_1, \cdots, x_{11}) \in [0,1]^{11}. \tag{5.2.13}$$

表 5.4 展示分别用满足 2, 4, 6 阶广义 Strang-Fix 条件的多尺度高斯核函数构造的随机拟插值逼近 11 维函数的误差阶.

进一步, 我们研究拟插值 $Q_{\Psi,h}f$ 和 $Q^*_{\Psi,h}f$ 在高维测试函数下的渐近正态性, 结果见图 5.7.

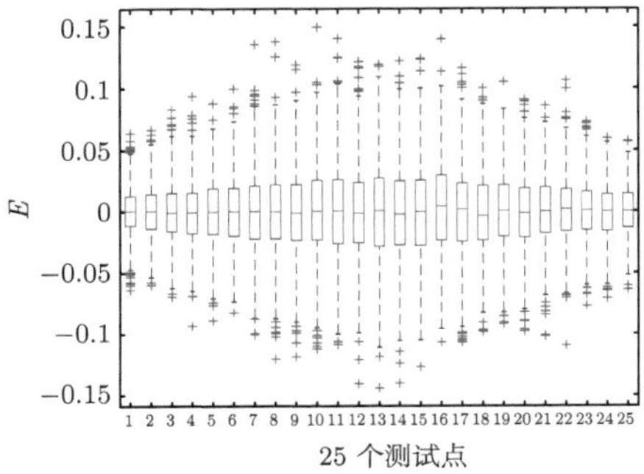

(a) $E(x)$ 在 25 个测试点高斯核上的箱图 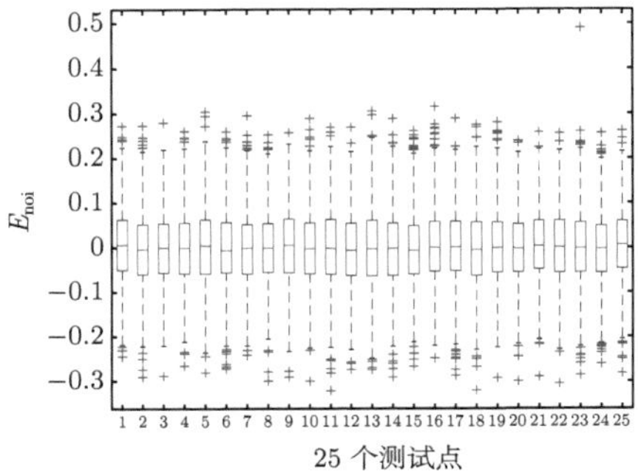　　(b) $E_{\text{noi}}(x)$ 在 25 个测试点高斯核上的箱图

图 5.5　误差函数在 25 个测试点上的箱图

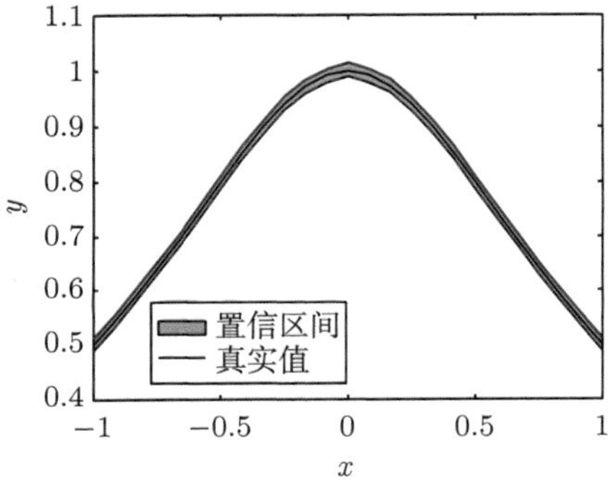

(a) 拟插值 $Q_{\Psi,h}f(x)$ 在高斯核上 95%的置信区间 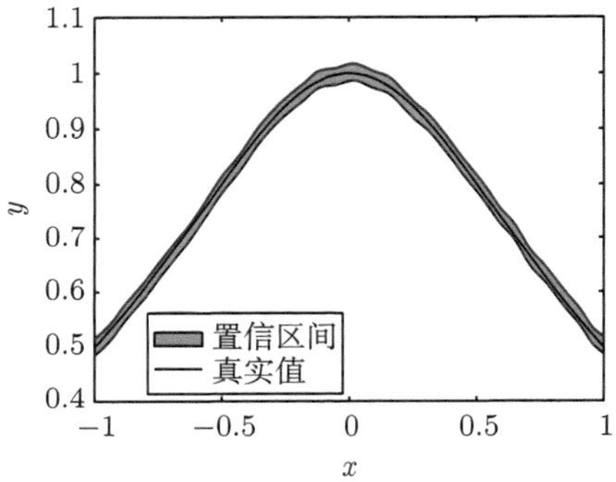　　(b) 拟插值 $Q^*_{\Psi,h}f(x)$ 在高斯核上 95%的置信区间

图 5.6　置信度为 95% 的置信区间

**表 5.4　多尺度高斯核函数拟插值逼近 11 维测试函数的先验与后验收敛阶**

| 2 | 4 | 6 |
|---|---|---|
| (0.133, 0.158, 0.156) | (0.211, 0.215, 0.238) | (0.261, 0.270, 0.280) |

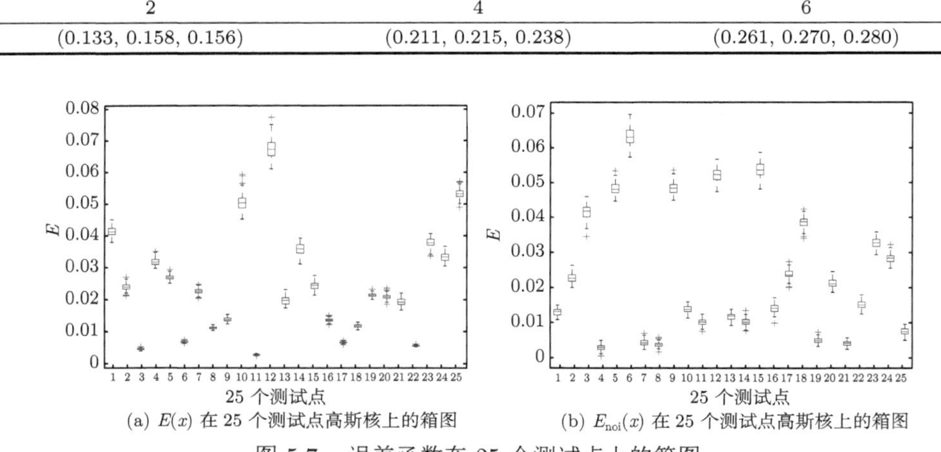

(a) $E(x)$ 在 25 个测试点高斯核上的箱图　　(b) $E_{\text{noi}}(x)$ 在 25 个测试点高斯核上的箱图

图 5.7　误差函数在 25 个测试点上的箱图

在概率数值逼近框架下[16,92], 本章系统研究了随机采样数据的拟插值格式的构造理论及其对应的大样本性质. 理论和数值模拟都展现出随机拟插值方法的简单性、有效性、稳健性. 更重要地, 本章构造随机拟插值的方法和思想也为高维散乱点拟插值格式的构造提供了新思路, 特别是在积分离散化部分可用其他类型的概率积分方法代替. 我们的方法将逼近理论与概率统计理论有效地结合起来, 为概率数值逼近领域提供新算法.

# 第 6 章　向量值数据拟插值方法

前面讨论的拟插值构造理论和方法都是基于采样数据是标量值的情形. 在许多实际应用场景中 (如几何造型、流体力学、天体物理、光流分析等等), 我们往往会遇到向量值数据逼近问题. 此时, 最简单的处理方式是分别对每个分量用标量值数据的逼近方法. 可是, 这种方法忽视了每个分量之间可能存在的内在关系. 尤其在刻画一些物理现象时, 如不可压缩流、电磁场等, 向量的每个分量之间通常具有一定的关联性. 因此, 如何构造能够保持向量中各个分量之间内在关联性的逼近算法是向量值数据逼近领域研究的一个核心问题[4,5,33,70,136]. 本章将介绍一些保持向量值数据内在结构的拟插值方法.

## 6.1　向量值数据样条拟插值

向量值样条函数 由 Amodei 和 Benbourhim [4] 首次提出. 特别地, 类似于经典的标量值样条函数可以看成是满足某种范数最小条件下的插值问题的唯一解, 向量值散度-旋度样条函数定义为满足如下优化问题的唯一解[4]

$$\min_{f\in V^2}\left\{\frac{1}{N}\sum_{j=1}^{N}[f(x_i)-y_i]^2+\lambda\int_{\mathbb{R}^2}\left[\alpha|\nabla\mathrm{div}f|^2dx_1dx_2+\beta|\nabla\mathrm{curl}f|^2\right]dx_1dx_2\right\}. \tag{6.1.1}$$

这里 $f=(f_1,f_2)$, $x=(x_1,x_2)\in\mathbb{R}^2$, $\mathrm{div}f=\partial_{x_1}f_1(x)+\partial_{x_2}f_2(x)$, $\mathrm{curl}f=-\partial_{x_2}f_1(x)+\partial_{x_1}f_2(x)$, 函数空间

$$V^2=\{v\in\mathbb{D}'(\mathbb{R}^2):D^\gamma v\in L^2(\mathbb{R}^2),|\gamma|=2\}$$

为经典的二阶 Beppo-Levi 空间, $y_i=f(x_i)+\varepsilon_i$, $i=1,2,\cdots,N$ 为带有噪声的采样数据, $\lambda$ 称为光滑化参数. 当 $\lambda\to 0$ 时, 上述问题对应于向量值样条的插值问题. 参数 $\alpha$, $\beta$ 分别控制着散度场和旋度场的梯度的光滑性. 例如, 当 $\alpha=1$, $\beta=0$ 时, 对应的场函数 (样条函数) 的散度为常数, 同理, 当 $\alpha=0$, $\beta=1$ 时, 对应的场函数 (样条函数) 的旋度为常数, 当 $\alpha=\beta$ 时, 对应的场函数 (散度-旋度样条函数) 等价于关于向量值函数的每个分量的标量值样条函数.

优化问题 (6.1.1) 对应于一个矩阵型微分方程

$$\Delta[\alpha(\nabla\cdot\nabla)+\beta(\mathrm{curl}^{\mathrm{T}}\cdot\mathrm{curl})]\Phi=\delta I_2, \tag{6.1.2}$$

这里 $I_2$ 为 $2\times 2$ 单位矩阵, $\delta$ 为 Dirac 函数. 由 Green 函数理论和薄板样条的定义可以得出基本解 $\Phi$ 的一个显式表达式

$$\Phi = \begin{pmatrix} 1/\alpha\partial_{x_1x_1} + 1/\beta\partial_{x_2x_2} & (1/\alpha - 1/\beta)\partial_{x_1x_2} \\ (1/\alpha - 1/\beta)\partial_{x_1x_2} & 1/\alpha\partial_{x_2x_2} + 1/\beta\partial_{x_1x_1} \end{pmatrix} K_3 I_2, \tag{6.1.3}$$

这里薄板样条

$$K_3 = -\frac{1}{128\pi} r^4 \log r, \quad r = \sqrt{x_1^2 + x_2^2}$$

为方程 $\Delta^4 K_3 = \delta$ 的一个基本解. 进一步, Amodei 和 Benbourhim 证明了优化问题 (6.1.1) 的向量值样条函数可写成[4]

$$f(x) = \sum_{j=1}^{N} c_j^{\mathrm{T}} \Phi(\|x - x_j\|) + p_1(x).$$

然而, 需要求解一个线性方程组才能得到上述表达式中的系数 $\{c_j\}$. 为避免求解线性方程组, Amodei 和 Benbourhim [5] 利用拟插值逼近向量值样条函数, 构造出定义在整个空间 $\mathbb{R}^2$ 上的向量值散度-旋度样条拟插值公式. 具体构造过程如下.

首先构造矩阵值核函数. 为此, 引入差分算子矩阵

$$P(\bar{D}) = \begin{pmatrix} \sqrt{\alpha}\bar{\partial}_{x_1x_1} + \sqrt{\beta}\bar{\partial}_{x_2x_2} & (\sqrt{\alpha} - \sqrt{\beta})\bar{\partial}_{x_1x_2} \\ (\sqrt{\alpha} - \sqrt{\beta})\bar{\partial}_{x_1x_2} & \sqrt{\alpha}\bar{\partial}_{x_2x_2} + \sqrt{\beta}\bar{\partial}_{x_1x_1} \end{pmatrix},$$

此处中心差分算子 $\bar{\partial}$ 的定义为

$$\bar{\partial}_{x_j} f(x) = f\Big(x + \frac{1}{2}e_j\Big) - f\Big(x - \frac{1}{2}e_j\Big), \quad j = 1, 2,$$

单位向量 $e_1 = (1, 0)$, $e_2 = (0, 1)$. 其次, 借助差分算子矩阵, 构造矩阵值核函数

$$\Psi(x) = P(\bar{D})\Phi(x)P(\bar{D}) := \begin{pmatrix} \psi_{11}(x) & \psi_{12}(x) \\ \psi_{21}(x) & \psi_{22}(x) \end{pmatrix}.$$

最后, 对矩阵值核函数 $\Psi$ 做平移、伸缩的线性组合可构造向量值散度-旋度样条拟插值

$$Q_h f(x) = \sum_{j\in\mathbb{Z}^2} \Psi(x/h - j) f(jh). \tag{6.1.4}$$

进一步, 借助经典的标量值样条拟插值理论可得误差估计[5]:

**定理 6.1.1** 令向量值散度-旋度样条拟插值 $Q_hf$ 如公式 (6.1.4) 所定义. 则误差估计

$$\|f - Q_hf\|_\infty = \mathcal{O}(h^2|\log h|)$$

对任何二阶连续的向量值函数 $f$ 均成立.

Atteia[6] 把上述向量值散度-旋度样条拟插值的构造思想推广到一般的 $n$ 维空间 $\mathbb{R}^n$, 构造出相应的向量值样条拟插值格式. 具体过程如下.

令 $D = (D_1, D_2, \cdots, D_n)$, 其中 $D_k = \partial/\partial x_k,\ k = 1, 2, \cdots, n$. 定义矩阵值微分算子

$$P(D) = (P_1(D), P_2(D), \cdots, P_q(D)),$$

使得对于一个 $m$ 维的 $n$ 元向量值函数 $u = (u_1, u_2, \cdots, u_m)$ 有

$$P_\ell(D)u = \sum_{j=1}^{m}\sum_{k=1}^{n}\gamma_{\ell j}D_k u_j, \quad \ell = 1, 2, \cdots, q.$$

用矩阵形式表示为

$$\begin{pmatrix} P_1(D)u \\ \vdots \\ P_\ell(D)u \\ \vdots \\ P_q(D)u \end{pmatrix} = \Gamma \begin{pmatrix} D_1u_1 \\ \vdots \\ D_nu_1 \\ \vdots \\ D_1u_m \\ \vdots \\ D_nu_m \end{pmatrix}. \tag{6.1.5}$$

其中 $\Gamma$ 为一个 $(q, mn)$ 矩阵:

$$\Gamma = \begin{pmatrix} \gamma_{11}^1 & \cdots & \gamma_{11}^n & \cdots & \gamma_{1m}^1 & \cdots & \gamma_{1m}^n \\ \vdots & & \vdots & & \vdots & & \vdots \\ \gamma_{\ell 1}^1 & \cdots & \gamma_{\ell 1}^n & \cdots & \gamma_{\ell m}^1 & \cdots & \gamma_{\ell m}^n \\ \vdots & & \vdots & & \vdots & & \vdots \\ \gamma_{q1}^1 & \cdots & \gamma_{q1}^n & \cdots & \gamma_{qm}^1 & \cdots & \gamma_{qm}^n \end{pmatrix}.$$

以下几个方程对应的微分算子是 $P(D)$ 的特例.

1. 麦克斯韦方程:

$$P(D) = \begin{pmatrix} 0 & -D_3 & D_2 \\ D_3 & 0 & -D_1 \\ -D_2 & D_1 & 0 \end{pmatrix}.$$

2. 声学方程:

$$P(D) = \begin{pmatrix} 0 & 0 & D_1 \\ 0 & 0 & D_2 \\ D_1 & D_2 & 0 \end{pmatrix}.$$

3. 散度-旋度方程:

$$P(D) = \begin{pmatrix} D_1 & D_2 & D_3 & 0 & 0 & 0 \\ 0 & 0 & 0 & 0 & -D_3 & D_2 \\ 0 & 0 & 0 & D_3 & 0 & -D_1 \\ 0 & 0 & 0 & -D_2 & D_1 & 0 \end{pmatrix}.$$

4. 弹性方程:

$$P(D) = \begin{pmatrix} D_1 & 0 & 0 \\ 0 & D_2 & 0 \\ 0 & 0 & D_3 \\ D_2 & D_1 & 0 \\ D_3 & 0 & D_1 \\ 0 & D_3 & D_1 \end{pmatrix}.$$

进一步, 令 $\mathbb{G}(x)$ 为微分算子 $Q(D) = P(-D)P(D)$ 的一个基本解, 即

$$Q(D)\mathbb{G}(x) = \delta(x)I_m,$$

令 $\bar{D} = (\bar{D}_1, \bar{D}_2, \cdots, \bar{D}_n)$, 其中

$$\bar{D}_j u_i(x) = \bar{\partial}_{x_j} u_i(x) = u_i\Big(x + \frac{1}{2}e_j\Big) - u_i\Big(x - \frac{1}{2}e_j\Big), \quad i = 1, \cdots, m, j = 1, \cdots, n.$$

构造核函数 $\mathbb{G}^*(x) = Q(\bar{D})\mathbb{G}(x) = P(-\bar{D})P(\bar{D})\mathbb{G}(x)$ ($\mathbb{G}^*(x) = P(-\bar{D})P(D)\mathbb{G}(x)$, 或者 $\mathbb{G}^*(x) = P(-D)P(\bar{D})\mathbb{G}(x)$). 类似向量值散度-旋度样条拟插值公式 (6.1.4), 可构造向量值样条拟插值格式

$$Q_h u(x) = \sum_{j\in\mathbb{Z}^n} \mathbb{G}^*(x/h - j)u(jh). \tag{6.1.6}$$

进一步, 仿照定理 (6.1.1), 可推导拟插值格式 $Q_h u$ 的误差估计如下.

**定理 6.1.2**　令 $u$ 为二阶连续的向量值函数. 则向量值样条拟插值 $Q_h u$ 的误差估计为

$$\|u - Q_h u\|_\infty = \mathcal{O}(h^2 |\log h|).$$

然而, 以上拟插值格式只是针对整个空间上的等距采样数据. 对于有界 (矩形) 区域上的等距采样数据, 可借鉴边界延拓的思想构造相应的格式. 特别地, Chen 和 Suter [33] 构造了有界矩形区域上的向量值散度-旋度样条拟插值并推导出相应的误差估计. 整个构造过程分为三个步骤. 首先, 把被逼近函数 $f$ 延拓到整个空间上并记为 $\bar{f}$; 其次, 对 $\bar{f}$ 在整个空间中的等距点 $\{jh\}_{j\in\mathbb{Z}^2}$ 上进行采样获得对应的离散函数值 $\bar{f}(jh)$; 最后, 基于整个空间中的等距点上的采样数据构造向量值散度-旋度样条拟插值 $Q_h \bar{f}(x)$ 并将其限制到矩形区域上.

## 6.2　散度 (旋度) 无关的向量值拟插值

由向量场的亥姆霍兹分解 (Helmholtz decomposition) 理论知任意一个光滑向量场可分解成散度无关场和旋度无关场之和. 为此, 本节针对散度 (旋度) 无关的向量场讨论如何构造一种能够保持其内在性质的拟插值格式, 即散度 (旋度) 无关拟插值, 为向量场的分解与重构提供一类新方法.

由拟插值理论知道, 构造散度 (旋度) 无关的向量值拟插值算法核心在于如何显式地构造一个散度 (旋度) 无关的矩阵值核函数, 进而利用此核函数构造散度 (旋度) 无关的拟插值算法. 我们以薄板样条为例, 讨论如何构造一个散度 (旋度) 无关的矩阵值核函数.

首先介绍调和样条.

令 $\ell$ 为一个正整数, $\Delta^\ell$ 为 $d$ 维变量的 $\ell$ 次迭代拉普拉斯算子. 令 $\phi_\ell$ 为薄板样条

$$\phi_\ell(x) = \|x\|^{2\ell-d}[C_{\ell,d} \ln \|x\| + D_{\ell,d}]. \tag{6.2.1}$$

由 Green 函数理论可知 $\phi_\ell$ 是微分算子 $\Delta^\ell$ 的一个基本解 $\Delta^\ell \phi_\ell = \delta$. 这里 $C_{\ell,d} = 0$, $D_{\ell,d} = E_{\ell,d}$ 如果 $d$ 是奇数, $C_{\ell,d} = E_{\ell,d}$, $D_{\ell,d} = 0$ 如果 $d$ 是偶数, 其中

$$E_{\ell,d} = \frac{\Gamma(d/2)}{2^\ell \pi^{d/2} (\ell-1)! \prod_{j=0, j\neq \ell-d/2}^{\ell-1} (2\ell - 2j - d)}.$$

进一步, 利用薄板样条 $\phi_\ell$, Rabut [138-140] 构造出 $k\ell$-级调和样条, 对任何 $k \leqslant \ell$. 具体构造过程如下.

引入一个 $d$ 变量的差分算子 $\widetilde{\Delta}$, 它的第 $s$ 个方向的分量为

$$(\widetilde{\Delta})_s f = f(\cdot - e_s) - 2f + f(\cdot + e_s), \quad s = 1, 2, \cdots, d, \tag{6.2.2}$$

这里 $e_s$ 表示欧氏空间 $\mathbb{R}^d$ 的第 $s$ 个方向坐标. 对任意非负整数 $i$, 记 $a_i = (-1)^i 2(i!)^2/(2i+2)!$. 令 $p_{d,\ell,k}$ 为一个定义在空间 $\mathbb{R}^d$ 中的 $k\ell$ 阶多项式:

$$p_{d,\ell,k}(x) = \left(\sum_{i=0}^{k-1} a_i \left(\sum_{s=1}^{d} x_s^{i+1}\right)\right)^{\ell}.$$

记 $q_{d,\ell,k}$ 为多项式 $p_{d,\ell,k}$ 的 $\ell+k$ 阶截断多项式, 则 $k\ell$ 级调和样条可显式地表示为

$$\psi_{\ell,k}(x) = (-1)^{\ell} q_{d,\ell,k}(\widetilde{\Delta})\phi_{\ell}(x), \quad x \in \mathbb{R}^d. \tag{6.2.3}$$

而且, 根据 Rabut 的文章[138-140], 有如下引理.

**引理 6.2.1** 令 $\psi_{\ell,k}$ 如公式 (6.2.3) 所定义. 则有 $\psi_{\ell,k} \in \mathcal{C}^{2\ell-d-1}(\mathbb{R}^d)$,

$$D^{\alpha}\psi_{\ell,k}(x) = \mathcal{O}(\|x\|^{-d-2k+|\alpha|}), \quad \|x\| \to +\infty, \tag{6.2.4}$$

对任何满足条件 $0 \leqslant |\alpha| < 2k$ 的 $\alpha$ 恒成立. 更重要地, $\psi_{\ell,k}$ 的 Fourier 变换可表示为

$$\widehat{\psi_{\ell,k}}(\omega) = \frac{q_{d,\ell,k}(-4\sin^2(\omega/2))}{\|\omega\|^{2\ell}}.$$

从而知 $\widehat{\psi_{\ell,k}} \in \mathcal{M}^{2k}(\mathbb{R}^d)$ 并满足 $2k$ 阶 Strang-Fix 条件[61,96]:

$$\begin{cases} \widehat{\psi_{\ell,k}} \in \mathcal{C}^{2k}(\mathbb{R}^d), \\ \widehat{\psi_{\ell,k}}^{(\alpha)}(0) = \delta_{0,\alpha}, \quad 0 \leqslant |\alpha| < 2k, \\ \widehat{\psi_{\ell,k}}^{(\alpha)}(2\pi j) = 0, \quad 0 \leqslant |\alpha| < 2k, \quad j \in \mathbb{Z}^d, \end{cases} \tag{6.2.5}$$

这里的函数空间 $\mathcal{M}^{2k}(\mathbb{R}^d)$ 定义为

$$\mathcal{M}^{2k}(\mathbb{R}^d) := \left\{ \hat{\psi} \in \mathcal{C}^{2k}(\mathbb{R}^d) : \max_{|\xi|\leqslant 1, |\eta|\leqslant 1} \sum_{j\neq 0} |2\pi j + \xi|^{|\beta|} |\hat{\psi}^{(\alpha)}(2\pi j + \eta)| < \infty, \right.$$
$$\left. 0 \leqslant |\alpha| \leqslant 2k,\ 0 \leqslant |\beta| \leqslant 2k-1 \right\}. \tag{6.2.6}$$

进一步, 根据 Lei, Jia 和 Cheney [104] 文章中的理论, 有如下引理.

**引理 6.2.2**　令 $\psi_{\ell,k}$ 为 $k\ell$-级调和样条 (公式 (6.2.3)). 令 $\psi_{\ell,k}^h(x)=h^{-d}\psi_{\ell,k}(x/h)$ 为 $\psi_{\ell,k}$ 的一个伸缩. 记 $f*\psi_{\ell,k}^h$ 为 $f$ 和 $\psi_{\ell,k}^h$ 的卷积:

$$f*\psi_{\ell,k}^h(x)=\int_{\mathbb{R}^d}f(t)\psi_{\ell,k}^h(x-t)dt.$$

则有误差估计

$$\|(D^\alpha f)*\psi_{\ell,k}^h-D^\alpha f\|_p=\mathcal{O}(h^{2k}),\quad f\in W_p^r(\mathbb{R}^d),$$

对任何的 $0\leqslant|\alpha|\leqslant\min\{2k,r-2k\}$ 恒成立.

从而, 借鉴 Schoenberg 拟插值模型 [148], 以 $\psi_{\ell,k}$ 为核函数, 可构造调和样条拟插值

$$Q_hf(x)=\sum_{j\in\mathbb{Z}^d}f(jh)\psi_{\ell,k}(x/h-j).$$

而且, 还可推导出 $Q_hf$ 对函数及其各阶导数的逼近误差估计

$$\|D^\alpha Q_hf-D^\alpha f\|_{p,\mathbb{R}^d}=\mathcal{O}(h^{2k-|\alpha|}).\tag{6.2.7}$$

此处 $0\leqslant|\alpha|<\min\{2k,r-2k,2\ell-d-1\}$, $f\in\mathcal{S}_p^r(\mathbb{R}^d)$, $2k<r$.

正如前面所说, 构造散度无关拟插值的关键核心问题在于如何构造一个具有显式表达式的散度无关的矩阵值核函数[70].

接下来讨论如何利用上面介绍的调和样条显式地构造一个散度无关的矩阵值核函数.

**注释 6.2.1**　为讨论方便, 这里仅仅用调和样条作为例子演示如何构造一个散度无关的矩阵值核函数. 其基本思想和构造过程对于其他类型的函数也适用, 如文献 [51] 中讨论的微分算子的基本解.

令 $\phi_{\ell+1}$ 为微分算子 $\Delta^{\ell+1}$ 的一个基本解. 则对任何一个散度无关且各个分量函数均属于空间 $W_p^r(\mathbb{R}^d)$ 的向量值函数 $f$ ($\nabla^{\mathrm{T}}f=0$), 我们有

$$\begin{aligned}\Delta^\ell[\Delta I_d-\nabla\nabla^{\mathrm{T}}]\phi_{\ell+1}*f&=\Delta^{\ell+1}I_d\phi_{\ell+1}*f-\nabla\Delta^\ell\phi_{\ell+1}*\nabla^{\mathrm{T}}f\\&=\Delta^{\ell+1}I_d\phi_{\ell+1}*f\\&=f.\end{aligned}\tag{6.2.8}$$

这意味着当我们用矩阵值核函数 $\Delta^\ell[\Delta I_d-\nabla\nabla^{\mathrm{T}}]\phi_{\ell+1}$ 和散度无关的向量值函数 $f$ 作卷积时, 该矩阵值核函数呈现出 $\delta$ 函数的性质. 因此, 借助调和样条拟插值的构

造方法, 用差分算子 $(-1)^\ell q_{d,\ell,k}(\widetilde{\Delta})$ 离散微分算子 $\Delta^\ell$, 可构造散度无关的矩阵值核函数

$$\Psi_{\ell,k} = (-1)^\ell q_{d,\ell,k}(\widetilde{\Delta})[\Delta I_d - \nabla\nabla^{\mathrm{T}}]\phi_{\ell+1}. \tag{6.2.9}$$

下面研究这个矩阵值核函数的性质.

首先在时域空间中研究它的性质. 注意到 $\nabla^{\mathrm{T}}[\Delta I_d - \nabla\nabla^{\mathrm{T}}] = 0$, 可以证明 $\Psi_{\ell,k}$ 具有散度无关性: $\nabla^{\mathrm{T}}\Psi_{\ell,k} = 0$. 而且, 由 $\phi_{\ell+1} \in \mathcal{C}^{2\ell-d+1}(\mathbb{R}^d)$, 可知 $\Psi_{\ell,k} \in \mathcal{C}^{2\ell-d-1}(\mathbb{R}^d)$. 进一步, 根据等式 $\Delta^{\ell+1}\phi_{\ell+1} = \Delta^\ell\phi_\ell$, 可得 $\Delta\phi_{\ell+1} = \phi_\ell + P_\ell$, 这里 $P_\ell$ 为调和函数: $\Delta^\ell P_\ell = 0$. 而且, 由 $q_{d,\ell,k}(\widetilde{\Delta})P_\ell = 0$ 可得

$$\Psi_{\ell,k} = (-1)^\ell I_d q_{d,\ell,k}(\widetilde{\Delta})\phi_\ell - (-1)^\ell q_{d,\ell,k}(\widetilde{\Delta})\nabla\nabla^{\mathrm{T}}\phi_{\ell+1}.$$

因此, 类似公式 (6.2.8), 有等式

$$\Psi_{\ell,k} * f = I_d\psi_{\ell,k} * f$$

对任何散度无关的向量值函数 $f$ 恒成立. 这里 $\psi_{\ell,k} = (-1)^\ell q_{d,\ell,k}(\widetilde{\Delta})\phi_\ell$ 是一个 $k\ell$-级的调和样条 (参看公式 (6.2.3)). 最后, 注意到散度无关的向量值函数 $f$ 的各阶导数也是散度无关的, 对于任何满足 $0 \leqslant |\alpha| \leqslant r$, 我们甚至可以得到更一般的等式

$$\Psi_{\ell,k} * (D^\alpha f) = I_d\psi_{\ell,k} * (D^\alpha f). \tag{6.2.10}$$

这里微分算子 $D^\alpha$ 表示作用于向量值函数的各个分量函数. 根据引理 6.2.2, 可推导如下误差估计.

**引理6.2.3** 令 $f$ 为一个散度无关的向量值函数. 定义它的 $L_p$-模为 $\|f\|_{p,\mathbb{R}^d} = \left(\sum_{s=1}^{d}\|f_s\|_{p,\mathbb{R}^d}^p\right)^{1/p}$. 假设 $f$ 的各个分量函数 $f_s \in \mathcal{S}_p^r(\mathbb{R}^d)$, $s = 1, 2, \cdots, d$. 令 $\Psi_{\ell,k}^h(x) := h^{-d}\Psi_{\ell,k}(x/h)$ 为公式 (6.2.9) 定义的散度无关的矩阵值核 $\Psi_{\ell,k}$ 的一个伸缩. 则误差估计

$$\|\Psi_{\ell,k}^h * (D^\alpha f) - D^\alpha f\|_{p,\mathbb{R}^d} = \mathcal{O}(h^{2k}) \tag{6.2.11}$$

对任何满足条件 $0 \leqslant |\alpha| \leqslant \min\{2k, r-2k\}$ 的 $\alpha$ 恒成立. 此处函数空间 $\mathcal{S}_p^r(\mathbb{R}^d)$ 定义如下

$$\mathcal{S}_p^r(\mathbb{R}^d) := \left\{f \in W_p^r(\mathbb{R}^d) : \omega^\alpha\hat{f}(\omega) \in L^p(\mathbb{R}^d), |\alpha| = r\right\}. \tag{6.2.12}$$

**证明** 根据公式 (6.2.9) 有

$$\|\Psi_{\ell,k}^h * (D^\alpha f) - D^\alpha f\|_{p,\mathbb{R}^d} = \|I_d\psi_{\ell,k}^h * (D^\alpha f) - D^\alpha f\|_{p,\mathbb{R}^d},$$

这里 $\psi_{\ell,k}^h(x)=h^{-d}\psi_{\ell,k}(x/h)$ 为 $\psi_{\ell,k}$ 的一个伸缩. 而且, 根据向量值函数的 $L_p$-模的定义, 只需要证明 $\|I_d\psi_{\ell,k}^h*(D^\alpha f)-D^\alpha f\|_{p,\mathbb{R}^d}=\mathcal{O}(h^{2k})$ 对每个分量函数成立即

$$\|(D^\alpha f_s)*\psi_{\ell,k}^h-D^\alpha f_s\|_{p,\mathbb{R}^d}=\mathcal{O}(h^{2k}),\quad s=1,2,\cdots,d.$$

这个公式可以由引理 6.2.2 得到. □

接下来研究矩阵值核函数在频率空间中的性质. 根据 Fourier 变换理论知 [162]

$$\widehat{\Psi_{\ell,k}}(\omega)=\widehat{\psi_{\ell,k}}(\omega)[\|\omega\|^2I_d-\omega^{\mathrm{T}}\omega]/\|\omega\|^2. \tag{6.2.13}$$

这里 $\widehat{\psi_{\ell,k}}$ 是 $k\ell$-级调和样条 $\psi_{\ell,k}$ 的 Fourier 变换. 进一步, 由 $\psi_{\ell,k}$ 满足 $2k$ 阶 Strang-Fix 条件得

$$D^\alpha\widehat{\Psi_{\ell,k}}(2\pi j)=0,\quad j\in\mathbb{Z}^d/\{0\},\quad 对于\ 0\leqslant|\alpha|<2k. \tag{6.2.14}$$

这个公式为后面推导拟插值的收敛阶提供重要依据.

**注释 6.2.2**　利用 $\phi_{\ell+1}$, 还可构造旋度无关的矩阵值核函数

$$\Delta^\ell\nabla\nabla^{\mathrm{T}}\phi_{\ell+1}, \tag{6.2.15}$$

使得对任何旋度无关的向量值函数 $f$ (即 $\nabla\times f=0$) 都有

$$\Delta^\ell\nabla\nabla^{\mathrm{T}}\phi_{\ell+1}*f=f. \tag{6.2.16}$$

而且, 利用等式 $\nabla\nabla^{\mathrm{T}}=\Delta I_d-\nabla\times\nabla\times$ 还可将其写成

$$\Delta^\ell[\Delta I_d-\nabla\times\nabla\times]\phi_{\ell+1}, \tag{6.2.17}$$

这里算子 $\nabla\times\nabla\times$ 为矩阵型微分算子. 进一步, 可以证明

$$\begin{aligned}\Delta^\ell[\Delta I_d-\nabla\times\nabla\times]\phi_{\ell+1}*f&=\Delta^{\ell+1}I_d\phi_{\ell+1}*f-\Delta^\ell\nabla\times\nabla\times\phi_{\ell+1}*f\\&=f-\Delta^\ell\int_{\mathbb{R}^d}\nabla\phi_{\ell+1}(x-t)\times(\nabla\times f(t))dt\\&=f.\end{aligned}$$

这意味着当我们用矩阵值核函数 $\Delta^\ell\nabla\nabla^{\mathrm{T}}\phi_{\ell+1}$ 和旋度无关的向量值函数 $f$ 作卷积时, 该矩阵值核函数也表现出 $\delta$ 函数的性质. 因此, 借助上面的方法, 用差分算子 $(-1)^\ell q_{d,\ell,k}(\widetilde{\Delta})$ 离散微分算子 $\Delta^\ell$, 可显式地构造旋度无关的矩阵值核函数

$$\Psi^*{}_{\ell,k}=(-1)^\ell q_{d,\ell,k}(\widetilde{\Delta})\nabla\nabla^{\mathrm{T}}\phi_{\ell+1}. \tag{6.2.18}$$

图 6.1 是散度无关的矩阵值核函数 $\Psi_{\ell,k}$ ($d=2$, $\ell=k=3$) 的四个分量函数在区域 $[-3,3]\times[-3,3]$ 的等高线图.

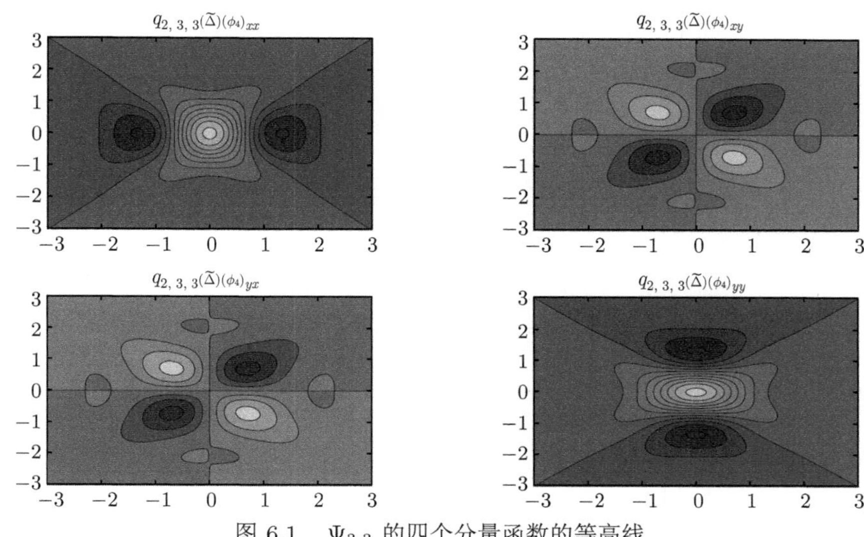


图 6.1 $\Psi_{3,3}$ 的四个分量函数的等高线

最后, 利用上面构造的散度 (旋度) 无关的矩阵值核函数, 讨论如何构造对应的拟插值格式[70]. 我们首先考虑如何在欧氏空间 $\mathbb{R}^d$ 中构造散度 (旋度) 无关的拟插值格式并推导其对函数及其各阶导数的逼近误差. 然后, 将构造思想推广到有界区域的情形.

### 6.2.1 欧氏空间 $\mathbb{R}^d$ 中散度无关拟插值

令 $\{jh\}_{j\in\mathbb{Z}^d}$ 为分布在整个欧氏空间 $\mathbb{R}^d$ 中的等距采样点, 给定散度无关的向量值函数 $f$ 在这些采样点上的对应函数值 $\{f(jh)\}_{j\in\mathbb{Z}^d}$, 借鉴 Schoenberg 模型以及 Chen 和 Suter 的论文 [33], 构造散度无关拟插值

$$Q_hf(x):=\sum_{j\in\mathbb{Z}^d}\Psi_{\ell,k}(x/h-j)f(jh). \tag{6.2.19}$$

另外, 根据散度无关的向量值函数的各阶导数也是散度无关的这个性质, 我们可以直接用 $D^\alpha Q_hf$ 来逼近向量值函数 $f$ 对应的导数 $D^\alpha f$. 但是, 与文献 [33] 中的矩阵值核函数不同, 我们这里的矩阵值核函数并不满足 Strang-Fix 条件[61]. 这意味着我们不能直接用 Strang-Fix 条件来推导对应的逼近阶. 为克服这个问题, 我们将借助 Fourier 变换理论和卷积逼近理论来推导逼近阶.

**定理 6.2.1** 令 $f$ 为一个散度无关的向量值函数, 它的各个分量函数 $f_s \in \mathcal{S}_p^r(\mathbb{R}^d)$, $s=1,2,\cdots,d$. 令 $Q_hf$ 为公式 (6.2.19) 所定义的拟插值. 则有误差估计

$$\|D^\alpha Q_hf - D^\alpha f\|_{p,\mathbb{R}^d} = \mathcal{O}(h^{2k-|\alpha|})$$

对任何 $0 \leqslant |\alpha| < \min\{2k, r-2k, 2\ell-d-1\}$ 成立.

**证明** 固定点 $x \in \mathbb{R}^d$, 利用 Fourier 变换把 $D^\alpha Q_hf(x) - D^\alpha f(x)$ 写成

$$\begin{aligned}
&D^\alpha Q_hf(x) - D^\alpha f(x)\\
&= (2\pi)^{-d/2}\int_{\mathbb{R}^d}\left[h^{-|\alpha|}\sum_{j\in\mathbb{Z}^d}(h\omega+2j\pi)^\alpha\widehat{\Psi_{\ell,k}}(h\omega+2j\pi)e^{2i\pi j\mathbf{x}/h} - \omega^\alpha I_d\right]\\
&\quad\times(-i)^{|\alpha|}\hat{f}(\omega)e^{ix\boldsymbol{\omega}}d\omega.
\end{aligned}$$

从而有

$$\begin{aligned}
&|D^\alpha Q_hf(x) - D^\alpha f(x)|\\
&\leqslant \left|(2\pi)^{-d/2}\int_{\mathbb{R}^d}\hat{f}(\omega)\omega^\alpha[\widehat{\Psi_{\ell,k}}(h\omega) - I_d]e^{ix\boldsymbol{\omega}}d\omega\right|\\
&\quad + h^{-|\alpha|}(2\pi)^{-d/2}\left|\int_{\mathbb{R}^d}\sum_{j\in\mathbb{Z}^d/\{0\}}(h\omega+2j\pi)^\alpha\widehat{\Psi_{\ell,k}}(h\omega+2j\pi)\hat{f}(\omega)e^{ix\boldsymbol{\omega}}e^{2ij\pi x/h}d\omega\right|\\
&\leqslant |\Psi_{\ell,k}^h * (D^\alpha f)(x) - D^\alpha f(x)|\\
&\quad + h^{-|\alpha|}(2\pi)^{-d/2}\int_{\mathbb{R}^d}\sum_{j\in\mathbb{Z}^d/\{0\}}|(h\omega+2j\pi)^\alpha\widehat{\Psi_{\ell,k}}(h\omega+2j\pi)\hat{f}(\omega)|d\omega.
\end{aligned}$$

而且, 由引理 6.2.1 可得

$$\|\Psi_{\ell,k}^h * (D^\alpha f) - D^\alpha f\|_{p,\mathbb{R}^d} = \mathcal{O}(h^{2k}).$$

因此, 只剩下推导上面不等式右端第二项的误差界.

由于 $\widehat{\Psi_{\ell,k}}$ 满足公式 (6.2.14), 把函数 $\widehat{\Psi_{\ell,k}}(h\omega+2j\pi)$ 在点 $2j\pi$ 利用 $2k$ 阶 Taylor 展开式得

$$\begin{aligned}
&(2\pi)^{-d/2}h^{-|\alpha|}\int_{\mathbb{R}^d}\sum_{j\in\mathbb{Z}^d/\{0\}}|(h\boldsymbol{\omega}+2j\pi)^\alpha\widehat{\Psi_{\ell,k}}(h\omega+2j\pi)\hat{f}(\omega)|d\omega\\
&= (2\pi)^{-d/2}h^{2k-|\alpha|}/(2k)!\int_{\mathbb{R}^d}\sum_{j\in\mathbb{Z}^d/\{0\}}|(h\omega+2j\pi)^\alpha|
\end{aligned}$$

$$\cdot|\widehat{\Psi_{\ell,k}}^{(2k)}(\xi_j+2j\pi)|\cdot|\omega^{2k}\hat{f}(\omega)|d\omega,$$

对任何的 $\xi_j \in (2j\pi, 2j\pi+h\omega)$ 恒成立. 而且, 由于 $\widehat{\psi_{\ell,k}} \in \mathcal{M}^{2k}(\mathbb{R}^d)$, 根据公式 (6.2.13) 可得

$$\sum_{j\in\mathbb{Z}^d/\{0\}}|(h\omega+2j\pi)^\alpha|\cdot|\widehat{\Psi_{\ell,k}}^{(2k)}(\xi_j+2j\pi)|<\infty,$$

$$0\leqslant|\alpha|<\min\{2k,r-2k,2\ell-d-1\}.$$

另外, 由分量函数 $f_s \in \mathcal{S}_p^r(\mathbb{R}^d)$, $s=1,2,\cdots,d$ 可得不等式

$$\int_{\mathbb{R}^d}|\omega^{2k}f(\omega)|d\omega<\infty,\quad 2k\leqslant\min\{2\ell,r\}.$$

从而有

$$h^{-|\alpha|}(2\pi)^{-d/2}\int_{\mathbb{R}^d}\sum_{j\in\mathbb{Z}^d/\{0\}}|(h\omega+2j\pi)^\alpha|\cdot|\widehat{\Psi_{\ell,k}}(h\omega+2j\pi)\hat{f}(\omega)|d\omega=\mathcal{O}(h^{2k-|\alpha|}).$$

最后, 结合以上两部分误差估计, 可得误差估计

$$\|D^\alpha Q_hf-D^\alpha f\|_{p,\mathbb{R}^d}=\mathcal{O}(h^{2k-|\alpha|}).\qquad\Box$$

综上, 我们构造了定义在空间 $\mathbb{R}^d$ 中的散度无关的拟插值格式并给出其对逼近函数及其各阶导数的逼近误差阶. 接下来将上面的构造思想推广到有界区域 $\Omega\subset\mathbb{R}^d$ 上.

### 6.2.2 有界区域 $\Omega\subset\mathbb{R}^d$ 上的散度无关拟插值

真实问题中的数据往往采自一个有界区域 $\Omega$, 此时如果直接用上面构造的散度无关的拟插值格式作用到采样数据, 就会在有界区域 $\Omega$ 的边界产生所谓的边界问题: 拟插值在边界逼近效果非常差. 如前面讨论, 在拟插值领域通常有两种常用的方法解决边界问题. 第一种方法是在更大区域内进行采样, 利用采样数据构造拟插值格式, 然后把此拟插值格式限制在 $\Omega$ 上. 这种方法需要有界区域以外的采样数据, 现实中可能无法获得. 另外一种方法是借助边界延拓的思想首先把被逼近函数紧支柱的光滑延拓到整个空间 $\mathbb{R}^d$ 中并在其支集中进行采样; 然后根据采样数据构造定义在整个空间 $\mathbb{R}^d$ 中的拟插值; 最后把拟插值限制在有界区域 $\Omega$ 上 (如 Beatson 和 Powell [12], Chen 和 Suter [33], Wu 和 Schaback [191] 等的文章). 但是这种延拓方法需要许多边界条件, 对多元情形非常复杂. 这里我们给出第三

种方法. 这种方法既不需要在更大区域采样也不需要边界延拓, 从而可弥补上两种方法的不足.

令 $\mathbb{A}$ 为 $\mathbb{Z}^d$ 的一个有限集, $\mathbb{B}$ 为 $\mathbb{A}$ 的一个子集. 记 $c$ 为一个任意给定的正常数且满足 $0<c<1$, $V$ 为 $\Omega$ 的子区域且满足 $V\subset\Omega$ 以及 $\operatorname{dist}(\partial\Omega,\partial V)\geqslant c$. 这里 $\operatorname{dist}(\partial\Omega,\partial V)$ 表示 $\partial\Omega$ 和 $\partial V$ 的 Hausdorff 距离. 令 $\{(jh,f(jh))\}_{j\in\mathbb{A}}$ 为区域 $\Omega$ 上的采样数据且满足 $\{(jh,f(jh))\}_{j\in\mathbb{B}}\subset\Omega/V$. 我们将分四个步骤构造定义在有界区域 $\Omega$ 上的散度无关的拟插值. 首先, 利用插值方法, 构造一个插值于数据 $\{(jh,f(jh))\}_{j\in\mathbb{B}}\subset\Omega/V$ 的散度无关的插值格式 $If$ (任何一种散度无关的插值格式 [50, 66, 128, 178]). 其次, 基于函数 $If$ 和 $f$, 构造另一个散度无关的向量值函数 $g(x):=f(x)-If(x)$, $x\in\Omega$. 另外, 通过选取适当的插值格式 $If$ 使得 $g=(g_1,g_2,\cdots,g_d)$ 满足 $g_s\in\mathcal{S}_p^r(\mathbb{R}^d)$, $s=1,2,\cdots,d$. 再次, 对散度无关的函数 $g=(g_1,g_2,\cdots,g_d)$ 在采样点 $\{jh\}_{j\in\mathbb{A}}$ 上进行采样获得数据 $\{(jh,g(jh))\}_{j\in\mathbb{A}}$, 在此基础上, 把拟插值算子 $Q_h$ 直接作用到采样数据上得到一个新的拟插值 (记 $Q_hg$) 格式

$$Q_hg(x)=(h/H)^d\sum_{j\in\mathbb{A}}\Psi_{\ell,k}((x-jh)/H)g(jh). \tag{6.2.20}$$

这里 $H$ 是一个待定的形状参数. 最后, 利用插值 $If$ 和拟插值 $Q_hg$, 构造格式 $IQ_hf$ 如下

$$IQ_hf(x)=If(x)+Q_hg(x),\quad x\in\Omega. \tag{6.2.21}$$

而且, 由于 $If$ 和 $Q_hg$ 均是散度无关的向量值函数, 可以证明 $IQ_hf$ 也是一个散度无关的向量值函数. 下面我们将推导拟插值 $IQ_hf$ 对被逼近函数 $f$ 及其各阶导数的逼近阶.

利用詹森不等式有

$$\begin{aligned}
&\|D^\alpha IQ_hf-D^\alpha f\|_{p,\Omega}\\
&=\left(\int_\Omega|D^\alpha IQ_hf(x)-D^\alpha f(x)|^pdx\right)^{1/p}\\
&=\left(\int_V|D^\alpha IQ_hf(x)-D^\alpha f(x)|^pdx+\int_{\Omega/V}|D^\alpha IQ_hf(x)-D^\alpha f(x)|^pdx\right)^{1/p}\\
&\leqslant\|D^\alpha IQ_hf-D^\alpha f\|_{p,V}+\|D^\alpha IQ_hf-D^\alpha f\|_{p,\Omega/V}.
\end{aligned}$$

这里 $\|f\|_{p,V}=\sum_{s=1}^d\|f_s\|_{p,V}$, 其中 $\|f_s\|_{p,V}=\left(\int_V|f_s(x)|^pdx\right)^{1/p}$ 对于 $f_s\in\mathcal{S}_p^r(\mathbb{R}^d)$,

$s = 1, 2, \cdots, d$. 而且, 由等式 (6.2.20) 以及等式 (6.2.21) 可得

$$\|D^\alpha IQ_h f - D^\alpha f\|_{p,V} = \|D^\alpha Q_h g - D^\alpha g\|_{p,V}$$

以及

$$\|D^\alpha IQ_h f - D^\alpha f\|_{p,\Omega/V} = \|D^\alpha Q_h(f - If) - D^\alpha(f - If)\|_{p,\Omega/V}.$$

进一步, 注意到

$$\begin{aligned}
&\|D^\alpha Q_h(f - If) - D^\alpha(f - If)\|_{p,\Omega/V} \\
\leqslant\ & \|D^\alpha Q_h(f - If)\|_{p,\Omega/V} + \|D^\alpha(f - If)\|_{p,\Omega/V} \\
\leqslant\ & H^{-|\alpha|-d}\|\Psi_{\ell,k}\|_\infty \|f - If\|_{p,\Omega/V} + \|D^\alpha f - D^\alpha If\|_{p,\Omega/V},
\end{aligned}$$

只需要分别推导拟插值对函数及其各阶导数的逼近误差 $\|D^\alpha Q_h g - D^\alpha g\|_{p,V}$ 以及插值对函数及其各阶导数的逼近误差 $\|D^\alpha f - D^\alpha If\|_{p,\Omega/V}$, $0 \leqslant |\alpha| \leqslant r$. 而且, 由于散度无关的插值函数 $If$ 被广泛地研究和大量地应用, 这里我们不妨假设 $If$ 对函数的逼近误差阶为 $n$, 且满足 $\max\{1, |\alpha|\} < n$, 从而有

$$\|D^\alpha f - D^\alpha If\|_{p,\Omega/V} = \mathcal{O}(h^{n-|\alpha|}),$$

以及

$$\|D^\alpha Q_h(f - If) - D^\alpha(f - If)\|_{p,\Omega/V} \leqslant \mathcal{O}(h^n H^{-|\alpha|-d}) + \mathcal{O}(h^{n-|\alpha|}).$$

下面, 只需要推导拟插值的误差阶 $\|D^\alpha Q_h g - D^\alpha g\|_{p,V}$. 为此, 我们采用文献 [72] 中的技巧: 把拟插值看成是由卷积算子逼近和卷积算子离散化两个过程构成. 注意这里的两步法思想仅仅是为了推导误差估计, 计算过程不涉及任何的卷积问题. 为此, 首先引入两个卷积算子

$$\mathcal{C}_H(g)(x) := \int_{\mathbb{R}^d} \Psi_{\ell,k}^H(x - t)g(t)dt$$

以及

$$\mathcal{C}_{\Omega,H}(g)(x) := \int_\Omega \Psi_{\ell,k}^H(x - t)g(t)dt.$$

这里大家注意: $\mathcal{C}_H$ 是对定义在 $\mathbb{R}^d$ 上的 $L^p$ 函数, 而 $\mathcal{C}_{\Omega,H}$ 是其限制在有界区域 $\Omega$ 上的情形. 进一步, 利用闵可夫斯基不等式有

$$\|D^\alpha Q_h g - D^\alpha g\|_{p,V} \leqslant \|D^\alpha \mathcal{C}_{\Omega,H}(g) - D^\alpha g\|_{p,V} + \|D^\alpha Q_H g - D^\alpha C_{\Omega,H}(g)\|_{p,V}. \tag{6.2.22}$$

下面只需要分别推导上面不等式右端的两个部分的误差阶.

**引理 6.2.4**　令 $V \subset \Omega$ 且满足 $\mathrm{dist}(\partial\Omega, \partial V) \geqslant c$ (对于任意一个给定的正数 $0 < c < 1$). 令 $\mathrm{dist}(\partial\Omega, \partial V)$ 为 $\partial\Omega$ 和 $\partial V$ 的 Hausdorff 距离. 令 $f$ 为一个散度无关的向量值函数且满足 $f_s \in \mathcal{S}_p^r(\mathbb{R}^d)$, $s = 1, 2, \cdots, d$. 令 $If$ 为 $f$ 的一个散度无关的插值函数且使得 $g := f - If = (g_1, g_2, \cdots, g_d)$ 的各个分量函数 $g_s \in \mathcal{S}_p^r(\mathbb{R}^d)$, $s = 1, 2, \cdots, d$. 进一步假设 $If$ 在区域 $\Omega/V$ 内的逼近误差为 $\mathcal{O}(h^n)$, 这里 $n$ 满足 $\max\{1, |\alpha|\} < n$. 则有不等式

$$\|D^\alpha \mathcal{C}_{\Omega,H}(g) - D^\alpha g\|_{p,V} \leqslant \mathcal{O}(H^{2k-2|\alpha|-\varepsilon}) + \mathcal{O}(h^n/H^{d+|\alpha|}) \tag{6.2.23}$$

对任意小的正数 $\varepsilon$ $(0 < \varepsilon < 1)$ 以及任意满足条件 $0 \leqslant |\alpha| \leqslant \min\{k, r-2k, 2\ell - d - 1\}$ 的 $\alpha$ 均成立.

**证明**　由误差估计

$$D^\alpha \mathcal{C}_H(g) = \mathcal{C}_H(D^\alpha g)$$

以及引理 6.2.2, 可推导等式

$$\|D^\alpha g - D^\alpha \mathcal{C}_H(g)\|_{p,V} = \mathcal{O}(H^{2k})$$

对任何满足条件 $0 \leqslant |\alpha| \leqslant \min\{2k, r-2k\}$ 的 $\alpha$ 均成立. 因此, 只需要推导误差 $\|D^\alpha \mathcal{C}_H(g) - D^\alpha \mathcal{C}_{\Omega,H}(g)\|_{p,V}$ 的上界.

利用分部积分法可得公式

$$\begin{aligned} D^\alpha \mathcal{C}_{\Omega,H}(g)(x) = &\int_\Omega (-1)^\ell q_{d,\ell,k}(\tilde{\Delta}) \Delta I_d D^\alpha \phi_{\ell+1}^H(x-t) g(t) dt \\ &+ [(-1)^\ell q_{d,\ell,k}(\tilde{\Delta}) \nabla D^\alpha \phi_{\ell+1}^H(x-t)(g(t)\cdot 1)]_{t\in\partial\Omega} \end{aligned}$$

对任何散度无关的函数 $g$ 均成立, 这里的微分算子作用于 $x$. 进一步, 由于插值函数 $If$ 在区域 $\Omega/V$ 上的逼近阶为 $\mathcal{O}(h^n)$, 因此有

$$\left|[(-1)^\ell q_{d,\ell,k}(\tilde{\Delta}) \nabla D^\alpha \phi_{\ell+1}^H(x-t)(g(t)\cdot 1)]_{t\in\partial\Omega}\right| = \mathcal{O}(h^n/H^{d+|\alpha|}).$$

从而可得

$$D^\alpha \mathcal{C}_{\Omega,H}(g)(x) = \int_\Omega (-1)^\ell q_{d,\ell,k}(\tilde{\Delta}) \Delta I_d D^\alpha \phi_{\ell+1}^H(x-t) g(t) dt + \mathcal{O}(h^n/H^{d+|\alpha|}).$$

进而, 对于任何给定的 $x \in V$, 我们有

$$|D^\alpha \mathcal{C}_H(g)(x) - D^\alpha \mathcal{C}_{\Omega,H}(g)(x)|$$

$$
\begin{aligned}
&\leqslant \left|\int_{\mathbb{R}^d\setminus\Omega} I_d D^\alpha \psi_{\ell,k}^H(x-t)g(t)dt\right| + \mathcal{O}(h^n/H^{d+|\alpha|}) \\
&\leqslant H^{-|\alpha|}\left|\int_{|y|\geqslant c/H} I_d\boldsymbol{\psi}_{\ell,k}^{(\alpha)}(y)g(x-Hy)dy\right| + \mathcal{O}(h^n/H^{d+|\alpha|}) \\
&\leqslant H^{-|\alpha|}\|g\|_\infty \int_{|y|\geqslant c/H} |y|^{-2k+|\alpha|+\varepsilon}|y|^{2k-|\alpha|-\varepsilon}|I_d\boldsymbol{\psi}_{\ell,k}^{(\alpha)}(y)|dy + \mathcal{O}(h^n/H^{d+|\alpha|}) \\
&\leqslant H^{2k-2|\alpha|-\varepsilon}c^{-2k+|\alpha|+\varepsilon}\|g\|_\infty \int_{|y|\geqslant c/H} |y|^{2k-|\alpha|-\varepsilon}|I_d\psi_{\ell,k}^{(\alpha)}(y)|dy + \mathcal{O}(h^n/H^{d+|\alpha|}) \\
&\leqslant CH^{2k-2|\alpha|-\varepsilon}\int_{\mathbb{R}^d} |y|^{2k-|\alpha|-\varepsilon}|I_d\boldsymbol{\psi}_{\ell,k}^{(\alpha)}(y)|dy + \mathcal{O}(h^n/H^{d+|\alpha|}).
\end{aligned}
$$

而且, 由等式 (6.2.4) 可得 $\int_{\mathbb{R}^d} |y|^{2k-|\alpha|-\varepsilon}|I_d\boldsymbol{\psi}_{\ell,k}^{(\alpha)}(y)|dy < +\infty$, 从而有

$$
\|D^\alpha \mathcal{C}_H(g) - D^\alpha \mathcal{C}_{\Omega,H}(g)\|_{p,V} \leqslant \mathcal{O}(H^{2k-2|\alpha|-\varepsilon}) + \mathcal{O}(h^n/H^{d+|\alpha|})
$$

对任意满足条件 $0 \leqslant |\alpha| \leqslant \min\{k, r-2k, 2\ell-d-1\}$ 的 $\alpha$ 均成立. □

另外, 由于 $Q_hg$ 是关于定积分 $\mathcal{C}_{\Omega,H}(g)$ 的矩形离散化格式, 从而有

$$
|D^\alpha Q_hg(x) - D^\alpha \mathcal{C}_{\Omega,H}(g)(x)| = \mathcal{O}(hH^{-d-|\alpha|}). \tag{6.2.24}
$$

进一步, 可得如下引理.

**引理 6.2.5** 令 $V$ 和 $If$ 满足引理 6.2.4 中的条件. 记 $Q_hg$ 为公式 (6.2.20) 所定义, 其中 $H$ 是一个正的尺度参数. 则对任何散度无关的函数 $f$ (它的各个分量函数 $f_s \in \mathcal{S}_p^r(\mathbb{R}^d)$, $s = 1, 2, \cdots, d$), 我们有不等式

$$
\|D^\alpha Q_hg - D^\alpha g\|_{p,V} \leqslant \mathcal{O}(H^{2k-2|\alpha|-\varepsilon}) + \mathcal{O}(hH^{-d-|\alpha|}) \tag{6.2.25}
$$

对于任意小的 $\varepsilon$ $(0 < \varepsilon < 1)$ 以及任意满足条件 $0 \leqslant |\alpha| < \min\{k, r-2k, 2\ell-d-1\}$ 的 $\alpha$ 均成立.

**证明** 不等式 (6.2.25) 可以由不等式 (6.2.22), (6.2.23), 以及等式 (6.2.24) 得到. □

最后, 我们把以上的讨论整理成一个定理.

**定理 6.2.2** 令 $V$, $If$, $Q_hg$, 以及 $f$ 满足引理 6.2.4 中的条件. 则有

$$
\|D^\alpha IQ_hf - D^\alpha f\|_{p,\Omega} \leqslant \mathcal{O}(H^{2k-2|\alpha|-\varepsilon}) + \mathcal{O}(hH^{-d-|\alpha|}). \tag{6.2.26}
$$

特别地, 可以选择一个最佳的尺度参数 $H$ 为

$$
H = \mathcal{O}(h^{1/(2k+d-|\alpha|-\varepsilon)}),
$$

使得拟插值对函数及其各阶导数的逼近阶为

$$\|D^\alpha IQ_h f - D^\alpha f\|_{p,\Omega} \leqslant \mathcal{O}(h^{(2k-2|\alpha|-\varepsilon)/(2k+d-|\alpha|-\varepsilon)}).$$

**注释 6.2.3** 以上散度无关的拟插值构造理论和思想可以平行地推广到构造旋度无关的拟插值情形中去. 只需要把散度无关的矩阵值核函数 $\Psi_{\ell,k}$ 换成注释 6.2.2 中的旋度无关的矩阵值核函数 $\Psi^*_{\ell,k}$.

**注释 6.2.4** 以上构造散度 (旋度) 无关拟插值的方法和思想可以推广到非等距采样点 (如随机采样点、分层随机采样点、低差采样点等) 的情形. 此时, 利用拟插值的两步法思想 (把拟插值看成是由卷积序列逼近和卷积序列离散化两个过程构成), 只需要在离散化过程中采用相应的非等距点数值积分格式即可. 具体思想和过程可以参考文献 [71], [72]. 另外, 拟插值还被应用于处理流形值函数 (manifold-valued function) 的逼近问题, 感兴趣的读者可参考文献 [86], [87].

# 第 7 章　拟插值方法的应用

## 7.1　高精度数值微分

科学与工程计算中经常会遇到数值微分问题: 利用一些给定采样点上的函数值重构未知函数一阶或高阶导数. 差商是一种常用的导数重构方法, 例如著名的 Prony 方法就是利用差商来逼近导数. 但是, 由于差商的不稳定性, 它只能用来逼近低价导数. 另外一种方法则直接用逼近函数的各阶导数逼近被逼近函数的各阶导数, 因此也被称为直接法[68]. 给定一个 $d$ 元目标函数 $f$, 令 $Af$ 是 $f$ 的一个具有 $l$ 阶逼近阶的逼近函数. 记

$$D^{\alpha}=\frac{\partial^{|\alpha|}}{\partial x^{\alpha}}=\frac{\partial^{|\alpha|}}{\partial x_1^{\alpha_1}\partial x_2^{\alpha_2}\cdots\partial x_d^{\alpha_d}}:=\prod_{s=1}^{d}D_{x_s}^{\alpha_s},$$

其中 $D_{x_s}=\dfrac{\partial}{\partial x_s}$ 为偏微分算子, $\alpha=(\alpha_1,\alpha_2,\cdots,\alpha_d)$ 是一个多重指标, $|\alpha|=\sum\limits_{s=1}^{d}\alpha_s$. 直接法用 $D^{\alpha}(Af)$ 逼近 $D^{\alpha}f$. 直接法是一种常用的方法, 而且也有成熟的理论基础 (见 [46], [76], [108], [113], [150], [173]). 然而, 直接法的逼近阶会随着被逼近导数的阶数升高而下降, 导致其在逼近高阶导数时要求逼近函数 $Af$ 具有较好的光滑性及较高的逼近阶. 为克服直接法的瑕疵, 许多学者提出了用迭代法逼近高阶导数, 其中高阶差商逼近高阶导数就是一个典型的例子. 特别地, 当 $A$ 是奇数次周期样条插值算子时, Shelley 和 Baker [153] 提出了一种逼近高阶导数的迭代法: 反复利用算子 $DA$ (先作用插值算子 $A$ , 然后再作用求导算子 $D$) $|\alpha|$ 次来逼近被逼近函数的 $|\alpha|$ 阶导数:

$$(DA)^{\alpha}f:=\prod_{s=1}^{d}(D_{x_s}A)^{\alpha_s}f\approx D^{\alpha}f.$$

迭代法有两个优点. 第一, 如果误差只在等距点上估计, 那么对所有导数的逼近阶同函数的逼近阶一致. 第二, 它只需要计算插值 $Af$ 的一阶导数. Fuselier 和 Wright[68] 讨论了当算子 $A$ 是周期径向基函数插值的情形, 并且得到类似的性质. 而且他们把迭代法用于构造高精度微分方程数值解 [67]. 然而, 这些迭代方法

([68], [153]) 也有一些不足. 首先, 它们都需要解 $|\alpha|$ 个方程, 导致处理大规模问题时需要大量的计算及复杂的计算过程. 其次, 保阶性质只针对等距插值点上的一元周期函数适用. 最后, 尽管文章 [68] 从数值上展示保阶性质对多变量周期函数也可能成立, 然而没有给出理论分析. 本节将介绍一种基于拟插值的迭代方法逼近高阶导数 [168]. 该方法适用于整个区域上的一般多变量函数而且不需要求解线性方程组.

首先考虑等距采样点上的导数逼近问题.

### 7.1.1 等距采样点上的导数逼近方法

以最基本的 Schoenberg 模型为例. 令 $|\alpha| = 1$, $X = \{jh\}_{j\in\mathbb{Z}^d}$, $f|_X = \{f(jh)\}_{j\in\mathbb{Z}^d}$, 为得到 $f^{(\alpha)}$ 的一个逼近函数, 首先构造目标函数 $f$ 的一个拟插值

$$Qf(x) = \sum_{j\in\mathbb{Z}^d} f(jh)\psi\left(\frac{x}{h} - j\right),$$

然后将微分算子 $D^\alpha$ 作用到拟插值 $Qf$ 上得到 $f^{(\alpha)}$ 的一个逼近

$$D^\alpha Qf(x) := \frac{1}{h}\sum_{j\in\mathbb{Z}^d} f(jh)\psi^{(\alpha)}\left(\frac{x}{h} - j\right).$$

这个逼近一阶导数的方法包含两个过程: 先对 $f$ 作用拟插值算子 $Q$, 然后对 $Qf$ 作用微分算子 $D^\alpha$. 而且, 由经典的函数逼近理论知 $D^\alpha Qf$ 的逼近阶低于 $Qf$ 的逼近阶. 可是, 当拟插值算子 $Qf$ 的逼近阶等于 $l$ 且当 $l$ 是偶数时, 可以证明 $D^\alpha Qf$ 在等距采样点 $X$ 上的逼近阶等于 $Qf$ 的逼近阶.

**定理 7.1.1** 假设正整数 $l$ 是一个偶数, 核函数 $\psi$ 满足 $l$ 阶 Strang-Fix 条件且 $\hat{\psi}$ 的 $(l+1)$ 阶导数满足下降性条件: $|\hat{\psi}^{(\beta)}(\omega)| < o(1+|\omega|)^{-d-1}$, $|\beta| = l+1$. 则对于满足 $\int_{\mathbb{R}^d} |t^p|\cdot|\hat{f}(t)|dt < +\infty$ $(p > l)$ 的任意函数 $f$, 都有误差估计

$$\left|D^\alpha Qf - f^{(\alpha)}\right|_{l_\infty(X)} \leqslant \mathcal{O}(h^l). \tag{7.1.1}$$

这里 $|\alpha| = 1$, $|\cdot|_{l_\infty(X)}$ 表示在采样点 $X$ 上的最大值范数.

**证明** 根据 Schoenberg 拟插值的 Fourier 等价形式得

$$D^\alpha Qf(x) = (2\pi)^{-d/2}\int_{\mathbb{R}^d}\left[\frac{1}{h}\sum_{j\in\mathbb{Z}^d}(iht + 2i\pi j)^\alpha\hat{\psi}(ht + 2\pi j)e^{\frac{2i\pi j\cdot x}{h}}\right]e^{ix\cdot t}\hat{f}(t)dt$$

和

$$D^\alpha Qf(kh) = (2\pi)^{-d/2}\int_{\mathbb{R}^d}\left[\frac{1}{h}\sum_{j\in\mathbb{Z}^d}(iht + 2ij\pi)^\alpha\hat{\psi}(ht + 2\pi j)\right]e^{ihk\cdot t}\hat{f}(t)dt, \quad k\in\mathbb{Z}^d.$$

再结合

$$f^{(\alpha)}(kh)=(2\pi)^{-d/2}\int_{\mathbb{R}^d}(it)^{\alpha}e^{ihk\cdot t}\hat{f}(t)dt,$$

可导出不等式

$$\begin{aligned}&|D^{\alpha}Qf(kh)-f^{(\alpha)}(kh)|\\=&(2\pi)^{-d/2}\Big|\int_{\mathbb{R}^d}\Big[\frac{1}{h}\sum_{j\in\mathbb{Z}^d}(iht+2i\pi j)^{\alpha}\hat{\psi}(ht+2\pi j)-(it)^{\alpha}\Big]e^{ihk\cdot t}\hat{f}(t)dt\Big|\\\leqslant&(2\pi)^{-d/2}\int_{\mathbb{R}^d}\Big|\frac{1}{h}\sum_{j\in\mathbb{Z}^d}(iht+2i\pi j)^{\alpha}\hat{\psi}(ht+2\pi j)-(it)^{\alpha}\Big||\hat{f}(t)|dt.\end{aligned}$$

接下来估计不等式的右端. 令

$$E(t)=\frac{1}{h}\sum_{j\in\mathbb{Z}^d}(iht+2i\pi j)^{\alpha}\hat{\psi}(ht+2\pi j)-(it)^{\alpha}.$$

因为 $|\alpha|=1$, 不失一般性, 我们假设 $\alpha=e_s$, 其中 $e_s$ 是 $s$ 方向上的单位向量. 将 $E(t)$ 分成三个部分, 即

$$E_1(t)=it_s\hat{\psi}(ht)-it_s=it_s(\hat{\psi}(ht)-1),$$

$$E_2(t)=\sum_{j\in\mathbb{Z}^d,|j|\neq 0}(it_s)\hat{\psi}(ht+2\pi j),$$

$$\begin{aligned}E_3(t)=&\frac{1}{h}\sum_{j\in\mathbb{Z}^d}(2i\pi j_s)\hat{\psi}(ht+2\pi j)\\=&\frac{1}{h}\sum_{j^*\in\mathbb{Z}^{d-1}}\sum_{j_s=1}^{+\infty}(2i\pi j_s)[\hat{\psi}(ht_s+2\pi j_s,ht^*+2\pi j^*)\\&-\hat{\psi}(ht_s-2\pi j_s,ht^*+2\pi j^*)].\end{aligned}$$

这里 $t^*=(t_1,\cdots,t_{s-1},t_{s+1},\cdots,t_d)$, $j^*=(j_1,\cdots,j_{s-1},j_{s+1},\cdots,j_d)$.

下面我们分别估计 $E_1$, $E_2$ 和 $E_3$. 首先, 利用 $l$ 阶 Strang-Fix 条件得到

$$|E_1(t)|\leqslant|t_st^l|\mathcal{O}(h^l)$$

和

$$|E_2(t)|\leqslant|t_st^l|h^l\sum_{j\in\mathbb{Z}^d,|j|\neq 0}\Big|\sum_{|\gamma|=l}\hat{\psi}^{(\gamma)}(2\pi j)/l!\Big|.$$

因为 $l$ 是偶数, 根据 Taylor 展开可得

$$\begin{aligned}&\left|\hat{\psi}(ht_s+2\pi j_s, ht^*+2\pi j^*)-\hat{\psi}(ht_s-2\pi j_s, ht^*+2\pi j^*)\right|\\ \leqslant&\left|\hat{\psi}^{(\tau)}(2\pi j_s+\theta ht_s, ht^*+2\pi j^*)\frac{(ht_s)^{l+1}}{(l+1)!}\right|,\end{aligned}$$

其中 $|\tau|=(l+1)e_s$, $\theta\in(0,\ 1)$.

最后, 由下降性条件 $|\hat{\psi}^{(\beta)}(\omega)|<o(1+|\omega|)^{-d-1}$, $|\beta|=l+1$ 可得

$$|E_2(t)|\leqslant|t_st^l|\mathcal{O}(h^l),\quad |E_3(t)|\leqslant|t_s^{l+1}|\mathcal{O}(h^l).$$

综上, 不等式

$$|E(t)|\leqslant|t^{l+1}|\mathcal{O}(h^l)$$

成立, 从而证明了

$$|D^\alpha Qf(kh)-f^{(\alpha)}(kh)|\leqslant\mathcal{O}(h^l)\cdot\int_{\mathbb{R}^d}|t^{l+1}||\hat{f}(t)|dt.$$

因此, 不等式 (7.1.1) 对任何满足 $\int_{\mathbb{R}^d}|t^p|\cdot|\hat{f}(t)|dt\leqslant\infty(p>l)$ 的函数 $f$ 均成立. □

下面给出几个具体例子.

**奇数次 B 样条核**　令 $\phi_{2n+1}$ 为 $(2n+1)$ 次对称单变量 B 样条核, 它的 Fourier 变换为

$$\hat{\phi}_{2n+1}(w)=\left(\frac{\sin(w/2)}{w/2}\right)^{2n+2}.$$

可以证明 $\phi_{2n+1}$ 满足二阶 Strang-Fix 条件和下降性条件 $|\hat{\phi}_{2n+1}^{(3)}(w)|<o((1+|w|)^{-2})$. 更重要地, 因为 $\phi_{2n+1}$ 在 $2\pi j$ 处是 $2n+2$ 阶零点, 所以根据参考文献 [202], [203] 中的技巧, 可以构造满足 $2n+2$ 阶 Strang-Fix 条件的对称核 $\psi_{2n+1}(x)$, 进而满足下降性条件 $|\hat{\psi}_{2n+1}^{(2n+3)}(w)|<o((1+|w|)^{-2})$.

**Multiquadric 核**　令 $\phi(x)=\sqrt{c^2+x^2}, x\in\mathbb{R}$, 其中 $c$ 是一个正的形状参数. 构造对称核

$$\psi(x)=\frac{\phi(x+1)-2\phi(x)+\phi(x-1)}{2},$$

使其 Fourier 变换为

$$\hat{\psi}(w)=(\cos w-1)\hat{\phi}(|w|)=-(\cos w-1)\frac{2c}{|w|}K_1(c|w|),$$

这里 $K_1$ 是第二类 Bessel 函数[162]. 根据参考文献 [21] 的结果, $\psi$ 满足二阶 Strang-Fix 条件和下降性条件 $|\hat{\psi}_{2n+1}^{(3)}(w)| < o((1+|w|)^{-2})$.

**张量积核** 如果对所有的 $1 \leqslant i \leqslant d$, 单变量核 $\varphi_i(x_i)$ 满足定理 7.1.1 的条件, 那么 $d$ 变量的张量积核

$$\psi(x_1, x_2, \cdots, x_d) = \prod_{i=1}^{d} \varphi_i(x_i)$$

也满足同样的条件.

接下来考虑等距采样点上的高阶导数逼近问题. 根据一阶导数的构造方法, 我们连续实施 $|\alpha|$ 次"先拟插值, 然后求导" 操作可得 $f^{(\alpha)}$ 的逼近 $(DQ)^\alpha f := \prod_{s=1}^{d}(D_{x_s}Q)^{\alpha_s} f$, 其中 $D_{x_s} := \partial/\partial x_s$. 而且有下面的误差估计.

**定理 7.1.2** 假设正整数 $l$ 是偶数且核函数 $\psi$ 满足定理 7.1.1 的条件. 如果 $f$ 满足 $\int_{\mathbb{R}^d} |t^p| \cdot |\hat{f}(t)| dt < +\infty$ $(l+1<p)$, 那么对于任意满足 $2 \leqslant |\alpha| \leqslant p-l$ 的 $\alpha$, 都有误差估计

$$\left|(DQ)^\alpha f - f^{(\alpha)}\right|_{l_\infty(X)} \leqslant \mathcal{O}(h^l).$$

在估计 $\left|(DQ)^\alpha f - f^{(\alpha)}\right|_{l_\infty(X)}$ 之前, 首先需要得到 $(DQ)^\alpha f\big|_X$ 的显式表达式.

**引理 7.1.1** $(DQ)^\alpha f\big|_X$ 可以显式写成

$$(DQ)^\alpha f(kh) = (2\pi)^{-d/2} \int_{\mathbb{R}^d} A^\alpha(t) e^{ihk\cdot t} \hat{f}(t) dt, \tag{7.1.2}$$

其中 $k \in \mathbb{Z}^d$, $A^\alpha(t) = \Pi_{s=1}^{d} A_s^{\alpha_s}(t)$, $A_s(t) = \dfrac{1}{h} \sum\limits_{j\in\mathbb{Z}^d} (iht_s + 2i\pi j_s)\hat{\psi}(ht + 2\pi j)$.

**证明** 注意到 $(DQ)^\alpha f(kh) = \prod_{s=1}^{d}(D_{x_s}Q)^{\alpha_s} f(kh)$, 我们首先计算 $(D_{x_d}Q)^{\alpha_d} f(kh)$. 作用拟插值算子 $Q$ 到导数的逼近值 $(D_{x_d}Qf)|_X$ 上得到

$$QD_{x_d}Qf(x) := \sum_{k\in\mathbb{Z}^d} D_{x_d}Qf(kh)\psi\left(\frac{x}{h} - k\right).$$

另外, 将上式中的 $D_{x_d}Qf(kh)$ 用其对应的 Fourier 变换

$$(2\pi)^{-d/2} \int_{\mathbb{R}^d} \left[\frac{1}{h} \sum_{j\in\mathbb{Z}^d} (iht_d + 2i\pi j_d)\hat{\psi}(ht + 2\pi j)\right] e^{ihk\cdot t} \hat{f}(t) dt$$

替代得到

$$QD_{x_d}Qf(x) = (2\pi)^{-d/2} \int_{\mathbb{R}^d} A_d(t) \sum_{k\in\mathbb{Z}^d} e^{ihk\cdot t} \psi\left(\frac{x}{h} - k\right) \hat{f}(t) dt$$

$$= (2\pi)^{-d/2}\int_{\mathbb{R}^d} A_d(t)\left[\sum_{k\in\mathbb{Z}^d} e^{i(hk-x)\cdot t}\psi\Big(\frac{x}{h}-k\Big)\right]e^{ix\cdot t}\hat{f}(t)dt,$$

其中

$$A_d(t) = \frac{1}{h}\sum_{j\in\mathbb{Z}^d}(iht_d + 2i\pi j_d)\hat{\psi}(ht+2\pi j).$$

进一步, 因为函数

$$\sum_{k\in\mathbb{Z}^d} e^{i(hk-x)\cdot t}\psi\left(\frac{x}{h}-k\right)$$

是一个关于 $x$ 的周期为 $h$ 的周期函数, 所以有

$$\sum_{k\in\mathbb{Z}^d} e^{i(hk-x)\cdot t}\psi\left(\frac{x}{h}-k\right) = \sum_{k\in\mathbb{Z}^d}\hat{\psi}(ht+2\pi k)e^{\frac{2i\pi k\cdot x}{h}}.$$

因此, 我们有

$$QD_{x_d}Qf(x) = (2\pi)^{-d/2}\int_{\mathbb{R}^d} A_d(t)\left[\sum_{k\in\mathbb{Z}^d}\hat{\psi}(ht+2\pi k)e^{\frac{2i\pi k\cdot x}{h}}\right]e^{ix\cdot t}\hat{f}(t)dt.$$

另外, 分别在上面方程的两边作用微分算子 $D_{x_d}$ 可导出 $(D_{x_d}Q)^2f(x)$ 的表达式

$$\begin{aligned}&(D_{x_d}Q)^2f(x) := D_{x_d}QD_{x_d}Qf(x)\\ &= (2\pi)^{-d/2}\int_{\mathbb{R}^d} A_d(t)\left[\frac{1}{h}\sum_{k\in\mathbb{Z}}(iht_d+2i\pi k_d)\hat{\psi}(ht+2\pi k)e^{\frac{2i\pi k\cdot x}{h}}\right]e^{ix\cdot t}\hat{f}(t)dt.\end{aligned}$$

于是, 令 $x = kh$, 则有

$$(D_{x_d}Q)^2f(kh) = (2\pi)^{-d/2}\int_{\mathbb{R}^d} A_d^2(t)e^{ihk\cdot t}\hat{f}(t)dt.$$

由数学归纳法, $(D_{x_d}Q)^{\alpha_d}f$ 可以显式写成

$$\begin{aligned}&(D_{x_d}Q)^{\alpha_d}f(x)\\ &= (2\pi)^{-d/2}\int_{\mathbb{R}^d} A_d^{\alpha_d-1}(t)\left[\frac{1}{h}\sum_{k\in\mathbb{Z}^d}(iht_d+2i\pi k_d)\hat{\psi}(ht+2\pi k)e^{\frac{2i\pi k\cdot x}{h}}\right]e^{ix\cdot t}\hat{f}(t)dt,\end{aligned} \tag{7.1.3}$$

因此, 由 Strang-Fix 条件可得

$$(D_{x_d}Q)^{\alpha_d}f(kh)=(2\pi)^{-d/2}\int_{\mathbb{R}^d}A_d^{\alpha_d}(t)e^{ihk\cdot t}\hat{f}(t)dt, \tag{7.1.4}$$

对任意的 $2\leqslant\alpha_d\leqslant p-l$ 成立.

重复上面的过程, 将 $f$ 替代为 $(D_{x_d}Q)^{\alpha_d}f$ 可得

$$(D_{x_{d-1}}Q)^{\alpha_{d-1}}(D_{x_d}Q)^{\alpha_d}f(kh)=(2\pi)^{-d/2}\int_{\mathbb{R}^d}A_{d-1}^{\alpha_{d-1}}(t)A_d^{\alpha_d}(t)e^{ihk\cdot t}\hat{f}(t)dt.$$

进而证明了等式 (7.1.2). □

接下来证明定理 7.1.2. 基于等式 (7.1.1), 我们有

$$\begin{aligned}|(DQ)^\alpha f(kh)-f^{(\alpha)}(kh)|=&\ |(2\pi)^{-d/2}\int_{\mathbb{R}^d}[A^\alpha(t)-(it)^\alpha]e^{ihk\cdot t}\hat{f}(t)dt|\\ \leqslant&\ (2\pi)^{-d/2}\int_{\mathbb{R}^d}|A^\alpha(t)-(it)^\alpha|\,|\hat{f}(t)|dt.\end{aligned}$$

进一步, 令 $\Theta_\alpha(t):=|A^\alpha(t)-(it)^\alpha|$, 则可利用数学归纳法推导 $\Theta_\alpha(t)$ 的误差估计.

从定理 7.1.1 的证明可得不等式

$$|A^\alpha(t)-(it)^\alpha|\leqslant|t^{l+\alpha}|\mathcal{O}(h^l)$$

对 $|\alpha|=1$ 成立. 假设上面的不等式对 $|\alpha|\leqslant m$ 都成立, 那么需要证明对 $|\alpha|=m+1$ 也成立. 令 $\beta=(\beta_1,\beta_2,\cdots,\beta_d)$ 且 $|\beta|=m$, $\alpha=(\beta_1,\cdots,\beta_s+1,\cdots,\beta_d)$. 上面的不等式可以写成

$$\begin{aligned}\Theta_\alpha(t)&=\left|A_s(t)A^\beta(t)-(it_s)(it)^\beta\right|\\&=\left|(A_s(t)-it_s)A^\beta(t)+(it_s)(A^\beta(t)-(it)^\beta)\right|.\end{aligned}$$

此外, 根据假设有

$$|A_s(t)-(it_s)|\leqslant|t_s^{l+1}|\mathcal{O}(h^l)$$

和

$$|A^\beta(t)-(it)^\beta|\leqslant|t^{l+\beta}|\mathcal{O}(h^l).$$

结合上面的两个结果以及 $A^\beta(t)$ 的有界性得到

$$\Theta_\alpha(t)\leqslant|t_s||t^{l+\beta}|\mathcal{O}(h^l)=|t^{l+\alpha}|\mathcal{O}(h^l)$$

和

$$|(DQ)^{\alpha}f(kh)-f^{(\alpha)}(kh)|\leqslant(2\pi)^{-d/2}\int_{\mathbb{R}^d}|t^{l+\alpha}||\hat{f}(t)|dt\cdot\mathcal{O}(h^l).$$

最后, 注意到 $\int_{\mathbb{R}^d}|t^{l+\alpha}||\hat{f}(t)|dt<+\infty$, 定理得证.

上面的定理表明, 如果核函数 $\psi$ 满足偶数阶 Strang-Fix 条件, 那么拟插值迭代导数逼近方法在等距点上对所有导数都有相同的逼近阶 ($l$ 阶). 另一方面, 如果核函数满足奇数阶 Strang-Fix 条件, 那么迭代方法对所有导数仍然都有相同的逼近阶, 但其阶为 $l-1$, 即下面的推论.

**推论 7.1.1** 假设奇数 $l$ 满足 $l>1$, 核函数 $\psi$ 满足 $l$ 阶 Strang-Fix 条件以及下降性条件 $\hat{\psi}^{(\beta)}(w)<o(1+|w|)^{-d-1}$, $|\beta|=l$. 令 $f$ 满足 $\int_{\mathbb{R}^d}|t^p|\cdot|\hat{f}(t)|dt<+\infty(l<p)$, 则对任意满足 $1\leqslant|\alpha|\leqslant p-l$ 的 $\alpha$, 都有

$$\left|(DQ)^{\alpha}f-f^{(\alpha)}\right|_{l_\infty(X)}\leqslant\mathcal{O}(h^{l-1}).$$

**证明** 注意到如果核函数满足奇数阶 ($l$ 阶) Strang-Fix 条件, 那么它很明显满足偶数阶 ($l-1$ 阶) Strang-Fix 条件. 因此, 在上面的定理证明中把 $l$ 替换为 $l-1$, 即给出本推论的证明. □

综上, 我们推导了在等距采样点上的导数值的逼近误差. 根据分析可以发现对采样点上的导数值的逼近阶与函数值的逼近阶相同.

### 7.1.2 整个区域上的导数逼近方法

为得到高阶导数 $f^{(\alpha)}$ 在整个区域上的逼近函数, 利用数据 $((DQ)^{\alpha}f)|_X$ ($f^{(\alpha)}$ 的逼近) 构造拟插值

$$Q(DQ)^{\alpha}f(x):=\sum_{k\in\mathbb{Z}^d}(DQ)^{\alpha}f(kh)\psi\left(\frac{x}{h}-k\right).\tag{7.1.5}$$

进一步, 可得如下误差估计.

**定理 7.1.3** 设 $l$ 为一个正整数, 核函数 $\psi$ 满足定理 7.1.1 的条件 ($l$ 为偶数) 或者推论 7.1.1 的条件 ($l$ 为奇数). 假设 $f$ 满足 $\int_{\mathbb{R}^d}|t^p|\cdot|\hat{f}(t)|dt<+\infty(l<p)$, 那么对任意满足 $1\leqslant|\alpha|\leqslant p-l$ 的 $\alpha$, 我们有:

1. $\left\|Q(DQ)^{\alpha}f-f^{(\alpha)}\right\|_{\infty}\leqslant\mathcal{O}(h^l)$, $l$ 为偶数;
2. $\left\|Q(DQ)^{\alpha}f-f^{(\alpha)}\right\|_{\infty}\leqslant\mathcal{O}(h^{l-1})$, $l$ 为奇数.

**证明** 首先证明第一个不等式. 利用三角不等式得

$$
\begin{aligned}
&|Q(DQ)^\alpha f(x)-f^{(\alpha)}(x)|\\
\leqslant&\left|\sum_{k\in\mathbb{Z}^d} f^{(\alpha)}(kh)\psi\left(\frac{x}{h}-k\right)-f^{(\alpha)}(x)\right|\\
&+\left|\sum_{k\in\mathbb{Z}^d}(DQ)^\alpha f(kh)\psi\left(\frac{x}{h}-k\right)-\sum_{k\in\mathbb{Z}^d} f^{(\alpha)}(kh)\psi\left(\frac{x}{h}-k\right)\right|.
\end{aligned}
$$

另外, 因为 $\psi$ 满足 $l$ 阶 Strang-Fix 条件, 上述不等式右端第一部分有估计

$$
\left|\sum_{k\in\mathbb{Z}^d} f^{(\alpha)}(kh)\psi\left(\frac{x}{h}-k\right)-f^{(\alpha)}(x)\right|\leqslant\mathcal{O}(h^l).
$$

接下来估计第二部分. 注意到

$$
\begin{aligned}
&\left|\sum_{k\in\mathbb{Z}^d}(DQ)^\alpha f(kh)\psi\left(\frac{x}{h}-k\right)-\sum_{k\in\mathbb{Z}^d} f^{(\alpha)}(kh)\psi\left(\frac{x}{h}-k\right)\right|\\
\leqslant&\sum_{k\in\mathbb{Z}^d}\left|(DQ)^\alpha f(kh)-f^{(\alpha)}(kh)\right|\left|\psi\left(\frac{x}{h}-k\right)\right|,
\end{aligned}
$$

结合定理 7.1.2 以及 $\psi$ 的绝对可加性可得

$$
\left|\sum_{k\in\mathbb{Z}^d}(DQ)^\alpha f(kh)\psi\left(\frac{x}{h}-k\right)-\sum_{k\in\mathbb{Z}^d} f^{(\alpha)}(kh)\psi\left(\frac{x}{h}-k\right)\right|\leqslant\mathcal{O}(h^l).
$$

因此, 第一个不等式成立.

类似地, 利用引理 7.1.1 可证明第二个不等式成立. □

**注释 7.1.1** (逼近公式的矩阵形式) 可将导数 $f^{(\alpha)}(x)$ 的逼近函数 $Q(DQ)^\alpha f(x)$ 写成矩阵形式

$$
Q(DQ)^\alpha f(x)=\Psi(x)B^\alpha f|_X, \tag{7.1.6}
$$

其中

$$
\Psi(x)=(\psi(x/h-k))_{k\in\mathbb{Z}^d},
$$

$$
B^\alpha=\prod_{s=0}^{d} B_s^{\alpha_s},\quad B_s=\left(D_{x_s}\psi(x/h-k)|_{x=jh}\right)_{j,k\in\mathbb{Z}^d}.
$$

**注释 7.1.2** (和拟插值直接方法比较)　拟插值直接方法是用 $D^{\alpha}(Qf)$ 来逼近 $f^{(\alpha)}$ [76,113], 于是有下面的具体形式

$$D^{\alpha}(Qf)(x) = h^{-|\alpha|d}\Psi^{(\alpha)}(x)f|_X. \tag{7.1.7}$$

从逼近公式 (7.1.6) 和 (7.1.7), 可以看到拟插值迭代方法只需要计算核函数 $\psi$ 的一阶导数, 而直接方法需要计算 $\psi$ 的高阶导数. 因此, 迭代法不要求核函数有很高的光滑性就可以逼近高阶导数. 特别地, 如果核函数 $\psi$ 只有一阶光滑性, 那么直接方法只能用来逼近一阶导数, 但是迭代法可以逼近高阶导数. 另外, 迭代法对各阶导数都有相同的逼近阶, 而直接法的逼近阶会随着逼近导数的阶数升高而下降.

**注释 7.1.3** (和插值迭代方法比较)　使用插值迭代方法在每步插值过程中都需要求解一个线性方程组, 而拟插值迭代方法不需要求解任何线性方程组. 另外, 拟插值迭代方法可以在全局上保持同样的逼近阶, 而插值迭代方法只能在等距点上有相应的保阶性质. 最后, 插值迭代方法只适用于周期函数, 而拟插值迭代方法适用于一般函数.

下面给出一些数值例子.

**例 1　三次 B-样条核**　我们首先考虑下面的测试函数

$$f(x) = \cos(x) + e^{2x^2}, \quad x \in [0,1]. \tag{7.1.8}$$

采样数据为 $\{(j/N, f(j/N))\}_{j=0}^{N}$. 为说明拟插值迭代方法对所有的导数可以保持最高的逼近阶, 本例利用三次 B-样条拟插值的迭代方法来重构一次到四阶导数. 另外, 为给出比较, 同时也给出了三次 B-样条直接方法来逼近导数的数值结果.

首先来考虑等距采样点上的逼近误差. 图 7.1 给出了使用直接方法和间接方法重构导数的最大值范数误差. 因为这里利用的三次 B-样条核满足四阶的 Strang-Fix 条件, 所以拟插值迭代方法在采样点上的逼近误差为 $\mathcal{O}(N^{-4})$, 见图 7.1(b), 而且各阶导数的逼近阶和函数的逼近阶一致. 这和定理 7.1.2 中的理论分析是一致的. 另一方面, 由于三次 B-样条是 $\mathcal{C}^2$ 连续的, 所以直接方法只能用来逼近一阶和二阶导数. 此外, 可以发现一阶导数在等距点上的逼近误差仍然是四阶的, 而二阶导数在等距点上的误差只有两阶, 见图 7.1(a). 这说明直接方法对于高阶导数的逼近阶随着逼近导数的阶数单调下降. 接下来计算公式 (7.1.5) 在整个区域上的最大值误差. 表 7.1 给出了相应的数值结果. 从表 7.1 中可以看出拟插值迭代方法对所有的一到四阶导数在全局上都有四阶的收敛性, 这同定理 7.1.3 理论结果一致.

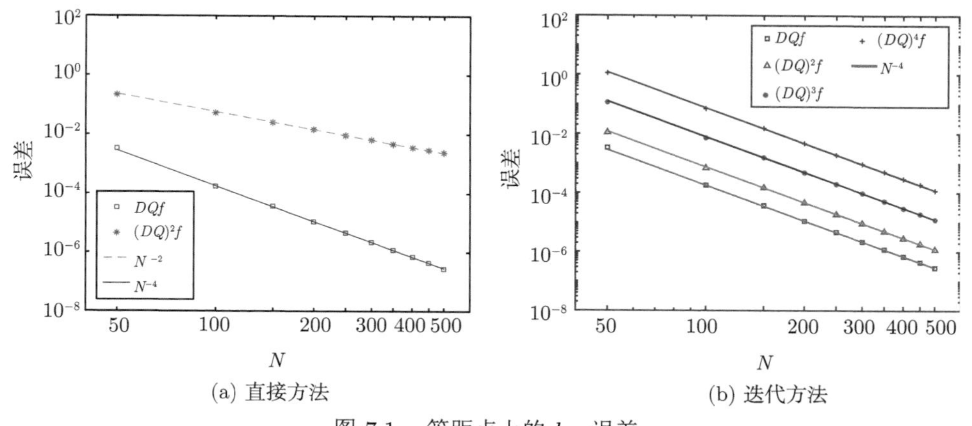

(a) 直接方法　　(b) 迭代方法

图 7.1　等距点上的 $l_\infty$ 误差

**表 7.1　三次 B-样条拟插值的后验误差估计**

| $N$ | 一阶导数 | 误差阶 | 二阶导数 | 误差阶 | 三阶导数 | 误差阶 | 四阶导数 | 误差阶 |
|---|---|---|---|---|---|---|---|---|
| 50 | 1.5234e−4 | | 1.5716e−3 | | 1.5996e−2 | | 5.4775e−2 | |
| 100 | 9.4013e−6 | 4.018 | 9.5971e−5 | 4.033 | 9.1453e−4 | 4.128 | 3.2836e−3 | 4.060 |
| 200 | 5.6703e−7 | 4.051 | 5.7797e−6 | 4.054 | 5.5127e−5 | 4.052 | 2.0122e−4 | 4.028 |
| 400 | 3.5391e−8 | 4.002 | 3.6093e−7 | 4.001 | 3.4689e−6 | 3.990 | 1.2197e−5 | 4.044 |

**例 2　二次 B-样条核**　第二个例子考虑用二次 B-样条拟插值来逼近上述目标函数的导数值. 直接方法[62] 和拟插值迭代方法的数值结果由图 7.2 给出. 因为这里使用的二次 B-样条核满足三阶的 Strang-Fix 条件, 所以拟插值对函数的逼近阶为三阶. 根据推论 7.1.1 中的结果, 拟插值迭代方法对所有导数在等距点上的误差逼近阶都为二阶, 这在图 7.2(b) 中可以明显地看出. 然而由于二次 B-样条是 $\mathcal{C}^1$ 连续的, 所以直接方法只能逼近一阶导数. 用二次 B-样条拟插值结合式 (7.1.5) 来逼近高阶导数的数值结果由表 7.2 给出. 从表 7.2 中我们可以看到迭代方法对所有的导数在整个区域上都有同样的逼近阶, 从而验证了定理 7.1.3 中的第二个不等式.

**例 3　张量积 MQ 核**　最后考虑经典的二维 Franke 函数 [64]

$$F(x,y)=\frac{3}{4}e^{-\frac{(x-2)^2+(y-2)^2}{4}}+\frac{3}{4}e^{-[\frac{(9x+1)^2}{49}-\frac{9y+1}{10}]}+\frac{1}{2}e^{-\frac{(9x-7)^2+(9y-3)^2}{4}}$$
$$-\frac{1}{5}e^{-[(9x-4)^2+(9y-7)^2]},$$

其定义域为 $(x,y)\in[0,1]\times[0,1]$. Franke 函数经常被用作测试函数来检验逼近方法的数值效果[64].

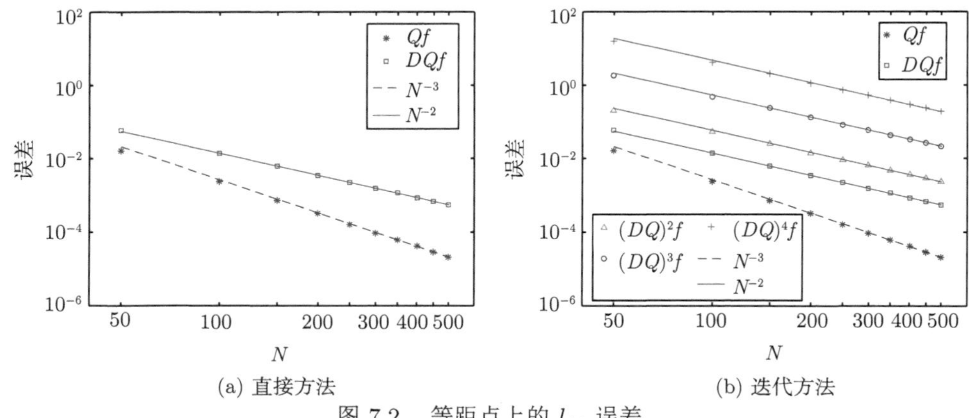

(a) 直接方法　　(b) 迭代方法

图 7.2　等距点上的 $l_\infty$ 误差

**表 7.2　二次 B-样条拟插值的后验误差估计**

| $N$ | 一阶导数 | 误差阶 | 二阶导数 | 误差阶 | 三阶导数 | 误差阶 | 四阶导数 | 误差阶 |
|---|---|---|---|---|---|---|---|---|
| 50 | 1.2852e−2 | | 7.6877e−2 | | 5.3244e−1 | | 4.6622e−0 | |
| 100 | 3.1855e−3 | 2.012 | 1.9149e−2 | 2.005 | 1.3720e−1 | 1.956 | 1.2049e−0 | 1.952 |
| 200 | 7.9601e−4 | 2.001 | 4.6927e−3 | 2.028 | 3.3694e−2 | 2.026 | 2.9574e−1 | 2.027 |
| 400 | 1.9187e−4 | 2.052 | 1.1745e−3 | 1.998 | 8.3392e−3 | 2.015 | 7.3369e−2 | 2.011 |

本例中分别用张量积 MQ 拟插值直接方法以及迭代方法来逼近高阶导数. 图 7.3 中的结果再一次表明直接方法的逼近阶会随着逼近导数的阶数升高而下降, 而拟插值迭代方法可以保持逼近阶不变. 在迭代方法中, 我们取形状参数 $c = 0.01/N$. 在直接方法中, 取形状参数 $c = 0.01/N$ 来逼近导数 $F_x$, $F_y$, $F_{xy}$, 取 $c = 0.1(1/N)^{1/3}$ ([113]) 来逼近 $F_{xx}$ 和 $F_{yy}$.

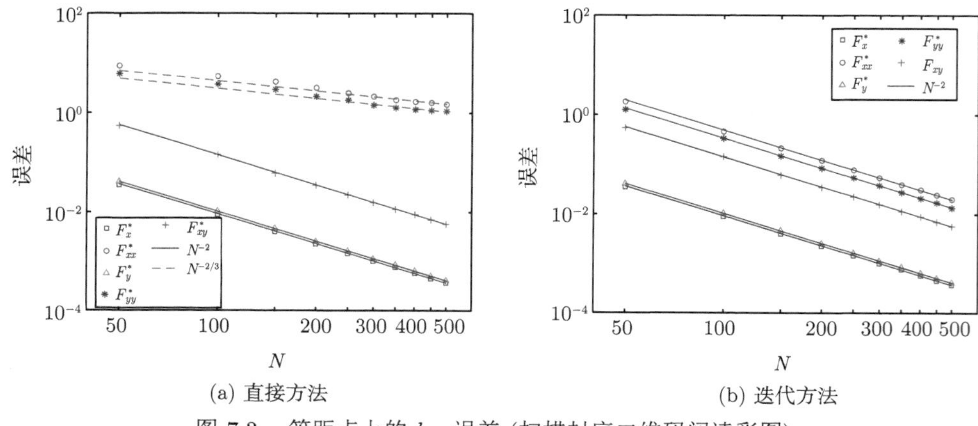

(a) 直接方法　　(b) 迭代方法

图 7.3　等距点上的 $l_\infty$ 误差 (扫描封底二维码阅读彩图)

全区域上的结果在表 7.3 中给出. 这里 $F_x^*$, $F_y^*$, $F_{xx}^*$, $F_{xy}^*$, 和 $F_{yy}^*$ 表示相应的近似导数. 数值结果表明本例中使用的张量积 MQ 拟插值迭代方法对所有的导数都有相同的二阶逼近阶.

**表 7.3　张量积 MQ 拟插值的后验误差估计**

(a) 一阶偏导数

| $N\times N$ | $\|F_x-F_x^*\|_\infty$ | 误差阶 | $\|F_y-F_y^*\|_\infty$ | 误差阶 |
|---|---|---|---|---|
| $50\times 50$ | 6.9969e−2 | | 7.9598e−2 | |
| $100\times 100$ | 1.7577e−2 | 1.993 | 2.0721e−2 | 1.942 |
| $200\times 200$ | 4.4053e−3 | 1.996 | 5.2165e−3 | 1.990 |
| $400\times 400$ | 1.1023e−3 | 1.999 | 1.3070e−3 | 1.997 |

(b) 二阶偏导数

| $N\times N$ | $\|F_{xx}-F_{xx}^*\|_\infty$ | 误差阶 | $\|F_{xy}-F_{xy}^*\|_\infty$ | 误差阶 | $\|F_{yy}-F_{yy}^*\|_\infty$ | 误差阶 |
|---|---|---|---|---|---|---|
| $50\times 50$ | 2.7214e+0 | | 9.4797e−1 | | 2.0234e+0 | |
| $100\times 100$ | 7.0367e−1 | 1.951 | 2.4409e−1 | 1.957 | 5.1678e−1 | 1.969 |
| $200\times 200$ | 1.7998e−1 | 1.967 | 6.1805e−2 | 1.982 | 1.2974e−1 | 1.994 |
| $400\times 400$ | 4.5451e−2 | 1.986 | 1.5498e−2 | 1.996 | 3.2541e−2 | 1.995 |

综上, 本节提出了一种逼近高阶导数的拟插值迭代方法. 和传统的奇数次样条插值和周期径向基函数插值相比, 拟插值迭代方法不仅可以避免求解线性方程组, 而且还可以适用于一般的多元函数. 和传统的拟插值直接方法相比, 拟插值迭代方法只需要计算核函数的一阶导数. 更重要地, 它对各阶导数的逼近阶同函数逼近阶一致, 从而对高阶导数仍然保持较高的逼近阶, 为高精度数值微分以及微分方程数值解提供一类有效的算法.

## 7.2　无网格微分方程数值解

许多现象的描述最终都会归结为求解一个微分方程解的问题. 例如热量的扩散、污染源的传播、弹簧振子的振动等等. 总的来说, 微分方程的解可以分为两类: 精确解 (解析解)、逼近解 (数值解). 但是, 由于问题背景本身的复杂性, 许多方程都不能够求出显式的解析解. 另外, 随着计算机的快速发展, 越来越多的问题都用计算机进行数值模拟. 因此, 微分方程数值解吸引了大批学者的青睐, 出现了许多数值解法. 其中包括有限元法、有限差分法、有限体积法、区域分解法、边界元法等. 这些解法都需要对求解区域进行网格剖分. 当求解区域很复杂时, 网格剖分往往很难构造. 另一方面, 对区域进行剖分需要消耗大量的计算时间 (实验证明在用这些方法求数值解时, 大约有百分之八十以上的时间都消耗在对求解区域进行剖分上). 为避免网格剖分, 无网格配置法被广泛应用于求解数值解. 无网格配置法因其计算简单性、对区域依赖性小等优点, 受到了越来越多的关注. 目前已成为微分方程数值解中的一个重要分支. 然而, 无网格配置法也存在一些美中不足的地方: 需要求解大型线性方程组、计算不稳定等. 本节将讨论用拟插值求解微分方程数值解. 理论和数值算例都表明, 这种方法能够克服无网格配置法的一些瑕疵.

### 7.2.1 拟插值法求解发展型偏微分方程

考虑发展型偏微分方程

$$\frac{\partial u(x,t)}{\partial t}=\mathcal{L}u(x,t),\quad x\in[a,b],\ t\in(0,T], \tag{7.2.1}$$

其中 $\mathcal{L}$ 为关于空间变量 $x$ 的微分算子. 特别地, 当 $\mathcal{L}u=u_{xx}$ 时, 方程 (7.2.1) 为经典的一维热传导方程. 为使方程 (7.2.1) 存在唯一解, 还需加上恰当的初边值条件, 可见参考文献 [53].

下面将阐述如何利用拟插值求解方程 (7.2.1). 给定空间域上的采样中心 $x_0=a<x_1<\cdots<x_{N-1}<x_N=b$ 以及对应的采样数据 $\{(x_j,u(x_j,t))\}_{j=0}^{N}$, 构造拟插值

$$u^*(x,t)=\sum_{j=0}^{N}u(x_j,t)\psi(x-x_j), \tag{7.2.2}$$

其中 $\psi(x)$ 为拟插值核. 利用拟插值 $u^*$ 逼近未知函数 $u$, 将 $u^*$ 代入方程 (7.2.1) 可得近似方程

$$\frac{\partial u^*(x,t)}{\partial t}\approx\mathcal{L}u^*(x,t)=\sum_{j=0}^{N}u(x_j,t)\mathcal{L}\psi(x-x_j). \tag{7.2.3}$$

在空间层上取离散点 $\{x_k\}_{k=0}^{N}$, 使上述方程 (7.2.1) 只在这些点上成立:

$$\frac{du(x_k,t)}{dt}=\mathcal{L}u^*(x_k,t)=\sum_{j=0}^{N}u(x_j,t)\mathcal{L}\psi(x_k-x_j),\quad k=0,1,\cdots,N. \tag{7.2.4}$$

对方程 (7.2.4) 在时间层上用向前差分离散化可得

$$\frac{u_k^{n+1}-u_k^n}{\Delta t}=\sum_{j=0}^{N}u_j^n\mathcal{L}\psi(x_k-x_j),\quad k=0,1,\cdots,N;n=0,1,\cdots,M. \tag{7.2.5}$$

此处 $\Delta t=\dfrac{T}{M}$ 为时间步长, $t_n=n\Delta t$, $u_j^n$ 表示精确解 $u$ 在点 $(x_j,t_n)$ 上的近似值. 记 $U^n=(u_0^n,u_1^n,\cdots,u_N^n)^{\mathrm{T}}$, $\Psi_L=\big(\mathcal{L}\psi(x_k-x_j)\big)$, 上述方程可写成矩阵形式

$$U^{n+1}=U^n+\Delta t\Psi_LU^n. \tag{7.2.6}$$

由于初始时刻的精确解已知, 迭代方程 (7.2.6) 不需求解任何方程组就可得到近似解.

某些偏微分方程的解在求解区域内变化程度不同, 有的区域变化缓慢, 有的区域变化剧烈. 为更好模拟精确解, 需要采用动点算法在变化剧烈的区域分布更多的采样点. 下面以无黏性 Burgers 方程为例阐述如何构造拟插值动点算法求解微分方程数值解 [185].

### 7.2.2 基于拟插值的动点算法

Burgers 方程被广泛地应用于流体力学、非线性声学、气体动力学等领域. 为简化讨论, 这里我们以无黏性 Burgers 方程为例, 阐述如何用拟插值构造动点算法求解其数值解.

考虑方程

$$\begin{aligned} \frac{\partial u(x,t)}{\partial t} &= u(x,t)\frac{\partial u(x,t)}{\partial x}, \\ u(x,0) &= u_0(x). \end{aligned} \tag{7.2.7}$$

假设时间步长为 $\tau$, 初始采样点为 $\{x_j^0\}$, 对应的离散函数值为 $\{u_0(x_j) := u_j^0\}$. 对每个 $j$, 定义阈值 $\delta_{j,\min}$, $\delta_{j,\max}$, 使得

$$\delta_{j,\min} \leqslant |x_j - x_k|, \text{ 对任意 } k; \quad |x_j - x_k| \leqslant \delta_{j,\max}, \text{ 对某些 } k.$$

基于拟插值的动点算法分为以下三步. 第一步, 在第 $n$ 个时间层上对 $u^n(x) = u(x,t^n)$ 用 MQ 拟插值近似:

$$u^n(x) \approx \sum_j u_j^n \psi_j(x - x_j^n).$$

第二步, 第 $n+1$ 个时间层上的节点将由第 $n$ 层上的节点通过特征线移动获得

$$x_j^{n+1} = x_j^n - u_j^n \tau,$$

这里 $\{x_j^n\}$ 满足关系式 $\delta_{j,\min} < x_{j+1}^n - x_j^n < \delta_{j,\max}$.

第三步, 在第 $n+1$ 个时间层的节点 $\{x_j^{n+1}\}$ 上的函数值通过在时间方向上用差商替代导数进而离散化方程 (7.2.7)

$$u^{n+1,*}(x) = u^n(x) + \tau u^n(x)\frac{\partial u^n(x)}{\partial x}$$

得到

$$u_{j+1}^n = u^n(x_j^{n+1}) + \tau u^n(x_j^{n+1})\frac{\partial u^n(x_j^{n+1})}{\partial x}.$$

接下来分析上述算法的稳定性. 为此, 首先给出函数变差的定义

$$\mathrm{Var}(f)=\max_{\{x_j\}}\sum|f(x_{j+1})-f(x_j)|.$$

类似地, 可以定义一组数据 $\{f_j\}$ 的变差为

$$\mathrm{Var}(f_j)=\sum|f_{j+1}-f_j|.$$

如果一个近似算法 $f^*(x)$ 使得 $\mathrm{Var}(f^*)\leqslant\mathrm{Var}(f_j)$, 我们称该算法是变差缩减算法. 有了这些定义后我们可以证明如下定理.

**定理 7.2.1**　MQ 拟插值算法是一个变差缩减算法.

**证明**　注意到 MQ 拟插值可写成如下形式:

$$f^*(x)=\sum f(x_j)\psi_j(x)=\sum(f(x_j)-f(x_{j+1}))\frac{\phi_{j+1}(x)-\phi_j(x)}{2(x_{j+1}-x_j)}.$$

而函数 $\Phi_j(x)=\dfrac{\phi_{j+1}(x)-\phi_j(x)}{2(x_{j+1}-x_j)}$ 是单调递减函数且有 $\Phi_j(x)\in(-1/2,1/2)$, 因此 $\Phi_j(x)$ 的变差为 1, 从而有

$$\mathrm{Var}(f^*)\leqslant\sum|f(x_j)-f(x_{j+1})|\mathrm{Var}(\Phi_j)\leqslant\sum|f(x_j)-f(x_{j+1})|=\mathrm{Var}(f_j).\quad\square$$

我们将通过寻找 $\tau$ 来确保拟插值动点算法的稳定性并且证明基于 MQ 拟插值的动点算法中的第三步是变差缩减的. 根据

$$u^{n+1,*}(x)=u^n(x)+\tau u^n(x)\frac{\partial u^n(x)}{\partial x}$$

以及

$$u^n(x)=\sum(u_j-u_{j+1})\Phi_j(x),$$

假设 $u^n(x)$ 仅仅只有一项, 即 $u^n(x)=(u_j-u_{j+1})\Phi_j(x)$ (固定一个 $j$), 那么 $u^n$ 是单调函数且 $u^n(x)\in(-|u_j-u_{j+1}|/2,|u_j-u_{j+1}|/2)$. 我们只要证明 $u^{n+1,*}(x)$ 也是单调函数且属于上述区间.

由于 $\lim\limits_{x\to\pm\infty}\Phi_j'(x)=0$, 所以 $\lim\limits_{x\to\pm\infty}u^{n+1,*}(x)=\lim\limits_{x\to\pm\infty}u^n(x)$. 另外,

$$\begin{aligned}&(u^{n+1,*}(x))'\\=&(u_j-u_{j+1})\Phi_j'(x)(1+\tau(u_j-u_{j+1})\Phi_j'(x))+(u_j-u_{j+1})^2\tau\Phi_j(x)\Phi_j''(x)\\=&(u_j-u_{j+1})\phi''(\xi_j)(1+\tau(u_j-u_{j+1})\phi''(\xi_j))+(u_j-u_{j+1})^2\tau\phi'(\xi_j)\phi'''(\xi_j)\end{aligned}$$

$$
\begin{aligned}
&= (u_j - u_{j+1})\frac{c^2}{(c^2+\xi_j^2)^{\frac{3}{2}}}\left(1+\tau(u_j-u_{j+1})\frac{c^2}{(c^2+\xi_j^2)^{\frac{3}{2}}}\right)\\
&\quad + (u_j-u_{j+1})^2\tau\frac{3\xi_j^2}{(c^2+\xi_j^2)^3},
\end{aligned}
$$

其中, $\xi_j \in (x_j - x, x_{j+1} - x)$. 如果取 $|\tau| < c/4\mathrm{Var}(u_k)$, 那么 $u^{n+1,*}(x)$ 的导数和 $u^n(x)$ 的导数具有相同的符号, 单调性得到保持, 因此是变差缩减的.

如果 $u^n(x)$ 里有很多项, 那么

$$
\begin{aligned}
&u^{n+1,*}(x)\\
&= \left(\sum(u_j-u_{j+1})\Phi_j(x)\right)\left[1+\tau\left(\sum(u_j-u_{j+1})\Phi_j'(x)\right)\right] = \sum_j u^*_{(j,k+1)}(x)\\
&= \sum_j\left[(u_j-u_{j+1})\Phi_j(x)+\tau(u_j-u_{j+1})\Phi_j'(x)\left(\sum_k(u_k-u_{k+1})\Phi_j(x)\right)\right],
\end{aligned}
$$

定义

$$
u^*_{(j,k+1)}(x) := (u_j-u_{j+1})\Phi_j(x)+\tau(u_j-u_{j+1})\Phi_j'(x)\left(\sum_k(u_k-u_{k+1})\Phi_j(x)\right).
$$

类似地, 函数 $u^*_{(j,k+1)}(x)$ 与 $(u_j - u_{j+1})\Phi_j(x)$ 在无穷远处有相同的极限. 因此, 如果 $\tau < c^2/(4\mathrm{Var}(u_k))$, 那么 $u^*_{(j,k+1)}(x)$ 的导数与 $(u_j - u_{j+1})\Phi_j(x)$ 的导数具有相同的符号, 从而有 $\mathrm{Var}(u^*) \leqslant \mathrm{Var}((u(x_j) - u(x_{j+1}))\Phi_j(x))$. 将上述分析总结成如下定理.

**定理 7.2.2** 可以选取恰当的时间步长 $\tau < c^2/(4\mathrm{Var}(u_k))$, 使得基于 MQ 拟插值的动点算法具有变差缩减性:

$$
\begin{aligned}
\mathrm{Var}(u^{n+1,*}(x)) &< \sum \mathrm{Var}\left(u^*_{(j,k+1)}(x)\right)\\
&< \sum \mathrm{Var}((u(x_j)-u(x_{j+1}))\Phi_j(x))\\
&< \mathrm{Var}(u^n(x))\\
&< \mathrm{Var}(u_j^n).
\end{aligned}
$$

### 7.2.3 基于拟插值的保结构算法

在数值求解偏微分方程时, 如果方程本身有一些内在的性质, 为了使得数值解具有更好的稳定性, 我们需要在数值模拟时保持这些性质. 保持内在性质不变的

方程称为守恒型偏微分方程, 一类典型的例子是哈密顿偏微分方程 [60]. 哈密顿方程起源于很多领域, 如非线性光学、水动力学、等离子体物理学、雷达、量子物理和光纤通信等, 受到了大量的数学家、物理学家和工程学家的广泛关注. 哈密顿方程保持系统的辛结构不变. 除此之外, 还有一些物理量守恒, 如能量、动量等. 这些内在不变性质可以帮助了解系统的长时间性态, 因此在设计数值算法时也需要考虑方程的这些性质. 如果数值方法保持这些不变结构, 我们称其为保结构算法.

在过去的几十年里, 已经出现很多经典的保结构算法 [28, 60, 88, 200, 201]. 线方法是一种基本的求解偏微分方程的方法. 它通过空间层离散得到半离散系统, 然后再进行时间离散得到全离散系统. 文献中有许多经典的空间离散方法, 如 Fourier 伪谱方法、有限差分法、有限元法和小波配置法等 [201]. 利用这些方法都可以构造保结构算法, 但是大多适用于等距点情形. 最近, Wu 和 Zhang [193, 194] 利用径向基函数逼近方法, 提出了哈密顿偏微分方程的无网格保辛算法. 下面我们将阐述如何基于拟插值构造一系列的保结构算法. 首先介绍哈密顿方程的一般形式及保结构性质.

**例 1 哈密顿偏微分方程** 考虑一般形式的哈密顿系统

$$\frac{\partial u}{\partial t}=\mathcal{D}\frac{\delta \mathcal{H}}{\delta u},\quad u=u(x,t)\in\mathbb{R}^m,\quad (x,t)\in\mathbb{R}^d\times\mathbb{R}^+,\tag{7.2.8}$$

其中 $\mathcal{D}$ 是反对称算子. $\mathcal{H}$ 是系统的哈密顿泛函,

$$\mathcal{H}=\int G(x,u^{(J)})dx,\tag{7.2.9}$$

$u^{(J)}$ 表示 $u$ 或者 $u$ 的导数. $\dfrac{\delta\mathcal{H}}{\delta u}$ 表示 $\mathcal{H}$ 的变分导数:

$$\left\langle\frac{\delta\mathcal{H}[u]}{\delta u},w\right\rangle_{L^2}=\frac{d}{d\epsilon}\bigg|_{\epsilon=0}\mathcal{H}[u+\epsilon w],\quad \forall w\in L^2.$$

可以证明 $\mathcal{H}$ 与时间变量 $t$ 无关即

$$\frac{d\mathcal{H}}{dt}=\left\langle\frac{\delta\mathcal{H}}{\delta u},\frac{\partial u}{\partial t}\right\rangle_{L^2}=\left\langle\frac{\delta\mathcal{H}}{\delta u},\mathcal{D}\frac{\delta\mathcal{H}}{\delta u}\right\rangle_{L^2}=0.$$

很多著名的偏微分方程都可以写成上面的形式, 如哈密顿波方程、薛定谔方程、KdV 方程和麦克斯韦方程等. 为了更好地阐述我们的算法并且获得相应的误差估计, 此处仅以非线性波方程为例, 其他方程可类似得到. 将波方程

$$\begin{cases}u_{tt}(x,t)=p(\nabla)u(x,t)-F'(u(x,t)),\quad x\in\mathbb{R}^d,\\ u(x,0)=\varphi_0(x),\quad u_t(x,0)=\varphi_1(x)\end{cases}\tag{7.2.10}$$

写成哈密顿形式

$$\begin{pmatrix} u_t \\ v_t \end{pmatrix} = \begin{pmatrix} 0 & 1 \\ -1 & 0 \end{pmatrix} \begin{pmatrix} \dfrac{\delta \mathcal{H}}{\delta u} \\ \dfrac{\delta \mathcal{H}}{\delta v} \end{pmatrix}, \tag{7.2.11}$$

相应的哈密顿泛函为

$$\mathcal{H} = \frac{1}{2}\int \left[v^2 + \langle q(\nabla)u, q(\nabla)u\rangle + 2F(u)\right] dx. \tag{7.2.12}$$

另外, 如果 $u$ 满足适当的边界条件, 那么利用分部积分方法可将 $\mathcal{H}$ 写成

$$\mathcal{H} = \frac{1}{2}\int \left[v^2 - \langle u, p(\nabla)u\rangle + 2F(u)\right] dx, \tag{7.2.13}$$

从而可以证明其与时间无关. 而且, 当令哈密顿波方程的辛形式 (symplectic form)

$$\Xi := \int du \wedge dv \ dx, \tag{7.2.14}$$

则可以证明 $\Xi$ 也与时间变量 $t$ 无关.

对 $\Xi$ 关于 $t$ 求导可得

$$\begin{aligned} \frac{d\Xi}{dt} &= \int du_t \wedge dv \ dx + \int du \wedge dv_t \ dx \\ &= \int dv \wedge dv \ dx + \int du \wedge (dp(\nabla)u - F'(u)) \ dx \\ &= \int du \wedge dp(\nabla)u \ dx - \int du \wedge F''(u)du \ dx \\ &= -\int dq(\nabla)u \wedge dq(\nabla)u \ dx - \int F''(u)du \wedge du \ dx = 0. \end{aligned}$$

在偏微分方程 (7.2.10) 中, 令 $q(\nabla) = \nabla$, 那么 $p(\nabla) = \Delta$ 是拉普拉斯算子, 于是得到最简单的波方程

$$u_{tt} - \Delta u + F'(u) = 0, \quad x \in \mathbb{R}^d. \tag{7.2.15}$$

下面将以一维波方程为例阐述拟插值方法在构造保结构算法中的应用, 对于高维情形以及其他类型的哈密顿方程, 可以类似得到 [166, 167, 193]. Wu 和 Zhang 在 [193] 中提出了基于拟插值的保辛算法求解线性哈密顿波方程.

**例 2 基于拟插值的保辛算法求解线性哈密顿波方程** 对于哈密顿波方程

$$\begin{cases} u_t = v, \\ v_t = u_{xx} - F'(u), \end{cases} \tag{7.2.16}$$

构造保辛算法的一般步骤是先离散空间再离散时间. 而且, 空间离散之后可得到一个半离散的有限维系统[28]

$$\begin{cases} \dfrac{d}{dt}U_h(t) = V_h(t), \\ \dfrac{d}{dt}V_h(t) = A_hU_h(t) - F'(U_h(t)), \end{cases}$$

这里 $U_h(t) = (\cdots, u(jh,t), \cdots)^{\mathrm{T}}$, T 表示向量转置. 为了保证半离散系统是一个有限维哈密顿系统, 矩阵 $A_h$ 必须是对称的, 相应的离散哈密顿泛函通过下式给出

$$H_d(U_h, V_h) = h\left(\frac{1}{2}V_h^{\mathrm{T}}V_h + \mathbf{1}^{\mathrm{T}}F(U_h) - \frac{1}{2}U_h^{\mathrm{T}}A_hU_h\right). \tag{7.2.17}$$

上述思想的关键在于如何获得二阶导数 $u_{xx}$ 的逼近算法. 用 MQ 拟插值的二阶导数近似未知函数 $u$ 的二阶导数可得

$$(u_{xx})_i \approx u_{xx}^*(x_i, t) = \sum_j \left(\frac{u_{j+1} - u_j}{x_{j+1} - x_j} - \frac{u_j - u_{j-1}}{x_j - x_{j-1}}\right)\frac{\psi_j''(x_i)}{2}. \tag{7.2.18}$$

记 $U_{xx} = (\cdots, u_{xx}(x_i), \cdots)^{\mathrm{T}}$, $U = (\cdots, u(x_i), \cdots)^{\mathrm{T}}$, $\Psi_2 = (\psi''(x_i - x_j)/2)$, 以及

$$M = \begin{pmatrix} \ddots & \alpha_i & \\ \alpha_i & -(\alpha_i + \beta_i) & \beta_i \\ & \beta_i & \ddots \end{pmatrix},$$

其中, $\alpha_i = 1/(x_i - x_{i-1})$, $\beta_i = 1/(x_{i+1} - x_i)$. 那么 (7.2.18) 可以表示为矩阵形式

$$U_{xx} \approx \Psi_2 MU.$$

方程 (7.2.16) 空间离散后可得到如下的半离散系统

$$\begin{cases} \dfrac{d}{dt}U = V, \\ \dfrac{d}{dt}V = \Psi_2 MU. \end{cases} \tag{7.2.19}$$

因为 $\Psi_2 M$ 不是对称矩阵, 所以需要引入新的变量 $\tilde{U}$ 和 $\tilde{V}$ 使得 (7.2.19) 成为有限维哈密顿系统. 由于核函数 $\psi''(x) = c^2/(c^2+x^2)^{3/2}$ 是正定函数, 所以相应的矩阵 $\Psi_2$ 是正定矩阵, 于是存在对称阵 $Q$ 使得 $\Psi_2 = Q^2$. 令

$$\tilde{U} = Q^{-1}U, \quad \tilde{V} = Q^{-1}V,$$

系统 (7.2.19) 转化为

$$\begin{cases} \dfrac{d}{dt}\tilde{U} = \tilde{V} \\ \dfrac{d}{dt}\tilde{V} = QMQ\tilde{U}. \end{cases} \tag{7.2.20}$$

因为 $QMQ$ 是对称矩阵, 所以 (7.2.20) 是有限维哈密顿系统. 令 $Z = (\tilde{U}, \tilde{V})^{\mathrm{T}}$,

$$J = \begin{pmatrix} 0 & -I_N \\ -I_N & 0 \end{pmatrix},$$

可将系统 (7.2.20) 改写为

$$Z_t = J\nabla_Z H(Z),$$

其中

$$H(\tilde{U}, \tilde{V}) = \frac{1}{2}\langle \tilde{V}, \tilde{V}\rangle - \frac{1}{2}\langle \tilde{U}, QMQ\tilde{U}\rangle.$$

有限维哈密顿系统 (7.2.20) 的辛形式为

$$\Xi_d = d\tilde{U} \wedge d\tilde{V},$$

其是对连续波方程辛形式 (7.2.14) 的逼近.

**定理 7.2.3** 对于系统 (7.2.19), 定义离散能量函数

$$H_d := \frac{1}{2}\langle V, \Phi_2^{-1}V\rangle - \frac{1}{2}\langle U, MU\rangle = \frac{1}{2}(U^{\mathrm{T}}, V^{\mathrm{T}})S\begin{pmatrix} U \\ V \end{pmatrix},$$

其中 $S = \begin{pmatrix} -M & 0 \\ 0 & \Psi_2^{-1} \end{pmatrix}$. 那么

$$\frac{dH_d}{dt} = 0, \quad H_d = \frac{1}{2}\int (v^2 + u_x^2)dx + \mathcal{O}(h^{2/3}).$$

**证明** 系统 (7.2.19) 可以写成矩阵形式

$$\frac{d}{dt}\begin{pmatrix} U \\ V \end{pmatrix} = D\begin{pmatrix} U \\ V \end{pmatrix}, \quad D = \begin{pmatrix} 0 & I \\ \Psi_2 M & 0 \end{pmatrix}.$$

对 $H_d$ 关于时间 $t$ 求导数可得

$$\frac{d}{dt}H_d = \frac{1}{2}(U^{\mathrm{T}}, V^{\mathrm{T}})(D^{\mathrm{T}}S + SD)\begin{pmatrix} U \\ V \end{pmatrix} = 0.$$

这意味着 $H_d$ 随时间不变. 而且, 可以证明

$$\begin{aligned} H_d &= \frac{1}{2}V^{\mathrm{T}}\Psi_2^{-1}V + \frac{1}{4}\sum_j \left(\frac{u_i - u_{i-1}}{x_i - x_{i-1}}\right)^2 (x_i - x_{i-1}) \\ &\quad + \frac{1}{4}\sum_j \left(\frac{u_{i+1} - u_i}{x_{i+1} - x_i}\right)^2 (x_{i+1} - x_i) \\ &= \frac{1}{2}\int (v^2 + u_x^2)dx + \mathcal{O}(h^{2/3}). \end{aligned}$$

□

关于有限维哈密顿系统的保辛算法理论的更多介绍可参考我国著名数学家冯康先生的专著 [60] 以及 Haier 等的专著 [88]. 对半离散系统 (7.2.19) 分别用 Staggered Störmer-Verlet 格式和 Euler 中点格式进行时间离散, 得到如下两个保辛的全离散算法.

$$\begin{cases} U^{n+1} = U^n + \tau V^{n+1/2}, \\ V^{n+1/2} = V^{n-1/2} + \tau\Psi_2 X U^n, \end{cases} \tag{7.2.21}$$

$$\begin{cases} U^{n+1} = U^n + \tau\dfrac{V^n + V^{n+1}}{2}, \\ V^{n+1} = V^n + \tau\Psi_2 X\dfrac{U^n + U^{n+1}}{2}. \end{cases} \tag{7.2.22}$$

考虑线性波方程 $u_{tt} = u_{xx}$ 以及初始条件

$$u(x, 0) = g(x) = e^{-4x^2}, \quad u_t(x, 0) = 0.$$

真实解为 $u(x) = \dfrac{1}{2}[g(x+t) + g(x-t)]$. 空间求解区域设为 $[-1, 1]$. 利用拟插值保辛算法 (7.2.21) 求解波方程直到 $T = 1$ 的误差如表 7.4 所示, 其中时间步长 $\tau = 0.002$, 核函数 $\psi(x)$ 中的形状参数 $c = 0.1h^{1/3}$, $h = 2/N$.

表 7.4 算法 (7.2.21) 求解波方程的误差 ( [193])

| $N$ | $L_2$ 误差 | 误差阶 |
|---|---|---|
| 128 | 3.83e−3 | |
| 256 | 1.97e−3 | 0.96 |
| 512 | 8.58e−4 | 1.10 |

**例 3 基于拟插值的保辛算法求解非线性哈密顿方程** 上述介绍的 MQ 拟插值方法只能针对线性方程保持辛结构不变. 而本节将研究利用其他的拟插值方法求解非线性方程获得保结构算法. 仍然利用线方法: 首先在空间上利用拟插值方法进行离散得到半离散系统, 然后再在时间上利用已有的保结构算法获得全离散系统.

第一步: 空间离散. 设 $\psi(x)$ 为满足广义 Strang-Fix 条件的核函数, $\psi_H(x) = \dfrac{1}{H}\psi\left(\dfrac{x}{H}\right)$, 那么根据式 (4.2.1) 可以构造关于空间变量的拟插值,

$$u^*(x,t) = (Qu)(x,t) = \sum_j u(x_j,t)\psi_H(x-x_j)\Delta_j.$$

令 $U = (\cdots, u(x_i,t), \cdots)^{\mathrm{T}}$, $V = (\cdots, u_t(x_i,t), \cdots)^{\mathrm{T}}$, $\Psi_2 = (\psi_H''(x_i - x_j))$, $X = \mathrm{diag}(\Delta_j)$, $F'(U) = (\cdots, F'(u(x_i,t)), \cdots)^{\mathrm{T}}$. 对哈密顿系统 (7.2.16) 利用 $u_{xx}^*(x_i,t)$ 逼近 $u_{xx}(x_i,t)$ 得到一个半离散系统

$$\begin{pmatrix} U_t \\ V_t \end{pmatrix} = \begin{pmatrix} V \\ \Psi_2 XU - F'(U) \end{pmatrix}.$$

由于系数矩阵 $\Phi_2 X$ 是非对称矩阵, 该系统不是有限维哈密顿系统. 然而, 在上面的系统两边同时乘以 $\sqrt{X}$ 得到一个等价形式

$$\begin{pmatrix} \sqrt{X}U_t \\ \sqrt{X}V_t \end{pmatrix} = \begin{pmatrix} \sqrt{X}V \\ \sqrt{X}\Psi_2\sqrt{X}\sqrt{X}U - \sqrt{X}F'(\sqrt{X^{-1}}\sqrt{X}U) \end{pmatrix}. \tag{7.2.23}$$

由于 $\psi$ 是一个对称核, $\sqrt{X}\Psi_2\sqrt{X}$ 是对称矩阵. 因此根据 [28, 定理 3.1], 系统 (7.2.23) 是关于 $\sqrt{X}U$ 和 $\sqrt{X}V$ 的有限维哈密顿系统, 相应地离散能量可以定义如下.

**定理 7.2.4** 哈密顿系统 (7.2.23) 对应的离散能量 (离散哈密顿泛函) 可以定义为

$$H_d(U,V) = \frac{1}{2}V^{\mathrm{T}}XV - \frac{1}{2}U^{\mathrm{T}}X\Psi_2XU + \mathbf{1}^{\mathrm{T}}XF(U). \tag{7.2.24}$$

**证明**　令 $\bar{U}=\sqrt{X}U$. 因为 $X$ 是对角矩阵, 所以

$$X\frac{dF(\sqrt{X^{-1}}\bar{U})}{d\bar{U}}=\sqrt{X}F'(\sqrt{X^{-1}}\bar{U})=\sqrt{X}F'(U).$$

因此, 根据 (7.2.17), 相应地离散能量 $H_d(U,V)$ 为

$$\begin{aligned}H_d(U,V)&=\frac{1}{2}\langle\sqrt{X}V,\sqrt{X}V\rangle-\frac{1}{2}\langle\sqrt{X}U,\sqrt{X}\Psi_2\sqrt{X}\sqrt{X}U\rangle+\langle\mathbf{1},XF(U)\rangle\\&=\frac{1}{2}V^{\mathrm{T}}XV-\frac{1}{2}U^{\mathrm{T}}X\Psi_2XU+\mathbf{1}^{\mathrm{T}}XF(U).\end{aligned}$$

定理证毕. □

另外, 可以证明 $H_d$ 与时间变量 $t$ 无关.

**定理 7.2.5**　$H_d$ 由式 (7.2.24) 给出, 其中 $U$ 和 $V$ 满足方程 (7.2.23). 假设离散矩阵 $\Psi_2$ 使得 $U$, $V$ 在边界上等于零或者是周期函数, 则有

$$\frac{dH_d}{dt}=0.$$

**证明**　因为 $\Psi_2$ 是对称阵且 $X$ 是对角阵, 由方程 (7.2.24) 得到

$$\frac{dH_d}{dt}=V^{\mathrm{T}}XV_t-U^{\mathrm{T}}X\Psi_2XU_t+U_t^{\mathrm{T}}XF'(U).$$

进一步, 在方程右边代入 $U_t=V$ 和 $V_t=\Psi_2XU-F'(U)$ 可得

$$\begin{aligned}\frac{dH_d}{dt}&=V^{\mathrm{T}}X\left(\Psi_2XU-F'(U)\right)-U^{\mathrm{T}}X\Psi_2XV+V^{\mathrm{T}}XF'(U)\\&=V^{\mathrm{T}}X\Psi_2XU-V^{\mathrm{T}}XF'(U)-U^{\mathrm{T}}X\Psi_2XV+V^{\mathrm{T}}XF'(U)=0.\end{aligned}$$ □

**注释 7.2.1**　为保证半离散系统 (7.2.23) 中的 $U$, $V$ 在区域边界上恒等于零, 可以考虑使用紧支柱核或者快速下降核来构造拟插值算子. 对于一些需要保证 $U$, $V$ 是周期函数的情形, 可以利用周期拟插值.

**注释 7.2.2**　根据式 (7.2.17) 可知, 有限维哈密顿系统 (7.2.23) 的能量写成 (7.2.24) 当且仅当矩阵 $X$ 是对角阵. 更重要地, 从定理 7.2.5 的证明可以看出, $X$ 的对角性也是 $\dfrac{dH_d}{dt}=0$ 的必要条件. 这也解释了为什么文献 [193], [194] 中的方法不能直接推广到非线性方程而本节的方法可以应用于非线性方程.

**注释 7.2.3**　如果哈密顿系统还有其他的二次守恒量, 例如薛定谔方程中的质量, 则可以很容易地证明利用本节给出的拟插值方法得到的离散质量也是守恒的.

此外, 还可以证明 $H_d(U,V)$ 是对连续哈密顿泛函 $H(u,v)$ 的逼近.

**定理 7.2.6** $H_d$ 和 $H$ 分别是离散系统 (7.2.23) 和连续系统 (7.2.16) 的哈密顿泛函. 令 $\psi$ 和 $\{\Delta_j\}$ 满足定理 4.2.2 的条件. 给定 $u\in\mathcal{C}^{\gamma+1}$, $F\in\mathcal{C}^{\gamma}$ 和 $l=s\gamma/(2s+\gamma)$. 则下面的误差估计成立

$$|H_d-H|\leqslant\mathcal{O}(h^{l-2}).$$

**证明** 首先将 $|H_d-H|$ 分成三个部分:

$$\left|\frac{1}{2}\int v^2dx-\frac{1}{2}V^{\mathrm{T}}XV\right|,\quad \left|\int F(u)dx-\mathbf{1}^{\mathrm{T}}XF(U)\right|$$

和

$$\left|\frac{1}{2}\int u_x^2dx-\frac{1}{2}U^{\mathrm{T}}X\Psi_2XU\right|.$$

根据引理 4.2.1, 积分公式的误差阶为 $\gamma$, 所以

$$\left|\frac{1}{2}\int v^2dx-\frac{1}{2}V^{\mathrm{T}}XV\right|\leqslant\mathcal{O}(h^{\gamma}),\quad \left|\int F(u)dx-\mathbf{1}^{\mathrm{T}}XF(U)\right|\leqslant\mathcal{O}(h^{\gamma}).$$

此外, 根据经典逼近理论结果可得

$$\left|\frac{1}{2}\int uu_{xx}dx-\frac{1}{2}U^{\mathrm{T}}X\Psi_2XU\right|\leqslant\mathcal{O}(h^{l-2})+\mathcal{O}(h^{\gamma-2}).$$

最后, 综合上述结果且注意到 $l\leqslant\gamma$, 有

$$|H_d-H|\leqslant\mathcal{O}(h^{l-2}).$$

因此定理成立. □

第二步: 时间离散. 令 $\tau$ 为时间步长, $t_n=t_0+n\tau$. 记 $U^n=(\cdots,u(x_i,t_n),\cdots)^{\mathrm{T}}$, $V^n=(\cdots,u_t(x_i,t_n),\cdots)^{\mathrm{T}}$, $V^{n\pm1/2}=(\cdots,u_t(x_i,t_{n\pm1/2}),\cdots)^{\mathrm{T}}$. 那么对半离散系统 (7.2.23) 分别用 Staggered Störmer-Verlet 格式和 Euler 中点格式进行时间离散, 我们得到如下两个全离散系统

$$\begin{cases}U^{n+1}=U^n+\tau V^{n+1/2},\\ V^{n+1/2}=V^{n-1/2}+\tau\Psi_2XU^n-\tau F'(U^n),\end{cases}\tag{7.2.25}$$

$$\begin{cases}U^{n+1}=U^n+\tau\dfrac{V^n+V^{n+1}}{2},\\ V^{n+1}=V^n+\tau\Psi_2X\dfrac{U^n+U^{n+1}}{2}-\tau F'\left(\dfrac{U^n+U^{n+1}}{2}\right).\end{cases}\tag{7.2.26}$$

接下来我们导出两个算法的误差估计, 以 (7.2.25) 为例, (7.2.26) 可类似得到. 考虑算法 (7.2.25) 在 $t_n$ 的截断误差. 消掉 $V^{n\pm1/2}$ 可以得到

$$\frac{U^{n+1}-2U^n+U^{n-1}}{\tau^2}=\Psi_2XU^n-F'(U^n). \tag{7.2.27}$$

于是截断误差可由下面定理给出.

**定理 7.2.7**　假设 $\psi$ 和 $\{\Delta_j\}$ 满足定理 4.2.2 中的条件, $F\in\mathcal{C}^\gamma$, $l=s\gamma/(2s+\gamma)$, $u(x,t)\in\mathcal{C}^{\gamma+1}(x,C^4(t))$. 定义 $R^n$ 为 $t_n$ 时刻的截断误差, 即

$$R^n:=\frac{U^{n+1}-2U^n+U^{n-1}}{\tau^2}-\Psi_2XU^n-(U_{tt}^n-p(\nabla)U^n).$$

我们有

$$|R^n|\leqslant\mathcal{O}(\tau^2+h^{l-2}).$$

**证明**　注意到 $R^n$ 包含两个部分: 时间方向上, 用二阶差分逼近二阶导数的误差

$$\frac{U^{n+1}-2U^n+U^{n-1}}{\tau^2}-U_{tt}^n$$

以及用拟插值逼近空间导数的误差

$$p(\nabla)U^n-\Psi_pXU^n.$$

由于

$$|\Psi_2XU^n-U_{xx}^n|\leqslant\mathcal{O}(h^{l-2}).$$

结合空间二阶导数逼近误差

$$\left|\frac{U^{n+1}-2U^n+U^{n-1}}{\tau^2}-U_{tt}^n\right|\leqslant\mathcal{O}(\tau^2)$$

有

$$|R^n|\leqslant\mathcal{O}(\tau^2+h^{l-2}).$$

定理证毕. □

最后, 类似参考文献 [193], [200], 可推导全局误差估计如下.

**定理7.2.8**　假设 $u(x,t)$ 和 $F(u)$ 满足上面定理的条件, $\tau, l$ 定义如上, $u(x,t_n)$ 和 $u^*(x,t_n)$ 分别是 (7.2.16) 和 (7.2.25) 的解. 记 $\hat{U}^n=(\cdots,u^*(x_i,t_n),\cdots)^{\mathrm{T}}$, $e^n=U^n-\hat{U}^n$. 那么算法 (7.2.25) 在 $T$ 的误差 $e(T)$ 满足

$$|e(T)|=|e^L|\leqslant\mathcal{O}(\tau^2+h^{l-2}),\quad L=\frac{T}{\tau}.$$

在本节中我们构造了非线性哈密顿波方程的无网格守恒算法并且给出了误差估计. 接下来, 将以求解非线性 Sine-Gordon 方程为例展示本节提出的基于拟插值的保辛算法的有效性.

给定非线性 Sine-Gordon 方程

$$u_{tt} - u_{xx} + \sin(u) = 0 \tag{7.2.28}$$

及对应的初始条件

$$u(x,0) = 0,\ u_t(x,0) = 4\mathrm{sech}(x), \quad x \in [-10,10]$$

和周期边界条件

$$u(-10,t) = u(10,t).$$

方程的精确解为 $u(x,t) = 4\arctan(\mathrm{sech}(x)t)$. 为保证逼近解满足周期边界条件, 我们用 MQ 三角拟插值来逼近二阶导数, 该拟插值的核为 $\phi''(x) + \dfrac{\phi(x)}{4}$, $\phi(x) = \sqrt{c^2 + \sin^2\dfrac{x}{2}}$, 其中 $c$ 为形状参数. 根据文 [76], 我们得知逼近 $k$ 阶导数的最优形状参数 $c = \mathcal{O}(h^{\frac{1}{k+3}})$. 因此, 可以选择 $c = 0.08h^{\frac{1}{5}}$ 来逼近二阶导数. 逆 MQ 插值的形状参数 $c = 0.6h^{\frac{1}{3}}$. 给定 $\tau = 0.001, N = 256$, 图 7.4 给出了两种算法在不同时刻的能量误差. 能量误差由式 $H_d(U^n,V^n) - H_d(U^0,V^0)$ 来刻画. 左边的图是在等距点下的误差, 右边图是在非等距点的误差. 等距点 $x_i = i\cdot\dfrac{20}{N}, i = -\dfrac{N}{2},\cdots,\dfrac{N}{2}$, $h = \dfrac{20}{N} = 0.0781$. 非等距点 $x_i = i\cdot\dfrac{20}{N} - 0.3\cdot\sin\left(2\pi\cdot\dfrac{i}{N}\right), i = -\dfrac{N}{2},\cdots,\dfrac{N}{2}$, $h = \max\limits_i |x_{i+1} - x_i| = 0.0855$.

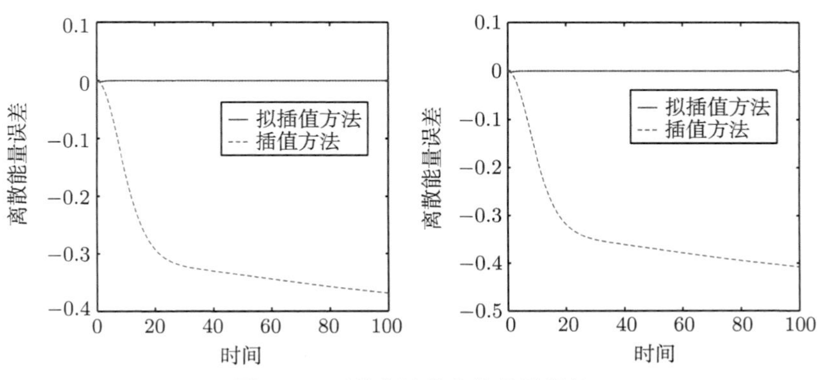


图 7.4 两种方法的离散能量误差

**注释 7.2.4**　图 7.4 表明本节提出的拟插值方法不管对等距点还是非等距点都可以保持能量不变. 然而文献 [194] 中的算法不管对等距点还是非等距点能量都是耗散的.

**例 4　基于 MQ 三角拟插值的保能量-动量算法**　前面讨论了哈密顿波方程的保辛算法, 由于该方程在特定的边界条件时还满足能量守恒定律和动量守恒定律,

$$\frac{dH}{dt} = 0, \quad \frac{dM}{dt} = 0, \tag{7.2.29}$$

其中

$$H = \int \left[\frac{1}{2}u_t^2 + \frac{1}{2}u_x^2 + F(u)\right] dx, \quad M = -\int u_t u_x dx. \tag{7.2.30}$$

因此希望构造同时保能量和动量的算法. 文献中已经有很多能量-动量守恒算法, 如有限差分法、小波配置法、投影方法、离散变分导数方法等. 但是上面的方法大多适用于均匀网格, 对非等距点的能量-动量守恒算法研究非常少. Liu 和 Xing[109] 基于不连续 Galerkin 方法提出了守恒算法来求解 KdV 方程, 可以保持方程的多个守恒量. 但是应用到非等距点时计算十分复杂. 因此, 本节将以哈密顿波方程为例, 阐述如何利用 MQ 三角拟插值构造针对非等距采样点上的能量-动量守恒算法.

我们考虑哈密顿波动方程的空间离散, 提出基于 MQ 三角拟插值的迭代方法来逼近空间二阶导数. 给定 $t$ 时刻的数据 $\{(x_j, u(x_j,t))\}_{j=0}^N (x_0 = 0,\ x_N = 2\pi)$, 根据式 (3.4.2), 我们构造 $u(x,t)$ 的拟插值格式

$$Qu(x,t) = \sum_{j=1}^{N} u(x_j,t)\psi(x-x_j)\sin\frac{x_{j+1}-x_{j-1}}{2}. \tag{7.2.31}$$

利用文献 [68] 中提出的迭代方法构造迭代的拟插值方法来模拟二阶导数, 分成以下三个步骤.

首先, 对拟插值 $(Qu)$ 求导并在点 $\{x_j\}_{j=0}^N$ 上取值得到 $\{(Qu)_x(x_j,t)\}_{j=0}^N$.

其次, 对数据 $\{(x_j, (Qu)_x(x_j,t))\}_{j=0}^N$ 作用拟插值得到

$$Q_1u(x,t) := \sum_{j=1}^{N} (Qu)_x(x_j,t)\psi(x-x_j)\sin\frac{x_{j+1}-x_{j-1}}{2}. \tag{7.2.32}$$

最后, 对上面的拟插值关于空间变量求导得到最终的拟插值格式

$$Q_2u(x,t) := (Q_1u(x,t))'_x = \sum_{j=1}^{N} (Qu)_x(x_j,t)\psi'(x-x_j)\sin\frac{x_{j+1}-x_{j-1}}{2}. \tag{7.2.33}$$

这是 7.1 节中提出的迭代导数逼近方法在 MQ 三角拟插值上的应用. 但是 7.1 节中的误差估计方法只适用于等距采样节点, 对于一般节点有如下定理.

**定理 7.2.9** 假设 $u(x,t)$ 关于空间变量是一个四次连续可微且以 $2\pi$ 为周期的周期函数, 令 $Q_2u(x,t)$ 如式 (7.2.33) 定义. 那么当取 $c=\mathcal{O}(h^{1/5})$ 时有如下估计

$$|Q_2u(x,t)-u_{xx}(x,t)|\leqslant \mathcal{O}(h^{2/5}).$$

**证明** 我们将误差分成三个部分:

$$|Q_2u(x,t)-u_{xx}(x,t)|\leqslant I_1+I_2+I_3,$$

其中

$$\begin{aligned}I_1=\Bigg|&\sum_{j=1}^{N}((Qu)_x(x_j,t)-u_x(x_j,t))\,\psi'(x-x_j)\sin\frac{x_{j+1}-x_{j-1}}{2}\\&-\int_0^{2\pi}((Qu)_s(s,t)-u_s(s,t))\psi'(x-s)ds\Bigg|,\end{aligned}$$

$$I_2=\left|\int_0^{2\pi}((Qu)_s(s,t)-u_s(s,t))\psi'(x-s)ds\right|,$$

以及

$$I_3=\left|\sum_{j=1}^{N}u_x(x_j,t)\psi'(x-x_j)\sin\frac{x_{j+1}-x_{j-1}}{2}-u_{xx}(x,t)\right|.$$

此外, 引理 3.4.4 告诉我们

$$I_1\leqslant\mathcal{O}\left(\frac{h}{c^3}\right).$$

下面估计 $I_2$. 利用分部积分, $I_2$ 可以写成

$$I_2=\left|\int_0^{2\pi}((Qu)_{ss}(s,t)-u_{ss}(s,t))\psi(x-s)ds\right|.$$

再结合定理 3.4.2 得到

$$I_2\leqslant|(Qu)_{ss}(s,t)-u_{ss}(s,t)|\cdot\int_0^{2\pi}|\psi(x-s)|ds$$

$$
\begin{aligned}
&\leqslant C|(Qu)_{ss}(s,t)-u_{ss}(s,t)|\\
&=\mathcal{O}\left(\frac{h}{c^3}\right)+\mathcal{O}(c^2).
\end{aligned}
$$

最后, 根据定理 3.4.2 有

$$I_3\leqslant \mathcal{O}\left(\frac{h}{c^2}\right)+\mathcal{O}(c^2).$$

综上,

$$I_1+I_2+I_3\leqslant \mathcal{O}\left(\frac{h}{c^3}\right)+\mathcal{O}\left(c^2\right).$$

因此, 最优的形状参数为 $c=\mathcal{O}(h^{\frac{1}{5}})$, 这就证明了

$$|Q_2u(x,t)-u_{xx}(x,t)|\leqslant \mathcal{O}(h^{2/5}).\qquad \square$$

有了上面的迭代导数逼近方法, 我们就可以用 $Q_2u(x,t)$ 来模拟 $u_{xx}(x,t)$, 进而得到哈密顿波方程的空间离散. 令 $U=(u(x_1,t),\cdots,u(x_N,t))^{\mathrm{T}}$, $V=(v(x_1,t),\cdots,v(x_N,t))^{\mathrm{T}}$, $\Psi_1=(\psi'(x_j-x_k))$, $X=\operatorname{diag}\left(\sin\dfrac{x_{j+1}-x_{j-1}}{2}\right)$. 那么, 我们可以得到半离散方程

$$
\begin{cases}
\dfrac{dU}{dt}=V,\\
\dfrac{dV}{dt}=(\Psi_1X)^2U-F'(U).
\end{cases}
\tag{7.2.34}
$$

相应的离散能量和离散动量分别为

$$H_d(U,V)=\frac{1}{2}V^{\mathrm{T}}XV-\frac{1}{2}U^{\mathrm{T}}X(\Psi_1X)^2U+\mathbf{1}^{\mathrm{T}}XF(U),\tag{7.2.35}$$

$$M_d=-V^{\mathrm{T}}X\Psi_1XU.\tag{7.2.36}$$

下面我们需要证明 $H_d$ 和 $M_d$ 分别是连续系统能量 $H$ 和动量 $M$ 的逼近.

**定理 7.2.10**　假设 $H_d$ 和 $M_d$ 如上定义. $H$ 和 $M$ 分别由(7.2.29), (7.2.30)给出. 那么有下面的估计成立:

$$|H_d-H|<\mathcal{O}(h^{\frac{2}{5}}),\quad |M_d-M|<\mathcal{O}(\sqrt{h}).$$

**证明** 首先估计 $|H_d - H|$. 利用积分公式

$$\sum_{j=1}^{N} u(x_j,t)\sin\frac{x_{j+1}-x_{j-1}}{2} = \int_0^{2\pi} u(x,t)dx + \mathcal{O}(h^2)$$

得到

$$\frac{1}{2}V^{\mathrm{T}}XV = \frac{1}{2}\int_0^{2\pi} v^2(x,t)dx + \mathcal{O}(h^2),$$

以及

$$\mathbf{1}^{\mathrm{T}}XF(U) = \int_0^{2\pi} F(u(x,t))dx + \mathcal{O}(h^2).$$

再根据定理 7.2.9 可得

$$(\Psi_1 X)^2 U = U_{xx} + \mathcal{O}(h^{\frac{2}{5}}),$$

其中 $U_{xx} = (\cdots, u_{xx}(x_j,t), \cdots)^{\mathrm{T}}$. 因此,

$$\frac{1}{2}U^{\mathrm{T}}X(\Psi_1 X)^2 U = -\frac{1}{2}U^{\mathrm{T}}XU_{xx} + \mathcal{O}(h^{\frac{2}{5}}) = -\frac{1}{2}\int_0^{2\pi} uu_{xx}dx + \mathcal{O}(h^{\frac{2}{5}}).$$

综合上面的三个估计可知 $|H_d - H| < \mathcal{O}(h^{\frac{2}{5}})$ 成立.

注意到 $\Psi_1 XU = U_x + \mathcal{O}(\sqrt{h})$, $|M_d - M|$ 的估计可以类似得到即

$$V^{\mathrm{T}}X\Psi_1 XU = V^{\mathrm{T}}XU_x + \mathcal{O}(\sqrt{h}) = \int vu_x dx + \mathcal{O}(\sqrt{h}).$$ □

接下来我们证明 $H_d(U,V)$ 是守恒的.

**定理 7.2.11** 离散哈密顿泛函

$$H_d(U,V) = \frac{1}{2}V^{\mathrm{T}}XV - \frac{1}{2}U^{\mathrm{T}}X(\Psi_1 X)^2 U + \mathbf{1}^{\mathrm{T}}XF(U)$$

随着时间保持不变.

**证明** 对 $H_d(U,V)$ 关于 $t$ 求导

$$\frac{dH_d}{dt} = V^{\mathrm{T}}XV_t - U^{\mathrm{T}}X(\Psi_1 X)^2 U_t + U_t^{\mathrm{T}}XF'(U). \tag{7.2.37}$$

再结合半离散系统 (7.2.34)

$$\begin{cases} U_t = V, \\ V_t = (\Psi_1 X)^2 U - F'(U) \end{cases}$$

可得到

$$\frac{dH_d}{dt} = 0. \qquad \square$$

而且, 还可以得到下面定理.

**定理 7.2.12** 离散动量

$$M_d = -V^{\mathrm{T}} X \Psi_1 X U$$

对于线性方程 $(F'(u) = 0)$ 随着时间不变, 对非线性方程随着时间几乎不变.

**证明** 对 $M_d$ 关于 $t$ 求导得

$$\frac{dM_d}{dt} = -V_t^{\mathrm{T}} X \Psi_1 X U - V^{\mathrm{T}} X \Psi_1 X U_t.$$

再结合半离散系统

$$\begin{cases} U_t = V, \\ V_t = (\Psi_1 X)^2 U - F'(U) \end{cases}$$

导出

$$\frac{dM_d}{dt} = -U^{\mathrm{T}} X \Psi_1^{\mathrm{T}} X \Psi_1^{\mathrm{T}} X \Psi_1 X U + F'(U)^{\mathrm{T}} X \Psi_1 X U - V^{\mathrm{T}} X \Psi_1 X V. \tag{7.2.38}$$

如果令 $F'(u) = 0$, 那么

$$\frac{dM_d}{dt} = -U^{\mathrm{T}} X \Psi_1^{\mathrm{T}} X \Psi_1^{\mathrm{T}} X \Psi_1 X U - V^{\mathrm{T}} X \Psi_1 X V.$$

再利用矩阵的性质: $\Psi_1^{\mathrm{T}} = -\Psi_1$, $X^{\mathrm{T}} = X$, 可推导出

$$\begin{aligned} U^{\mathrm{T}} X \Psi_1^{\mathrm{T}} X \Psi_1^{\mathrm{T}} X \Psi_1 X U &= (U^{\mathrm{T}} X \Psi_1^{\mathrm{T}} X \Psi_1^{\mathrm{T}} X \Psi_1 X U)^{\mathrm{T}} \\ &= -U^{\mathrm{T}} X \Psi_1^{\mathrm{T}} X \Psi_1^{\mathrm{T}} X \Psi_1 X U = 0 \end{aligned}$$

和

$$V^{\mathrm{T}} X \Psi_1 X V = (V^{\mathrm{T}} X \Psi_1 X V)^{\mathrm{T}} = -V^{\mathrm{T}} X \Psi_1 X V = 0.$$

因此我们证明了对于线性方程, $\dfrac{dM_d}{dt} = 0$.

对于非线性方程, $F'(U) \neq 0$. 由于矩阵 $\Phi_1$ 是反对称的, 所以

$$\frac{dM_d}{dt} = F'(U)^{\mathrm{T}} X \Psi_1 X U,$$

它可以看成是积分 $\int_0^{2\pi} F'(u)u_x dx$ 的离散. 根据周期边界条件可得

$$\int_0^{2\pi} F'(u)u_x dx = F(u)\Big|_0^{2\pi} = F(u(2\pi,t)) - F(u(0,t)) = 0.$$

再由定理 7.2.10 知

$$\frac{dM_d}{dt} \leqslant \mathcal{O}(h),$$

这意味着离散动量随时间变化很小, 因而是渐近守恒的. □

半离散有限维哈密顿系统 (7.2.34) 可以用很多辛方法来进行时间离散, 如生成函数方法、Runge-Kutta 法以及显式辛方法等 [201]. 这里我们仅以隐式中点法为例. 记 $\tau$ 为时间步长, $t_n = n\tau$, $P = (\Psi_1 X)^2$. 令 $U^n$,$V^n$ 为 $t_n$ 时刻的逼近解. 那么可以得到下面的全离散格式

$$\begin{cases} U^{n+1} = U^n + \tau \dfrac{V^n + V^{n+1}}{2}, \\ V^{n+1} = V^n + \tau P \dfrac{U^n + U^{n+1}}{2} - \tau F'\left(\dfrac{U^n + U^{n+1}}{2}\right). \end{cases} \tag{7.2.39}$$

下面给出一些数值模拟结果.

给定线性波方程

$$u_{tt} - u_{xx} = 0 \tag{7.2.40}$$

以及初始条件:

$$u(x,0) = 0, \quad u_t(x,0) = \sin x$$

和周期边界条件:

$$u(-\pi,t) = u(\pi,t).$$

方程的精确解为

$$u(x,t) = \sin x \sin t. \tag{7.2.41}$$

用 MQ 三角拟插值 (MTQI) 进行空间离散, 用隐式中点法进行时间离散. 固定时间步长 $\tau = 0.001$. 表 7.5 给出了 $T = 1$ 时的逼近误差和后验误差估计. 形状参数选择 $c = 0.1h^{1/5}$. 从表中可以看到实验误差 (差不多 $\mathcal{O}(h)$) 比理论误差 ($\mathcal{O}(h^{2/5})$) 小. 接下来和 [132] 中给出的有限差分法比较逼近误差和能量-动量守恒性质. 分别用拟插值方法和有限差分求解线性波方程直到 $T = 100$, 空间的数据点为等距点, 数据点个数为 $N = 128$, 拟插值的形状参数为 $c = 0.136h^{1/5}$. 不同时刻的无穷

大范数误差在表 7.6 中给出. 此外, 我们还计算了不同时刻的离散能量和离散动量误差, 结果如图 7.5 所示.

**表 7.5　逼近误差和后验误差估计**

| $N$ | $L_\infty$-误差 | 误差阶 | $L_2$-误差 | 误差阶 |
|---|---|---|---|---|
| 128 | 3.1038e−3 | | 2.1863e−3 | |
| 256 | 1.5144e−3 | 1.04 | 1.0688e−3 | 1.03 |
| 512 | 6.8431e−4 | 1.15 | 4.8341e−4 | 1.15 |
| 1024 | 3.0266e−4 | 1.18 | 2.1391e−4 | 1.18 |

**表 7.6　不同时刻的逼近误差**

| $T$ | 有限差分法 | 拟插值方法 |
|---|---|---|
| 5 | 5.2055e−4 | 2.8641e−4 |
| 10 | 1.6293e−3 | 8.5267e−4 |
| 20 | 1.1422e−3 | 4.2217e−4 |
| 40 | 3.4112e−3 | 7.1113e−4 |
| 80 | 9.4321e−4 | 1.2470e−4 |
| 100 | 9.5446e−3 | 1.0045e−3 |

**注释 7.2.5**　数值结果表明两种方法都可以保持能量和动量, 再一次验证了理论结果. 然而拟插值方法的能量误差更小一点. 从表 7.6 中, 可以看到有限差分法的逼近误差几乎是拟插值方法的两倍.

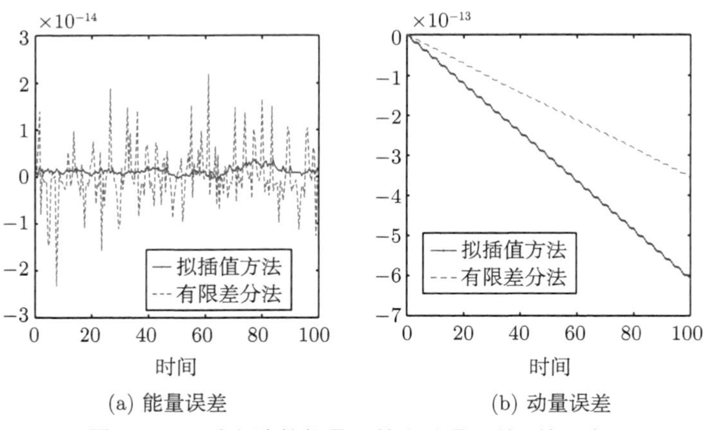


(a) 能量误差　　(b) 动量误差

图 7.5　两种方法的能量误差和动量误差 (等距点)

对于非等距点, 我们选择 $x_j = jh - 0.4 \times \sin(jh), h = 2\pi/N, N = 128$ ([132]). 拟插值的形状参数为 $c = 0.115h^{1/5}$. 表 7.7 给出了不同时刻的无穷大范数误差. 图 7.6 画出了不同时刻的能量和动量误差.

**表 7.7 不同时刻的逼近误差**

| $T$ | 有限差分法 | 拟插值方法 |
|---|---|---|
| 5 | 6.4955e−2 | 7.8171e−3 |
| 10 | 1.0796e−1 | 1.3186e−2 |
| 20 | 1.8279e−1 | 1.1038e−2 |
| 40 | 3.7773e−1 | 3.0598e−2 |
| 80 | 7.6168e−1 | 1.5729e−2 |
| 100 | 9.3781e−1 | 9.0125e−2 |

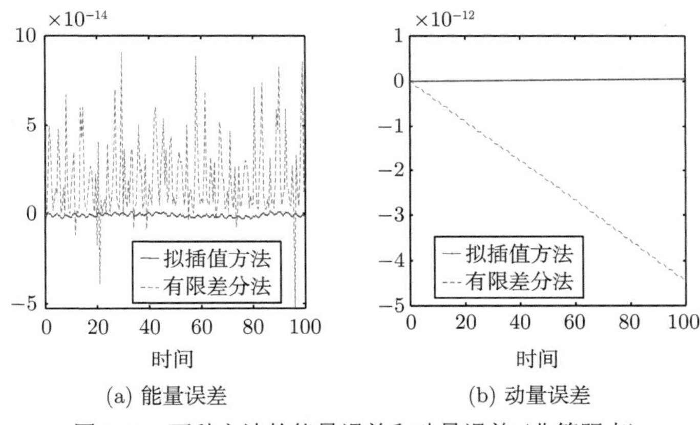

(a) 能量误差 (b) 动量误差

图 7.6 两种方法的能量误差和动量误差 (非等距点)

**注释 7.2.6** 表 7.7 可以看出拟插值方法的误差更小. 图 7.6 还显示拟插值方法对非等距点可以保持能量和动量. 然而有限差分方法的动量误差却很大.

第二个例子考虑非线性 Klein-Gordon 方程

$$u_{tt} - u_{xx} + 0.4u^3 = 0 \tag{7.2.42}$$

及对应的初始条件:

$$u(x, 0) = \frac{5}{2}\exp\left(\frac{\cos(x)}{5}\right) - \frac{5}{2},$$

$$u_t(x, 0) = \exp\left(\frac{\sin(x)}{5}\right) - 1.$$

这个方程在 [132] 和 [28] 中都讨论过. 我们在方形区域 $[0, 2\pi] \times [0, 100]$ 上求解上述方程. 分别用 [132], [28] 和本书中的方法来进行空间离散, 然后再利用隐式中点法进行时间离散. 在空间等距点 $x_j = jh, h = 2\pi/N$, $N = 128$ 上, 图 7.7 给出了不同时刻的能量和动量误差.

**注释 7.2.7**　从图 7.7(a) 我们看到, 三种方法在能量守恒上表现无异. 但是从图 7.7(b) 可以知道, 我们的方法和 Cano 的方法[28] 可以很好地保持动量, 而 Oliver 的方法[132] 动量误差很大.

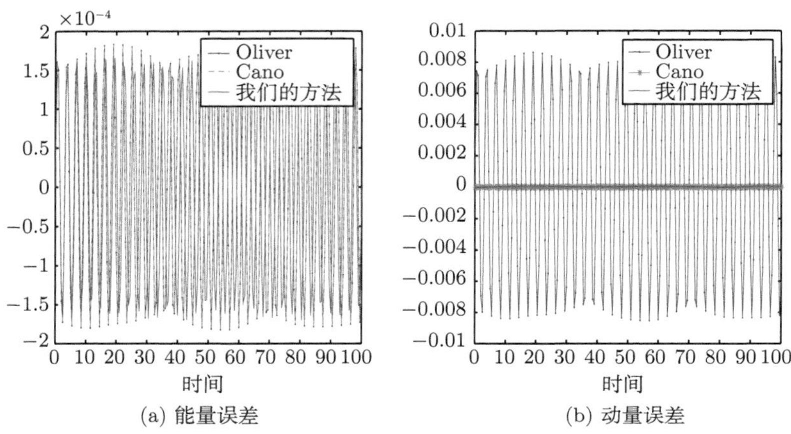


(a) 能量误差　　(b) 动量误差

图 7.7　三种方法的能量和动量误差 (等距点) (扫描封底二维码阅读彩图)

图 7.8 展示了非等距点

$$x_j = jh - 0.5 \cdot \sin(jh), \quad h = 2\pi/N, \quad N = 128$$

情形的数值结果.

**注释 7.2.8**　图 7.8 形象地展示了我们的方法无论对能量误差还是动量误差都在非等距点情形保持得更好.

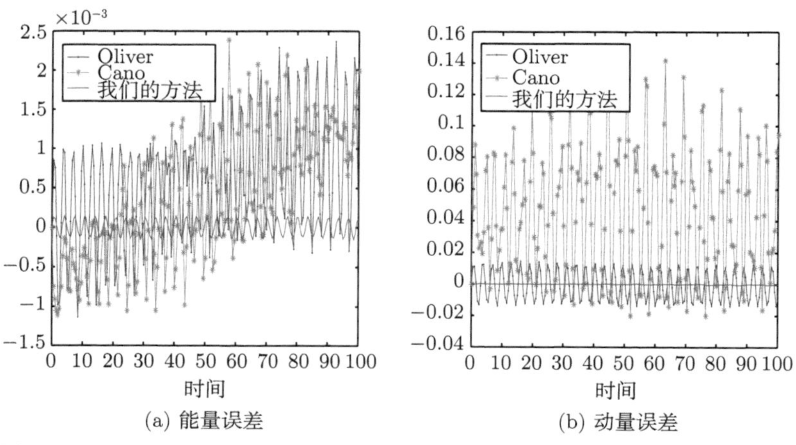


(a) 能量误差　　(b) 动量误差

图 7.8　三种方法的能量和动量误差 (非等距点) (扫描封底二维码阅读彩图)

## 7.3 图像边缘检测

基于活动轮廓的边缘检测方法是图像处理和计算机视觉领域一个重要的研究问题. 主要有两类模型: 一种是基于能量最小的参数型活动模型, 另一种是基于曲线演化的几何活动模型. 在几何活动模型中, 曲线的变化由两项控制, 一项使曲线光滑, 另一项使曲线向边界收缩. 对几何轮廓模型的轮廓拟合主要有两种方法 [38,198]:

• 水平集方法. 将初始曲线嵌入到一个曲面里, 使之作为该曲线的一个水平线, 从而允许该曲线的演化随着曲面演化. 此方法的优点是不需要提前知道边界的拓扑问题就可以找到物体的边界. 由于这类问题将二维问题转化为三维问题, 因此会增加计算时间.

• 曲线拟合法. 用连续的曲线或曲面拟合离散的点. 最常见的方法是 B-样条插值, 每步计算都要求解大型方程组, 影响曲线演化的速度.

下面将用 MQ 拟插值方法来拟合几何轮廓模型[69].

用 MQ 拟插值模拟活动轮廓模型的优势在于其不要求解任何大型方程组就可以得到函数及其导函数的逼近. 而且 Ma 和 Wu [115] 也证明了 MQ 拟插值具有比有限差分法更加稳定的性质. Chen 和 Wu[34] 运用 MQ 拟插值模拟具有大曲率变动曲线的 Burgers 方程并取得了良好的效果. 这体现了运用 MQ 拟插值模拟活动轮廓模型时, 其对复杂图像边缘具有更精确的表达能力. 我们的例子说明了这种算法的优越性.

设演化曲线为 $\mathcal{C}(p,t)=(X(p,t),Y(p,t))$, $p$ 是参数, $t$ 是时间参数, 在固定时间参数时, $\mathcal{C}(p,t)$ 是一个封闭的参数曲线. 设曲线的内向单位法向量为 $N$, 曲率为 $k$, 则曲线沿法向量进行演化的过程可以由下式表达:

$$\frac{\partial \mathcal{C}}{\partial t}=\mathcal{V}(\mathcal{C})N.$$

其中, $\mathcal{V}(\mathcal{C})$ 是速度函数, 决定曲线 $\mathcal{C}(p,t)$ 上每个点的演化速度. 如图 7.9 所示.

需要注意的是, 沿任意方向运动的曲线总是可以重新参数化为上式的形式, 原因是这只是曲线切线方向的改变并不会改变曲线的形状或几何特性.

最常用的曲线演化有两种, 一种叫做曲率演化, 另一种叫做常量演化. 曲率演化由下列方程描述:

$$\frac{\partial \mathcal{C}}{\partial t}=\alpha kN,$$

其中 $\alpha$ 是正常数, $k$ 是曲线的曲率. 已经证明, 曲率演化使任意闭合曲线变得平滑, 并最终变为一个圆点. 如图 7.10 所示.

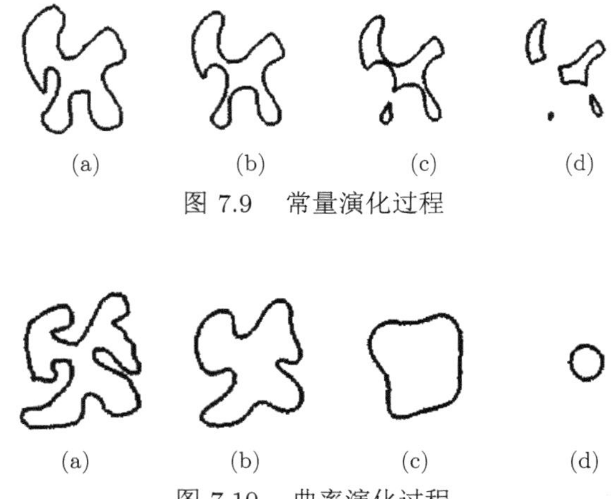

(a)　(b)　(c)　(d)

图 7.9　常量演化过程

(a)　(b)　(c)　(d)

图 7.10　曲率演化过程

常量演化由下列方程描述:

$$\frac{\partial \mathcal{C}}{\partial t} = V_0 \mathcal{N},$$

其中 $V_0$ 是正常数. 常量演化会导致曲线出现尖角.

本书所用的模型为 Caselles 等[32] 提出的活动轮廓模型. 定义 $\mathcal{C}_0 = \mathcal{C}(s, 0)$ 是 $\mathbb{R}^2$ 中的初始曲线, $\mathcal{C}(s,t) \in \mathbb{R}^2$ 对固定的 $t$ 是一个参数曲线. 令 $I: [0,a] \times [0,b] \to \mathbb{R}^+$ 一个图像, 我们将寻找该图像的边界.

几何活动轮廓模型的表达式如下:

$$\begin{cases} \dfrac{\partial \mathcal{C}}{\partial t} = g(\nabla I(\mathcal{C}))(\alpha\kappa + v_0)\mathcal{N} - (\nabla g \cdot \mathcal{N})\mathcal{N}, \\ \mathcal{C}_0 = (x_0(s),\ y_0(s)), \end{cases} \tag{7.3.1}$$

其中 $g: [0,\ +\infty] \to \mathbb{R}^+$ 是一个单调递减函数, 并且当 $r \to \infty$ 时, $g(r) \to 0$, 其中 $g(\nabla I) = \dfrac{1}{1 + |\nabla I|^2}$. $\nabla I$ 是 $I$ 的梯度, $\alpha$ 和 $v_0$ 常数.

上面的模型允许凸的初始曲线演化成凹曲线. 其中有两种 “力” $\kappa, v_0$ 作用在曲线上, 我们分别把这两种力叫做曲率演化和常数演化. 曲率演化使曲线变得平滑, 而常数演化使曲线产生犄角. [31] 曾经讨论过在拟合不同图像的边界时这两种 “力” 的关系. 我们的方法也验证了这两种力的取值关系. 定义 $\mathcal{V} = (-y(s,t), x(s,t))$ 为曲线的法向, $\mathcal{C} = (x(s,t), y(s,t))$, 那么它的单位法向量和曲率可以写成:

$$\mathcal{N} = \frac{\mathcal{V}_s}{\|\mathcal{V}_s\|}, \quad \kappa = \frac{\mathcal{C}_{ss} \cdot \mathcal{V}_s}{\|\mathcal{C}_s\|^3},$$

$\mathcal{C}_s, \mathcal{C}_{ss}$ 分别为 $\mathcal{C}(s,t)$ 关于 $s$ 的一阶和二阶导数.

MQ 拟插值边缘检测 (MQQI) 算法交替进行以下两步:

1. 在时间层上离散方程可得

$$\mathcal{C}_j^{n+1} = \mathcal{C}_j^n + \tau g(\nabla I(\mathcal{C}_j^n))(\alpha\kappa_j^n + \upsilon_0)(\mathcal{N})_j^n. \tag{7.3.2}$$

2. 在空间层上用 MQ 拟插值的导数分别逼近 $x_s$, $y_s$ 和 $x_{ss}$, $y_{ss}$, 得到

$$(\mathcal{C}_s)_j^n = \frac{1}{2}\sum_{k=0}^{m-1}\frac{\phi_k'(s_j) - \phi_{k+1}'(s_j)}{s_{k+1} - s_k}(\mathcal{C}_{k+1}^n - \mathcal{C}_k^n), \tag{7.3.3}$$

$$(\mathcal{C}_{ss})_j^n = \frac{1}{2}\sum_{k=0}^{m-1}\frac{\phi_k''(s_j) - \phi_{k+1}''(s_j)}{s_{k+1} - s_k}(\mathcal{C}_{k+1}^n - \mathcal{C}_k^n), \tag{7.3.4}$$

其中 $\phi_j(s)(j = 0, \cdots, m)$ 定义如上. $\mathcal{C}_j^n$, $\kappa_j^n$, $(\mathcal{N})_j^n$ 是对 $\mathcal{C}(s,\ t)$, $\kappa(s,\ t)$, $\mathcal{N}(s,\ t)$ 在 $(s_j,\ t_n)$ 的逼近, $t_n = n\tau$, $\tau$ 是时间步长.

该算法在时间方向用差商替代导数方法离散化方程, 而在空间方向用 MQ 拟插值及其导数逼近原函数与对应的导函数. 从表达式可以看出, 当我们逼近不同函数的导函数时, 只需改变公式的系数即可. 而与水平集方法运用有限差分法逼近导数相比, 当需要达到更高的精度时, 网格需要变得很密, 这样就增加了计算时间. 而且考虑到, 当逼近高阶导数时, 需要用到附近很多个网格的函数值, 这就使得计算的导函数既不精确, 此格式也不稳定. 我们的算法有效地避免了这类问题. 为验证 MQQI 算法的有效性, 给出了几个例子, 其中既有合成图像, 也有来自于医学和天文学的自然图像, 并且与水平集方法进行了比较.

表 7.8 给出了水平集方法和 MQQI 方法在边缘检测时所需时间. 在此后的例子中我们都选择 $\tau = 0.001$, $h =$ 空间曲线的长度/100 以及 $\alpha = 1$. 从最后一列可以看出, 当处理高曲率或复杂图像的边缘时, 参数 $\upsilon_0$ 的取值是变大的, 这也验证了 Casseles 的理论结果.

**表 7.8 MQQI 方法与水平集方法比较**

| 所需时间 | 水平集方法/s | 迭代次数 | MQQI 算法/s | 迭代次数 | $\upsilon_0$ |
|---|---|---|---|---|---|
| 图 7.11 (140× 139) | 177.824617 | 5000 | 22.475278 | 201 | 6.0 |
| 图 7.12 (150× 152) | 88.072285 | 2500 | 14.983319 | 41 | 0.7 |
| 图 7.13 (179× 179) | ∅ | ∅ | 17.787556 | 201 | 2.0 |
| 图 7.14 (319× 276) | 549.988195 | 3000 | 30.205674 | 201 | 2.5 |

**例 1 合成图像** 图 7.11 是一个 $64 \times 64$ 像素的 U 形域, 其中图像上方有一个深深的下凹. [196] 指出当运用平常方法时, 活动轮廓线并不会到达凹下边缘, 而

是停在上方. 水平集方法经过 5000 步可以达到凹下处, 而 MQQI 算法只需 201 步便可到达图像凹下处. 只需要水平集方法的 4%.

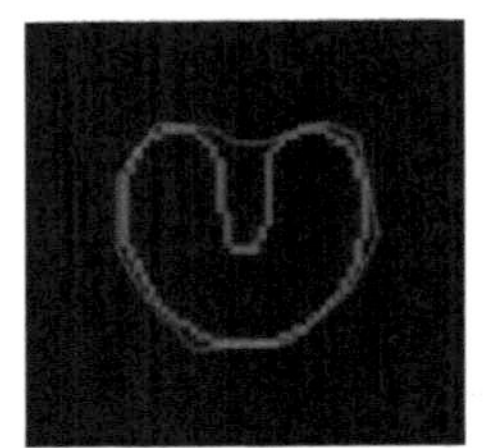

(a) 使用水平集方法的初始曲线

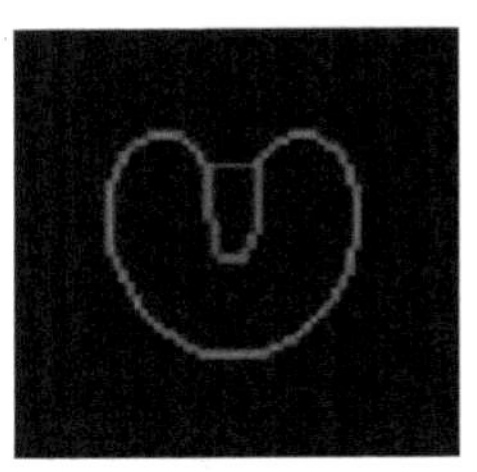

(b) 使用水平集方法的终止曲线

(c) 使用 MQQI 方法的初始曲线

(d) 使用 MQQI 方法的终止曲线

图 7.11　U 形区域的水平集方法与 MQQI 算法比较

**例 2　医学图像**　我们用不同方法对一个从头部扫描的冠状切片做边缘检测, 来说明不同方法在处理真实图像时的能力. 这个大脑边缘既有凹下部分, 也有凸起部分, 用这样的图像来检测方法的可行性是有效的. 图 7.12 可以看出 MQQI

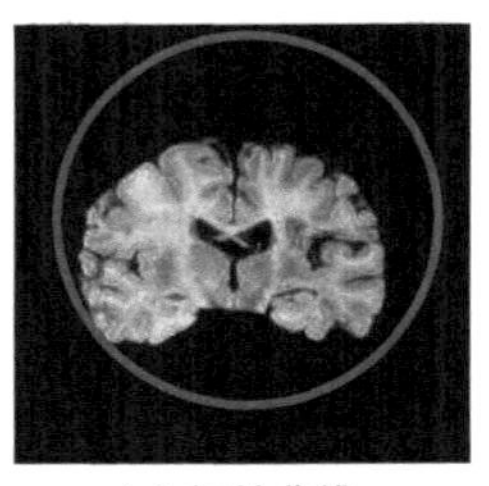

(a) 初始曲线

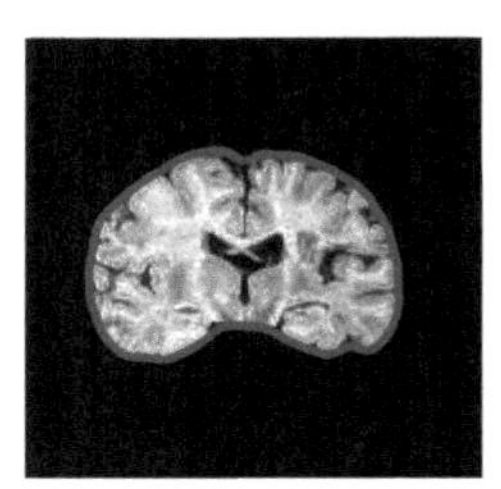

(b) 2500 次迭代后的轮廓

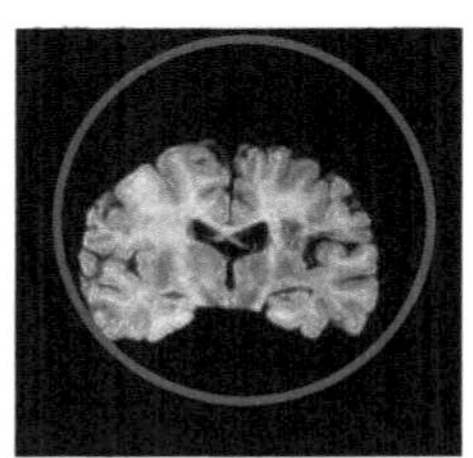

(c) 初始曲线

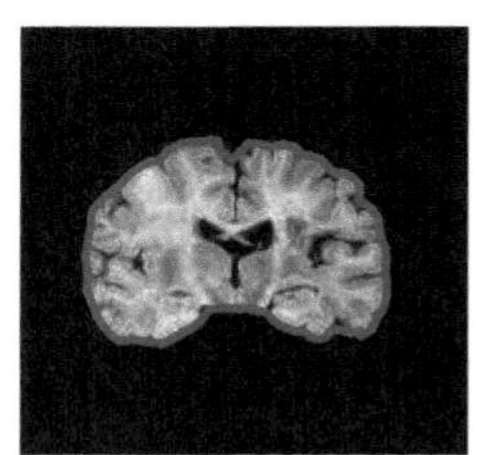

(d) 41次迭代后的轮廓

图 7.12　脑部图像的水平集方法与 MQQI 算法比较 (扫描封底二维码阅读彩图)

能更好地检测到大脑边缘的细节部分, 而水平集方法只是很光滑地掠过小的凹凸部分. 从计算步长来看, MQQI 方法只需 41 步, 只是水平集方法的大约 2%.

图 7.13 的前列腺图像显示, 我们仅仅用 201 步就可以达到的图像边缘, 与医生诊断出的图像边缘最为接近.

**例 3 天文学图像** 图 7.14 展示了一个真实月球的图像, 我们可以看到月球

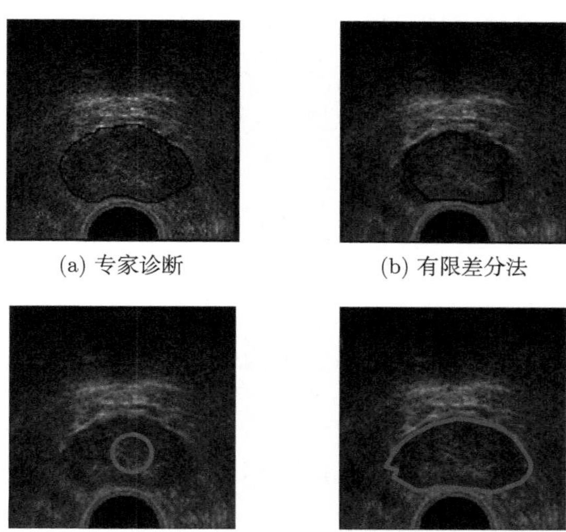

(a) 专家诊断 (b) 有限差分法

(c) 初始曲线 (d) 201 次迭代后的轮廓

图 7.13 前列腺图像的水平集方法与 MQQI 算法比较 (扫描封底二维码阅读彩图)

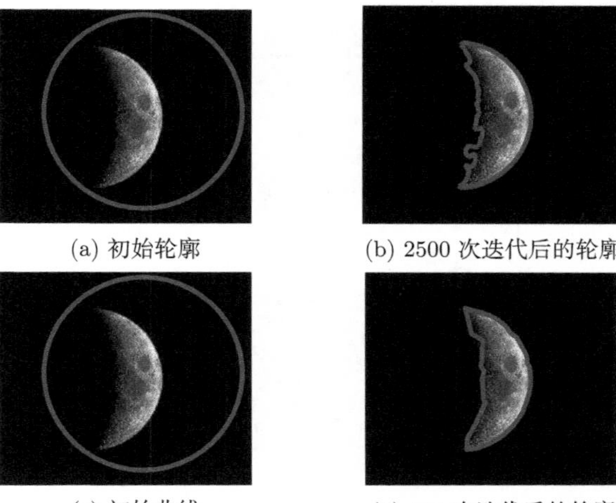

(a) 初始轮廓 (b) 2500 次迭代后的轮廓

(c) 初始曲线 (d) 151 次迭代后的轮廓

图 7.14 月球图像的水平集方法与 MQQI 算法比较 (扫描封底二维码阅读彩图)

左侧边缘是一个凹形域, 并且是模糊边界, 当用水平集方法做边缘检测时, 很容易达到局部极小值. 而当用 MQQI 方法时, 我们检测到的边缘是符合肉眼逻辑的, 并且用 MQQI 方法只需用更少的时间.

## 7.4　非参数核密度估计

本节将研究如何利用拟插值构造有界区域上的非参数核密度估计格式 [73], 进而解决经典核密度估计方法的边界问题[208]. 为讨论方便, 我们以 MQ 拟插值为例, 首先研究如何利用 MQ 拟插值构造一元有界区间 $[a,\ b]\subset\mathbb{R}$ 上的非参数核密度估计格式, 然后借助张量积的思想把一元有界区域上的非参数核密度格式推广到多元立方体 $\mathbb{I}^d:=[a,\ b]^d\subset\mathbb{R}^d$ 上.

令 $X$ 为一个随机变量, 它的密度函数 $f$ 定义在区间 $[a,\ b]$ 上. 令 $\{X_k\}_{k=1}^n$ 为 $X$ 的一组独立同分布的样本, 子区间集合 $\{[t_j,t_{j+1}]\}_{j=0}^{N-1}$ 构成区间 $[a,\ b]$ 的一个划分, 即 $a=t_0<t_1<\cdots<t_{N-1}<t_N=b$, $n_j$ 为样本 $\{X_k\}_{k=1}^n$ 落在子区间 $[t_j,t_{j+1}]$ 内的频数. 借助定义在有界区间上的 MQ 拟插值 ($L_D$ 算子), 构造如下格式 [73]

$$Q_I^*f(x)=\sum_{j=0}^{N}\alpha_j^*(f)\psi_j(x),\quad x\in[a,\ b],\tag{7.4.1}$$

这里系数 $\{\alpha_j^*(f)\}_{j=0}^N$ 为

$$\begin{aligned}
\alpha_0^*(f)&=\frac{t_2+t_1-2t_0}{(t_2-t_0)(t_1-t_0)}\frac{n_0}{n}+\frac{t_0-t_1}{(t_2-t_0)(t_2-t_1)}\frac{n_1}{n},\\
\alpha_j^*(f)&=\frac{t_j-t_{j-1}}{(t_{j+1}-t_j)(t_{j+1}-t_{j-1})}\frac{n_j}{n}+\frac{t_{j+1}-t_j}{(t_j-t_{j-1})(t_{j+1}-t_{j-1})}\frac{n_{j-1}}{n},\\
&\qquad j=1,2,\cdots,N-1,\\
\alpha_N^*(f)&=\frac{2t_N-t_{N-1}-t_{N-2}}{(t_N-t_{N-1})(t_N-t_{N-2})}\frac{n_{N-1}}{n}+\frac{t_{N-1}-t_N}{(t_N-t_{N-2})(t_{N-1}-t_{N-2})}\frac{n_{N-2}}{n},
\end{aligned}\tag{7.4.2}$$

核函数 $\{\psi_j(x)\}_{j=0}^N$ 为

$$\begin{aligned}
\psi_0(x)&=\frac{1}{2}+\frac{\phi(x-t_1)-(x-t_0)}{2(t_1-t_0)},\\
\psi_1(x)&=\frac{\phi(x-t_2)-\phi(x-t_1)}{2(t_2-t_1)}-\frac{\phi(x-t_1)-(x-t_0)}{2(t_1-t_0)},
\end{aligned}$$

$$\psi_j(x) = \frac{\phi(x-t_{j+1})-\phi(x-t_j)}{2(t_{j+1}-t_j)} - \frac{\phi(x-t_j)-\phi(x-t_{j-1})}{2(t_j-t_{j-1})}, \quad 2 \leqslant j \leqslant N-2,$$

$$\psi_{N-1}(x) = \frac{t_N - x - \phi(x-t_{N-1})}{2(t_N-t_{N-1})} - \frac{\phi(x-t_{N-1})-\phi(x-t_{N-2})}{2(t_{N-1}-t_{N-2})},$$

$$\psi_N(x) = \frac{1}{2} - \frac{t_N - x - \phi(x-t_{N-1})}{2(t_N-t_{N-1})}. \tag{7.4.3}$$

接下来证明 $Q_I^*f$ 是密度函数 $f$ 的一个逼近格式. 为此, 推导其误差估计. 首先定义逐点均方误差

$$\mathrm{MSE}(f,x) := E[Q_I^*f(x) - f(x)]^2,$$

以及对应的最大均方误差

$$\mathrm{MMSE}(f) := \sup_{x\in[a,\ b]} E[Q_I^*f(x) - f(x)]^2. \tag{7.4.4}$$

进一步, 借助偏差-方差分解公式可得

$$\mathrm{MSE}(f,x) \leqslant 2[EQ_I^*f(x) - f(x)]^2 + 2E[Q_I^*f(x) - EQ_I^*f(x)]^2.$$

上面不等式右端第一项为偏差的平方和, 第二项为方差. 而且, 由于 $EQ_I^*f(x) = Q_If(x)$, 根据定理 4.3.1 可得

$$|EQ_I^*f(x) - f(x)|^2 = \mathcal{O}(h^4).$$

因此, 只需要推导逐点方差项 $E[Q_I^*f(x) - EQ_I^*f(x)]^2$ 的上界.

由于 $\lambda_j(f) = \displaystyle\int_{t_j}^{t_{j+1}} f(t)dt$ 为随机变量 $X$ 落在子区间 $[t_j,\ t_{j+1})$ 内的概率, 而 $n_j/n$ 为样本落在子区间 $[t_j,\ t_{j+1})$ 内的频率, 因此有 $E(n_j/n) = \lambda_j(f)$. 进一步, 由于随机向量 $(n_0/n,\cdots,n_{N-1}/n)$ 服从多项式分布, 有方差公式

$$E(n_j/n - \lambda_j(f))^2 = \frac{1}{n}\lambda_j(f)(1-\lambda_j(f)), \quad j = 0,1,\cdots,N-1.$$

进而借助期望算子 $E$ 的线性性质, 把 $E(n_j/n) = \lambda_j(f)$ 代入到公式 (7.4.2) 可得 $EQ_I^*f(x) = Q_If(x)$. 从而有方差估计:

**引理 7.4.1** 令 $\{\psi_j\}_{j=0}^N$ 如公式 (7.4.3) 所定义, $Q_If = EQ_I^*f$, $h$ 为点 $\{t_j\}_{j=0}^N$ 的密度, $n$ 为样本量. 假设点集 $\{t_j\}_{j=0}^N$ 拟均匀地分布在区间 $[a,b]$ 上, 即存在正常数 $C_1, C_2$ 使得 $C_1h \leqslant t_{j+1} - t_j \leqslant C_2h$. 则对于任意的 $x \in [a,\ b]$, 方差估计

$$E[Q_I^*f(x) - Q_If(x)]^2 = \mathcal{O}\left(\frac{1}{nh}\right) \tag{7.4.5}$$

对任意的密度函数 $f \in \mathcal{C}^2([a,\ b])$ 恒成立.

**证明**　固定 $x \in [a,\ b]$. 由于

$$
\begin{aligned}
& E[Q_I^* f(x) - Q_I f(x)]^2 \\
\leqslant\, & 6\left[\left(\frac{t_2+t_1-2t_0}{(t_2-t_0)(t_1-t_0)}\right)^2 E\left(\frac{n_0}{n}-\lambda_0(f)\right)^2\right. \\
& \left.+\left(\frac{t_0-t_1}{(t_2-t_0)(t_2-t_1)}\right)^2 E\left(\frac{n_1}{n}-\lambda_1(f)\right)^2\right]\psi_0^2(x) \\
& +3E\left[\sum_{j=1}^{N-1}\left(\frac{t_j-t_{j-1}}{(t_{j+1}-t_j)(t_{j+1}-t_{j-1})}\left(\frac{n_j}{n}-\lambda_j(f)\right)\right.\right. \\
& \left.\left.+\frac{t_{j+1}-t_j}{(t_j-t_{j-1})(t_{j+1}-t_{j-1})}\left(\frac{n_{j-1}}{n}-\lambda_{j-1}(f)\right)\right)\psi_j(x)\right]^2 \\
& +6\frac{(2t_N-t_{N-1}-t_{N-2})^2}{(t_N-t_{N-1})^2(t_N-t_{N-2})^2}E\left(\frac{n_{N-1}}{n}-\lambda_{N-1}(f)\right)^2\psi_N^2(x) \\
& +6\frac{(t_{N-1}-t_N)^2}{(t_{N-1}-t_{N-2})^2(t_N-t_{N-2})^2}E\left(\frac{n_{N-2}}{n}-\lambda_{N-2}(f)\right)^2\psi_N^2(x).
\end{aligned}
$$

而且, 由于

$$
E\left(\frac{n_j}{n}-\lambda_j(f)\right)^2=\frac{1}{n}\lambda_j(f)(1-\lambda_j(f)),
$$

$$
0<\psi_j<1,\quad \sum_{j=0}^{N}\psi_j=1,
$$

利用詹森不等式可得

$$
\begin{aligned}
& E\left[\sum_{j=1}^{N-1}\left(\frac{t_j-t_{j-1}}{(t_{j+1}-t_j)(t_{j+1}-t_{j-1})}\left(\frac{n_j}{n}-\lambda_j(f)\right)\right.\right. \\
& \left.\left.+\frac{t_{j+1}-t_j}{(t_j-t_{j-1})(t_{j+1}-t_{j-1})}\left(\frac{n_{j-1}}{n}-\lambda_{j-1}(f)\right)\right)\psi_j(x)\right]^2 \\
\leqslant\, & \frac{2}{n}\sum_{j=1}^{N-1}\left[\frac{1}{t_j-t_{j-1}}\frac{\lambda_{j-1}(f)}{t_j-t_{j-1}}+\frac{1}{t_{j+1}-t_j}\frac{\lambda_j(f)}{t_{j+1}-t_j}\right]\psi_j(x).
\end{aligned}
$$

进一步, 由于 $\lambda_{j-1}(f)$ 是被逼近函数 $f$ 在子区间 $[t_{j-1}, t_j]$ 上的定积分, 利用定积分的矩形公式有

$$\frac{\lambda_{j-1}(f)}{t_j - t_{j-1}} = f(t_{j-1}) + \mathcal{O}(h).$$

注意到

$$C_1 h \leqslant t_j - t_{j-1} \leqslant C_2 h, \quad j = 1, 2, \cdots, N,$$

从而有

$$\begin{aligned}
&\frac{1}{n}\sum_{j=1}^{N-1}\left[\frac{1}{t_j - t_{j-1}}\frac{\lambda_{j-1}(f)}{t_j - t_{j-1}} + \frac{1}{t_{j+1} - t_j}\frac{\lambda_j(f)}{t_{j+1} - t_j}\right]\psi_j(x)\\
\leqslant{}& \frac{1}{nC_1 h}\sum_{j=1}^{N}(f(t_{j-1}) + f(t_j))\psi_j(x) + \mathcal{O}(1/n)\\
\leqslant{}& \mathcal{O}\left(\frac{1}{nh}\right).
\end{aligned}$$

另外, 由于四个边界项均被 $\mathcal{O}\left(\frac{1}{nh}\right)$ 所控制, 因而有等式 (7.4.5). □

最后, 基于以上讨论可得如下定理.

**定理 7.4.1** 令 $Q_I^* f$ 如公式 (7.4.1) 所定义, MMSE$(f)$ 为公式 (7.4.4) 所定义的最大均方误差, $h$ 为拟均匀点 $\{t_j\}_{j=0}^N$ 的密度, $n$ 为样本量. 则对于任何密度函数 $f \in \mathcal{C}^2([a,\ b])$, 可得

$$\mathrm{MMSE}(f) = \mathcal{O}(h^4) + \mathcal{O}(n^{-1}h^{-1}). \tag{7.4.6}$$

特别地, 我们还可以通过选择一个最佳区间长度 $h = \mathcal{O}(n^{-1/5})$ 使得核密度估计 $Q_I^* f$ 的最大均方误差估计为

$$\mathrm{MMSE}(f) = \mathcal{O}(n^{-4/5}). \tag{7.4.7}$$

**注释 7.4.1** 定理 4.3.1 表明 $Q_I^* f$ 的偏差随着 $h$ 的变小而减小, 而引理 7.4.1 则表明 $Q_I^* f$ 的方差随着 $h$ 的变小而增大. 为权衡方差和偏差之间的关系, 通过使得最大均方误差最小, 可得到一个最佳的伸缩参数 $h$, 为 $h = \mathcal{O}(n^{-1/5})$.

综上, 利用 MQ 拟插值, 我们构造了一种非参数核密度估计格式. 这个格式不仅可解决经典非参数核密度估计的边界问题, 而且还进一步拓宽了拟插值的理论研究和应用领域. 下面把这个一元格式推广到多元情形.

借助张量积思想, 把 $Q_I^*f$ 推广到 $d$ 维立方体 $\mathbb{I}^d$ 上:

$$Q_{d,I}^*f(x)=\sum_{j=\mathbf{0}}^{N}\alpha_j(f)\Psi_j(x),\quad x=(x_1,x_2,\cdots,x_d)\in\mathbb{I}^d. \tag{7.4.8}$$

这里张量积核函数

$$\psi_j(x)=\prod_{i=1}^{d}\psi_{j_i}(x_i),\quad j=(j_1,j_2,\cdots,j_d),\quad x=(x_1,x_2,\cdots,x_d)\in\mathbb{I}^d,$$

系数 $\{\alpha_j(f)\}$ 为待确定的变量.

为确定系数 $\{\alpha_j(f)\}$, 首先借助一元的思想, 令

$$\begin{aligned}\alpha_j(f)=&\beta_j\frac{n_{j-\mathbf{1}}}{n\prod_{i=1}^{d}(t_{i,j_i}-t_{i,j_i-1})}\\&+\sum_{i=1}^{d}\beta_{j_1,j_2,\cdots,j_{i-1},j_i+1,j_{i+1},\cdots,j_d}\frac{n_{j-\mathbf{1}}+n_{j_1-1,j_2-1,\cdots,j_{i-1}-1,j_i,j_{i+1}-1,\cdots,j_d-1}}{n\prod_{l=1,l\neq i}^{d}(t_{l,j_l}-t_{l,j_l-1})(t_{i,j_i+1}-t_{i,j_i-1})}\end{aligned} \tag{7.4.9}$$

对于 $1\leqslant j_i\leqslant N_i-1$, $i=1,2,\cdots,d$, 以及

$$\begin{aligned}\alpha_j(f)=&\gamma_j\frac{n_j}{n\prod_{i=1}^{d}(t_{i,j_i+1}-t_{i,j_i})}\\&+\sum_{i=1}^{d}\gamma_{j_1,j_2,\cdots,j_{i-1},j_i+1,j_{i+1},\cdots,j_d}\frac{n_j+n_{j_1,j_2,\cdots,j_{i-1},j_i+1,j_{i+1},\cdots,j_d}}{n\prod_{l=1,l\neq i}^{d}(t_{l,j_l+1}-t_{l,j_l})(t_{i,j_i+2}-t_{i,j_i})}\end{aligned} \tag{7.4.10}$$

对于 $j_i\in\{0,N_i\}$, $i=1,2,\cdots,d$. 注意, 为了在区域边界附近得到对称的小区间, 我们令 $N_i+1:=N_i-1$, $N_i+2:=N_i-2$, $i=1,2,\cdots,d$. 然后通过方程组 $E\alpha_j(f)=f(t_j)+\mathcal{O}(|h|^2)$ 求出权重 $\{\beta_{j_1,j_2,\cdots,j_{i-1},j_i+1,j_{i+1},\cdots,j_d}\}$, 以及 $\{\gamma_{j_1,j_2,\cdots,j_{i-1},j_i+1,j_{i+1},\cdots,j_d}\}$. 这里 $h=(h_1,h_2,\cdots,h_d)$, $|h|^2=\sum_{i=1}^{d}h_i^2$, $h_i=\max\{t_{i,j_i+1}-t_{i,j_i}\}_{j_i=0}^{N_i-1}$. 进一步, 有如下的两个 $d\times d$ 的线性方程组:

$$\left(\begin{array}{ccc}1&1&1\\t_{1,j_1-1}-t_{1,j_1}&t_{1,j_1+1}+t_{1,j_1-1}-2t_{1,j_1}&t_{1,j_1-1}-t_{1,j_1}\\t_{2,j_2-1}-t_{2,j_2}&t_{2,j_2-1}-t_{2,j_2}&t_{2,j_2+1}+t_{2,j_2-1}-2t_{2,j_2}\\\vdots&\vdots&\vdots\\t_{d,j_d-1}-t_{d,j_d}&t_{d,j_d-1}-t_{d,j_d}&t_{d,j_d-1}-t_{d,j_d}\end{array}\right.$$

$$\begin{matrix} \cdots & 1 \\ \cdots & t_{1,j_1-1}-t_{1,j_1} \\ \cdots & t_{2,j_2-1}-t_{2,j_2} \\ & \vdots \\ \cdots & t_{d,j_d+1}+t_{d,j_d-1}-2t_{d,j_d} \end{pmatrix}$$

$$\times \begin{pmatrix} \beta_{j_1,j_2,\cdots,j_d} \\ \beta_{j_1+1,j_2,\cdots,j_d} \\ \beta_{j_1,j_2+1,\cdots,j_d} \\ \vdots \\ \beta_{j_1,j_2,\cdots,j_d+1} \end{pmatrix} = \begin{pmatrix} 1 \\ 0 \\ 0 \\ \vdots \\ 0 \end{pmatrix}, \quad 1 \leqslant j_i \leqslant N_i-1,\ i=1,2,\cdots,d \tag{7.4.11}$$

和

$$\begin{pmatrix} 1 & 1 & 1 & \cdots & 1 \\ t_{1,j_1+1}-t_{1,j_1} & t_{1,j_1+2}-t_{1,j_1} & t_{1,j_1+1}-t_{1,j_1} & \cdots & t_{1,j_1+1}-t_{1,j_1} \\ t_{2,j_2+1}-t_{2,j_2} & t_{2,j_2+1}-t_{2,j_2} & t_{2,j_2+2}-t_{2,j_2} & \cdots & t_{2,j_2+1}-t_{2,j_2} \\ \vdots & \vdots & \vdots & & \vdots \\ t_{d,j_d+1}-t_{d,j_d} & t_{d,j_d+1}-t_{d,j_d} & t_{d,j_d+1}-t_{d,j_d} & \cdots & t_{d,j_d+2}-t_{d,j_d} \end{pmatrix}$$

$$\begin{pmatrix} \gamma_{j_1,j_2,\cdots,j_d} \\ \gamma_{j_1+1,j_2,\cdots,j_d} \\ \gamma_{j_1,j_2+1,\cdots,j_d} \\ \vdots \\ \gamma_{j_1,j_2,\cdots,j_d+1} \end{pmatrix} = \begin{pmatrix} 1 \\ 0 \\ \vdots \\ \vdots \\ 0 \end{pmatrix}, \quad j_i \in \{0, N_i\},\ i=1,2,\cdots,d. \tag{7.4.12}$$

特别地, 当 $d=2$ 时, 公式 (7.4.8) 变为

$$Q_{2,I}^* f(x) = \sum_{j_1=0}^{N_1} \sum_{j_2=0}^{N_2} \alpha_{j_1,j_2}(f)\psi_{j_2}(x_2)\psi_{j_1}(x_1), \quad x=(x_1,x_2) \in \mathbb{I}^2, \tag{7.4.13}$$

其中系数 $\{\alpha_{j_1,j_2}(f)\}$ 为

$$\begin{aligned} \alpha_{j_1,j_2}(f) = & \beta_{j_1,j_2} \frac{n_{j_1-1,j_2-1}}{n(t_{1,j_1}-t_{1,j_1-1})(t_{2,j_2}-t_{2,j_2-1})} \\ & + \beta_{j_1+1,j_2} \frac{n_{j_1-1,j_2-1}+n_{j_1,j_2-1}}{n(t_{1,j_1+1}-t_{1,j_1-1})(t_{2,j_2}-t_{2,j_2-1})} \end{aligned}$$

$$+\beta_{j_1,j_2+1}\frac{n_{j_1-1,j_2-1}+n_{j_1-1,j_2}}{n(t_{2,j_2+1}-t_{2,j_2-1})(t_{1,j_1}-t_{1,j_1-1})},\tag{7.4.14}$$

当 $1\leqslant j_1\leqslant N_1-1$, $1\leqslant j_2\leqslant N_2-1$ 时, 以及

$$\begin{aligned}\alpha_{j_1,j_2}(f)=&\gamma_{j_1,j_2}\frac{n_{j_1,j_2}}{n(t_{1,j_1+1}-t_{1,j_1})(t_{2,j_2+1}-t_{2,j_2})}\\&+\gamma_{j_1+1,j_2}\frac{n_{j_1,j_2}+n_{j_1+1,j_2}}{n(t_{1,j_1+2}-t_{1,j_1})(t_{2,j_2+1}-t_{2,j_2})}\\&+\gamma_{j_1,j_2+1}\frac{n_{j_1,j_2}+n_{j_1,j_2+1}}{n(t_{1,j_1+1}-t_{1,j_1})(t_{2,j_2+2}-t_{2,j_2})},\end{aligned}\tag{7.4.15}$$

当 $j_1\in\{0,N_1\}$, $j_2\in\{0,N_2\}$ 时. 而且, 我们可以通过求解方程组 (7.4.11)-(7.4.12) 得到

$$\begin{aligned}&\beta_{j_1,j_2}=\frac{(t_{2,j_2+1}-t_{2,j_2})(t_{1,j_1+1}+t_{1,j_1-1}-2t_{1,j_1})-(t_{1,j_1+1}-t_{1,j_1})(t_{2,j_2}-t_{2,j_2-1})}{(t_{1,j_1+1}-t_{1,j_1})(t_{2,j_2+1}-t_{2,j_2})},\\&\beta_{j_1+1,j_2}=\frac{t_{1,j_1}-t_{1,j_1-1}}{t_{1,j_1+1}-t_{1,j_1}},\quad\beta_{j_1,j_2+1}=\frac{t_{2,j_2}-t_{2,j_2-1}}{t_{2,j_2+1}-t_{2,j_2}},\\&\gamma_{j_1,j_2}=\frac{t_{1,j_1+2}(t_{2,j_2+2}-t_{2,j_2})-t_{1,j_1+1}(t_{2,j_2+1}-t_{2,j_2})+t_{1,j_1}(t_{2,j_2+1}-t_{2,j_2+2})}{(t_{1,j_1+1}-t_{1,j_1+2})(t_{2,j_2+1}-t_{2,j_2+2})},\\&\gamma_{j_1+1,j_2}=\frac{t_{1,j_1+1}-t_{1,j_1}}{t_{1,j_1+1}-t_{1,j_1+2}},\quad\gamma_{j_1,j_2+1}=\frac{t_{2,j_2+1}-t_{2,j_2}}{t_{2,j_2+1}-t_{2,j_2+2}}.\end{aligned}\tag{7.4.16}$$

进一步, 可得如下结论.

**引理 7.4.2**　令 $\{\psi_{j_i}\}_{j_i=0}^{N_i}$ 如公式 (7.4.3) 所定义, 记 $h_i=\max\{t_{i,j_i+1}-t_{i,j_i}\}_{j_i=0}^{N_i-1}$, 以及 $|h|^2=\sum\limits_{i=1}^{d}h_i^2$. 令 $Q_{d,I}f=EQ_{d,I}^*f$, 其中 $Q_{d,I}^*f$ 如公式 (7.4.8) 所定义. 则可以选择一个最佳形状参数 $\{c_i=\mathcal{O}(h_i)\}_{i=1}^{d}$, 使得 $Q_{d,I}f$ 对 $f$ 的逼近误差估计

$$\|f-Q_{d,I}f\|_\infty^2=\mathcal{O}(|h|^4)$$

对任何定义在单位立方体 $\mathbb{I}^d$ 上的二次连续可微的密度函数 $f$ 均成立.

**证明**　借鉴引理 4.3.1 的证明思想, 首先把误差 $\|f-Q_{d,I}f\|_\infty^2$ 分解成两部分:

$$\|f-Q_{d,I}f\|_\infty^2\leqslant2[\|f-L_{d,D}f\|_\infty^2+\|L_{d,D}f-Q_{d,I}f\|_\infty^2].$$

而且, 由 $L_D$ 算子的误差估计知: 当取 $c_i=\mathcal{O}(h_i)$, $i=1,2,\cdots,d$ 时,

$$\|f-L_{d,D}f\|_\infty^2=\mathcal{O}(|h|^4).$$

另外, 根据等式

$$\mathbb{E}\alpha_j(f) = f(t_j) + \mathcal{O}(|h|^2), \quad j = 0, \cdots, N,$$

可以得到

$$\|L_{d,D}f - Q_{d,I}f\|_\infty^2 = \mathcal{O}(|h|^4).$$

故引理成立. □

**引理 7.4.3** 假设点 $\{t_j\}_{j=0}^N$ 在每一个坐标方向上服从拟均匀分布, 即 $C_{i,1}h_i \leqslant t_{i,j_i+1} - t_{i,j_i} \leqslant C_{i,2}h_i$, 对于一些正常数 $C_{i,1}, C_{i,2}$, $i = 1, 2, \cdots, d$. 令 $n$ 为随机样本量, $h = \min\{h_i\}_{i=1}^d$. 则等式

$$E[Q_{d,I}^* f(x) - Q_{d,I}f(x)]^2 = \mathcal{O}\left(\frac{1}{nh^d}\right) \tag{7.4.17}$$

对任何定义在单位立方体 $\mathbb{I}^d$ 上的二次连续可微的密度函数 $f$ 均成立.

**证明** 令

$$\lambda_{j_1,j_2,\cdots,j_d}(f) := E\frac{n_{j_1,j_2,\cdots,j_d}}{n}.$$

则有

$$E\left(\frac{n_{j_1,j_2,\cdots,j_d}}{n} - \lambda_{j_1,j_2,\cdots,j_d}(f)\right)^2 = \frac{1}{n}\lambda_{j_1,j_2,\cdots,j_d}(f)(1 - \lambda_{j_1,j_2,\cdots,j_d}(f)).$$

而且, 利用詹森不等式可得

$$\begin{aligned}
&E[Q_{d,I}^* f(x) - Q_{d,I}f(x)]^2 \\
&\leqslant C\sum_{j_1=0}^{N_1}\cdots\sum_{j_d=0}^{N_d}\prod_{i=1}^{d}[t_{i,j_i},\ t_{i,j_i+1}]^{-2}E\left(\frac{n_{j_1,j_2,\cdots,j_d}}{n} - \lambda_{j_1,j_2,\cdots,j_d}(f)\right)^2 \\
&\quad \cdot \psi_{j_d}(x_d)\cdots\psi_{j_1}(x_1),
\end{aligned}$$

其中 $C$ 为一个正常数. 从而有

$$\begin{aligned}
&E[Q_{d,I}^* f(x) - Q_{d,I}f(x)]^2 \\
&\leqslant C\sum_{j_1=0}^{N_1}\cdots\sum_{j_d=0}^{N_d}\prod_{i=1}^{d}[t_{i,j_i},\ t_{i,j_i+1}]^{-2}\frac{\lambda_{j_1,j_2,\cdots,j_d}(f)(1 - \lambda_{j_1,j_2,\cdots,j_d}(f))}{n} \\
&\quad \cdot \psi_{j_d}(x_d)\cdots\psi_{j_1}(x_1) \\
&\leqslant \frac{C}{n}\sum_{j_1=0}^{N_1}\cdots\sum_{j_d=0}^{N_d}\prod_{i=1}^{d}[t_{i,j_i},\ t_{i,j_i+1}]^{-1}\frac{\lambda_{j_1,j_2,\cdots,j_d}(f)}{\prod_{i=1}^{d}[t_{i,j_i},\ t_{i,j_i+1}]}\psi_{j_d}(x_d)\cdots\psi_{j_1}(x_1)
\end{aligned}$$

$$
\begin{aligned}
&\leqslant \frac{C}{n}\prod_{i=1}^{d} h_i^{-1}\sum_{j_1=0}^{N_1}\cdots\sum_{j_d=0}^{N_d}\left(f(t_{j_1},t_{j_2},\cdots,t_{j_d})+\mathcal{O}\left(\prod_{i=1}^{d}h_i\right)\right)\psi_{j_d}(x_d)\cdots\psi_{j_1}(x_1)\\
&\leqslant \frac{C}{nh^d}\|L_{d,D}f\|_\infty\\
&\leqslant \mathcal{O}\left(\frac{1}{nh^d}\right).
\end{aligned}
$$

故引理成立. □

最后, 利用以上两个引理可得:

**定理 7.4.2**　令 $Q^*_{d,I}f$ 如公式 (7.4.8) 所定义, 记 $\mathrm{MSE}_d(f,x)=E[Q^*_{d,I}f(x)-EQ^*_{d,I}f(x)]^2$. 则误差估计

$$
\sup_{x\in\mathbb{I}^d}\mathrm{MSE}_d(f,x)=\mathcal{O}(h^4)+\mathcal{O}(n^{-1}h^{-d}) \tag{7.4.18}
$$

对任何定义在单位立方体 $\mathbb{I}^d$ 上的二次连续可微的密度函数 $f$ 均成立. 特别地, 可以通过选择 $h=\mathcal{O}(n^{-1/(4+d)})$, 使得上面的误差估计变为

$$
\mathrm{MMSE}(f)=\mathcal{O}(n^{-4/(d+4)}). \tag{7.4.19}
$$

**注释 7.4.2**　从定理 7.4.2 可知我们的核密度估计格式 $Q^*_{d,I}f$ 与经典非参核密度估计方法具有相同的最佳收敛阶 $\mathcal{O}(n^{-4/(d+4)})$ 以及相同的最佳形状参数 (带宽) 的选择标准 $h=\mathcal{O}(n^{-1/(d+4)})$. 然而, 由最佳的区域剖分个数 $N=\mathcal{O}(n^{d/(d+4)})$ 和公式 (7.4.8), 我们的格式只需要计算 $\mathcal{O}(n^{d/(d+4)})$ 级别的加法运算. 而且, 我们的格式还可以动态地调整形状参数进而避免经典非参数核密度估计的过拟合或欠拟合现象.

**注释 7.4.3**　不失一般性, 我们以常用的 MQ 拟插值为例阐述如构造多元有界区域上的非参数核密度估计格式. 然而, 这种构造思想对其他类型的拟插值也适用, 如样条拟插值、伯恩斯坦拟插值、MQ 三角拟插值等. 而且, 利用张量积思想构造多元格式更适合处理各向异性的问题, 甚至可以推广到稀疏网格情形, 从而可以在一定程度上有效地削弱非参数方法处理高维问题所面临的维数灾难.

下面列举两个例子用于验证本节方法的有效性.

首先, 考虑逼近非光滑密度函数

$$
f(x)=\frac{1}{2}N\left(\frac{1}{2},\frac{1}{6}\right)+\sum_{l=-2}^{2}\frac{2^{1-l}}{31}N\left(\frac{2(l+3)+1}{12},2^{-l}/60\right),\quad x\in[0,1],
$$

这里 $N(\mu,\sigma)$ 表示均值为 $\mu$, 方差为 $\sigma$ 的正态分布. 这个函数有五个不同幅度的波峰和波谷, 使得逼近更加困难. 另外, 为展现我们的方法能够有效地处理边界问

题, 我们和经典的 Beta 核估计进行比较.

$$B_2 f(x) = n^{-1} \sum_{j=1}^{n} \Psi_{x,H}^{*}(X_j),$$

这里

$$\Psi_{x,H}^{*}(t) = \begin{cases} \Psi_{x,H}(t), & x = [2H, 1-2H], \\ \Psi_{\ell(x),H}(t), & x = [0, 2H), \\ \Psi_{x,\ell(1-x)}(t), & x = (1-2H, 1], \end{cases}$$

以及

$$\Psi_{x,H}(t) = \frac{t^{\frac{x}{H}}(1-t)^{\frac{1-x}{H}}}{\mathrm{B}\left(\dfrac{x}{H}+1, \dfrac{1-x}{H}+1\right)},$$

$$\ell(x) = 2H^2 + 2.5 - \sqrt{4H^4 + 6H^2 + 2.25 - x^2 - x/H}.$$

Beta 核估计由 Chen [35] 首次应用于处理核密度估计边界问题. 由于 Beta 核自身的形状随着位置而变动, 这种方法不仅能够有效地处理边界问题, 而且还可以通过动态地调整带宽来改进逼近效果.

图 7.15(a) 展示了非光滑密度函数及其两种逼近算法在 200 次模拟和 $n = 12400$ 个样本量下的逼近效果. 图中实线代表真实的密度函数图像, 虚线代表 $Q_I^* f$ 的图像, 点虚线代表 $B_2 f$ 的图像. 这里, 根据定理 7.4.1, 选取 $Q_I^* f$ 中的参数 $N = 100$, $h = N^{-1}$, $c = 0.1h$, 根据 [35], 选取 $B_2 f$ 中的带宽 $H = 0.34n^{-2/5}$. 图 7.15(b) 展示了两种方法对应的先验误差和后验误差. 这里 $n \in \{24800,\ 31000,\ 37200,\ 49600,\ 74400\}$, $N \in \{150,\ 160,\ 170,\ 180,\ 200\}$, $Q_I^* f$ 中的 $h = N^{-1}$, $c = 0.1h$, $B_2 f$ 中的 $H = 0.34n^{-2/5}$. 另外, 对于每个 $n$, 对应的 MMSE 取 $[0,1]$ 区间中 500 个等距测试点上的均方误差的最大值. 图中的实线代表先验逼近阶, 虚线代表 $Q_I^* f$ 的后验误差阶, 点线代表 $B_2 f$ 的后验误差阶. 对数值模拟数据利用最小二乘法可得 $Q_I^* f$ 的后验误差阶为0.8113, $B_2 f$ 的后验误差阶为 0.8083. 这些都高于先验误差阶 4/5.

最后, 用 $Q_{2,I}^* f$ (公式 (7.4.13)—(7.4.16)) 重构密度函数

$$f(x_1, x_2) = (\tanh(6x_1x_2 + x_1/2) + (x_1 + x_2)/3 + 2)/8, \quad (x_1, x_2) \in [-1, 1]^2.$$

图 7.16 是对应的数值结果. 图 7.16(a) 中的虚线代表目标函数的等高线, 实线代表 $Q_{2,I}^* f$ 在 200 次模拟下的等高线. 这里, 我们取 $n = 3000000$, $N = 40^2$, $h = N^{-1/2}$, $c = 0.24h$. 可以看出我们的方法即使在边界和波峰波谷地方都

模拟得很好. 图 7.16(b) 展示了我们方法的先验和后验误差估计. 这里取 $n \in \{10, 15, 20, 25, 30\} \times 10^5$, $N \in \{33^2, 35^2, 36^2, 38^2, 40^2\}$, $h = N^{-1/2}$, $c = 0.24h$. 而且, 对于每个 $n$, 对应的 MMSE 取 $[-1,1]^2$ 中 40000 等距预测点上的均方误差的最大值. 对数值模拟数据利用最小二乘法算出对应的后验误差阶为 0.6748, 高于先验误差阶 2/3.

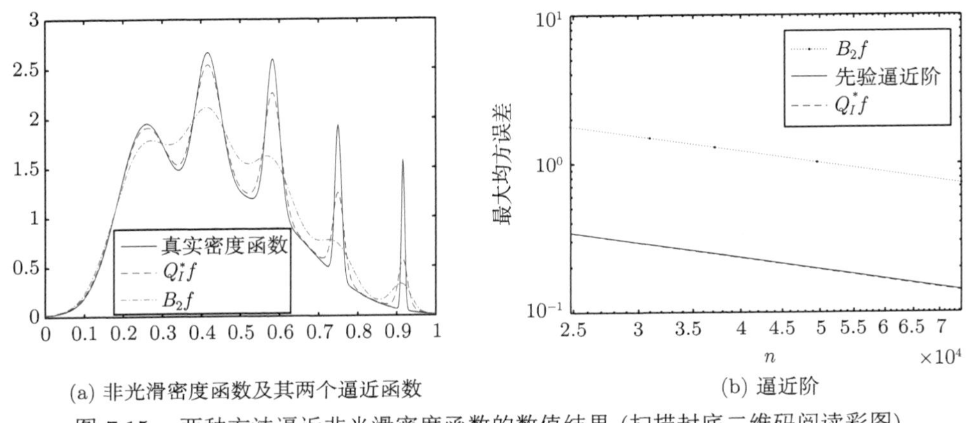


(a) 非光滑密度函数及其两个逼近函数　　(b) 逼近阶

图 7.15 两种方法逼近非光滑密度函数的数值结果 (扫描封底二维码阅读彩图)

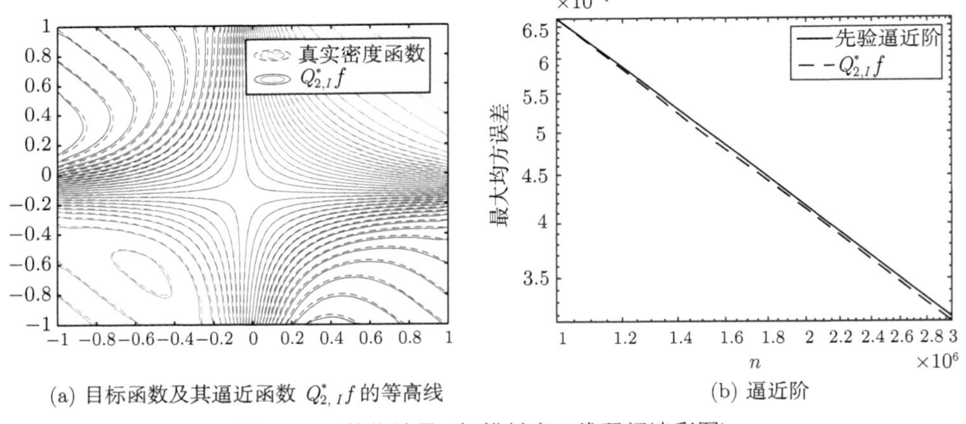


(a) 目标函数及其逼近函数 $Q_{2,I}^* f$ 的等高线　　(b) 逼近阶

图 7.16 数值结果 (扫描封底二维码阅读彩图)

**注释 7.4.4** 以上两个数值模拟展现出我们的方法可以有效地逼近有界区域的密度函数, 克服了经典非参数核密度估计的边界问题. 更重要地, 我们的方法还可以动态地调整形状参数和带宽, 从而可以较灵活地模拟一些具有波峰波谷的震荡函数.

# 参考文献

[1] Abel U, Ivan M. Over-iterates of Bernstein's operators: A short and elementary proof. The American Mathematical Monthly, 2009, 116(6): 535-538.

[2] Adams R, Fournier J. Sobolev Spaces. Vancouver: Academic Press, 2003, 140(77): 713-734.

[3] Agrawal P. Simultaneous approximation by Micchelli combination of Bernstein polynomials. Demonstratio Mathematica, 1992, 25(3): 513-524.

[4] Amodei L, Benbourhim M. A vector spline approximation. Journal of Approximation Theory, 1991, 67(1): 51-79.

[5] Amodei L, Benbourhim M. A vector spline quasi-interpolation//Laurent P J, Le Mehaute A, Schumaker L L, eds. Curves and Surfaces Ⅱ, 1994: 1-9.

[6] Atteia M. Quasi-interpolants and (quasi-) wavelets P(D) manifold. An International Conference on Curves and Surfaces on Wavelets, Images, and Surface Fitting, 1994, 29-36.

[7] Babuška I, Nobile F, Tempone R. A stochastic collocation method for elliptic partial differential equations with random input data. SIAM Journal on Numerical Analysis, 2007, 45(3): 1005-1034.

[8] Backus G, Gilbert F. The resolving power of gross earth data. Geophysical Journal International, 1968, 16(2): 169-205.

[9] Beatson R, Dyn N. Multiquadric b-splines. Journal of Approximation Theory, 1996, 87(1): 1-24.

[10] Beatson R, Light W. Quasi-interpolation in the absence of polynomial reproduction//Numerical Methods in Approximation Theory, volume 9. Basel: Springer, 1992: 21-39.

[11] Beatson R, Light W. Quasi-interpolation by thin-plate splines on a square. Constructive Approximation, 1993, 9(4): 407-433.

[12] Beatson R, Powell M. Univariate multiquadric approximation: Quasi-interpolation to scattered data. Constructive approximation, 1992, 8(3): 275-288.

[13] Belkin M, Rakhlin A, Tsybakov A. Does data interpolation contradict statistical optimality? arXiv preprint arXiv:1806.09471, 2018.

[14] Bickel P, Li B. Regularization in statistics. Test, 2006, 15(2): 271-303.

[15] Bos L, Salkauskas K. Moving least-squares are backus-gilbert optimal. Journal of Approximation Theory, 1989, 59(3): 267-275.

[16] Briol F, Oates C, Girolami M, Osborne M, Dino S. Probabilistic integration: A role in statistical computation? Statistical Science, 2019, 34(1): 1-22.

[17] Brown B, Chen S X. Beta-Bernstein smoothing for regression curves with compact support. Scandinavian Journal of Statistics, 1999, 26(1): 47-59.

[18] Buhmann M. Convergence of univariate quasi-interpolation using multiquadrics. IMA Journal of Numerical Analysis, 1988, 8(3): 365-383.

[19] Buhmann M. On quasi-interpolation with radial basis functions. Journal of Approximation Theory, 1993, 72(1): 103-130.

[20] Buhmann M. Radial basis functions. Acta Numerica, 2000, 9: 1-38.

[21] Buhmann M. Radial Basis Functions: Theory and Implementations, volume 12. Cambridge: Cambridge University Press, 2003.

[22] Buhmann M, Dai F. Pointwise approximation with quasi-interpolation by radial basis functions. Journal of Approximation Theory, 2015, 192: 156-192.

[23] Buhmann M, Dyn N, Levin D. On quasi-interpolation by radial basis functions with scattered centres. Constructive Approximation, 1995, 11(2): 239-254.

[24] Buhmann M, Jäger J. Quasi-interpolation, volume 37. Cambridge: Cambridge University Press, 2022.

[25] Buhmann M, Micchelli C. Multiquadric interpolation improved. Computers & Mathematics with Applications, 1992, 24(12): 21-25.

[26] Burden R, Faires J. Numerical Analysis. 7th ed. Boston: Prindle Weber and Schmidt, 2001.

[27] Burman P, Chen K. Nonparametric estimation of a regression function. The Annals of Statistics, 1989, 67: 1567-1596.

[28] Cano B. Conserved quantities of some Hamiltonian wave equations after full discretization. Numerische Mathematik, 2006, 103(2): 197-223.

[29] Carothers N. A short course on approximation theory. Bowling Green, OH: Bowling Green State University, 1998.

[30] Casella G, Berger R. Statistical Inference. Duxbury Advanced Series. Massachusetts: Duxbury Press, 2001.

[31] Caselles V, Catté F, Coll T, Dibos F. A geometric model for active contours in image processing. Numerische Mathematik, 1993, 66(1): 1-31.

[32] Caselles V, Kimmel R, Sapiro G. Geodesic active contours. International Journal of Computer Vision, 1997, 22(1): 61-79.

[33] Chen F, Suter D. Div-curl vector quasi-interpolation on a finite domain. Mathematical and Computer Modelling, 1999, 30(1-2): 179-204.

[34] Chen R H, Wu Z M. Applying multiquadric quasi-interpolation to solve Burgers' equation. Applied Mathematics and Computation, 2006, 172(1): 472-484.

[35] Chen S X. Beta kernel estimators for density functions. Computational Statistics & Data Analysis, 1999, 31(2): 131-145.

[36] Cheney E, Light W. A Course in Approximation Theory, volume 101. Rhode Island: American Mathematical Society, 2009.

[37] Cheney E, Light W, Xu Y. On kernels and approximation orders. Approximation Theory (Memphis, TN, 1991), volume 138. Lecture Notes in Pure and Applied Mathematics Boca Raton: CRC Press Inc.: 227-242.

[38] Cheng M M, Zhang F L, Mitra N, Huang X L, Hu S M. Repfinder: Finding approximately repeated scene elements for image editing. ACM Transactions on Graphics (TOG), 2010, 29(4): 1-8.

[39] Chui C, Diamond H. A characterization of multivariate quasi-interpolation formulas and its applications. Numerische Mathematik, 1990, 57(1): 105-121.

[40] Chui C, Lai M. A multivariate analog of Marsden's identity and a quasi-interpolation scheme. Constructive Approximation, 1987, 3(1): 111-122.

[41] Cialenco I, Fasshauer G, Ye Q. Approximation of stochastic partial differential equations by a kernel-based collocation method. International Journal of Computer Mathematics, 2012, 89(18): 2543-2561.

[42] Cohen A, Migliorati G. Optimal weighted least-squares methods. The SMAI Journal of Computational Mathematics, 2017, 3: 181-203.

[43] Costantini P, Manni C, Pelosi F, Sampoli M. Quasi-interpolation in isogeometric analysis based on generalized b-splines. Computer Aided Geometric Design, 2010, 27(8): 656-668.

[44] Cucker F, Smale S. On the mathematical foundations of learning. Bulletin of the American Mathematical Society, 2002, 39(1): 1-49.

[45] Davis P, Rabinowitz P. Methods of Numerical Integration. Massachusetts: Courier Corporation, 2007.

[46] Davydov O, Schaback R. Error bounds for kernel-based numerical differentiation. Numerische Mathematik, 2016, 132(2): 243-269.

[47] de Boor C. A Practical Guide to Splines, volume 27. New York: Springer-Verlag, 1978.

[48] de Boor C, Fix G. Spline approximation by quasi-interpolants. Journal of Approximation Theory, 1973, 8(1): 19-45.

[49] Dick J, Kuo F, Sloan I. High-dimensional integration: The quasi-monte carlo way. Acta Numerica, 2013, 22: 133-288.

[50] Dodu F, Rabut C. Irrotational or divergence-free interpolation. Numerische Mathematik, 2004, 98(3): 477-498.

[51] Dyn N, Jackson I, Levin D, Ron A. On multivariate approximation by integer translates of a basis function. Israel Journal of Mathematics, 1992, 78(1): 95-130.

[52] Dyn N, Ron A. Radial basis function approximation: From gridded centres to scattered centres. Proceedings of the London Mathematical Society, 1995, 3(1): 76-108.

[53] Evans L. Partial Differential Equations, volume 19. Providence: American Mathematical Soc., 2010.

[54] Evans M, Swartz T. Approximating integrals via Monte Carlo and deterministic methods, volume 20. Oxford: OUP Oxford, 2000.

[55] Farin G. Curves and Surfaces for CAGD (Fifth Edition) A Practical Guide. 2001.

[56] Fasshauer G. Toward approximate moving least squares approximation with irregularly spaced centers. Computer Methods in Applied Mechanics and Engineering, 2004, 193(12-14): 1231-1243.

[57] Fasshauer G. Meshfree Approximation Methods with MATLAB, volume 6. World Scientific, 2007.

[58] Fasshauer G, McCourt M. Kernel-based Approximation Methods Using MATLAB, volume 19. Singapore World Scientific Publishing Company, 2015.

[59] Fasshauer G, Zhang J. Iterated approximate moving least squares approximation// Advances in Meshfree Techniques, Dordrecht: Springer, 2007, 221-239.

[60] Feng K, Qin M Z. The symplectic methods for the computation of Hamiltonian equations//Numerical Methods for Partial Differential Equations. Berlin: Springer, 1987: 1-37.

[61] Fix G, Strang G. Fourier analysis of the finite element method in Ritz-Galerkin theory. Studies in Applied mathematics, 1969, 48(3): 265-273.

[62] Foucher F, Sablonnière P. Approximating partial derivatives of first and second order by quadratic spline quasi-interpolants on uniform meshes. Mathematics and Computers in Simulation, 2008, 77(2-3): 202-208.

[63] Franke R. A critical comparison of some methods for interpolation of scattered data. Naval Postgraduate School. Technology Report NPS-53-79-003, 1979.

[64] Franke R. Scattered data interpolation: Tests of some methods. Mathematics of Computation, 1982, 38(157): 181-200.

[65] Franke R, Hagen H, Nielson G. Least squares surface approximation to scattered data using multiquadratic functions. Advances in Computational Mathematics, 1994, 2(1): 81-99.

[66] Fuselier E. Sobolev-type approximation rates for divergence-free and curl-free RBF interpolants. Mathematics of Computation, 2008, 77(263): 1407-1423.

[67] Fuselier E, Wright G. A high-order kernel method for diffusion and reaction-diffusion equations on surfaces. Journal of Scientific Computing, 2013, 56(3): 535-565.

[68] Fuselier E, Wright G. Order-preserving derivative approximation with periodic radial basis functions. Advances in Computational Mathematics, 2015, 41(1): 23-53.

[69] Gao Q J, Wu Z M, Zhang S G. Applying multiquadric quasi-interpolation for boundary detection. Computers & Mathematics with Applications, 2011, 62(12): 4356-4361.

[70] Gao W W, Fasshauer G, Fisher N. Divergence-free quasi-interpolation. Applied and Computational Harmonic Analysis, 2022, 60: 471-488.

[71] Gao W W, Fasshauer G, Sun X P, Zhou X. Optimality and regularization properties of quasi-interpolation: Deterministic and stochastic approaches. SIAM Journal on Numerical Analysis, 2020, 58(4): 2059-2078.

[72] Gao W W, Sun X P, Wu Z M, Zhou X. Multivariate Monte Carlo approximation based on scattered data. SIAM Journal on Scientific Computing, 2020, 42(4): A2262–A2280.

[73] Gao W W, Wang J C, Zhang R. Quasi-interpolation for multivariate density estimation on bounded domain. Mathematics and Computers in Simulation, 2022, 203: 592-608.

[74] Gao W W, Wu Z M. Quasi-interpolation for linear functional data. Journal of Computational and Applied Mathematics, 2012, 236(13): 3256-3264.

[75] Gao W W, Wu Z M. A quasi-interpolation scheme for periodic data based on multiquadric trigonometric B-splines. Journal of Computational and Applied Mathematics, 2014, 271: 20-30.

[76] Gao W W, Wu Z M. Approximation orders and shape preserving properties of the multiquadric trigonometric B-spline quasi-interpolant. Computers & Mathematics with Applications, 2015, 69(7): 696-707.

[77] Gao W W, Wu Z M. Constructing radial kernels with higher-order generalized strang-fix conditions. Advances in Computational Mathematics, 2017, 43(6): 1355-1375.

[78] Gao W W, Zhang R. Multiquadric trigonometric spline quasi-interpolation for numerical differentiation of noisy data: A stochastic perspective. Numerical Algorithms, 2018, 77(1): 243-259.

[79] Gao W W, Zhang X, Zhou X. Multiquadric quasi-interpolation for integral functionals. Mathematics and Computers in Simulation, 2020, 177: 316-328.

[80] Gao W W, Zhou X. Multiscale radial kernels with high-order generalized strang-fix conditions. Numerical Algorithms, 2020, 85(2): 427-448.

[81] Gasser T, Müller H. Estimating regression functions and their derivatives by the kernel method. Scandinavian Journal of Statistics, 1984: 171-185.

[82] Girosi F, Jones M, Poggio T. Regularization theory and neural networks architectures. Neural Computation, 1995, 7(2): 219-269.

[83] Gonska H, Meier J. Quantitative theorems on approximation by Bernstein-Stancu operators. Calcolo, 1984, 21(4): 317-335.

[84] Gonska H, Zhou X L. Approximation theorems for the iterated Boolean sums of Bernstein operators. Journal of Computational and Applied Mathematics, 1994, 53(1): 21-31.

[85] Graham C, Talay D. Stochastic Simulation and Monte Carlo Methods: Mathematical Foundations of Stochastic Simulation, volume 68. Heidelberg: Springer Science & Business Media, 2013.

[86] Grohs P. Quasi-interpolation in Riemannian manifolds. IMA Journal of Numerical Analysis, 2013, 33(3): 849-874.

[87] Grohs P, Sprecher M, Yu T. Scattered manifold-valued data approximation. Numerische Mathematik, 2017, 135(3): 987-1010.

[88] Haier E, Lubich C, Wanner G. Geometric Numerical Integration: Structure-Preserving Algorithms for Ordinary Differential Equations. Berlin: Springer, 2006.

[89] Halton J. On the efficiency of certain quasi-random sequences of points in evaluating multi-dimensional integrals. Numerische Mathematik, 1960, 2(1): 84-90.

[90] Hardy R. Multiquadric equations of topography and other irregular surfaces. Journal of Geophysical Research, 1971, 76(8): 1905-1915.

[91] Hardy R. Theory and applications of the multiquadric-biharmonic method 20 years of discovery 1968–1988. Computers & Mathematics with Applications, 1990, 19(8-9): 163-208.

[92] Hennig P, Osborne M, Girolami M. Probabilistic numerics and uncertainty in computations. Proceedings of the Royal Society A: Mathematical, Physical and Engineering Sciences, 2015, 471(2179): 20150142.

[93] Huang J H. Local asymptotics for polynomial spline regression. The Annals of Statistics, 2003, 31(5): 1600-1635.

[94] Il'inskii A, Ostrovska S. Convergence of generalized Bernstein polynomials. Journal of Approximation Theory, 2002, 116(1): 100-112.

[95] Jerri A. The shannon sampling theorem—its various extensions and applications: A tutorial review. Proceedings of the IEEE, 1977, 65(11): 1565-1596.

[96] Jia R Q, Lei J J. A new version of the strang-fix conditions. Journal of Approximation Theory, 1993, 74(2): 221-225.

[97] Jones M, Henderson D. Miscellanea kernel-type density estimation on the unit interval. Biometrika, 2007, 94(4): 977-984.

[98] Karlin S, Ziegler Z. Iteration of positive approximation operators. Journal of Approximation Theory, 1970, 3(3): 310-339.

[99] Kelisky R, Rivlin T. Iterates of Bernstein polynomials. Pacific Journal of Mathematics, 1967, 21(3): 511-520.

[100] Kuo F, Schwab C, Sloan I. Quasi-Monte Carlo methods for high-dimensional integration: The standard (weighted Hilbert space) setting and beyond. The ANZIAM Journal, 2011, 53(1): 1-37.

[101] Lamperti J. Probability Benjamin. New York: W. A. Benjamin, Inc., 1966.

[102] Lancaster P, Salkauskas K. Surfaces generated by moving least squares methods. Mathematics of Computation, 1981, 37(155): 141-158.

[103] Lanzara F, Maz'ya V, Schmidt G. Approximate approximations from scattered data. Journal of Approximation Theory, 2007, 145(2): 141-170.

[104] Lei J J, Jia R Q, Cheney E. Approximation from shift-invariant spaces by integral operators. SIAM Journal on Mathematical Analysis, 1997, 28(2): 481-498.

[105] Light W. Some aspects of radial basis function approximation//Approximation Theory, Spline Functions and Applications. Nethertands: Springer, 1992, 163-190.

[106] Light W, Cheney E. Quasi-interpolation with translates of a function having non-compact support. Constructive Approximation, 1992, 8(1): 35-48.

[107] Ling L. A univariate quasi-multiquadric interpolation with better smoothness. Computers & Mathematics with Applications, 2004, 48(5-6): 897-912.

[108] Ling L. Finding numerical derivatives for unstructured and noisy data by multiscale kernels. SIAM Journal on Numerical Analysis, 2006, 44(4): 1780-1800.

[109] Liu H L, Xing Y L. An invariant preserving discontinuous Galerkin method for the Camassa-Holm equation. SIAM Journal on Scientific Computing, 2016, 38(4): A1919-A1934.

[110] Lorentz G. Bernstein Polynomials. 2nd ed. New York: AMS Chelsea Publishing, 1986.

[111] Lyche T, Manni C, Sablonniere P. Quasi-interpolation projectors for box splines. Journal of Computational and Applied Mathematics, 2008, 221(2): 416-429.

[112] Lyche T, Schumaker L, Stanley S. Quasi-interpolants based on trigonometric splines. Journal of Approximation Theory, 1998, 95(2): 280-309.

[113] Ma L M, Wu Z M. Approximation to the $k$-th derivatives by multiquadric quasi-interpolation method. Journal of Computational and Applied Mathematics, 2009, 231(2): 925-932.

[114] Ma L M, Wu Z M. Kernel based approximation in Sobolev spaces with radial basis functions. Applied Aathematics and Computation, 2009, 215(6): 2229-2237.

[115] Ma L M, Wu Z M. Stability of multiquadric quasi-interpolation to approximate high order derivatives. Science China Mathematics, 2010, 53(4): 985-992.

[116] Madych W, Nelson S. Bounds on multivariate polynomials and exponential error estimates for multiquadric interpolation. Journal of Approximation Theory, 1992, 70(1): 94-114.

[117] Marchal O, Arbel J. On the sub-Gaussianity of the Beta and Dirichlet distributions. Electronic Communications in Probability, 2017, 22, paper no.54: 1-14.

[118] Marks R. Introduction to Shannon Sampling and Interpolation Theory. Berlin: Springer Science & Business Media, 2012.

[119] Maz'ya V, Schmidt G. On approximate approximations using Gaussian kernels. IMA Journal of Numerical Analysis, 1996, 16(1): 13-29.

[120] Maz'ya V, Schmidt G. Construction of basis functions for high order approximate approximations. Mathematical Aspects of Boundary Element Methods, 1999, 414: 191.

[121] Maz'ya V, Schmidt G. On quasi-interpolation with non-uniformly distributed centers on domains and manifolds. Journal of Approximation Theory, 2001, 110(2): 125-145.

[122] Mhaskar H, Narcowich F, Ward J. Quasi-interpolation in shift invariant spaces. Journal of Mathematical Analysis and Applications, 2000, 251(1): 356-363.

[123] Micchelli C. The saturation class and iterates of the Bernstein polynomials. Journal of Approximation Theory, 1973, 8(1): 1-18.

[124] Micchelli C. Interpolation of scattered data: Distance matrices and conditionally positive definite functions//Approximation Theory and Spline Functions. Nethertands: Springer, 1984: 143-145.

[125] Mohring J, Milk R, Ngo A, Klein O, Iliev O, Ohlberger M, Bastian P. Uncertainty quantification for porous media flow using multilevel monte carlo//International Conference on Large-Scale Scientific Computing. Switzer Land: Springer, 2015: 145-152.

[126] Mühlbach G. A recurrence formula for generalized divided differences and some applications. Journal of Approximation Theory, 1973, 9(2): 165-172.

[127] Müller H, Stadtmüller U, Schmitt T. Bandwidth choice and confidence intervals for derivatives of noisy data. Biometrika, 1987, 74(4): 743-749.

[128] Narcowich F, Ward J, Wright G. Divergence-free RBFs on surfaces. Journal of Fourier Analysis and Applications, 2007, 13(6): 643-663.

[129] Natanson I. Constructive Theory of Functions, volume 1. Tennessee US Atomic Energy Commission, Office of Technical Information Extension, 1961.

[130] Niederreiter H. Quasi-Monte Carlo methods and pseudo-random numbers. Bulletin of the American Mathematical Society, 1978, 84(6): 957-1041.

[131] Novak E, Ritter K. High dimensional integration of smooth functions over cubes. Numerische Mathematik, 1996, 75(1): 79-97.

[132] Oliver M, West M, Wulff C. Approximate momentum conservation for spatial semidiscretizations of semilinear wave equations. Numerische Mathematik, 2004, 97(3): 493-535.

[133] Peña J. Shape preserving representations for trigonometric polynomial curves. Computer Aided Geometric Design, 1997, 14(1): 5-11.

[134] Powell M. Radial basis function for multivariable interpolation. IMA Conference on Algorithms for the Approximation of Functions and Data, 1985.

[135] Powell M. Radial basis functions for multivariable interpolation: A review. Algorithms for Approximation, 1987: 143-167.

[136] Prolla J. Approximation of Vector Valued Functions. North Holland: Elsevier, 2011.

[137] Qi F, Wei C F, Guo B N. Complete monotonicity of a function involving the ratio of Gamma functions and applications. Banach Journal of Mathematical Analysis, 2012, 6(1): 35-44.

[138] Rabut C. How to build quasi-interpolants: Application to polyharmonic bsplines// Curves and Surfaces. Cambridge: Elsevier, 1991, 391-402.

[139] Rabut C. Elementarym-harmonic cardinal b-splines. Numerical Algorithms, 1992, 2(1): 39-61.

[140] Rabut C. High level $m$-harmonic cardinal b-splines. Numerical Algorithms, 1992, 2(1): 63-84.

[141] Rabut C. An introduction to schoenberg's approximation. Computers & Mathematics with Applications, 1992, 24(12): 149-175.

[142] Roman S. The formula of faa di bruno. The American Mathematical Monthly, 1980, 87(10): 805-809.

[143] Ron A. Exponential box splines. Constructive Approximation, 1988, 4(1): 357-378.

[144] Ruppert D, Wand M. Multivariate locally weighted least squares regression. The Annals of Statistics, 1994, 3: 1346-1370.

[145] Sablonniere P. A family of Bernstein quasi-interpolants on [0, 1]. Approximation Theory and Its Applications, 1992, 8(3): 62-76.

[146] Schaback R, Wu Z M. Operators on radial functions. Journal of Computational and Applied Mathematics, 1996, 73(1-2): 257-270.

[147] Schaback R, Wu Z M. Construction techniques for highly accurate quasi-interpolation operators. Journal of Approximation Theory, 1997, 91(3): 320-331.

[148] Schoenberg I. Contributions to the problem of approximation of equidistant data by analytic functions. Part B. On the problem of osculatory interpolation. A second class of analytic approximation formulae. Quarterly of Applied Mathematics, 1946, 4(2): 112-141.

[149] Schoenberg I. On trigonometric spline interpolation. Journal of Mathematics and Mechanics, 1964, 11: 795-825.

[150] Schumaker L. Spline Functions: Basic Theory. Cambridge: Cambridge University Press, 2007.

[151] Seroul R. Programming for Mathematicians. Berlin: Universitext, 2000.

[152] Sevy J. Lagrange and least-squares polynomials as limits of linear combinations of iterates of Bernstein and Durrmeyer polynomials. Journal of Approximation Theory, 1995, 80(2): 267-271.

[153] Shelley M, Baker G. Order-preserving approximations to successive derivatives of periodic functions by iterated splines. SIAM Journal on Numerical Analysis, 1988, 25(6): 1442-1452.

[154] Shepard D. A two-dimensional interpolation function for irregularly-spaced data. In Proceedings of the 1968 23rd ACM National Conference, 1968: 517-524.

[155] Sikkema P. Über den grad der approximation mit Bernstein-polynomen. Numerische Mathematik, 1959, 1(1): 221-239.

[156] Sikkema P. Der wert einiger konstanten in der theorie der approximation mit Bernstein-polynomen. Numerische Mathematik, 1961, 3(1): 107-116.

[157] Smale S, Zhou D X. Shannon sampling ii: Connections to learning theory. Applied and Computational Harmonic Analysis, 2005, 19(3): 285-302.

[158] Smale S, Zhou D X. Learning theory estimates via integral operators and their approximations. Constructive Approximation, 2007, 26(2): 153-172.

[159] Speleers H, Manni C. Effortless quasi-interpolation in hierarchical spaces. Numerische Mathematik, 2016, 132(1): 155-184.

[160] Stanley S. Quasi-interpolation with Trigonometric Splines. State of Tennessee: Vanderbilt University, 1996.

[161] Steffens K. The History of Approximation Theory: From Euler to Bernstein. Basel: Springer, 2006.

[162] Stein E, Weiss G. Introduction to Fourier analysis on Euclidean spaces (pms-32)//Introduction to Fourier Analysis on Euclidean Spaces (PMS-32), volume 32. princeton: Princeton University Press, 2016.

[163] Sun X P, Wu Z M. Chebyshev type inequality for stochastic Bernstein polynomials. Proceedings of the American Mathematical Society, 2019, 147(2): 671-679.

[164] Sun X P, Wu Z M, Zhou X. On probabilistic convergence rates of stochastic Bernstein polynomials. Mathematics of Computation, 2021, 90(328): 813-830.

[165] Sun X P, Zhou X. Stochastic quasi-interpolation with Bernstein polynomials. Mediterranean Journal of Mathematics, 2022, 19(5): 240.

[166] Sun Z J, Gao W W. A meshless scheme for Hamiltonian partial differential equations with conservation properties. Applied Numerical Mathematics, 2017, 119: 115-125.

[167] Sun Z J, Gao W W. An energy-momentum conserving scheme for Hamiltonian wave equation based on multiquadric trigonometric quasi-interpolation. Applied Mathematical Modelling, 2018, 57: 179-191.

[168] Sun Z J, Wu Z M, Gao W W. An iterated quasi-interpolation approach for derivative approximation. Numerical Algorithms, 2020, 85(1): 255-276.

[169] Tan P N, Steinbach M, Kumar V. Introduction to data mining. Pearson Education India, 2016.

[170] Tenorio L. Statistical regularization of inverse problems. SIAM Review, 2001, 43(2): 347-366.

[171] Tikhonov A. On the stability of inverse problems. Dokl. Akad. Nauk SSSR, 1943, 39: 195-198.

[172] Totik V. Weighted Approximation with Varying Weight. Berlin: Springer, 2006.

[173] Wahba G. Smoothing noisy data with spline functions. Numerische Mathematik, 1975, 24(5): 383-393.

[174] Weierstrass K. Über die analytische darstellbarkeit sogenannter willkürlicher functionen einer reellen veränderlichen. Sitzungsberichte der Königlich Preußischen Akademie der Wissenschaften zu Berlin, 1885, 2: 633-639.

[175] Wendel J. Note on the gamma function. American Mathematical Monthly, 1948, 55(9): 563-564.

[176] Wendland H. Piecewise polynomial, positive definite and compactly supported radial functions of minimal degree. Advances in Computational Mathematics, 1995, 4(1): 389-396.

[177] Wendland H. Scattered data approximation, volume 17. Cambridge: Cambridge University Press, 2004.

[178] Wendland H. Divergence-free kernel methods for approximating the stokes problem. SIAM Journal on Numerical Analysis, 2009, 47(4): 3158-3179.

[179] Wu Z C. Norm of the Bernstein left quasi-interpolant operator. Journal of Approximation Theory, 1991, 66(1): 36-43.

[180] Wu Z M. Die Kriging-Methode zur Lösung mehrdimensionaler Interpolationsprobleme. PhD thesis, Uitgever niet vastgesteld, 1986.

[181] Wu Z M. Hermite-Birkhoff interpolation of scattered data by radial basis functions. Approximation Theory and Its Applications, 1992, 8(2): 1-10.

[182] Wu Z M. Compactly supported positive definite radial functions. Advances in Computational Mathematics, 1995, 4(1): 283-292.

[183] Wu Z M. Compactly supported radial functions and the strang-fix condition. Applied Mathematics and Computation, 1997, 84(2-3): 115-124.

[184] Wu Z M. Radial basis functions: A survey. Advance in Mathematics, 1998, 27(3): 202-208.

[185] Wu Z M. Dynamically knots setting in meshless method for solving time dependent propagations equation. Computer Methods in Applied Mechanics and Engineering, 2004, 193(12-14): 1221-1229.

[186] Wu Z M. Large piecewise function generated by the solutions of linear ordinary differential equation. CSIAM Geometric Design & Computing, 2005.

[187] Wu Z M. An introduction to the generator of the function space. Progress in Applied Mathematics, 2012, 4(2): 58-64.

[188] Wu Z M, Liu J P. Generalized strang-fix condition for scattered data quasi-interpolation. Advances in Computational Mathematics, 2005, 23(1): 201-214.

[189] Wu Z M, Ma L M. Generator, multiquadric generator, quasi-interpolation and multiquadric quasi-interpolation. Applied Mathematics-A Journal of Chinese Universities, 2011, 26(4): 390-400.

[190] Wu Z M, Schaback R. Local error estimates for radial basis function interpolation of scattered data. IMA Journal of Numerical Analysis, 1993, 13(1): 13-27.

[191] Wu Z M, Schaback R. Shape preserving properties and convergence of univariate multiquadric quasi-interpolation. Acta Mathematicae Applicatae Sinica-English Series, 1994, 10(1): 441-446.

[192] Wu Z M, Sun X P, Ma L M. Sampling scattered data with Bernstein polynomials: Stochastic and deterministic error estimates. Advances in Computational Mathematics, 2013, 38(1): 187-205.

[193] Wu Z M, Zhang S L. Conservative multiquadric quasi-interpolation method for Hamiltonian wave equations. Engineering Analysis with Boundary Elements, 2013, 37(7-8): 1052-1058.

[194] Wu Z M, Zhang S L. A meshless symplectic algorithm for multi-variate Hamiltonian PDEs with radial basis approximation. Engineering Analysis with Boundary Elements, 2015, 50(1): 258-264.

[195] Xiu D B. Numerical methods for stochastic computations: A spectral method approach. Communications in Computational Physics, 2010, 5(2-4): 242-272.

[196] Xu C Y, Prince J. Snakes, shapes, and gradient vector flow. IEEE Transactions on Image Processing, 1998, 7(3): 359-369.

[197] Yoon J. Approximation in $l_p(\mathbb{R}^d)$ from a space spanned by the scattered shifts of a radial basis function. Constructive Approximation, 2001, 17(2): 227-247.

[198] Zhang S H, Chen T, Zhang Y F, Hu S M, Martin R. Vectorizing cartoon animations. IEEE Transactions on Visualization and Computer Graphics, 2009, 15(4): 618-629.

[199] Zhang W X, Wu Z M. Some shape-preserving quasi-interpolants to non-uniformly distributed data by mq-b-splines. Applied Mathematics-A Journal of Chinese Universities, 2004, 19(2): 191-202.

[200] Zhu H J, Tang L Y, Song S H, Tang Y F, Wang D S. Symplectic wavelet collocation method for Hamiltonian wave equations. Journal of Computational Physics, 2010, 229(7): 2550-2572.

[201] 冯康, 秦孟兆. 哈密尔顿系统的辛几何算法. 杭州: 浙江科技出版社, 2003.

[202] 吴宗敏. 散乱数据拟合的模型, 方法和理论. 2 版. 北京: 科学出版社, 2016.

[203] 吴宗敏, 苏仰峰. 数值逼近. 北京: 科学出版社, 2008.

[204] 希洛夫. 线性空间引论. 2 版. 北京: 高等教育出版社, 2013.

[205] 朱春钢, 李彩云. 数值逼近与计算几何. 北京: 高等教育出版社, 2020.

[206] 王仁宏. 数值逼近. 2 版. 北京: 高等教育出版社, 2012.

[207] 王明新. 索伯列夫空间. 北京: 高等教育出版社, 2013.

[208] 薛留根. 现代非参数统计. 北京: 科学出版社, 2015.

# 索　引